面向新工科普通高等教育系列教材

机器人控制技术

陈万米　等 编著

机 械 工 业 出 版 社

本书系统、深入地介绍了机器人控制的关键技术、方法以及实际应用。全书共8章，内容包括机器人的机械、机器人的硬件、机器人的电源系统、机器人的信息获取、机器视觉、机器人的底层控制、机器人的空间坐标变换、机器人运动学建模、动力学建模、机器人的路径规划以及机器人的操作系统ROS。本书内容新颖，注重理论与实际应用相结合，每个章节基本配有实例，力求使读者能较快地掌握与应用机器人的控制技术。

本书可作为高等院校自动化、机械工程、机电一体化、系统工程、信息工程、计算机等相关专业本科生、研究生教材，也可以作为工程技术人员与科研工作者的参考书。

本书配套授课电子课件，需要的教师可登录 www.cmpedu.com 免费注册，审核通过后下载，或联系编辑索取（QQ：308596956，电话：010-88379753）。

图书在版编目(CIP)数据

机器人控制技术/陈万米等编著．—北京：机械工业出版社，2017.2
(2026.1重印)
面向新工科普通高等教育系列教材
ISBN 978-7-111-55907-8

Ⅰ．①机…　Ⅱ．①陈…　Ⅲ．①机器人控制-高等学校-教材
Ⅳ．①TP24

中国版本图书馆CIP数据核字(2017)第013041号

机械工业出版社(北京市百万庄大街22号　邮政编码　100037)
策划编辑：汤　枫　　责任编辑：汤　枫
责任校对：张艳霞　　责任印制：单爱军

北京盛通数码印刷有限公司印刷

2026年1月第1版·第17次印刷
184mm×260mm·16.25印张·393千字
标准书号：ISBN 978-7-111-55907-8
定价：65.00元

电话服务
客服电话：010-88361066
010-88379833
010-68326294

网络服务
机工官网：www.cmpbook.com
机工官博：weibo.com/cmp1952
金书网：www.golden-book.com
机工教育服务网：www.cmpedu.com

前言

2014年6月9日，习近平总书记在两院院士大会的报告中提到，“机器人是‘制造业皇冠顶端的明珠’，其研发、制造、应用是衡量一个国家科技创新和高端制造业水平的重要标志”。机器人时代的到来，将变革现有生产制造模式以及人类生活方式。美国麻省理工学院的埃里克·布莱恩约弗森教授称之为“第二次机器革命”：海量的智能机器和互联互通的智慧大脑结合在一起，将彻底颠覆之前的世界。

党的二十大报告指出，“实施产业基础再造工程和重大技术装备攻关工程，支持专精特新企业发展，推动制造业高端化、智能化、绿色化发展。”制造业是一个国家核心竞争力的重要标志，我国已经是制造业的第一大国，从2010年开始，我国制造业占全球的比重已经达到第一位。特别是近年来，我国工业机器人需求呈现井喷态势，据CRIA与IFR联合统计，2015年全球工业机器人销量为24.8万台，其中中国工业机器人市场销量继续增长，全年累计销售68459台，占全球工业机器人市场份额超过1/4，中国自2013年起连续三年成为全球最大的工业机器人消费市场。虽然我国已是机器人第一大市场，但自主品牌机器人远远不能满足国民经济各领域的需求。据统计，2015年国产工业机器人累计销售22257台，而且主要是中低端机器人，高端机器人还主要依赖进口，如何在装备领域和市场领域实现双赢，是下一步发展的重点。

基于此，国内出现了机器人热，如每年举行的机器人高峰论坛、中国国际工业博览会（上海）、世界机器人大会（北京）等。全球也正进入到智能机器人的研究发展新时代，如德国工业4.0、新型工业化等。本书正是迎合时代特点，抛砖引玉，为智能机器人控制的研究添砖加瓦。

机器人控制是一门多学科交叉的科学，其领域涉及机械设计与制造、多传感器、运动控制、电力电子、图像采集、图像处理、图像识别、知识工程、专家系统、决策系统、轨迹规划、自组织与自学习理论、多智能体协调、机器人学、机电一体化、无线通信、精密仪器、实时数字信号处理、自动控制和数据融合等。

本书是作者在上海大学教学、科研过程中的成果总结，吸收并借鉴了国内外期刊论文的最新研究成果及相关书籍编著而成的，较为系统地叙述了机器人控制技术的相关理论与制作实例等。本书对机器人的机械、传感器、驱动与机器人的底层控制部分进行了分章节叙述，对机器人的坐标变换、运动分析、路径规划以及机器人的上层控制部分也进行了分章节叙述。

本书从理论介绍到制作实例，体现了理论联系实际，也是本书的一大特色。尤其是本书增补了机器人的操作系统（ROS），使机器人控制技术的内容更加全面，争取给国内更多的大学生与机器人爱好者提供帮助。

本书共8章。第1章阐述了机器人的产生以及机器人在国内外的发展、机器人的结构与分类、机器人控制的主要内容与基本要求等；第2章叙述了机器人的本体，包括机器人的机械、机器人的硬件和机器人的电源系统，并举例说明小型足球机器人与中型足球机器人的机械制作；第3章叙述了机器人的信息获取，介绍了机器人的常用传感器与特殊传感器，传感器的应用，机器人的信息处理方法，以及机器视觉的原理、工作与应用等；第4章综合介绍了机器人的底层控制，包括机器人中使用的电动机的选择与惯量计算、典型的PWM驱动原理与电路实现、运动控制与PID、PID参数的智能整定，并举例说明了小型足球机器人与中型足球机器人的底层控制；第5章对机器人的运动进行了分析，分别介绍了轮式移动机器人与工业机器人的空间坐标变换、机器人运动学建模和动力学建模，并以六自由度机械臂进行运动分析举例；第6章介绍了机器人的路径规划，包括离线路径规划、在线路径规划和智能规划（栅格建模法、人工势场法、遗传算法），并对人工势场法、遗传算法进行优化举例；第7章介绍了机器人的上层控制（用户层），即机器人的操作系统ROS，包括ROS的基本概念、系统架构、系统工具，以及ROS在移动底座、导航与路径规划、语音识别、机器视觉等方面的应用举例；第8章对机器人与机器人的控制技术的发展进行了展望。

选用本书作为教材的学校，建议40学时作为理论教学，另外40学时作为实践或课程设计等。上海大学开设了"机器人控制技术"课程教学以及课程设计，总学时为80。

本书由上海大学机电工程与自动化学院、上海大学大学生科技创新实验中心负责人、中国自动化学会机器人竞赛工作委员会副主任陈万米高级工程师（上海大学特级技术总监）编写第1、8章，刘振参编第2章，杜映峰参编第3章，张志松参编第4章，范彬彬参编第5章，贺永祥参编第6章，汪洋参编第7章，全书由陈万米统稿。

本书的编写工作和出版得到了上海大学、上海大学机电工程与自动化学院相关领导的大力支持。特别感谢上海大学费敏锐教授、王小静教授、徐昱琳副教授在本书成稿过程中给予的帮助。

机器人控制技术内容十分广泛，涉及诸多学科领域。由于编者的水平所限、经验不足，书中不足之处在所难免，敬请读者批评指正。作者联系邮箱：wanmic@163.com。

编者

目　　录

第1章 绪 论

1.1 机器人的定义及发展历史

时至今日，机器人已经渗透到了人们生活的方方面面。人们一点点地制造了它们，而现在，它们已经无处不在。很快，人们将会看到更多的机器人，它们或单独工作，或成群结队。有的机器人比一粒米还小，而有的机器人或许比军用的坦克还要大。它们或棱角分明，或圆润如球；或又短又粗，或又瘦又长。并不是所有的机器人都有面部；也不是所有的机器人都有身体。

现在，它们也可以完成一些以前认为是不可能通过机器完成的事情。例如它们可以清洁地毯，可以为主人的大衣拉上拉链，可以为汽车喷涂油漆，可以整理仓库，可以制作饮料，会玩啤酒桌球，可以在学校体育馆跳华尔兹，也可以像受伤的动物一样蹒跚而行，甚至可以自主创作故事，绘制抽象画，清理核废料等，甚至也能做梦。

至此，人们会不由自主地提出一个问题：这些真的都是机器人吗？或者说，究竟什么才是机器人？

现在，这个问题已经越来越难回答了，然而这个问题也是一个非常关键的问题。无处不在的计算机和自动化正在逐渐联系在一起。无人操作的机器正在向社会的每一个角落蔓延，因此人们发现，与机器人之间的交流变得越来越频繁，有时候人们甚至都没有意识到。因此人机关系也在急速进化中。

1.1.1 什么是机器人

本书的主要对象是机器人，那么什么是机器人呢？对于这个问题，不同的使用者有不同的回答，比如，家庭主妇，需要一个会扫地的机器、炒菜的机器；对于保安人员来说，他需要会识别人的机器；对于一些商场来说，需要迎宾机器、导购机器；对于电焊工来说，需要焊接机器；对于军队来说，需要作战机器、排雷机器……

以上的林林总总，都可以称为机器人，那么机器人是否有一个定义或者命名呢？回答是有的。

美国机器协会（RIA）对机器人的定义：机器人是一种用于移动各种材料、零件、工具或专用装置的，通过程序动作来执行各种任务，并具有编程能力的多功能操作机（Manipulator）。

日本工业机器人协会（JIRA）对机器人的定义：机器人是“一种装备有记忆装置和末端执行装置的能够完成各种移动作业来代替人类劳动的通用机器”。

美国国家标准局（NBS）对机器人的定义：机器人是“一种能够进行编程并在自动控制下执行某种操作和移动作业任务的机械装备”。

国际标准化组织（ISO）对机器人的定义：机器人是一种自动的、位置可控的、具有编程能力的多功能操作机，这种操作机具有几个轴，能够借助可编程操作来处理各种材料、零件、工具和专用装置，以执行各种任务。

我国对机器人的定义是："机器人是一种自动化的机器，所不同的是这种机器具备一些与人或生物相似的智能能力，如感知能力、规划能力、动作能力和协同能力，是一种具有高度灵活性的自动化机器"。

1.1.2 为什么要制造机器人

要回答这个问题，则需要了解机器人是怎么诞生的。机器人的出现并快速发展是社会和经济发展的必然，是为了提高社会的生产水平和人类的生活质量，让机器人替人们干那些人干不了、干不好的工作。

制造机器人的起因是随着社会的发展，社会分工越来越细，尤其在现代化的大生产中，有的人每天就只管拧同一个部位的一个螺母，有的人整天就是接一个线头，人们感到自己在不断异化，各种职业病开始产生，人们强烈希望用某种机器代替自己工作。于是人们研制出了机器人，代替人完成那些枯燥、单调、危险的工作。

自机器人诞生以来，其增长率在逐年提高。1980 年，号称机器人王国的日本，开始较多地使用机器人，因此，那一年被称为机器人普及元年。有人断言，21 世纪将是机器人世纪。为什么要大力发展机器人呢？人类在发明了蒸汽机、电动机，制造了包括机床、汽车在内的各种机器以后，大大减轻了人的体力劳动；同时，人类又发明了计算机，特别是目前已在开发的可以处理知识、进行推理和学习的第 5 代计算机，可以在很大程度上代替人的脑力劳动。将机器和计算机相结合生产出来的机器人，可以代替人类进行各种各样的劳动，甚至可以做许多单纯依靠人力所做不到的事情。目前，世界上有数以百万台工业机器人在各种工业部门工作着，从生产大规模集成电路超净车间中的精细加工，到有害环境中的喷漆操作，以至重型机器制造中的笨重搬运工作等，在各种各样的环境中，都可以看到机器人在不知疲倦地劳动着。现在，几乎所有的工业部门都使用了机器人，它们从事的工种有铸、锻、焊、切削、热处理、研磨、冲压、喷漆、装配、检验等。工业机器人队伍还在迅速扩大。近年来，随着计算机、机器人、数控加工中心、无人驾驶搬运车等新技术的发展，工厂无人化的设想将逐步得以实现。在这一进程中，机器人将发挥越来越大的作用。当前，机器人技术不断发展，人们的要求越来越高，不仅要求机器人能在一般环境下工作，还要求机器人能工作于人难以生存的极限环境，如高温、强辐射、高真空、深海等。由于极限作业机器人工作条件很差，所以必须具有适应环境变化的能力，这就要求机器人应该具有一定的智能。机器人的智能可以分为两个层次：第一步，像人那样具有感觉、识别、理解和判断的功能；第二步，能够像人那样具有总结经验和学习的能力。目前，具有初步智能的机器人，已经开始被广泛应用。在工业机器人中，具有初步智能水平的机器人，已经占 20% 左右，而且这一比例还在不断提高。至于具有学习能力等高级智能水平的机器人，尚处于试验研制阶段。机器人已被广泛应用于采矿业、建筑业、农业、林业及医疗等方面。可以预料，应用于宇宙航行、原子能开发等领域的机器人，也将会得到迅速发展。在家庭中，机器人是顺从的"仆人"，不仅会做饭、洗衣、打扫卫生，还会接待客人，陪伴儿童做游戏，照顾病人，帮助病人翻身、洗澡，干得可出色了。现在，人们还准备开发帮助母亲带孩子的育儿机器人，孩子有“人”照顾，母亲就可以安心地去上班。在军事方面，机器人已经活跃在陆地战场上，而且“兵种齐全”。反坦克机器人、防化机器人、火炮机器人都曾大显身手。哨兵机器人装备有机关枪、掷弹筒，还有多种先进的传感器，在军事基地、机场周围或某一战区进行巡逻放哨，屡立奇功，而且不用换岗。排雷、布雷的工作既繁重又危险，让机器人来承担就不必担心人身的安全了。“布雷”机器人能按指挥官的指令，冒着枪林弹雨去挖坑、计算埋雷的密度、给地雷装引信、打开保险、埋雷，还能自动设置雷场、绘制布雷位置图等，真是“智勇双全”。有人说，21世纪的战争，不仅会有刀枪不入的“钢铁士兵”去冲锋陷阵，而且还将出现具有人工智能的无人驾驶坦克、飞机、舰艇等各种武器。到那时，军用机器人将成为一支不容忽视的“军事力量”。

同样，从另一方面讲，由于机器人的问世，使一部分工人失去了原来的工作，于是有人对机器人产生了敌意。“机器人上岗，人将下岗。”不仅在我国，即使在一些发达国家如美国，也有人持这种观念。其实这种担心是多余的，任何先进的机器设备，都会提高劳动生产率和产品质量，创造出更多的社会财富，也就必然提供更多的就业机会，这已被人类生产发展史所证明。任何新事物的出现都有利有弊，只不过利大于弊，很快就得到了人们的认可。比如汽车的出现，它不仅夺了一部分人力车夫、挑夫的生意，还常常出车祸，给人类生命财产带来威胁。虽然人们都看到了汽车的这些弊端，但它还是成了人们日常生活中必不可少的交通工具。英国一位著名的政治家针对关于工业机器人的这一问题曾说过这样一段话：“日本机器人的数量居世界首位，而失业人口最少，英国机器人数量在发达国家中最少，而失业人口居高不下”，这也从另一个侧面说明了机器人是不会抢人饭碗的。

机器人被誉为“制造业皇冠顶端的明珠”，发展机器人产业对提高创新能力、增强国家综合实力、带动整体经济发展都具有十分重要的意义。世界主要大国都将机器人的研究与应用摆在本国科技发展的重要战略地位。2011年，美国推出国家机器人计划（National Robotics Initiative，NRI）；2012年，韩国发布《机器人未来战略2022》；2014年，欧盟启动“SPARC计划”；2015年日本发布《机器人新战略（Japan's Robot Strategy）》，纵观这些主要国家的发展战略，机器人技术及应用已成为塑造创新发展新优势的“必争之地”。

同样，在我国无论是实施创新驱动发展战略还是“中国制造2025”战略，机器人技术创新和产业发展都是重要内容。2016年4月，我国发布了机器人产业发展规划（2016－2020年），对机器人作为重点发展领域做出总体部署，推进我国机器人产业快速健康可持续发展。

1.1.3 机器人的发展历史

1. 古代机器人

据战国时期记述官营手工业的《考工记》一则寓言记载，中国的偃师（古代一种职业）用动物皮、木头、树脂制出了能歌善舞的伶人，不仅外貌完全像一个真人，而且还有思想感情，甚至有了情欲。这虽然是寓言中的幻想，但其利用了战国当时的科技成果，也是中国最早记载的木头机器人雏形。——这只是个故事罢了。它体现了中国人民具有高度的科学幻想力和设计加工能力。

东汉时的大科学家张衡发明的指南车可以说是世界上最早的机器人雏形，如图1-1所示。张衡发明的另一种叫作“记里鼓车”的机器人，如图1-2所示，它能为人们报告所走的里程，车每行驶一里，车上的小人就击一下鼓，每行十里，它就敲一下钟，无须人手工测量计程。

图 1-1　指南车

图 1-2　记里鼓车

三国时期，又出现了能替人搬东西的机器人。它是由蜀汉丞相诸葛亮发明的一种能替代人运输物资的机器——“木牛流马”，能运送粮草，在羊肠小道上也能行走如飞，机关在舌头上，相当于现代的机器人——步行机。

国外有关机器人的记载可以追溯到古希腊，据荷马史诗《伊利亚特》记载，火神兼匠神赫淮斯托斯（Hephaistus）创造出了一组金制机械助手。他的这些机械助手身体强健、可以说话，且非常聪明。

特洛伊木马，古罗马时特洛伊人攻打罗马城，久攻不下，佯装逃窜，丢弃木马，被罗马人抬回城中，夜间由肚中爬出伏兵，开门溃敌，可谓欺骗型机器马。

公元 1768 ~ 1774 年间，瑞士钟表匠德罗斯父子三人，设计制造出三个像真人一样大小的机器人——写字偶人、绘图偶人和弹风王琴偶人。它们是由凸轮控制和弹簧驱动的自动机器，至今还作为国宝保存在瑞士纳切特尔市艺术和历史博物馆内。

1893 年，加拿大摩尔设计的能行走的机器人“安德罗丁”，是以蒸汽为动力的。

2. 早期机器人

其实早在 1886 年，法国作家利尔亚当在他的小说《未来夏娃》中将外表像人的机器起名为“安德罗丁”（Android），它由4部分组成：

1）生命系统（平衡、步行、发声、身体摆动、感觉、表情、调节运动等）。

2）造型解质（关节能自由运动的金属覆盖体，一种盔甲）。

3）人造肌肉（在上述盔甲上有肉体、静脉、性别等身体的各种形态）。

4）人造皮肤（含有肤色、机理、轮廓、头发、视觉、牙齿、手爪等）。

1920年，捷克作家卡雷尔·卡佩克（Karel Capek）发表了科幻剧本《罗萨姆的万能机器人》。在剧本中，卡佩克把捷克语“Robota”写成了“Robot”，“Robota”是奴隶的意思。该剧预告了机器人的发展对人类社会的巨大影响，引起了大家的广泛关注，被当成了机器人一词的起源。在该剧中，机器人按照其主人的命令默默地工作，没有感觉和感情，以呆板的方式从事繁重的劳动。后来，罗萨姆公司取得了成功，使机器人具有了感情，导致机器人的应用部门迅速增加。在工厂和家务劳动中，机器人成了必不可少的成员。

为了防止机器人伤害人类，科幻作家阿西莫夫于1940年提出了“机器人三原则”：

1）机器人不应伤害人类，也不能坐视人类受到伤害而袖手旁观。

2）机器人应遵守人类的命令，与第一条违背的命令除外。

3）机器人应能保护自己，与第一条相抵触者除外。

这是给机器人赋予的伦理性纲领。机器人学术界一直将这三原则作为机器人开发的准则。

1959年，美国英格伯格和德沃尔（Joseph Engelberger and George Devol）制造出世界上第一台工业机器人，如图1-3所示，机器人的历史才真正开始。随后，便成立了世界上第一家机器人制造工厂——Unimation公司。由于英格伯格对工业机器人的研发和宣传的贡献，他也被称为“工业机器人之父”。

图1-3　世界上第一台工业机器人

图1-3所示的世界上第一台工业机器人重达两吨，由写在磁鼓上的程序进行控制。他们采用液压执行器，并分别设定关节坐标系，即各关节的角度，存储示教/再现操作方式。控制精度为1/10000 in。[1]

3. 现代机器人

20世纪70年代，第二代机器人开始有了较大发展，第二代为感觉型机器人，如有力

[1] 1 in = 0.0254 m。

觉、触觉和视觉等，它具有对某些外界信息进行反馈调整的能力，投入应用后开始普及。1973 年，日本日立公司开发的用于混凝土桩和钢管业的自动抽苔机器人，如图 1-4 所示，这个机器人是第一个装有视觉传感器判断移动物体的工业机器人。当机器人判断出物体移动时，同步钢管上的螺栓紧固/松开等。

图 1-4　日本日立自动抽苔机器人

我国自 20 世纪 70 年代起研制工业机器人，包括中科院沈阳自动化所、上海交通大学、前上海工业大学等都投入了工业机器人的研究开发，取得了一定的成果。图 1-5 为上海大学（前身为上海工业大学）于 1986 年研制成功的上海Ⅱ号工业机器人，现在仍然存放在上海市延长路 149 号的上海大学机器人大楼内。

图 1-5　上海大学研制的上海Ⅱ号工业机器人

4. 当代机器人

进入 21 世纪，机器人被赋予了一定的智能，即第三代机器人是智能机器人，它不仅具有感觉能力，而且还具有独立判断和行动的能力，并具有记忆、推理和决策的能力，因而能够完成更加复杂的动作。由计算机控制手臂和行走装置，使机器人的手完成作业，脚完成移动，机器人能够用自然语言与人对话。

神奇的魔方，一定给很多人留下深刻的记忆，现在，有人设计出解魔方的机器人，如图 1-6 所示。该机器人只要 18.2 s 就可以把杂乱无章的魔方解出来。这款机器人可称得上智能，其带有眼睛（摄像头）、机械手，更重要的是还有脑部（快速判断并指挥机械手如何转动魔方）。

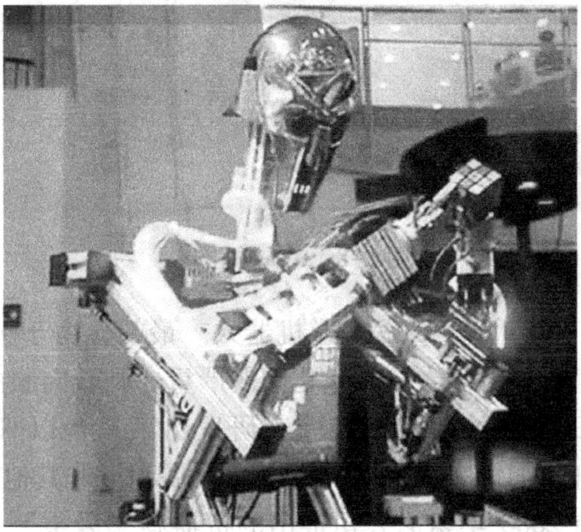

图 1-6　解魔方机器人

1992 年从麻省理工学院分离出来的波士顿动力公司（2013 年被谷歌收至麾下，2017 年 6 月又被日本软银收购）相继研发出能够直立行走的军事机器人 Atlas 以及四足全地形机器人“大狗”“机器猫”等，令人叹为观止。如图 1-7 所示，它们是世界第一批军事机器人，如今在阿富汗服役。

图 1-7　机器人“大狗”

Atlas 机器人，如图 1-8 所示，身高 1.9 m，拥有健全的四肢和躯干，配备 28 个液压关节，头部内置立体照相机和激光测距仪，除了空手道，佛罗里达人机交互协会的研究员甚至编写了内置软件让 Atlas 可以开车。因此，Atlas 绝对称得上是世界上最先进的机器人之一。

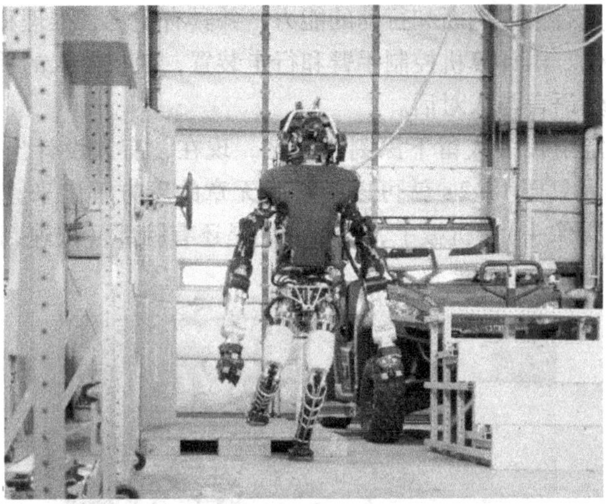

图 1-8　Atlas 机器人

20 世纪中期，日本一直致力于研发人形机器人。最初，由于劳动力的不足，日本的机器人以工业机器人为主；后来由于人口老年化问题严重，则转向服务型和娱乐型机器人。

1969 年，日本早稻田大学加藤一郎实验室研发出第一台以双脚走路的机器人。到了 1980 年，工业机器人真正在日本普及——其普及、发展程度非其他国家可比拟。

日本著名的机器人有 2000 年索尼公司推出的机器狗“爱宝”（AIBO）、本田汽车公司研发的人形机器人阿西莫（ASIMO），如图 1-9 所示，后者能够以接近人类的姿态走路和奔跑。

图 1-9　机器人阿西莫（ASIMO）

如今机器人发展的特点可概括为：横向上——应用面越来越宽。除了应对日常的生产和生活，科学家们还希望机器人能够胜任更多的工作，包括探测外太空。

2012 年，美国“发现号”航天飞机成功将首台人形机器人送入国际空间站。这位机器宇航员被命名为“R2”，如图1-10所示。R2活动范围接近于人类，并可以像宇航员一样执行一些比较危险的任务。

图1-10　机器人“R2”

如今耳熟能详的“人工智能”和“深度学习”事实上在过去的三十年中便有了不少的研究。而随着大数据时代的到来，以数据为依托的深度学习技术才取得突破性的发展，比如语音识别、图像识别、人机交互等。人工智能机器人的典型代表，有IBM的“沃森”、日本软银集团和法国Aldebaran Robotics研发的机器人“Pepper”（见图1-11）等。在未来的机器人技术研究中，深度学习仍然是一大趋势。

图1-11　人工智能机器人

1.2　机器人的结构与分类

1.2.1　机器人的结构

机器人本体——多自由度的关节式机械系统。

一般包括：

1）驱动装置（能源，动力）。

2）减速器（将高速运动变为低速运动）。

3）运动传动机构。

4）关节部分机构（相当手臂，形成空间的多自由度运动）。

5）把持机构，末端执行器，端拾器（相当于手爪）。

6）移动机构，走行机构（相当腿脚）。

7）变位机等周边设备（配合机器人工作的辅助装置）。

机器人的软体结构分为：

（1）机器人感知系统

内部传感器——检测机器人自身状态（内部信息），如关节的运动状态。这是机器人自身运动与正常工作所必需的。

外部传感器——感知外部世界，检测作业对象与作业环境的状态（外部信息），如视觉、听觉、触觉等。这是适应特定环境，完成特定任务所必需的。

（2）机器人控制系统

驱动控制器——伺服控制器（单关节），控制各关节驱动电动机。

运动控制器——规划、协调机器人各关节的运动，轨迹控制。

作业控制器——环境检测，任务规划，确定所要进行的作业流程。

（3）机器人决策系统

通过感知和思维，规划和确定机器人的任务，而且应该具有学习能力。

机器人组成原理框图如图 1-12 所示。

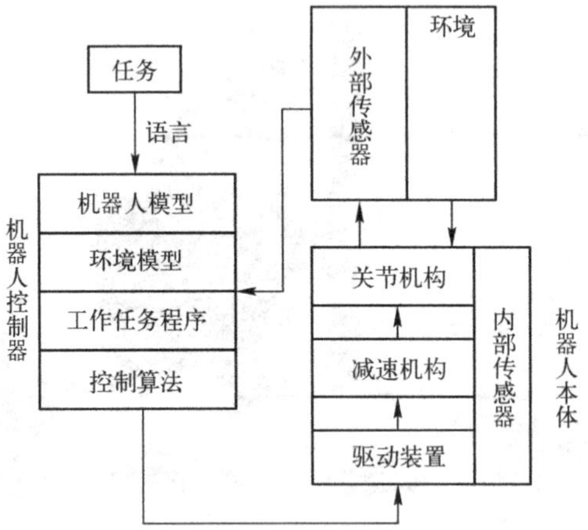

图 1-12　机器人组成原理框图

1.2.2　机器人的分类

机器人定义上的模糊和多样，使得机器人在分类上也有很多方法。常见的有按运动方式、智能程度以及机器人用途等分类方法。

按机器人运动方式分类可以分为固定式机器人和移动机器人，移动机器人又可以分为轮式机器人、履带式机器人、足式机器人、飞行机器人和水下机器人等。

按机器人智能程度可以分为一般机器人和智能机器人。智能机器人根据其智能水平又可分为传感型机器人、半自主机器人和自主机器人。

按用途分类是指机器人根据不同的应用行业和工作任务进行分类，是当前机器人技术最常用也是最常见的分类方法。一般可以分为工业机器人、服务机器人和特种机器人。

国际上通常将机器人分为工业机器人和服务机器人两大类，见表 1-1。工业机器人是集机械、电子、控制、计算机、传感器和人工智能等多学科先进技术于一体的现代制造业重要的自动化装备。自 1959 年美国研制出世界上第一台工业机器人以来，工业机器人技术及其产品发展很快，已成为柔性制造系统（FMS）、自动化工厂（FA）、计算机集成制造系统（CIMS）的自动化工具。

服务机器人是机器人家族中的一个年轻成员，可以分为专业领域服务机器人和个人/家庭服务机器人，服务机器人的应用范围很广，主要从事维护保养、修理、运输、清洗、保安、救援和监护等工作。

表 1-1　国际上机器人的分类

<table>
<tr><td rowspan="23">机器人</td><td rowspan="11">工业机器人</td><td rowspan="2">焊接机器人</td><td>点焊机器人</td></tr>
<tr><td>弧焊机器人</td></tr>
<tr><td rowspan="4">搬运机器人</td><td>移动小车（AGV）</td></tr>
<tr><td>码垛机器人</td></tr>
<tr><td>分拣机器人</td></tr>
<tr><td>冲压、锻造机器人</td></tr>
<tr><td rowspan="2">装配机器人</td><td>包装机器人</td></tr>
<tr><td>拆卸机器人</td></tr>
<tr><td rowspan="2">处理机器人</td><td>切割机器人</td></tr>
<tr><td>研磨、抛光机器人</td></tr>
<tr><td>喷涂机器人</td><td></td></tr>
<tr><td rowspan="12">服务机器人</td><td rowspan="4">个人/家用机器人</td><td>家庭作业机器人</td></tr>
<tr><td>娱乐休闲机器人</td></tr>
<tr><td>残障辅助机器人</td></tr>
<tr><td>住宅安全和监视机器人</td></tr>
<tr><td rowspan="8">专业服务机器人</td><td>场地机器人</td></tr>
<tr><td>专业清洁机器人</td></tr>
<tr><td>医用机器人</td></tr>
<tr><td>物流用途机器人</td></tr>
<tr><td>检查和维护保养机器人</td></tr>
<tr><td>建筑机器人</td></tr>
<tr><td>水下机器人</td></tr>
<tr><td>国防、营救和安全应用机器人</td></tr>
</table>

我国的机器人专家从应用环境出发，将机器人分为两大类，即工业机器人和特种机器人。所谓工业机器人就是面向工业领域的多关节机械手或多自由度机器人。而特种机器人则是除工业机器人之外的、服务于人类的各种先进机器人，包括服务机器人、水下机器人、娱乐机器人、军用机器人、农业机器人和机器人化机器等。在特种机器人中，有些分支发展很快，有独立成体系的趋势，如服务机器人、水下机器人、军用机器人和微操作机器人等。国际上的机器人学者，从应用环境出发将机器人也分为两类：制造环境下的工业机器人和非制造环境下的服务与仿人型机器人，这和我国的分类是一致的。

1.3 机器人控制的基本要求

机器人不同于一般的机器，其控制系统具有如下的特点：

1）机器人的控制与机构运动学及动力学密切相关。

2）机器人有多个自由度。每个自由度一般包含一个伺服机构，它们必须协调起来，组成一个多变量控制系统。

3）机器人控制系统必须是一个计算机控制系统。同时，计算机软件担负着艰巨的任务。

4）描述机器人状态和运动的数学模型是一个非线性模型，随着状态的不同和外力的变化，其参数也在变化，各变量之间还存在着耦合。

5）机器人的动作往往可以通过不同的方式和路径来完成，因此存在一个“最优”的问题。

1.3.1 机器人控制的主要内容

机器人控制涉及诸多内容，机器人的种类繁多，本书不可能一一罗列，但本书把机器人控制的一些共性问题，综合叙述，主要分为机器人的底层控制与上层控制，其中底层控制包括机器人本体，即机械部分、驱动电路部分、传感器部分以及控制策略，如 PID 控制等。上层控制包括机器人的运动分析、路径规划以及机器人的软件部分。

1. 机器人的控制方式

（1）点位式

很多机器人要求能准确地控制末端执行器的工作位置，而路径却无关紧要。例如，在印制电路板上安插元件、点焊和装配等工作，都属于点位式工作方式。

（2）轨迹式

在弧焊、喷漆和切割等工作中，要求机器人末端执行器按照示教的轨迹和速度运动。如果偏离预定的轨迹和速度，就会使产品报废。可称为轨迹伺服控制。

（3）力（力矩）控制方式

在完成装配、抓放物体等工作时，除要准确定位之外，还要求使用适度的力或力矩进行工作，这时就要利用力（力矩）伺服方式。

（4）智能控制方式

机器人智能控制方式是通过采用各种智能技术从而达到对机器人的控制，是一种具有强大生命力的新型自动控制技术。包括机器人变结构控制、机器人模糊控制、机器人分层递阶控制、机器人的神经网络控制和机器人智能控制技术的融合等。

2. 机器人控制的基本单元

机器人控制系统的基本要素包括驱动机器人运动的驱动力、减速器、运动特性检测的传感器、驱动电路、控制系统的硬件和软件。

（1）驱动机器人运动的驱动力

驱动机器人运动的驱动力，常见的有液压驱动、气压驱动、直流伺服电动机驱动、交流伺服电动机驱动和步进电动机驱动。以各式电动机居多。

(2) 减速器

减速器的功能是增加驱动力矩，降低运动速度。

(3) 驱动电路

由于直流伺服电动机或交流伺服电动机的流经电流较大，机器人常采用脉冲宽度调制（PWM）的方式进行驱动。

(4) 运动特性检测的传感器

机器人运动的特性传感器用于检测机器人运动的位置、速度和加速度等参数。

(5) 控制系统的硬件

机器人的控制系统是以计算机为基础的，机器人控制系统的硬件系统采用的是二级结构——协调级和执行级。

(6) 控制系统的软件

控制系统的软件主要实现机器人运动特性的计算、机器人的智能控制和机器人与人的信息交换等功能。

1.3.2 机器人控制的学习要求

由于机器人控制技术是一门多学科交叉的综合性课程，在学习本课程时，需要理论联系实际，并争取多参观（在学习过程参加一些展览会，如在上海举办的中国国际工业博览会、工业自动化与机器人展，在北京举办的世界机器人大会等），勤思考，多实践。

本课程与其他各门课程有着非常大的联系。比如：

机器人的机械部分，需要具有机械设计、电机学和材料科学等学科的相关知识。

机器人的传感器部分，需要电路、电子技术、现代物理、检测与变换等学科的相关知识。

机器人的底层控制部分，需要电路、电子技术、自动控制原理、微机原理、电机与拖动等学科的相关知识。

机器人的运动分析，需要坐标变换、线性代数和矩阵分析等相关知识。

机器人的路径规划，需要智能控制、机器学习等相关知识。

机器人的上层控制部分，需要操作系统、C 程序设计等学科的相关知识。

由此可见，机器人的控制技术涵盖了机、电学科的大部分专业课程，是一门多学科交叉的综合性课程，通过该课程的学习，可以有效梳理机械、自动化相关课程之间的联系。

另外，由于机器人的种类多，控制方式也多，本书只能起抛砖引玉的作用，读者可以根据本书提供的信息，继续寻求其他专业参考书，进行深度学习。

习题

1. 简要叙述机器人的发展。
2. 简述机器人的发展与人类的辩证关系。
3. 机器人如何分类？
4. 简要叙述机器人的结构。
5. 机器人控制的基本要求有哪些？
6. 机器人控制技术的学习有哪些要求？

第2章　机器人的本体

机器人是模仿人或者其他生物制造出来的自动化机器，当然，这个模仿不仅是外形上的模仿，更主要是指原理上的模仿，因此，探索机器人的奥秘还是要从人体开始。人类有手，能做各种各样的动作；有腿脚，能走路；有眼睛，能看到东西；有嘴巴，能说话；有耳朵，能听到声音；有皮肤，能感觉到凉热软硬；有大脑，能思维……这些器官可以抽象为三种要素：感知器、控制器和执行器。简单地说，感知器对应着人类的感觉器官，感受着外部和内部的信息，比如光、声音、温度、位置、疼痛、平衡等；控制器对应着人类的大脑和小脑，控制身体的动作，进行思考和决策；执行器对应着人类的肌体，实现身体的动作等。

读者从本章开始认识机器人身上的各个部分。为使机器人能够自动地完成，从听声音，做动作，交谈，爬楼梯，拿东西，到感知不同的情况，如热、烟、光等，甚至可以自己思考、学习等动作，机器人必须要有自己强健的身体，包括机器人的躯体以及形形色色的四肢。

2.1　机器人的机械

机械系统是机器人实现操作对象、移动自身功能的基本手段。对机器人的操作手而言，应该像人的手臂那样，能把抓持（装有）工具的手依次伸到预定的操作位置，并保持相应的姿态，完成给定的操作；或者能以一定速度，沿预定空间曲线移动并保持手的姿态，在运动过程中完成预定的操作。操作手在结构上也类似于人的臂，可以把手伸到空间的任一位置。腕转动手，以保持任意预定姿态。手可以抓取或安装所用的工具。关于机器人移动功能，它应能移动到给定位置，并保持预定方位姿势。为此，它应能实现前进、后退，各方向的转弯等基本移动方式。在结构上它可以像人、兽、昆虫，具有二足、四足或六足的步行机构，也可以像车或坦克那样采用轮或履带结构。

自由度和坐标

提到结构，有两个重要的概念：自由度和坐标系。和人体一样，机器人机构各部件之间的连接也称为关节，通过关节将各部件连成一体，彼此又可以做相对运动。其中以转动方式相连的关节称为转动关节，以移动方式相连的关节称为移动关节。机器人机构能独立运动的关节（包括转动和移动）的数目，就称为机器人机构的运动自由度。

在数学和物理中，用坐标来描述物体的空间状态，例如直角坐标系、圆柱坐标系和极坐标系等。坐标系的作用就是选择一组位置基准，用最少的一组数字来唯一确定物体的状态。在三维空间直角坐标系中，用 x、y、z 三个数据就可以完全确定一个点的位置。对于一个物体在空间中的状态描述，除了确定它的位置，还要确定它的姿态，所以需要六个坐标来描述一个物体在空间中的状态：x、y、z、R_x、R_y、R_z，其中 R_x、R_y、R_z表示物体绕着三个坐标轴方向转动的角度。在机器人运动中，如果确定一个初始状态，只要知道了每一个关节转过了多少角度（转动关节）或者移动了多少距离（移动关节），就能完全确定机器人的位置和姿态，因此也可以使用机器人各关节的转角或者移动距离来描述机器人的状态，这种坐标系被称为机器人关节坐标系，可用一组变量$[q_0, q_1, q_2, \cdots, q_n]$来表示，$q_i$就代表各关节变量。

机器人的执行系统由传动部件与机械构件组成，主要包括上肢、下肢和机身3大部分，其中每一部分都可以具有若干自由度。若机身具备行走机构，便称为移动机器人；若机器人具有完全类似于人的躯体（头部、双臂、双腿、身体等执行机构），则称为仿人机器人；同样，各种仿生机器人则具有类似被模仿生物对象的执行结构特点；若机身不具备行走能力，则称为机器人操作臂（Robot Manipulator）。由于不同类型的机器人所需要的机械结构及部件不同，本节仅仅对一些常见的机械结构做出介绍。

2.1.1 上肢——臂部、腕部、手部

机器人臂部是机器人的主要执行部件，如图2-1所示，其作用是支撑手部和腕部，并改变手部在空间的位置。机器人的臂部一般具有多个自由度，即伸缩、回转、俯仰或升降等。机器人的臂部的结构形式必须根据机器人的运动形式、抓取质量、动作自由度、运动精度、受力情况、驱动单元的布置、线缆的布置与手腕的连接形式等因素来确定，其总质量较大，受力较复杂，运动部分零部件的质量直接影响着臂结构的刚度和强度。因此设计臂部时一般要注意下述要求：

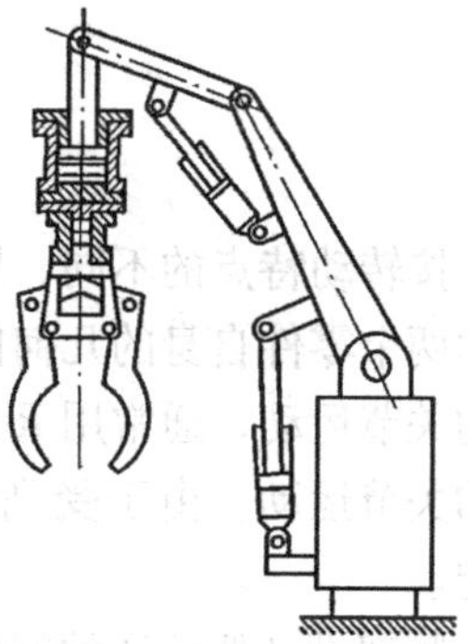

图2-1 常见机械臂

1）刚度要大。为防止臂部在运动过程中产生过大的变形，手臂截面形状的选择要合理。

2）导向性要好。为防止手臂在直线运动中沿运动轴线发生相对转动，设置导向装置或设计方形、花键等形式的臂杆。

3）偏重力矩要小。要尽量减小臂部运动部分的质量，以减小偏重力矩和整个手臂对回转轴的转动惯量和臂部的质量对其支撑回转轴所产生的静力矩。

机器人手臂的构型是非常重要的，合理的构型设计不仅可以减小空间的占用，还能够减少系统质量，降低整个系统的复杂程度，提高整个系统的可靠性。机器人手臂的构型设计主要由关节自由度配置和关节间连接部件尺寸两个方面来决定。自由度越多，结构则越复杂。

机器人手臂的运动学、动力学分析

机器人的手臂由大臂、小臂（或多臂）所组成，其作用是连接机身和腕部，实现操作机在空间上的运动。手臂的驱动方式主要有液压驱动、气动驱动和电气驱动几种形式，其中电气驱动（简称为电动形式）最为通用。

行程较小时，常用气缸直接驱动；行程较大时，可采用步进电动机或伺服电动机驱动，也可采用丝杠螺母或滚珠丝杠传动。为增加手臂的刚性，防止手臂在伸缩运动时绕轴线转动或产生变形，臂部伸缩机构需设置导向装置或设计方形、花键等形式的臂杆。常用的导向装置有单导向杆和双导向杆等，可根据手臂的结构、抓重等因素选取。

腕部用来连接操作机手臂和末端执行器，起支承手部和改变手部姿态的作用。对于一般的机器人来说，与手部相连的手腕都具有独驱自转的功能，若手腕能在空间任取方位，那么与之相连的手部就可以在空间任取姿态，即达到完全灵活。

从驱动方式看，手腕一般有两种形式，即远程驱动和直接驱动的组合，如图 2-2 所示。直接驱动是指驱动器安装在手腕运动关节的附近，直接驱动关节运动，因而传动路线短，传动刚度好，但腕部的尺寸和质量大，惯量大。远程驱动方式的驱动器安装在机器人的大臂、基座或小臂远端上，通过连杆、链条或其他传动机构间接驱动腕部关节运动，因而手腕的结构紧凑，尺寸和质量小，对改善机器人的整体动态性能有好处，但传动设计复杂，传动刚度也降低了。

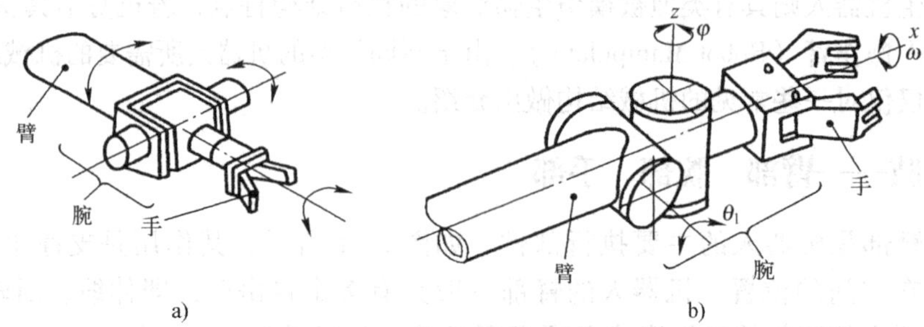

图 2-2 腕部关节配置图

a）组合一 b）组合二

按转动特点的不同，用于手腕关节的转动又可细分为滚转和弯转两种。滚转是指组成关节的两个零件自身的几何回转中心和相对运动的回转轴线重合，因而能实现 360°无障碍旋转的关节运动，通常用 *R* 来标记。弯转是指两个零件的几何回转中心和其相对转动轴线垂直的关节运动。由于受到结构的限制，其相对转动角度一般小于 360°。弯转通常用 *B* 来标记。

腕部设计要注意的问题如下：

1）结构紧凑，重量轻。

2）动作灵活、平稳，定位精度高。

3）强度、刚度高。

4）合理设计与臂部和手部的连接部分以及传感器和驱动装置的布局和安装。

机器人的手部作为末端执行器是完成抓握工件或者执行特定作业的重要部件，也需要有多种结构，如图 2-3 所示。手部与手腕处有机械接口，也可能有电、气、液接头。机器人的手部可以像人手那样具有手指也可不具备手指；可以是类人的手爪也可以是进行专业作业的工具，例如装在机器人手腕上的刀具、喷漆枪等。一般的机器人手部的通用性都比较差，通常都是专用的装置。手部在整个机器人看来是完成一系列动作好坏的关键部件之一，常用的手部按其握持原理可以分为夹持类、吸附类和仿人类三大类。

2.1.2 下肢——移动机构

20 世纪 60 年代以来，机械加工、弧焊、点焊、喷漆、装配和检测等各种类型的机器人相继出现并迅速在工业生产中实用化，这大大提高了产品的一致性和质量。然而随着机器人的不断发展，人们发现这些固定在某一位置操作的机器人并不能完全满足各方面的需要。

因此，20 世纪 80 年代后期，许多国家有计划地开展了移动机器人技术的研究。所谓

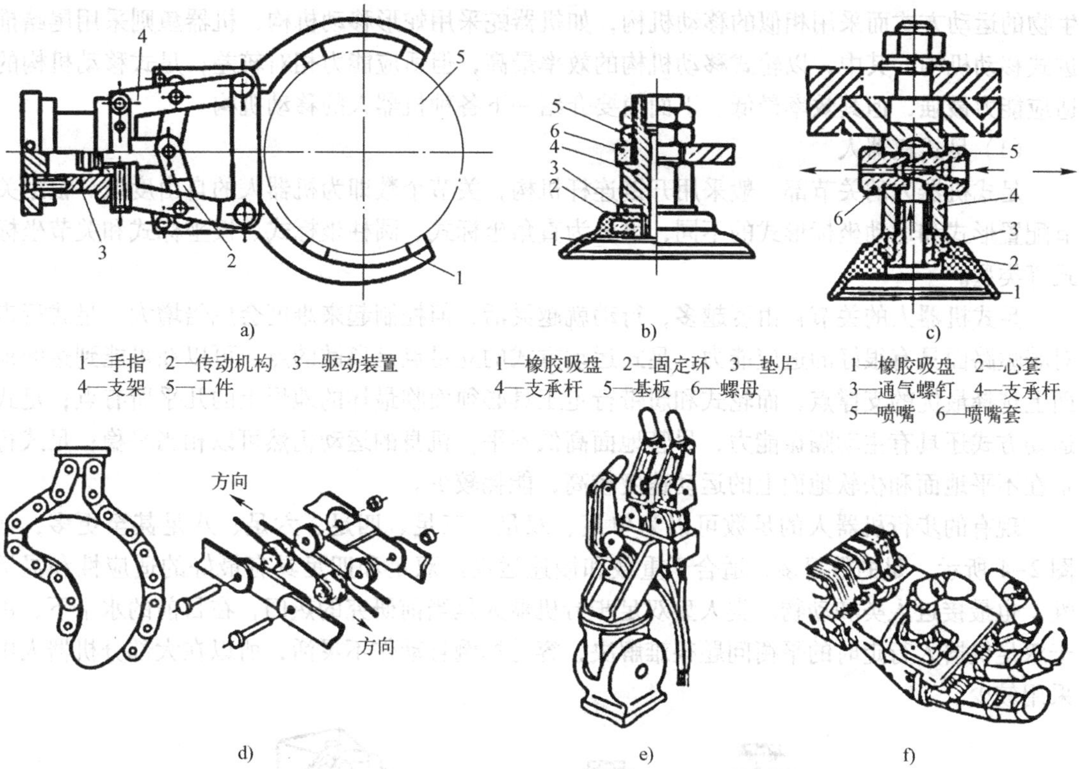

图 2-3 机器人手部

a）夹钳式手部 b）真空气吸附手部 c）气流负压吸附手部 d）多关节柔性手 e）三指灵巧手 f）四指灵巧手

的移动机器人，就是一种具有高度自规划、自组织、自适应能力，适合在复杂的非结构化环境中工作的机器人。自主式移动机器人的目标是在没有人的干预、无须对环境做任何规定和改变的条件下，有目的地移动和完成相应任务。在自主式移动机器人相关技术的研究中，导航技术是其研究核心，也是移动机器人实现智能化及完全自主的关键技术。导航研究的目标就是：在没有人的干预下使机器人有日的地移动并完成特定任务，进行特定操作。

移动机器人的分类如下：按工作环境可分为室内移动机器人和室外移动机器人；按移动方式可分为轮式移动机器人、步行移动机器人、蛇形移动机器人、履带式移动机器人和爬行机器人等；按控制体系结构可分为功能式（水平式）结构机器人、行为式（垂直式）结构机器人和混合式结构机器人；按功能和用途可分为医疗机器人、军用机器人、助残机器人和清洁机器人等；按作业空间可分为陆地移动机器人、水下机器人、无人机和空间机器人。从最早出现的固定机器人到现在涌现的移动机器人，其移动机构的形式层出不穷，以美国、俄罗斯、法国和日本为代表的发达国家已经研制出了多种复杂奇特的三维移动机构，有的已经进入了实用化和商业化阶段。面对 21 世纪深空探测的挑战，对各种自主系统的研制是必需的，而移动机构又是各种自主系统的最基本和最关键的环节。

移动机器人的移动机构主要有轮式移动机构、履带式移动机构、足式移动机构、蛇行式移动机构和混合式移动机构等，以适应不同的环境和场合。一些仿生机器人，通常模仿某种生物的运动方式而采用相似的移动机构，如机器蛇采用蛇形移动机构，机器鱼则采用尾鳍推进式移动机构。其中，以轮式移动机构的效率最高，但适应能力相对较差；足式移动机构的适应能力最强，但其效率最低。下面简要介绍一下各种机器人的移动机构。

（1）足式机器人

足式机器人的关节部一般采用开链连杆机构，关节个数即为机器人的自由度数。根据关节配置形式和运动坐标形式的不同，可分为直角坐标式、圆柱坐标式、极坐标式和关节坐标式等类型。

足式机器人的关节自由度越多，行动就越灵活，但控制起来难度会成倍增大。足式行走对崎岖路面具有很好的适应能力，足式运动方式的立足点是离散的点，可以在可能到达的地面上选择最优的支撑点，而轮式和履带行走工具必须面临最坏的地形上的几乎所有点；足式运动方式还具有主动隔振能力，尽管地面高低不平，机身的运动仍然可以相当平稳；足式行走在不平地面和松软地面上的运动速度较高，能耗较少。

现有的步行机器人的足数可以为单足、双足、三足、四足、六足、八足甚至更多，如图 2-4 所示。足的数目多，适合于重载和慢速运动。双足和四足具有最好的适应性和灵活性，也最接近人类和动物。类人型双足步行机器人是当前研究的热门，在目前的水平下，由于双足机器人行走时的平衡问题很难解决，容易摔倒且动作不灵活，所以在大部分机器人中采用较少。

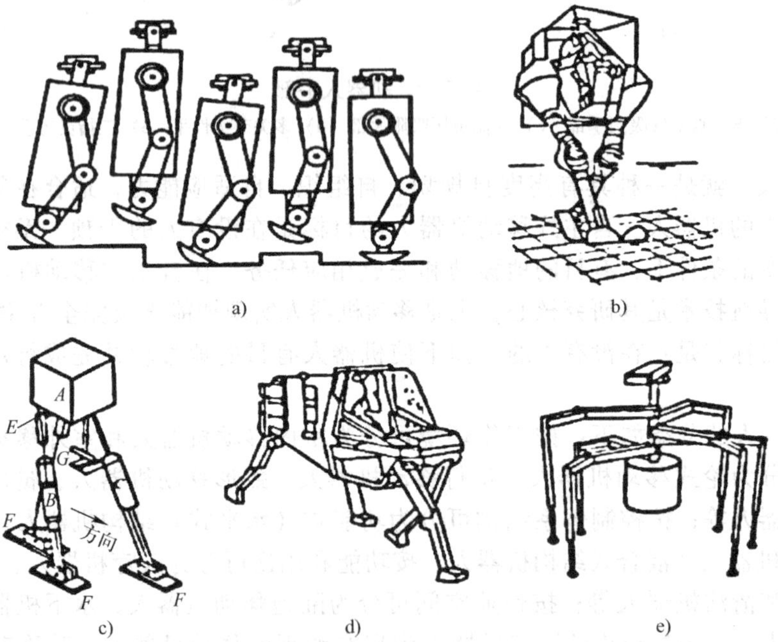

图 2-4　足式行走机器人

a）单足跳跃机器人　b）双足机器人　c）三足机器人　d）四足机器人　e）六足机器人

（2）轮式机器人

轮式机器人有两轮式、三轮式、四轮式和多轮式等，如图 2-5 所示。优点是结构简单、动作灵活和定位准确；缺点是不适合在不平坦的道路上行走。轮式机器人常见的轮子主要有普通轮（主动轮）、万向轮（从动轮）和全向轮（主动轮）。选择什么样的轮子组合主要是依据机器人所移动的环境和用途所定。

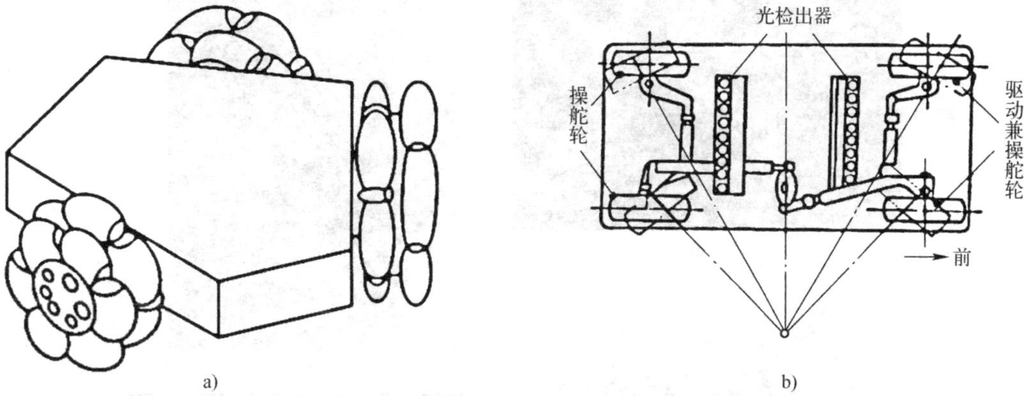

图 2-5　轮式机器人

a）三轮式模型　b）四轮式机器人车轮配置

（3）履带式机器人

履带式机器人的履带布置方式有双履带和多履带两种，像大家熟悉的电影《机器人总动员》里面的主角机器人就是双履带机器人，如图 2-6 所示。优点是兼具轮式和足式的长处，如越坑、爬楼梯等，其与地接触面大，所以稳定性好；缺点是效率较低，功耗较大。

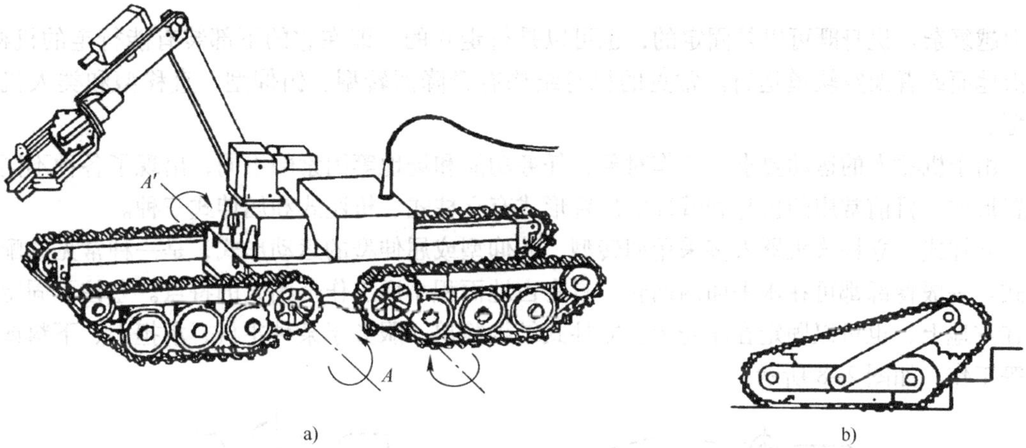

图 2-6　履带式机器人

a）双重履带式机器人（6 个自由度）　b）形状可变式履带机构

（4）特殊行走方式机器人

特殊行走方式机器人主要应用在一些特殊场合，比如说在沙漠中像蛇一样的蠕动行走方式，在水里像鱼儿一样的尾巴游动方式，在空中像鸟儿一样的翅翼飞行方式等，如图 2-7 所示。

2.1.3　躯干——机身

机身是直接连接、支承和传动手臂及移动机构的部件。一般情况下，实现臂部的升降、回转或俯仰等运动的驱动装置或传动部件都安装在机身上。臂部的运动越多，机身的结构和

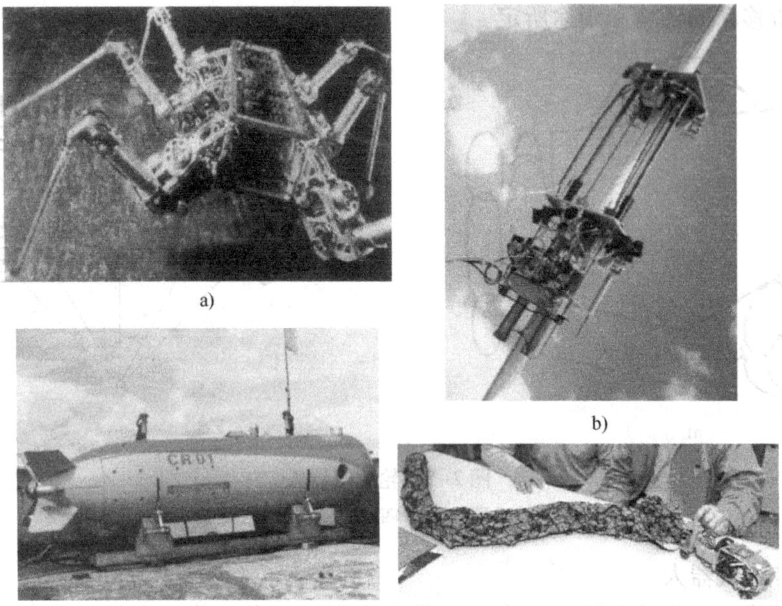

图 2-7　特殊行走式机器人

a）军用昆虫机器人　b）爬缆索机器人　c）水下 6000 m 无缆自治机器人　d）蛇形机器人

受力越复杂。机身既可以是固定的，也可以是行走式的，即在它的下部装有能行走的机构，可沿地面或者架空轨道运行。常见的机身结构有升降回转型、俯仰型、直移型和类人机器人型。

由于机器人的运动要求、工作对象、任务功能和场地等因素的不同，出现了各种不同的配置形式。目前常用的机身和臂部的配置形式有立柱式、机座式和屈伸式三种。

立柱式：立柱式机器人多采用回转型、俯仰型或屈伸型的运动形式，是一种常见的配置形式。一般臂部都可在水平面内回转，具有占地面积小而工作范围大的特点。立柱可固定安装在空地上，也可以固定在床身上。立柱式结构简单，服务于某种主机，承担上、下料或转运等工作，如图 2-8 所示。

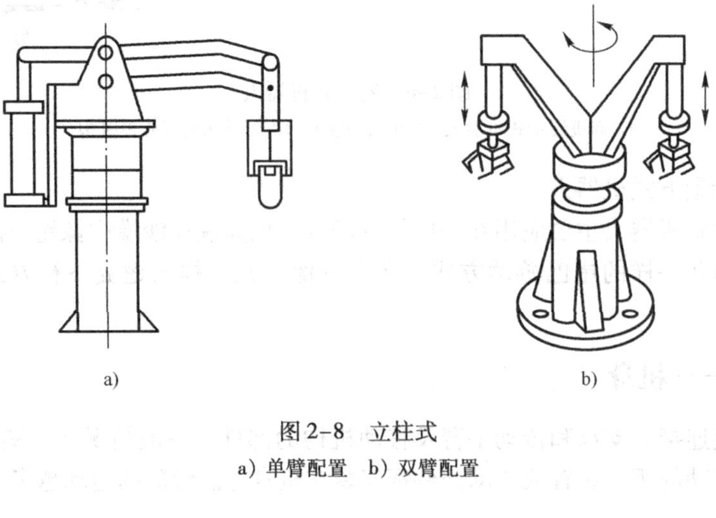

a)　　　　b)

图 2-8　立柱式

a）单臂配置　b）双臂配置

机座式：机身设计成机座式，这种机器人可以是独立的、自成系统的完整装置，可以随意安放和搬动；也可以具有行走机构，如沿地面上的专用轨道移动，以扩大其活动范围。各种运动形式均可设计成机座式，如图 2-9 所示。

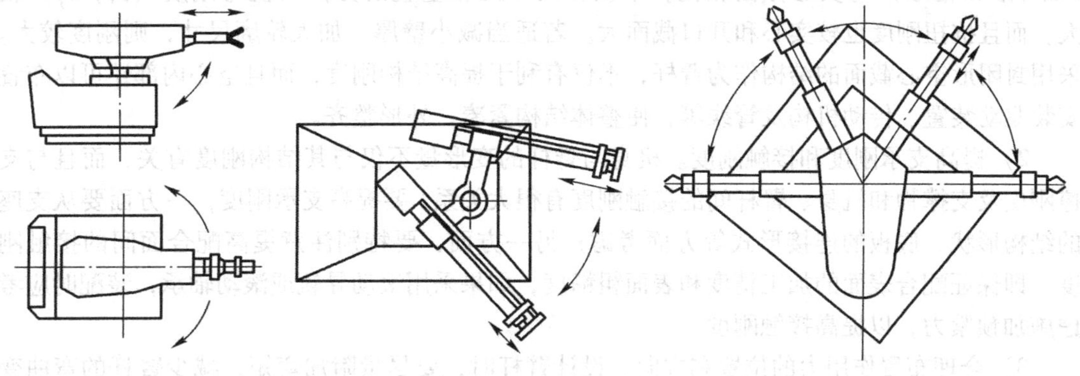

图 2-9　机座式

a）单臂回转式　b）双臂回转式　c）多臂回转式

屈伸式：屈伸式机器人的臂部由大小臂组成，大小臂间有相对运动，称为屈伸臂。屈伸臂与机身间的配置形式关系到机器人的运动轨迹，可以实现平面运动，也可以做空间运动，如图 2-10 所示。

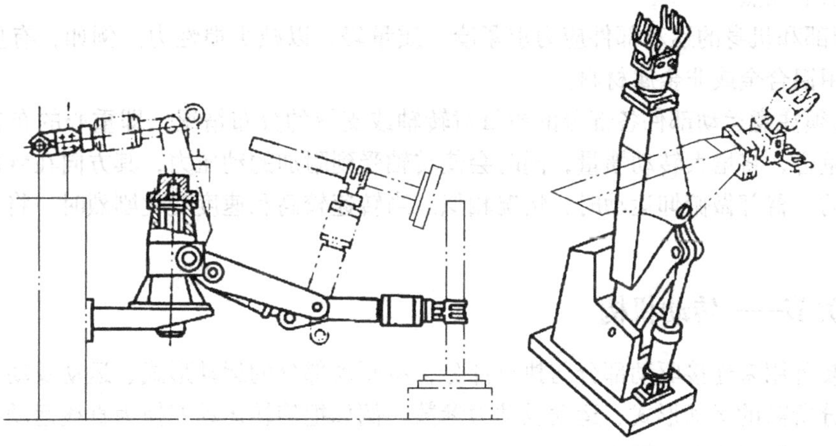

图 2-10　屈伸式

a）平面屈伸式　b）空间屈伸式

机身和臂部的工作性能对机器人的负荷能力和运动精度影响很大，在设计时应注意以下几个问题。

（1）刚度

刚度是指机身或臂部在外力作用下抵抗变形的能力。它是用外力和在外力作用方向上的变形量（位移）之比来度量的。变形越小，则刚度越大。机器人的机身和臂部的刚度是一个比强度更突出的问题。为提高刚度，应注意以下几点：

1）根据受力情况，合理选择截面形状和轮廓尺寸。机身和臂部通常既受弯曲力（不仅一个方向的弯曲），也受扭转力，应选用抗弯和抗扭刚度较大的截面形状。封闭的空心截面（圆环形和箱形）与实心截面相比，不仅在两个互相垂直的方向上抗弯刚度（J_x，J_y）较大，而且抗扭刚度也较实心和开口截面大。若适当减小壁厚，加大轮廓尺寸，则刚度较大。采用封闭形空心截面的结构作为臂杆，不仅有利于提高结构刚度，而且空心内部还可以布置安装驱动装置、传动机构及管线等，使整体结构紧凑，外形整齐。

2）提高支承刚度和接触刚度。机身与臂杆的变形量不仅与其结构刚度有关，而且与支撑刚度及支撑物和机身、臂杆间的接触刚度有很大关系。要提高支承刚度，一方面要从支座的结构形状、底板的连接形式等方面考虑；另一方面，要特别注意提高配合面间的接触刚度，即保证配合表面的加工精度和表面粗糙度，如果采用滚动导轨或滚动轴承，装配时应考虑施加预紧力，以提高接触刚度。

3）合理布置作用力的位置和方向。设计臂杆时，要尽量附加弯矩，减少臂杆的弯曲变形。关于合理布置作用力的问题，在结构设计时，应结合具体受力情况加以全面考虑。例如，可设法使各作用力引起的变形相互抵消。

（2）平稳性

机身和臂部的运动较多，质量较大，如果运动速度和负荷又较大，当运动状态变化时，将产生冲击和振动。这不仅会影响机器人的精确定位，甚至会使其不能正常运转。为了提高工作平稳性，在设计时应采取有效的缓冲装置以吸收能量。从减少能量的产生方面来看，一般应注意以下几点：

1）臂部和机身的运动部件应力求紧凑、质量轻，以减少惯性力。例如，有些机器人臂部构件采用铝合金或非金属材料。

2）必须注意运动部件各部分的质量对转轴或支承的分布情况，即重心的布置。如重心与转轴不重合，将增大转动惯量，同时会使转轴受到附加的动压力，其方向在臂部转动中是不断变化的。臂部做俯仰运动时，情况相似。当转速较高和速度变化剧烈时，将有较大的冲击和振动。

2.1.4 关节——传动机构

传动装置用来连接驱动部分与执行部分，将驱动部分的运动形式、运动及动力参数转变为执行部分所需的运动形式、运动及动力参数。例如把旋转运动变换为直线运动；高转速变为低转速；小转矩变为大转矩。

机器人机械上常用的传动部件有齿轮、齿条、滚珠丝杠、连杆、链、蜗轮、同步带和谐波齿轮等。

1. 齿轮传动

齿轮是能互相啮合的有齿的机械零件，齿轮传动是以齿轮的齿互相啮合来传递动力的机械传动，如图 2-11 所示。其圆周速度可达到 300 km/s，传递功率可达 10^5kW，是现代机械中应用最广的一种机械传动。按其传动方式可分为平面齿轮传动和空间齿轮传动。齿轮传动具有传递动力大、效率高、寿命长、工作平稳、可靠性高、能保持恒定的传动比等优点，但其制作和安装精度要求较高，不宜实现远距离传动。

图 2-11　齿轮传动

2. 带传动

利用紧套在带轮上的挠性环形带与带轮间的摩擦力来传递动力和运动的机械传动如图 2-12所示。按工作原理可以分为摩擦型和啮合型两种。

摩擦型带传送由主动轮、从动轮和张紧在两轮上的环形传送带组成。带在静止时受预拉力的作用，在带与带轮接触面间产生正压力。当主动轮转动时，靠带与主、从动带轮接触面间的摩擦力，拖动从动轮转动，实现传动。

啮合型带传动靠带齿与轮齿之间的啮合实现传动，相比于摩擦型带传动，其优点是无相对滑动使圆周速度同步。

3. 链传动

链传动是由两个具有特殊齿形的链轮和一条挠性的闭合链条所组成的，依靠链和链轮轮齿的啮合而传动，如图 2-13 所示。其特点是可以在传动大扭矩时避免打滑，但传递大于额定扭矩时，如果链条卡住可能损坏电动机。链传动主要用于传动速比准确或者两轴相距较远的场合。

图 2-12　带传动

图 2-13　链传动

4. 连杆传动

连杆传动是利用连杆机构传动动力的机械传动方式，如图 2-14 所示，在所有的传动方式中连杆传动功能最多，可以将旋转运动转化为直线运动、往返运动或指定轨迹运动，甚至还可以指定经过轨迹上某点时的速度。连杆传动需要非常巧妙的设计，按照连架杆可分为曲柄式和拨叉式两种。

5. 齿轮齿条装置（旋转→平移）

通常，齿条是固定不动的；当齿轮转动时，带动齿轮轴连同拖板沿齿条方向做直线运动，如图 2-15 所示。这样，齿轮的旋转运动就转换成为拖板的直线运动，该装置的回差较大。

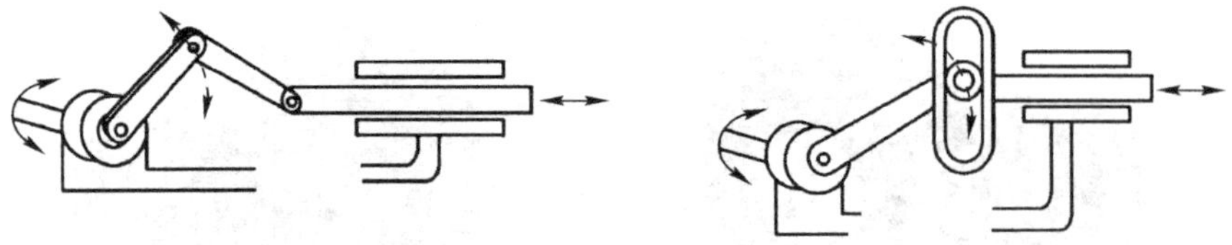

图 2-14　连杆传动

a）曲柄式　b）拨叉式

6. 丝杠传动（旋转→平移）

普通丝杠传动是由一个旋转的精密丝杠驱动一个螺母沿丝杠轴向移动，如图 2-16 所示。滑动摩擦力大、低速时易产生爬行现象，且回差大。通过在丝杠螺母的螺旋槽里放置了许多滚珠，演变成滚珠丝杠。滚动摩擦小、运动平稳、双螺母预紧去回差。

图 2-15　齿轮齿条

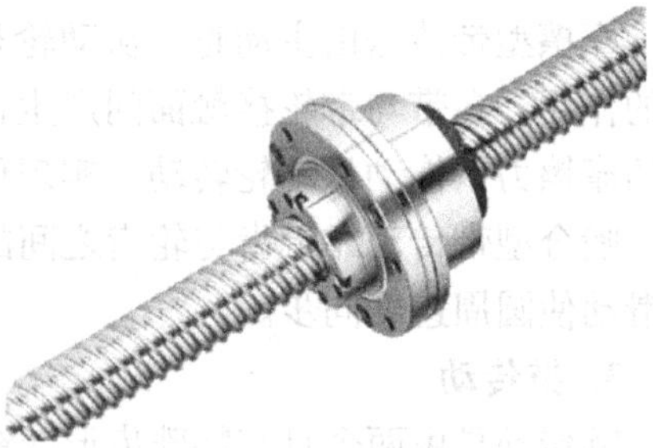

图 2-16　丝杠

7. 蜗轮蜗杆传动

用来传递空间互相垂直而不相交的两轴间的运动和动力的传动机构如图 2-17 所示。其特点是传动比大，传动力矩大；结构紧缩，传动平稳；有自锁性能，能够获得很大的减速比。蜗轮旋转一圈，驱动蜗杆旋转一个齿。即运动只能由蜗杆传递到蜗轮而不能反过来，这种单向传动的特性一般也称为自锁，即当外力想驱使蜗轮转动时，会被蜗杆锁住而无法转动。

图 2-17　蜗轮蜗杆传动

8. 谐波齿轮传动

谐波齿轮传动机构由刚性齿轮、谐波发生器和柔性齿轮三个主要零件组成。刚性齿轮固定安装，柔性齿轮沿刚性齿轮的内齿转动，如图 2-18 所示。柔性齿轮比刚性齿轮少两个齿，所以柔性齿轮沿刚性齿轮每转一圈就反方向转过两个齿的相应转角。谐波发生器具有椭圆形轮廓，装在谐波发生器上的滚珠用于支承柔性齿轮，谐波发生器驱动柔性齿轮旋转并使之发生塑性变形。转动时，柔性齿轮的椭圆形端部只有少数齿与刚性齿轮啮合，只有这样，柔性齿轮才能相对于刚性齿轮自由地转过一定的角度。

9. 凸轮传动

重复完成简单动作的搬运机器人中广泛采用连杆与凸轮机构，例如，从某位置抓取物体放在另一位置上的作业。凸轮一般分为外凸轮、内凸轮和圆柱凸轮三种，如图 2-19 所示。

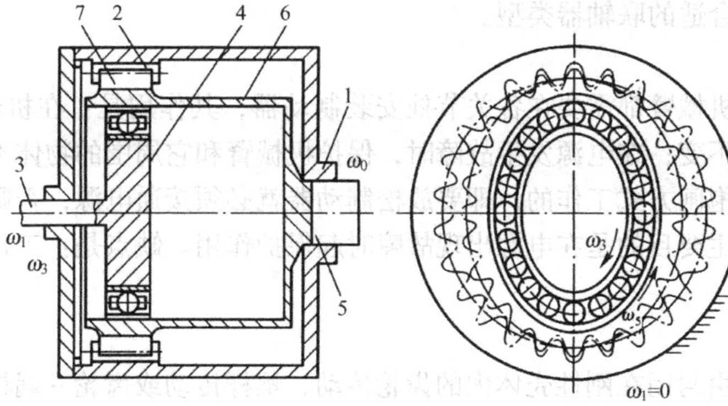

图 2-18　谐波齿轮

1—刚轮；2—刚轮内齿圈；3—输入轴；4—谐波发生器；5—轴；6—柔轮；7—柔轮齿圈

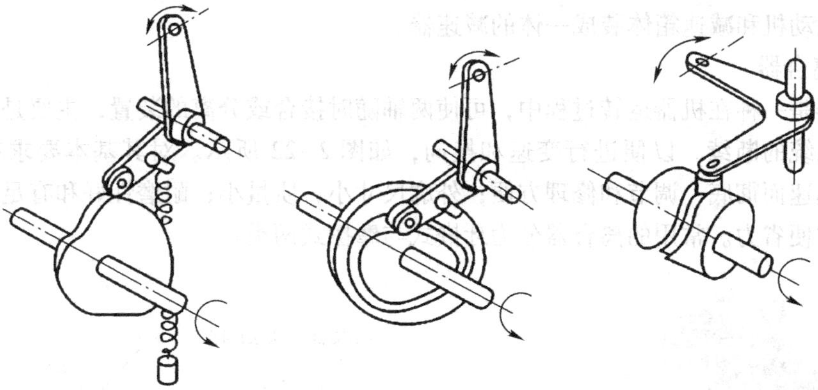

a)　　b)　　c)

图 2-19　凸轮

a）外凸轮　b）内凸轮　c）圆柱凸轮

机器人的机械构造除了每个关节构成传动装置外，还有一些特殊的机械部件完成相应的功能，例如联轴器、制动器、离合器和减速器等。

（1）联轴器

联轴器是用来连接不同机构中两根轴（主动轴和从动轴）使之共同旋转以传递扭矩的机械部件，如图 2-20 所示。广义的联轴器还包括胀套、万向节等，连接形式也扩展到轴和孔连接，轴和法兰连接，法兰和法兰、法兰和孔连接等。选择联轴器类型时，应考虑以下因素：

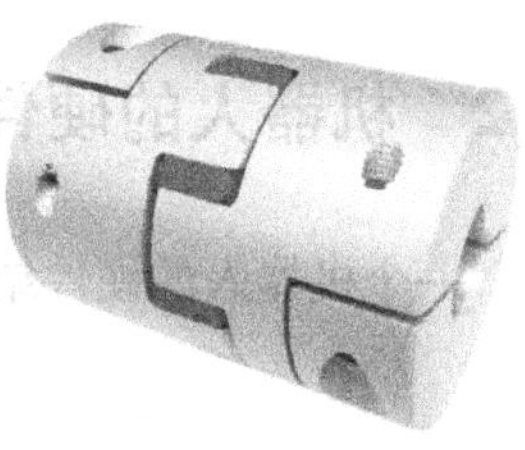

图 2-20　联轴器

1）所需传递转矩的大小和性质，对缓冲、减振功能的要求以及是否可能发生共振等。

2）由制造和装配误差、轴受载和热膨胀变形以及部件之间的相对运动等引起两轴轴线的相对位移程度。

3）许用的外形尺寸和安装方法。

此外，还应考虑工作环境、使用寿命、润滑和密封以及经济性等条件，再参考各类联轴器特性，选择一种合适的联轴器类型。

（2）制动器

许多机器人的机械臂都需要在各关节处安装制动器，其作用是：在机器人停止工作时，保持机械臂的位置不变；在电源发生故障时，保护机械臂和它周围的物体不发生碰撞。制动器通常是按照失效抱闸方式工作的，即要放松制动器就必须接通电源，否则，各关节不能产生相对运动。它的主要目的是在电源出现故障时起保护作用。缺点是：工作期间不断花费电力使制动器放松。

（3）减速器

减速器是一种由封闭在刚性壳体内的齿轮传动、蜗杆传动或齿轮-蜗杆传动所组成的独立部件，如图2-21所示，常用在工作机和动力机之间作为减速的传动装置。按传动类型分，有圆柱齿轮减速器、圆锥齿轮减速器、蜗杆减速器和行星齿轮减速器等。其中少齿差行星齿轮减速器、摆线针轮行星减速器和谐波传动减速器，结构紧凑，可实现较大传动比。此外还有将电动机和减速箱体装成一体的减速器。

（4）离合器

离合器是一种在机器运转过程中，可使两轴随时接合或分离的装置，主要是用来操纵机器人传动系统的断续，以便进行变速和换向，如图2-22所示。对其基本要求有：接合平稳，分离迅速而彻底；调节和修理方便；外廓尺寸小；质量小；耐磨性好和有足够的散热能力；操作方便省力。常用的离合器分为牙嵌式与摩擦式两类。

图2-21　圆柱齿轮减速器

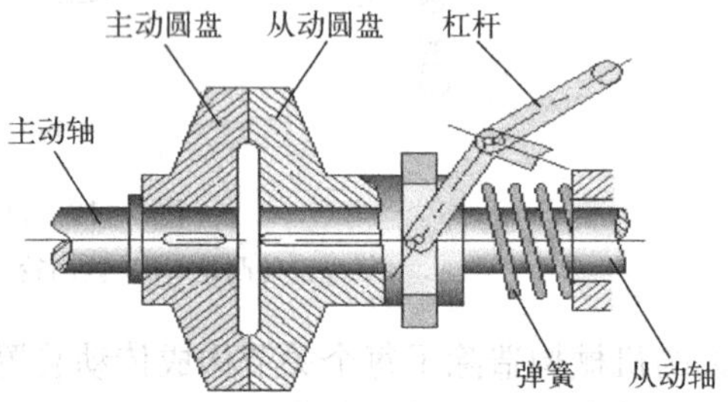

图2-22　离合器简化图

2.2　机器人的硬件

一个机器人的硬件结构如图2-23所示，包括以下几个部分：

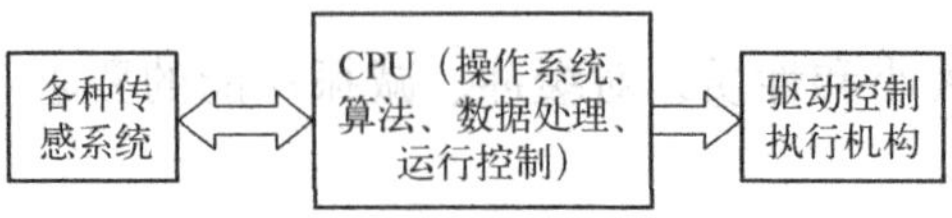

图2-23　机器人硬件系统图

1）驱动控制执行机构，可以通过控制器的控制信号来控制使其驱动机械机构执行相应的动作行为，相当于人的“四肢”。

2）设备上或周围的传感器，可以感知周围环境并向设备提供有用的反馈，相当于人的“五官”。

3）根据设备当前的情况处理传感器输入，并按照情况指示系统执行相应动作的系统，相当于人的“大脑”。

2.2.1 处理控制系统

“大脑”是机器人区别于简单的自动化机器的主要标志。后者在重复指令下完成一系列重复操作。机器人大脑能够处理外界的环境参数如距离信号，然后根据编程或者接线的要求去决定合适的系列反应，如果没有某种形式的大脑，机器人实际上只不过是一个配有电动机的玩具，一再重复同样的动作，对周围的一切毫无所知。在机器人中最常见的大脑是一种或者多种处理器如 PC、微处理器、微控制器、DSP、FPGA、SoC 等和外接的相应外围电路所构成的。

（1）嵌入式微处理器（Embedded Microprocessor Unit，EMPU）

嵌入式微处理器采用“增强型”通用微处理器。由于嵌入式系统通常应用于比较恶劣的环境中，因而嵌入式微处理器在工作温度、电磁兼容性以及可靠性方面的要求较通用的标准微处理器高。但是，嵌入式微处理器在功能方面与标准的微处理器基本上是一样的。根据实际嵌入式应用要求，将嵌入式微处理器装配在专门设计的主板上，只保留和嵌入式应用有关的主板功能，这样可以大幅度减小系统的体积和功耗。和工业控制计算机相比，嵌入式微处理器组成的系统具有体积小、重量轻、成本低、可靠性高的优点，但在其电路板上必须包括 ROM、RAM、总线接口和各种外设等器件，从而降低了系统的可靠性，技术保密性也较差。由嵌入式微处理器及其存储器、总线和外设等安装在一块电路主板上构成一个通常所说的单板机系统。EMPU 目前主要有 x86、Power PC、Motorola 68000、MIPS、ARM 系列（见图 2-24）等。

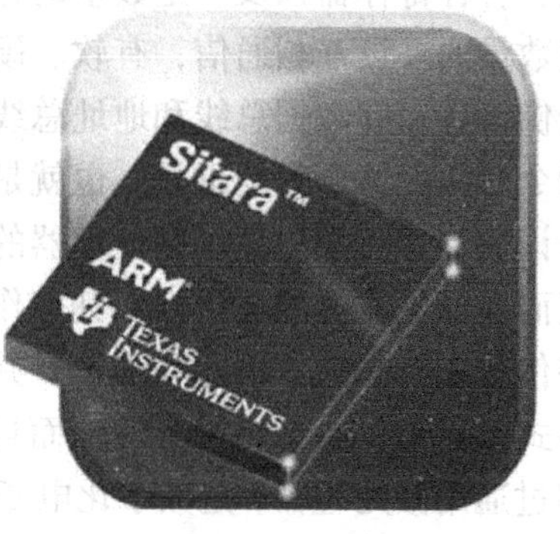

图 2-24 ARM 微处理器

（2）嵌入式微控制器（Microcontroller Unit，MCU）

嵌入式微控制器又称单片机，它将整个计算机系统集成到一块芯片中，如图 2-25 所示。嵌入式微控制器一般以某种微处理器内核为核心，根据某些典型的应用，在芯片内部集成了 ROM/EPROM、RAM、总线、总线逻辑、定时/计数器、看门狗、I/O、串行口、脉宽调制输出、A-D、D-A、Flash RAM、EEPROM 等各种必要功能部件和外设。为适应不同的应用需求，对功能的设置和外设的配置进行必要的修改和裁减定制，使得一个系列的单片机具有多种衍生产品，每种衍生产品的处理器内核都相同，不同的是存储器和外设的配置及功能的设置。这样可以使单片机最大限度地和应用需求相匹配，从而减少整个系统的功耗和成本。和嵌入式微处理器相比，微控制器的单片化使应用系统的体积大大减小，从而使功耗和成本大幅度下降，可靠性提高。由于嵌入式微控制器目前在产品的品种和数量上是所有种类嵌入式处理器中最多的，而且上述诸多优点决定了微控制器是嵌入式系统应用的主流。微控制器的片上外设资源一般比较丰富，适合于控制，因此称为微控制器。它最具代表性的有

8051/8052、MCS-96/196、PIC、M16C（三菱）、XA（Philips）和 AVR（Atmel）等系列。

图 2-25　常用单片机

（3）嵌入式 DSP 处理器（Embedded Digital Signal Processor，EDSP）

DSP 是一种独特的微处理器，有自己的完整指令系统，是以数字信号来处理大量信息的器件，如图 2-26 所示。一个数字信号处理器在一块不大的芯片内包括有控制单元、运算单元、各种寄存器以及一定数量的存储单元等，在其外围还可以连接若干存储器，并可以与一定数量的外设互相通信，有软、硬件的全面功能，本身就是一个微型计算机。DSP 采用的是哈佛设计，即数据总线和地址总线分开，使程序和数据分别存储在两个分开的空间，允许取指令和执行指令完全重叠。也就是说，在执行上一条指令的同时就可取出下一条指令，并进行译码，这大大提高了微处理器的速度。另外还允许在程序空间和数据空间之间进行传输，因而增加了器件的灵活性。其工作原理是接收模拟信号，转换为 0 或 1 的数字信号，再对数字信号进行修改、删除和强化，并在其他系统芯片中把数字信号解译回模拟信号或实际环境格式。它不仅具有可编程性，而且其实时运行速度可达每秒数以千万条复杂指令程序，远远超过通用微处理器，是数字化电子世界中日益重要的电脑芯片。它的强大数据处理能力和高运行速度，是最值得称道的两大特色。由于它运算能力很强，速度很快，体积很小，而且采用软件编程具有高度的灵活性，因此为从事各种复杂的应用提供了一条有效途径。

图 2-26　高速 DSP 芯片

（4）现场可编程门阵列（Field Programmable Gate Array，FPGA）

FPGA 是在 PAL、GAL 和 PLD 等可编程器件的基础上进一步发展的产物，是专用集成电路（ASIC）中集成度最高的一种，如图 2-27 所示。FPGA 采用了逻辑单元阵列 LCA（Logic

Cell Array）这样一个新概念，内部包括可配置逻辑模块 CLB（Configurable Logic Block）、输入输出模块 IOB（Input Output Block）和内部连线（Interconnect）三个部分。用户可对 FPGA 内部的逻辑模块和 I/O 模块重新配置，以实现用户的逻辑。它还具有静态可重复编程和动态在系统重构的特性，使得硬件的功能可以像软件一样通过编程来修改，可以用 VHDL 或 Verilog HDL 来编程。作为专用集成电路（ASIC）领域中的一种半定制电路，FPGA 既解决了定制电路的不足，又克服了原有可编程器件门电路数有限的缺点。可以毫不夸张地讲，FPGA 能完成任何数字器件的功能，上至高性能 CPU，下至简单的 74 电路，都可以用 FPGA 来实现。FPGA 如同一张白纸或者一堆积木，工程师可以通过传统的原理图输入法，或者硬件描述语言自由地设计一个数字系统。目前 FPGA 的品种很多，有 XILINX 的 XC 系列、TI 公司的 TPC 系列和 ALTERA 公司的 FIEX 系列等。

（5）嵌入式片上系统（System on Chip，SoC）

随着 EDI 的推广和 VLSI 设计的普及化，以及半导体工艺的迅速发展，可以在一块硅片上实现一个更为复杂的系统，这就产生了 SoC 技术。各种通用处理器内核将作为 SoC 设计公司的标准库，和其他许多嵌入式系统外设一样，成为 VLSI 设计中一种标准的器件，如图 2-28 所示，用标准的 VHDL、Verilog 等硬件语言描述，存储在器件库中。用户只需定义出其整个应用系统，仿真通过后就可以将设计图交给半导体工厂制作样品。这样除某些无法集成的器件以外，整个嵌入式系统大部分均可集成到一块或几块芯片中去，应用系统电路板将变得很简单，对于减小整个应用系统体积和功耗、提高可靠性非常有利。目前有 Siemens 的 Tri Core、Motorola 的 M · Core、英国的 ARM 核及产品化 C8051F（美国 Cygnal 公司）等。

图 2-27　FPGA 芯片

图 2-28　SoC 芯片

在机器人系统中的控制处理单元选择主要取决于应用领域、用户需求（性能、功耗、集成度）、成本以及开发难易程度等因素。软件端的算法在硬件端的实现也是一个关键因素，比如某些处理器能够非常高效地处理某类算法如大量的数据运算，则需选择 DSP 处理器。

机器人控制器是根据指令以及传感信息控制机器人完成一定的动作或作业任务的装置，它是机器人的心脏，决定机器人性能的优劣，也在一定程度上影响着机器人的发展。目前，人工智能、计算机科学、传感器技术及其他相关学科的长足进步，使得机器人的研究在高水平上进行，同时也对机器人控制器的性能提出更高的要求。

1）单 CPU 结构、集中控制方式：用一台功能较强的计算机实现全部控制功能，包括传感器数据的处理、运动规划、伺服控制等都集成到一个 CPU 中，串行执行。这种结构一般只用在结构和功能比较简单的机器人中。早期的机器人大多运用这种方式，但由于控制过程中需要许多计算（如坐标变换），因此这种控制结构虽然降低了系统的复杂性，有利于系统整体性能的优化，但是运行速度较慢，要求主控制器具有极强的处理能力，不利于并行计算，缺乏对动态、复杂环境的适应性。

2）二级 CPU 结构、主从式控制方式：一级 CPU 为主机，担当系统管理、机器人语言编译和人机接口功能，同时也利用它的运算能力完成坐标变换、轨迹插补，并定时地把运算结果作为关节运动的增量送到公用内存，供二级 CPU 读取；二级 CPU 完成全部关节位置数字控制。这类系统的两个 CPU 总线之间基本没有联系，仅通过公用内存交换数据，是一个松耦合的关系。对采用更多的 CPU 进一步分散功能是很困难的。

3）多 CPU 结构、分布式控制方式：目前，普遍采用这种上、下位机二级分布式结构，上位机负责整个系统管理以及运动学计算、轨迹规划等；下位机由多 CPU 组成，每个 CPU 控制一个关节运动，这些 CPU 和主控机联系是通过总线形式的紧耦合。这种结构的控制器工作速度和控制性能明显提高。但这些多 CPU 系统共有的特征都是针对具体问题而采用的功能分布式结构，即每个处理器承担固定任务。分布式控制方式能适应环境的变化，在可靠性、容错性、并行处理和可伸缩性方面优于集中式等结构，目前世界上大多数商品化机器人控制器都是这种结构。

4）开发机器人控制专用 VLSI：设计专用 VLSI（Very Long Scale Integration）能充分利用机器人控制算法的并行性，依靠芯片内的并行体系结构易于解决机器人控制算法中大量出现的计算，能大大提高运动学、动力学方程的计算速度。但由于芯片是根据具体的算法来设计的，当算法改变时，芯片则不能使用，因此采用这种方式构造的控制器不通用，更不利于系统的维护与开发。

5）利用有并行处理能力的芯片式计算机（如 Transputer，DSP）构成并行处理网络：Transputer 是英国 Inmos 公司研制并生产的一种并行处理用的芯片式计算机。利用芯片的 4 对位串通信的 link 对，易于构造不同的拓扑结构，且 Transputer 具有极强的计算能力。利用 Transputer 并行处理器，人们构造了各种机器人并行处理器，如流水线型、树型等。随着数字信号芯片速度的不断提高，高速数字信号处理器（DSP）在信息处理的各个方面得到广泛应用。DSP 以极快的数字运算速度见长，并易于构成并行处理网络。

2.2.2 驱动器系统

当机器人通过“眼睛”和“鼻子”等（各种传感器）完成了对周围环境的探测，再经过“大脑”将环境信息融合选择，最后驱动器系统将得出的结果，给出一个信号（这里通常是电信号）将来自电、液压和气压等各种能源的能量转换成旋转运动、直线运动等方式的机械能。按利用的能源来分类，执行装置主要可分为电动执行装置、液压执行装置和气动执行装置。

电动执行装置的驱动（简称为电动驱动）精确度高，调速方便，但推力较小，大推力时成本高；液压驱动推力大，体积小，调速方便，但系统成本高，可靠性差，维修保压麻烦；气动驱动成本低，动作可靠，不发热，无污染，但推力偏小，不能实现精确的中间位置调节，通常是两个极限位置使用。

1. 电动驱动

在电动执行装置中，机器人的能源是由电动机提供的，通过电动机的转动达到完成机器人如移动、抓取和搬运等一系列操作。电动机的效率等级表明多少消耗的电量转化成机械能。电动机按原理和用途来分可分为直流电动机、交流电动机和控制电动机。

（1）直流电动机

1）直流有刷电动机：直流电动机由定子磁极、转子、电刷和外壳等组成，如图2-29所示。定子磁极采用永磁体，有铁氧体、铝镍钴和钕铁硼等材料。通过换向器将直流转换成电枢绕组中的交流，从而使电枢产生一个恒定的电磁转矩，如图2-30所示。直流电动机通过改变电压或电流控制转速和转矩，其缺点是换相器需经常维护，电刷易磨损，噪声大。但在移动机器人等场合，直流有刷电动机由于其功率密度大、调速方便，调速范围宽、低速性能好（起动转矩大，起动电流小）、尺寸小、控制相对简单、不需交流电等优点仍然被大量运用。

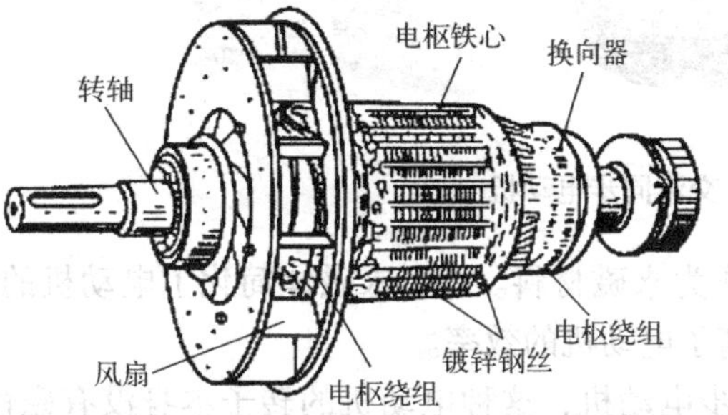

图2-29　直流有刷电动机结构与实物图

2）直流无刷电动机：针对直流有刷电动机的电刷和换向器的强迫性接触，造成结构复杂、可靠性差、变化的接触电阻一系列问题，出现了直流无刷电动机。直流无刷电动机利用电子换向器代替机械电刷和机械换向器，将绕组作为定子，将永久磁铁作为转子，采用霍尔传感器作为换向检测元件，通过晶体管的放大实现电流换向功能，如图2-31所示。

图2-30　直流有刷电动机

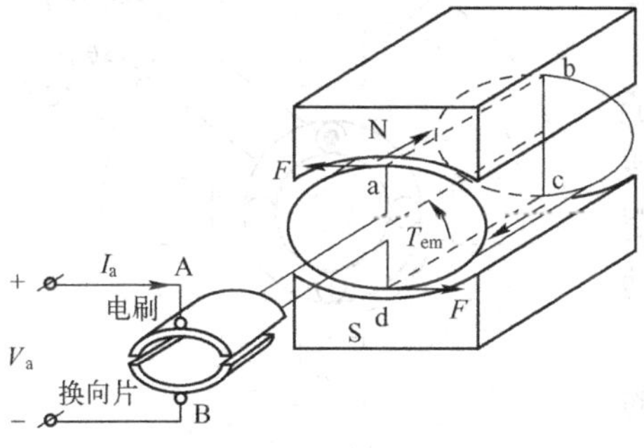

图2-31　直流无刷电动机

（2）交流电动机

交流电动机原理类似于直流电动机，但是由于用的是交流电，无须电刷和换向器。通过改变定子绕组上的电压或频率来改变电动机转速。交流电动机分为同步电动机（见图2-32）与异步电动机两种。

1）同步电动机：其定子是永磁铁，所谓同步是指转子速度与定子磁场速度相同。类型有永磁式、磁阻式和磁滞式等3种。

① 永磁式同步电动机定子绕组一般制成多相（三、四、五相不等），通常为三相绕组。三相绕组沿定子铁心对称分布，在空间互差120°电角度，通入三相交流电时，产生旋转磁

图 2-32　交流同步电动机

场。转子采用永磁体，目前主要以钕铁硼作为永磁材料。采用永磁体简化了电动机的结构，提高了可靠性，又没有转子铜耗，因此提高了电动机的效率。

② 磁阻式同步电动机又称为反应式同步电动机，这种电动机的转子本身没有磁性，只是利用磁场中可移动部件使磁路磁阻最小的原理，依靠转子两个正交方向磁阻的不同而产生转矩，这种转矩称为磁阻转矩或反应转矩。其结构简单，成本低廉，获得了较为广泛的应用。

③ 磁滞式同步电动机的转子是用硬磁材料做成的，这种硬磁材料具有比较宽的磁滞回环，其剩磁密度和矫顽力要比软磁材料大，其优点是结构简单、运转可靠、起动转矩大，不需要装任何起动装置就能平稳地牵入同步。

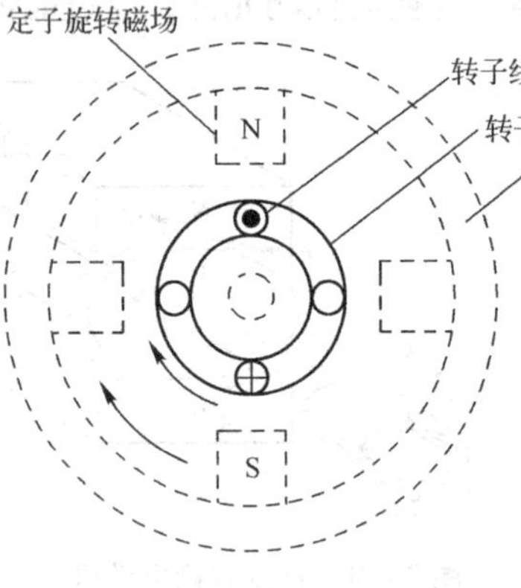

图 2-33　交流异步电动机剖面图

2）异步电动机：转子和定子都有绕组，通过定子的旋转磁场在转子中产生感应电流，从而产生电磁转矩，转子中并不直接产生磁场，如图 2-33 所示，所谓异步是指转子磁场和定子间存在速度差。与其他电动机相比较，异步电动机具有结构简单、转子惯量小、响应速度快、制造方便和运行可靠等优点，在人们的日常生活各个方面有着广泛的应用。异步电动机按定子的相数可分为单相和三相异步电动机（见图 2-34）两种，按转子绕组的形式可分为笼型和绕线转子式异步电动机两种。

（3）控制电动机

1）伺服电动机：伺服电动机又称为执行电动机，在自动控制系统中，用作执行元件，把收到的电信号转换成电动机轴上的角位移或角速度输出。伺服电动机内部的转子是永磁铁，驱动器控制的三相电形成电磁场，转子在此磁场的作用下转动，同时电动机自带的编码器反馈信号给驱动器，驱动器根据反馈值与目标值进行比较，调整转子转动的角度。伺服电

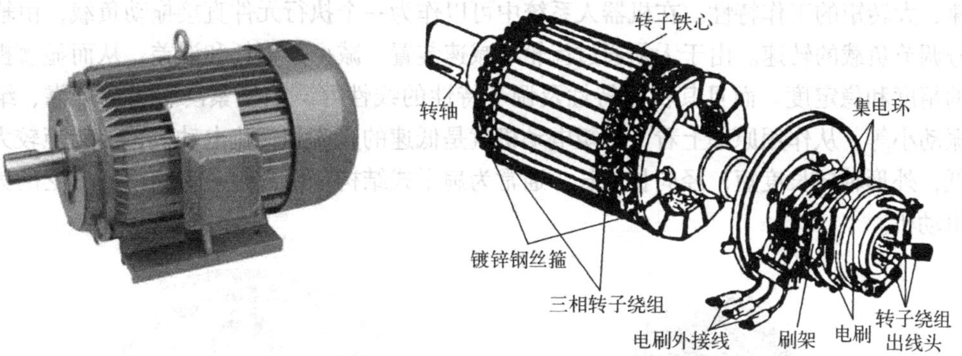

图 2-34　三相异步电动机实物与结构图

动机的精度取决于编码器的精度（线数），也就是说，伺服电动机本身具备发出脉冲的功能，它每旋转一个角度，都会发出对应数量的脉冲，这样伺服驱动器和伺服电动机编码器的脉冲形成了呼应，所以它是闭环控制。按其使用的电源性质不同可分为直流伺服电动机和交流伺服电动机。机器人上的伺服电动机选型的基本要求为：

① 伺服电动机转速能随控制电压的改变在宽广的范围里连续调节。

② 控制功率小，重量轻、体积小。

③ 无自转。

④ 快速响应。

2）步进电动机：步进电动机是一种无刷电动机，如图 2-35 所示，磁体装在转子上，绕组装在机壳上，步进电动机本质是一种低速电动机。当步进驱动器接收到一个脉冲信号，就驱动步进电动机按设定的方向转动一个固定的角度。可通过控制脉冲个数控制角位移量，也可通过控制脉冲频率控制电动机转速和加速度，从控制的角度来看步进电动机与伺服电动机相反，它是一种开环控制。步进电动机分为永磁式、反应式和混合式三种。其优点是控制系统简单可靠，成本低；缺点是控制精度受步距角限制，高负载或高速度时易失步，低速运行会产生步进运行现象。

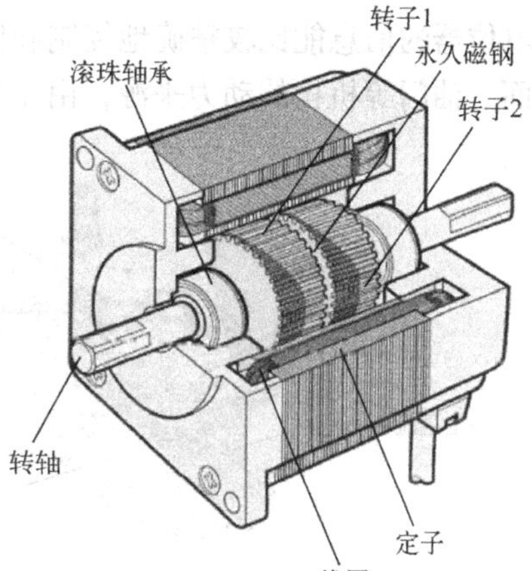

图 2-35　步进电动机结构图

3）自整角电动机：在无机械连接的转角信号传递系统或电信号的传递系统中，传递角度或信号的电感式角度传感元件如图 2-36 所示。这是最早应用的一种微特电动机。自整角机与绕线式感应电动机相似。当转子位置改变时，绕组间电磁耦合发生变化，感应出电信号或输出电流，从而产生电磁转矩，以保证传递系统自同步地传递角度或信号。自整角电动机按系统工作方式分为控制式和力矩式两大类；按功能分为自整角发送机、自整角接收机、自整角变压器和差动自整角机；按结构分为接触式和无接触式。

4）力矩电动机：力矩电动机是一种把伺服电动机和驱动电动机结合而发展成的电动机，如图 2-37 所示。它是一种将输入电信号转变为转轴上的转矩来执行控制任务的电动机，具有低转速、大转矩的工作特性。在机器人系统中可以作为一个执行元件直接拖动负载，由输入电压信号调节负载的转速。由于无须通过齿轮或减速装置，减少了损耗和误差，从而显著提高了系统的精度和稳定度。而且其机械特性及调节特性的线性好，结构紧凑、运行可靠、维护方便、振动小等。从作用原理上看，力矩电动机就是低速的直流和交流电动机，但转矩较大，转速较低，外形轴向长度短，径向长度长，通常为扁平式结构，极数较多。应用最广泛的为直流力矩电动机。

图 2-36　自整角电动机

图 2-37　直流力矩电动机

5）舵机：简单地说舵机是集成了直流电动机、减速器、检测元件和控制板，并且封装在一个便于安装的外壳里的伺服单元。它能够利用简单的输入信号比较精确地转动给定角度，如图 2-38 所示。舵机安装了一个电位器（或其他角度传感器）检测输出轴转动角度，控制板根据电位器的信息能比较精确地控制和保持输出轴的角度。舵机的出现最早是作为遥控模型控制舵面、油门等机构的动力来源，由于其多种优秀特性，在机器人制作中也时常用到。

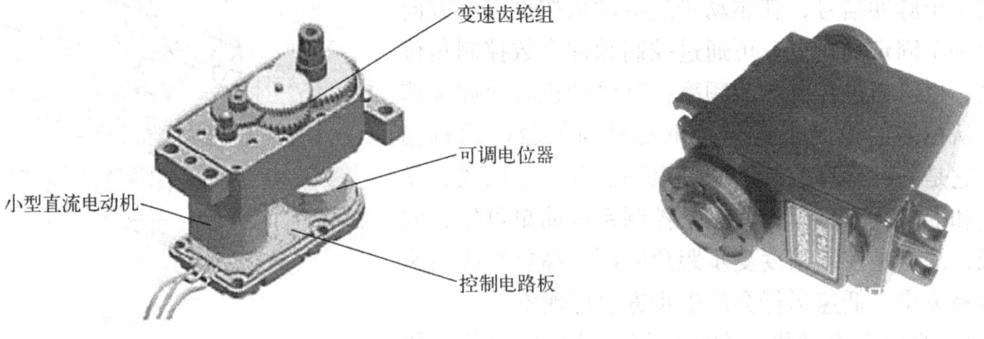

图 2-38　舵机

电动机的选型要注意使机器人经济且可靠地运行，按照机器人的需求选择合适的电动机，要从电动机的机械拖动性能、工作方式、额定功率、种类、结构形式、额定电压、额定转速、发热和冷却过程等多方面来考虑。

2. 液压驱动

液压系统（见图 2-39）利用液压泵将原动机的机械能转换为液体的压力能，通过液体压力能的变化来传递能量，经过各种控制阀和管路的传递，借助于液压执行元件（液压缸或马达）把液体压力能转换为机械能，从而驱动工作机构，实现直线往复运动和回转运动。

其中的液体称为工作介质，一般为矿物油，它的作用和机械传动中的皮带、链条和齿轮等传动元件相类似。液压驱动适用于生产线固定式大功率机器人；对于单独的机器人机构，今后的发展将以电动驱动为主要方向。

液压驱动装置的优点是功率大，可省去减速装置而直接与被驱动的杆件相连，结构紧凑，刚度好，响应快，伺服驱动的优点是容易获得大的扭矩和功率，刚度高，具有较高的精度，能实现高速高精度的位置控制，通过流量控制可实现无级变速；缺点是必须对油的温度和污染进行控制，有安全隐患，稳定性较差，液压油源等附属设备占空间大。故液压驱动装置目前多用于特大功率的操作机器人系统或者机器人化工程机械。常用的有液压缸（见图 2-40）和液压马达。

图 2-39　液压驱动装置

图 2-40　液压缸

液压泵由电动机带动，从油箱中吸油，然后将具有压力能的油液输送到管路，油液通过节流阀和管路流至换向阀，换向阀的阀芯有不同的工作位置。

液压泵一般由以下几种装置组成：

节流阀——控制流量，控制速度。

换向阀——二位二通，二位四通，三位四通。

溢流阀——控制压力、多余液流溢出。

蓄能器——稳定压力。

油泵——油马达：可反向互换作用。常用的有柱塞泵、齿轮泵和叶片泵。

3. 气动驱动

气压驱动由气源、气动执行元件、气动控制阀和气动辅件组成。气源一般由压缩机提供。气动执行元件把压缩气体的压力能转换为机械能，用来驱动工作部件，气动控制阀用来调节气流的方向、压力和流量，相应地分为方向控制阀、压力控制阀和流量控制阀。

气动装置的结构简单，价格低，易清洁，动作灵敏，具有缓冲作用。但需要增设气压源，且与液压驱动装置相比，功率较小，刚度差，噪声大，速度不易控制，所以多用于精度不高，但有洁净、防爆等要求的机器人系统。常用的有气缸和气动马达。气缸是引导活塞在其中进行直线往复运动的圆筒形金属机件，有做往复直线运动的和做往复摆动的两类。

气缸的结构：气缸是由缸筒、端盖、活塞、活塞杆和密封件组成，其内部结构如图 2-41 所示。

1）缸筒：缸筒内径大小代表了气缸输出力的大小，活塞要在缸筒内做平稳的往复滑动。

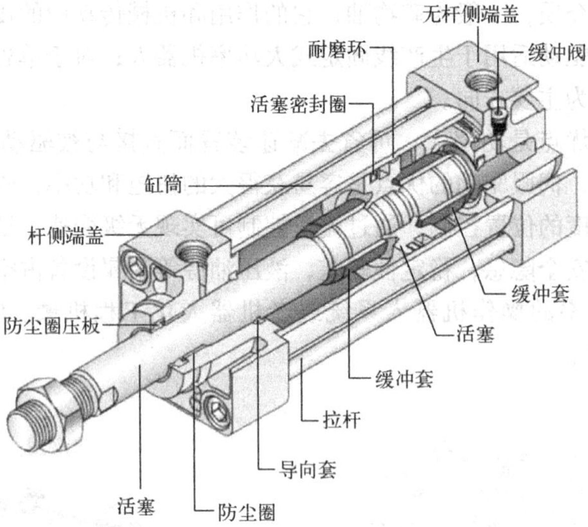

图 2-41　气缸结构图

2）端盖：端盖上设有进排气通口，杆侧端盖有密封圈和防尘圈，杆侧端盖上设有导向套。

3）活塞：活塞是气缸中的受压力零件。为防止活塞左右两腔相互窜气，设有活塞密封圈。

4）活塞杆：活塞杆是气缸中最重要的受力零件。通常使用高碳钢。

5）密封圈：由一个或几个零件组成的环形罩，防止润滑油漏出以及外物侵入。主要用于静密封和往返运动密封。

随着机器人技术的发展，出现了利用新工作原理制造的新型的驱动器，如磁致伸缩驱动器、压电驱动器、静电驱动器、形状记忆合金驱动器、超声波驱动器、人工肌肉和光驱动器等。

（1）磁致伸缩驱动器

磁性体的外部一旦加上磁场，则磁性体的外形尺寸发生变化（焦耳效应），这种现象称为磁致伸缩现象。此时，如果磁性体在磁化方向的长度增大，则称为正磁致伸缩；如果磁性体在磁化方向的长度减少，则称为负磁致伸缩。从外部对磁性体施加压力，则磁性体的磁化状态会发生变化（维拉利效应），则称为逆磁致伸缩现象。这种驱动器主要用于微小驱动场合。

（2）压电驱动器

压电材料是一种当它受到力作用时其表面上出现与外力成比例电荷的材料，又称压电陶瓷。反过来，把电场加到压电材料上，则压电材料产生应变，输出力或变位。利用这一特性可以制成压电驱动器，这种驱动器可以达到驱动亚微米级的精度。

（3）静电驱动器

静电驱动器利用电荷间的吸力和排斥力互相作用顺序驱动电极而产生平移或旋转的运动。因静电作用属于表面力，它和元件尺寸的二次方成正比，在微小尺寸变化时，能够产生很大的能量。

(4) 形状记忆合金驱动器

形状记忆合金是一种特殊的合金，一旦使它记忆了任意形状，即使它变形，当加热到某一适当温度时，则它恢复为变形前的形状。已知的形状记忆合金有 Au－Cd、In－Tl、Ni－Ti、Cu－Al－Ni、Cu－Zn－Al 等几十种。

(5) 超声波驱动器

所谓超声波驱动器就是利用超声波振动作为驱动力，即由振动部分和移动部分所组成，靠振动部分和移动部分之间的摩擦力来驱动的一种驱动器。由于超声波驱动器没有铁心和线圈，结构简单、体积小、重量轻、响应快、力矩大，不需配合减速装置就可以低速运行，因此，很适合用于机器人、照相机和摄像机等驱动。

(6) 人工肌肉

随着机器人技术的发展，驱动器从传统的电动机－减速器的机械运动机制，向骨架腱肌肉的生物运动机制发展。人的手臂能完成各种柔顺作业，为了实现骨骼肌肉的部分功能而研制的驱动装置称为人工肌肉驱动器。为了更好地模拟生物体的运动功能或在机器人上应用，已研制出了多种不同类型的人工肌肉，如利用机械化学物质的高分子凝胶、形状记忆合金制作的人工肌肉。

(7) 光驱动器

某种强电介质（严密非对称的压电性结晶）受光照射，会产生几千伏/厘米的光感应电压。这种现象是压电效应和光致伸缩效应的结果。这是电介质内部存在不纯物、导致结晶严密不对称、在光激励过程中引起电荷移动而产生的。

2.2.3 传感器系统

作为现代信息技术的三大支柱之一，传感器技术在现代工业生产、宇宙开发、海洋探测、环境保护、资源调查、医学诊断和生物工程等领域已经占有了非常重要的地位。传感器也已经渗透到我们生活中的各个角落，例如日常接触的各种电气电子设备、出行用的汽车等。国家标准 GB7665－87 对传感器的定义是：“能感知规定的被测量件并按照一定的规律转换成可用信号的器件或装置”。

由于电信号易于传输和处理，因此一般概念上的传感器是指将非电量转换成电信号输出的装置。传感器一般由敏感元件、转换元件和测量电路三部分组成，有时还需要加辅助电路，如图 2-42 所示。

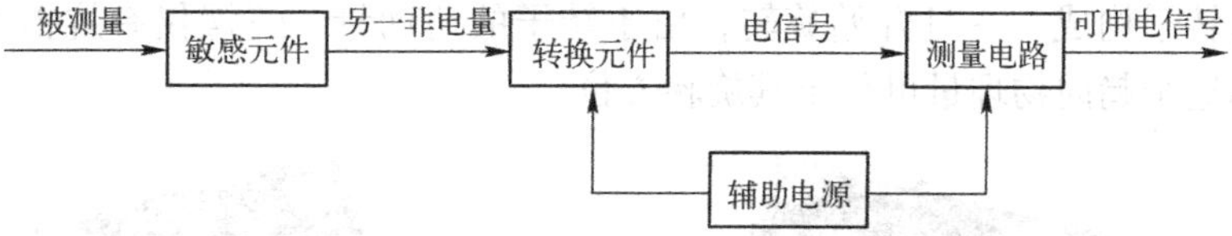

图 2-42　传感器系统

传感器好比人的五官，人通过眼（视觉）、耳（听觉）、鼻（嗅觉）、舌（味觉）、四肢（触觉）感知和接受外界信息，然后通过神经系统传输给大脑进行加工处理。在机器人中，传感器就是“电五官”，它感测到外界环境信息，然后反馈给机器人的大脑——“处理器”进行加工处理。如果一个机器人没有传感器，就像一个人没有五官一样。

目前，应用于机器人的传感器，广义上可分为内部传感器和外部传感器两类。内部传感器用于监测机器人系统内部状态参数，如电源电压、位置、速度和方位等。

1. 常用内部传感器

（1）位移传感器

常用的有电位器式位移传感器、编码式位移传感器——光电编码器，如图 2-43 所示。光电编码器是角度（角速度）检测装置，一般由光栅盘、发光元件和光敏元件组成，通过光电转换将几何位移量转换成脉冲数字量计数，通过处理单元计算可得位移量。

图 2-43　光电编码器

（2）速度传感器

单位时间内位移的增量就是速度。速度包括线速度和角速度，与之相对应的就有线速度传感器和角速度传感器，统称为速度传感器，如图 2-44 所示。最常用的是旋转式速度传感器，当运动物体与旋转式速度传感器接触时，摩擦力带动传感器的滚轮转动。装在滚轮上的转动脉冲传感器，发送出一连串的脉冲。每个脉冲代表着一定的距离值，从而就能测出线速度。

（3）加速度传感器

测量运动的线加速度或者角加速度的传感器，分为压电式、压阻式、电容式和伺服式四种，其中压电式加速度传感器由于其优良特性获得了广泛的应用，如图 2-45 所示。压电式加速度传感器又称压电加速度计，也属于惯性式传感器。压电式加速度传感器的原理是利用压电陶瓷或石英晶体的压电效应，在加速度计受振时，质量块加在压电元件上的力也随之变化。当被测振动频率远低于加速度计的固有频率时，则力的变化与被测加速度成正比。

图 2-44　旋转式速度传感器

图 2-45　压电式加速度传感器

（4）导航传感器

导航传感器常用的有陀螺仪（见图 2-46）、电子罗盘（见图 2-47）。电子罗盘是通过磁电效应测量地球磁场，能够解算出方位角，也就是数字指南针。陀螺仪通常是由一个位于轴心且可旋转的转子构成，一旦开始旋转，由于转子的角动量，陀螺仪有抗拒方向改变的趋向。通过计算这个趋向物理量可得出其旋转方位。

图 2-46　陀螺仪

图 2-47　电子罗盘

2. 外部传感器

外部传感器用于感知外部环境信息，如环境的温度、湿度、物体的颜色和纹理、与机器人的距离等，机器人 - 环境发生交互作用使机器人对环境有自校正和自适应能力。不同的传感器集成在机器人上，构成了多传感器信息融合的感知系统。不同类型的机器人所需要的传感器的种类也不尽相同，接下来一一进行介绍。

（1）机器人视觉

机器人的视觉传感器系统一般包括三个过程：图像获取、图像处理和图像理解。常用的视觉传感器有光导视觉传感器、CCD 图像传感器、CMOS 图像传感器和红外线传感器等，如图 2-48 所示。

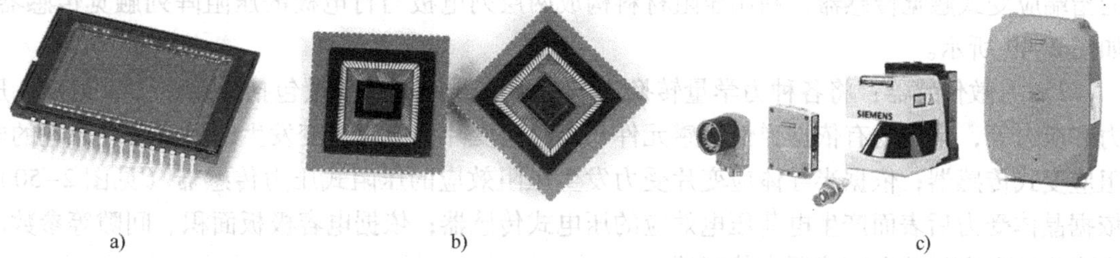

a)　　b)　　c)

图 2-48　视觉传感器

a）CCD 传感器　b）CMOS 视觉传感器　c）红外线传感器

1）光导视觉传感器：光导视觉传感器主要用于光导式摄像机，这种摄像机是由接收部分、光电转换部分和扫描部分组成的二维视觉传感器。其光导摄像管是一种利用物质在光的照射下发射电子的外光电效应而制成的真空或充气的光电器件。

光导摄像管兼有光电转换功能和扫描功能，一般有真空光电管和充气光电管两类，或称电子光电管和离子光电管。经透镜成像的光信号在摄像管的靶面上作为模拟量而被记忆下来。从阴极发射的电子束依次在靶面（光电转换面）上扫描，将视觉的光信号转换成时间序列的电信号输出。

2）CCD 图像传感器：电荷耦合器件（Charge Coupled Device，CCD）是固态图像传感器中最常用的一种，该新型半导体传感器于 1970 年在贝尔实验室发明。它是在 MOS 集成电路基础上发展起来的，使用的是高感光度的半导体材料，能把光线转变成电荷，通过模 - 数转换器芯片转换成数字信号。CCD 由许多感光单位组成，通常以百万像素为单位。当 CCD 表面受到光线照射时，每个感光单位将电荷反映在组件上，综合在一起构成一幅完整的画面。CCD 传感器常用作数码相机的成像。

3）CMOS 图像传感器：互补型金属氧化物半导体（Complementary Metal - Oxide Semiconductor）和 CCD 一样同为在数码相机中可记录光线变化的半导体。利用半导体在 CMOS 上共存着 N（-）和 P（+）极，产生互补效应的电流可被处理芯片记录和解读成影像。在传感器中每个像素都会邻接一个放大器及 A - D 转换电路，用类似内存电路方式将数据输出。计算机摄像头绝大多数都是采用 CMOS 传感器制造。

4）红外线传感器：凡是存在于自然界的物体都会放射出红外线，红外光具有光热效应，能辐射热量，常用热电晶体作其敏感元件。通常，晶体自发极化所产生的束缚电荷被空气中附集在晶体外表面的自由电子所中和呈电中性，当温度变化时，晶体极化迅速减弱，晶体表面产生剩余电荷，电荷量与温度变化有关。由于不同物体发射红外线的波长不同，致使发出的热量不同，从而产生不同的电荷量，所以可以用来成像。

（2）机器人触觉

触觉传感器是感知被接触物体的特征以及传感器接触外界物体后的自身状况，如是否握牢对象物体或者对象物体在传感器的什么位置。常用的有接触觉传感器、力敏传感器和滑觉传感器等。

1）接触觉传感器：最早的接触觉传感器为开关式传感器，只有接触（开）和不接触（关）两个信号。例如光电开关由发射器、接收器和检测三部分组成，发射器对准目标发射光束，在光束被中断时产生一个开关信号变化。后来又出现利用柔顺指端结构和电流变流体的指端应变式触觉传感器、利用压阻材料构成两层列电极与行电极的压阻阵列触觉传感器，如图 2-49 所示。

2）力敏传感器：将各种力学量转换为电信号的器件。力学量包括质量、力、力矩、压力和应力等，常用的有依据弹性敏感元件与电阻应变片中电阻形变发生电阻值改变原理的电阻应变式传感器；依据半导体应变片受力发生压阻效应的压阻式压力传感器（见图 2-50）；依据晶体受力后表面产生电荷压电效应的压电式传感器；依据电容极板面积、间隙等参数改变来改变电容量的电容式压力传感器。

图 2-49　接触式触觉传感器

图 2-50　压阻式力敏传感器

3）滑觉传感器：用于机器人感知手指与物体接触面之间相对运动（滑动）的大小和方向，从而确定最佳大小的把握力，以保证既能握住物体不产生滑动，又不至于因用力过大而使物体发生变形或被损坏。滑觉检测功能是实现机器人柔性抓握的必备条件。常用的有受迫振荡式（小探针与滑动物体接触使压电晶体产生机械形变，从而使阈值检测器感应合成电压脉冲改变抓取力直到物体停止滑动，见图 2-51）、断续器（物体滑动使磁滚轮转动，从而使永磁铁在磁头上方经过时产生一个脉冲改变抓取力）。

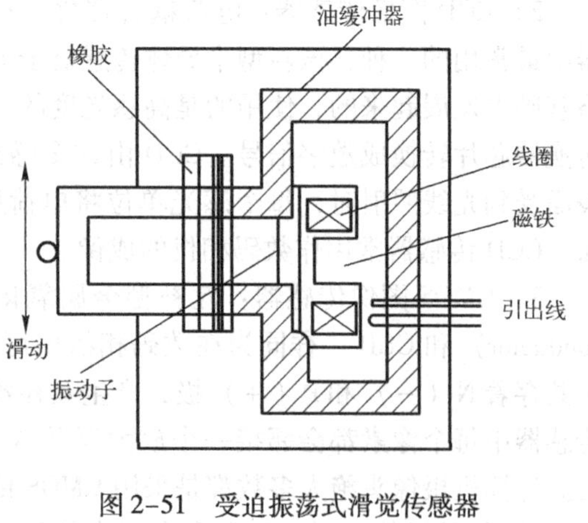

图 2-51　受迫振荡式滑觉传感器

（3）机器人听觉

类似于人耳外耳接收外界声音（见图 2-52），鼓膜产生振动，中耳将振动放大、压缩

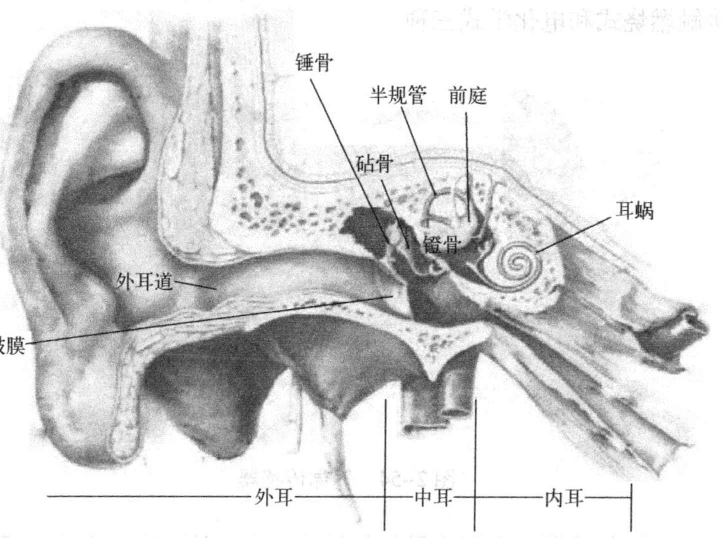

图 2-52　人耳传声系统

和限幅并抑制噪声，内耳耳蜗就是共鸣器，将信号通过神经传递给大脑听到声音。听觉传感器常用的有无噪声压电传声器、驻极体电容式传声器（见图 2-53）、动圈式传声器和带式传声器等。

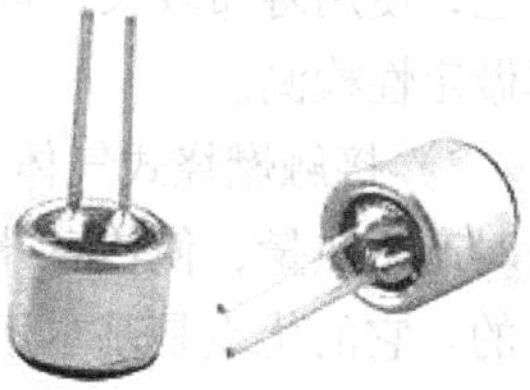
图 2-53　驻极体电容式传声器

1）无噪声压电传声器：采用两块压电高聚物 PVF2 薄膜构成传感器的振膜，通过收到机械振动作用后，传声器框体振动使振膜移动产生电荷移动，在传声器内部装入场效应晶体管，从而实现阻抗变化。该传感器一般用作磁带录音机传声器，能不完全拾取电动机等机械振动。

2）驻极体电容式传声器：振膜采用高聚物驻极体制作，膜镀上金或者铝金属作一个电极，另一个电极用金属制成多孔背极。背极后是与空气相通的气腔。金属层与背极构成平行板电容器，与一般的电容式传感器一样，通过改变电容的有效面积、介电系数和厚度等改变电容值，最后可转化成方便测量的电信号。

3）动圈式传声器：线圈贴于振膜上悬于两磁极之间，声波通过空气使振膜振动，从而导致线圈在两磁铁间运动，线圈切割磁力线时，在线圈中产生微弱的感应电流，该电流与声波直接相关，声波经过调音台（或放大器）进行调整，然后通过放大器和扬声器再还原成声音。

4）带式传声器：不是靠线圈产生电压，而是使用一条金属带。金属带在强磁铁的两极间自由运动，从而对声音的振动做出迅速反应，产生与声振直接相关的电压。带式传声器的金属带尺寸小，故产生的电压也很低，因此需要使用一个变压器。

（4）嗅觉传感器

某些特定功能机器人可能拥有类似于人类鼻子嗅觉的功能可以检测出外界环境的某些参数，例如空气中某气体含量。嗅觉传感器也叫气体传感器，如图 2-54 所示，是一种将一种或者多种气体的体积分数转化成对应电信号的转换器，探测头通过气体传感器对气体样品进行调理，通常包括滤除杂质和干扰气体、干燥或制冷处理仪表显示部分。常见的气体传感器有半导体式、接触燃烧式和电化学式三种。

图 2-54　气体传感器

1）半导体式气体传感器：利用半导体气敏元件同气体接触，造成半导体的电导率等物理性质发生变化的原理来检测特定气体成分或者浓度。其优点是可检测气体种类繁多，价格便宜，使用寿命较长；但由于其信号输出稳定性和抗干扰能力差，所以目前只适合对各种气体做定性检测。

2）接触燃烧式气体传感器：接触燃烧式气体传感器是基于强催化剂使气体在其表面燃烧时产生热量，使传感器温度上升，这种温度变化可使贵金属电极电导随之变化的原理而设计的。它的优点是基本不受环境湿度的影响。

3）电化学式气体传感器：电化学型气体传感器有两种类型，一种是液体电解质气体传感器，即气体直接氧化或还原产生电流，或气体溶解于电解质溶液中并离子化，离子作用于离子电极产生电动势；另一种是有机凝胶电解质或固体电解质气体传感器，即电解质两边的电势差与电极两边气体分压之比成对数关系。电化学型气体传感器可以检测 O_2、CO、NO_2、Cl_2、H_2S、NH_3、H_2等气体，测量范围宽，精度高，用途较广。

(5) 接近与距离觉传感器

接近与距离觉传感器是机器人用以探测自身与周围物体之间相对位置和距离的传感器。它的使用对机器人工作过程中适时地进行轨迹规划与防止事故发生具有重要意义。人类没有专门的接近觉器官，如果仿照人的功能使机器人具有接近觉将非常复杂，所以机器人采用了专门的接近觉传感器。它主要起以下三个方面的作用：①在接触对象物前捕获到必要的信息，为后面动作做准备；②发现障碍物时，改变路径或停止，以免发生碰撞；③得到对象物体表面形状的信息。

根据感知范围（或距离），接近觉传感器大致可分为三类：感知近距离（mm 级）物体的有接触式、感应式、电容式等；感知中距离（大致 30 cm 以内）物体的有红外光电式；感知远距离（30 cm 以外）物体的有超声式和激光式。视觉传感器也可作为接近觉传感器。

1）感应式接近觉传感器：感应式接近觉传感器主要有三种类型，分别基于电磁感应、霍尔效应和电涡流效应。

电磁感应接近觉传感器的核心为线圈和永久磁铁。当传感器远离铁磁体时，磁力线如图 2-55a所示；当传感器靠近铁磁体时，引起永久磁铁磁力线变化，在线圈中感应出电流脉冲，如图 2-55b 所示。

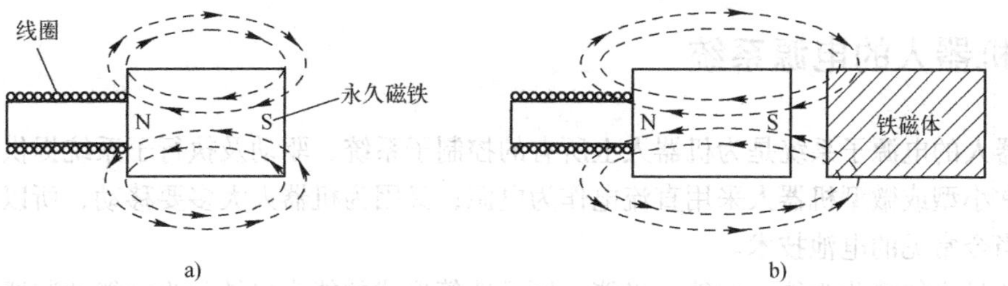

图 2-55　电磁感应式接近觉传感器
a）远离铁磁体　b）靠近铁磁体

2）电容式接近觉传感器：感应式接近觉传感器只能检测导体或铁磁体，电容式接近觉传感器（见图 2-56）则可以检测任何固体和液体材料。当外界物体靠近传感器时，将引起电容量变化，由此来反映距离信息。检测电容量变化的方案很多，最简单的方法是将电容作为振荡电路的一部分，只有在传感器的电容值超过某一阈值时振荡电路才起振，将起振信号转换成电压信号输出，即可反映是否接近外界物体，这种方案可以提供二值化的距离信息。另一种方法是将电容作为受基准正弦波驱动电路的一部分，电容量的变化会使正弦波发生相移，且二者成正比关系，由此可以连续检测传感器与物体之间的距离。

3）扫描激光传感器：由激光源、两个反射镜和透镜 - 光接收器构成，如图 2-57 所示。由激光器射到物体表面的入射光束来扫描物体表面，装在光探测器前透镜得到光反射，反射距离用高频脉冲交流电动机确定。从电压为零的时间开始一直到光探测器接收到的反射光的钟脉冲数是距离的度量。激光传感器是新型测量仪表，激光传感器的优点是能实现无接触远距离测量，速度快，精度高，量程大，抗光、电干扰能力强等。

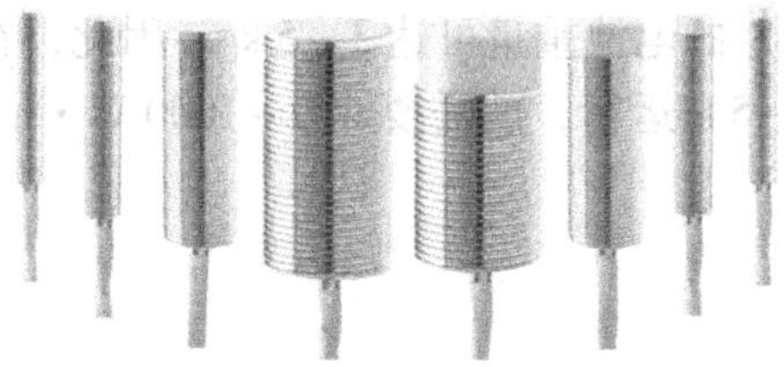

图 2-56　电容式接近觉传感器

图 2-57　激光传感器

4）超声波传感器：超声波最初始和最广泛的用途是测距。超声波传感器（见图 2-58）探头内部有两个压电晶片和一个共振板。当它的两极外加脉冲信号，其频率等于压电晶片的固有振荡频率时，压电晶片将会发生共振，并带动共振板振动，便产生超声波。通过超声波发射器向某一方向发射超声波，在发射时刻的同时开始计时，超声波在空气中传播时碰到障碍物就立即返回来，超声波接收器收到反射波就立

图 2-58　超声波传感器

即停止计时。通过计算时间与超声波速度即可计算出距离。

2.3 机器人的电源系统

机器人的电源子系统是为机器人上所有的控制子系统、驱动及执行子系统提供能源的部分。通常小型或微型机器人采用直流电作为电源；又因为机器人大多要移动，所以重点介绍和对比当今常见的电池技术。

电池是指能将化学能、内能、光能、原子能等形式的能直接转化为电能的装置。最早的电池可以追溯到两百年以前意大利物理学家伏打发明的伏打电池，它使人们第一次获得了比较稳定而持续的电流，具有划时代的意义。在伏打电池原理和研发精神的指引下，人们通过不断努力，开发了一代又一代的新型电池，从人们普遍使用的干电池到新型的太阳能电池、锂聚合物电池（Li - polymer）和燃料电池等，不仅在电池容量、体积、使用方便程度等方面有很大突破，更重要的是在这些新型电池的研发过程中，渗透着人们强烈的绿色环保意识，电池的开发、发展正以绿色环保作为重要的指导精神。

在化学电池中，根据能否用充电方式恢复电池存储电能的特性，可以分为一次电池（也称原电池）和二次电池（又名蓄电池，俗称可充电电池，可以多次重复使用）两大类。由于需要重复使用，机器人上通常采用二次电池。

如前所述，小型机器人由于体积、尺寸和重量的限制，对其采用的电源有各种严格要求。例如，移动机器人通常不能采取线缆供电的方式（除一些管道机器人、水下机器人外），必须采用电池或内燃机供电；相对于汽车等应用，要求电池体积小、重量轻、能量密度大；并且要求在各种振动、冲击条件下接近或者达到汽车电池的安全性、可靠性。

由于电池技术发展的限制，当前任何电池和电动机系统都很难达到内燃机的能量密度及续航时间，因此对机器人系统的电源管理技术也提出了更高的要求。通常，一台长宽高尺寸在0.5 m左右、重30 ~ 50 kg的移动机器人总功耗为50 ~ 200 W（用于室外复杂地形的机器人可达到200 ~ 400 W），而200 W · h（瓦特小时）的电池重量可达3 ~ 5 kg。因此，在没有任何电源管理技术的情况下要维持机器人连续3 ~ 5 h运行，就需要600 ~ 1000 W · h的电池，重达10 ~ 25 kg。

2.3.1 电池的种类

机器人常用的电池电源有以下几类：

（1）锌 - 锰干电池

我们在生活中经常用到干电池。电子闹钟、电动剃须刀和手电筒等都是以干电池为电源的设备。干电池属于化学电源中的原电池，或者称为一次电池。因为这种化学电源装置其电解质是一种不能流动的糊状物，所以叫作干电池。干电池不仅适用于手电筒、半导体收音机、收录机、照相机、电子钟和玩具等，而且也适用于国防、科研、电信、航海、航空和医学等国民经济中的各个领域，如图2-59所示。

随着科学技术的发展，干电池已经发展成为一个大的家族，到目前为止已经约有100多种。常见的有普通锌 - 锰干电池、碱性锌 - 锰干电池、镁 - 锰干电池、锌 - 空气电池、锌 - 氧化汞电池、锌 - 氧化银电池、锂 - 锰电池等。对于使用最多的锌 - 锰干电池来说，由于结构的不同又可分糊式锌－锰干电也、纸板式锌－锰干电池、薄膜式锌－锰干电池、氯化锌锌－锰干电池、碱性锌－锰干电池、四极并联锌－锰干电池和迭层式锌－锰干电池等。

正极材料：MnO_2、石墨棒

负极材料：锌片

电解质：NH_4Cl、$ZnCl_2$及淀粉糊状物

负极：$Zn = Zn^{2+} + 2e^-$

正极：$2MnO_2 + 2NH_4^+ + 2e^- = Mn_2O_3 + 2NH_3 + H_2O$

总反应：$Zn + 2MnO_2 + 2NH_4^+ = Zn^{2+} + Mn_2O_3 + 2NH_3 + H_2O$

锌锰干电池的电动势为1.5 V。因产生的NH_3被石墨吸附，引起电动势下降较快。如果用高导电的糊状KOH代替NH_4Cl，正极材料改用钢筒，MnO_2层紧靠钢筒，就构成碱性锌－锰干电池，如图2-60所示。由于电池反应没有气体产生，内电阻较低，电动势为1.5 V，比较稳定。由于干电池属于一次性使用，成本相对较高；并且不管是普通的锌－锰电池还是碱性电池，其内阻都比较大（通常在0.5～10 Ω级别），当负载较大时，电压下降很厉害，无法实现大电流连续工作。因此干电池并不是机器人系统的理想电源。

图2-59　干电池

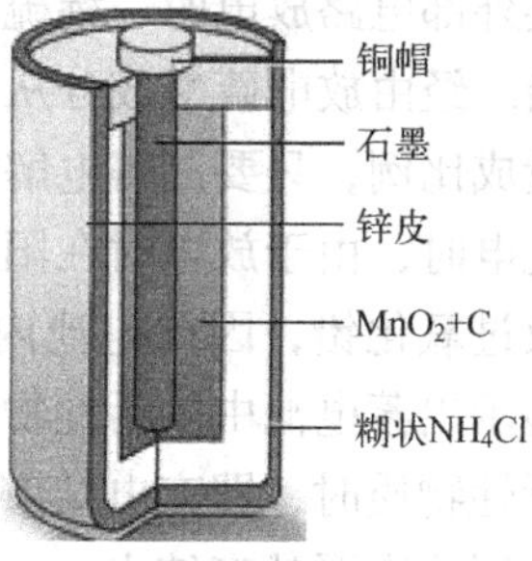

图2-60　干电池结构

（2）铅酸蓄电池

铅酸蓄电池是一种具有一百多年应用历史的蓄电池，如图2-61所示。铅酸蓄电池最大的特点是价格较低，支持20C以上的大电流放电（20C意味着10 A·h的电池可以达到10×20＝200 A的放电电流），对过充电的耐受强，技术成熟，可靠性相对较高，没有记忆效应，充放电控制容易。但寿命较低（充放电循环通常不超过500次），质量大，维护较困难，是一种优点和缺点都很突出的电池。为了解决由于电解液需要补充、维护困难的问题，人们开发了免维护铅酸蓄电池。

图2-61　铅酸蓄电池

构成铅酸蓄电池的主要成分如下：阳极板（过氧化铅.PbO_2）→活性物质，阴极板（海绵状铅.Pb）→活性物质，电解液（稀硫酸）→硫酸.H_2SO_4＋水.H_2O，隔离板和电池外壳等附件。铅酸蓄电池的工作原理是：电池内的阳极（PbO_2）及阴极（Pb）浸到电解液（稀硫酸）中，两极间会产生2 V的电压，这是根据铅蓄电池原理，经由充放电，则阴阳极及电解液即会发生如下的变化，如图2-62所示。

$$PbO_2 + 2H_2SO_4 + Pb \longrightarrow 2PbSO_4 + 2H_2O \text{（放电反应）}$$

$$2PbSO_4 + 2H_2O \longrightarrow PbO_2 + 2H_2SO_4 + Pb \text{（充电反应）}$$

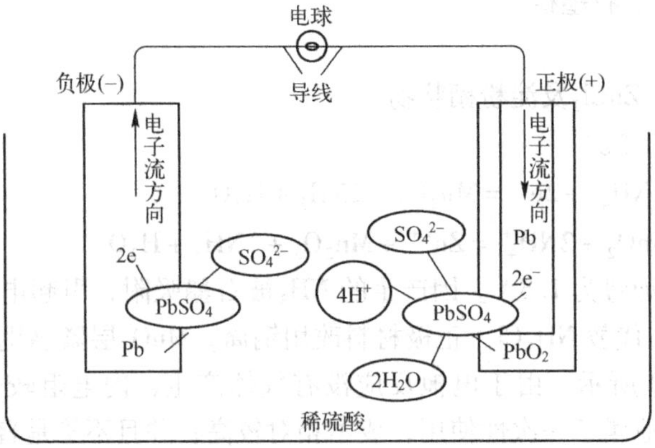

图 2-62　铅酸蓄电池反应图

蓄电池连接外部电路放电时，稀硫酸即会与阴、阳极板上的活性物质产生反应，生成新化合物：硫酸铅。经由放电硫酸成分从电解液中释出，放电越久，硫酸浓度越稀薄。所消耗之成分与放电量成比例，只要测得电解液中的硫酸浓度，亦即测得其密度，即可得知放电量或残余电量。充电时，由于放电时在阳极板、阴极板上所产生的硫酸铅会在充电时被分解还原成硫酸、铅及过氧化铅，因此电池内电解液的浓度逐渐增加，并逐渐回复到放电前的浓度。这种变化显示出蓄电池中的活性物质已还原到可以再度供电的状态，当两极的硫酸铅被还原成原来的活性物质时，即充电结束。传统的铅酸电池在充满电后如继续充电，则电解液中的水被电解，因此需要补充纯水。

（3）镍镉/镍氢电池

镍镉电池是最早应用于手机、笔记本电脑等设备的电池种类，它具有良好的大电流放电特性、耐过充放电能力强、维护简单等优势。但其最致命的缺点是，在充放电过程中如果处理不当，会出现严重的“记忆效应”，使得电池容量和使用寿命大大缩短。所谓“记忆效应”就是电池在充电前，电池的电量没有被完全放尽，久而久之将会引起电池容量的降低，在电池充放电的过程中（放电较为明显），会在电池极板上产生微小气泡，日积月累这些气泡减少了电池极板的面积，也间接影响了电池的容量。此外，镉是有毒金属，因而镍镉电池不利于环境的保护，废弃后必须严格地回收。众多的缺点使得镍镉电池已应用得越来越少。但在诸如电动航空模型、电动玩具车等需要大电流放电的场合，镍镉电池因其大电流放电能力、高可靠性和维护简单等优点，仍被广泛使用，如图 2-63 所示。

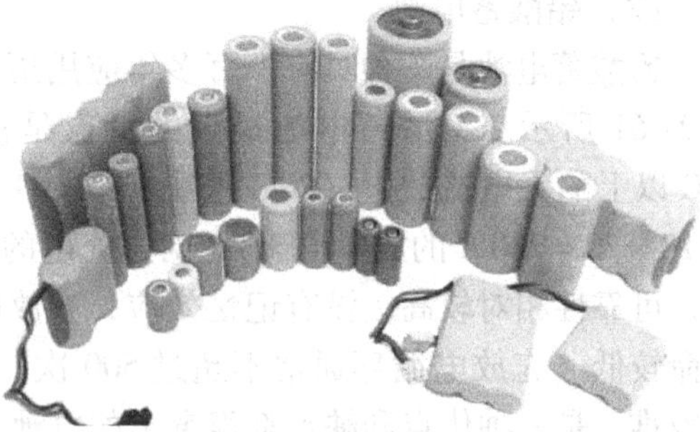

图 2-63　镍镉/镍氢电池

镍氢电池是早期的镍镉电池的替代产品，不再使用有毒的镉，可以消除重金属元素对环境带来的污染问题。镍氢电池具有较大的能量密度比，这意味着可以在不为设备增加额外重量的情况下，使用镍氢电池代替镍镉电池能有效地延长设备的工作时间。同时镍氢电池在电学特性方面与镍镉电池亦基本相似，在实际应用时完全可以替代镍镉电池，而不需要对设备进行任何改造。镍氢电池另一个优点是：大大减小了镍镉电池中存在的“记忆效应”，这使镍氢电池可以更方便地使用。

镍氢电池较耐过充电和过放电，具有较高的比能量，是镍镉电池比能量的1.5倍，循环寿命也比镍镉电池长，通常可达600~800次。但镍氢电池的大电流放电能力不如铅酸蓄电池和镍镉电池，通常能达到5~6C，尤其是电池组串联较多，例如UP-VoyagerII所采用的镍氢电池组，20个电池单元串联，其放电能力被限制在2~3C。

镍镉电池的负极为金属镉，正极为三价镍的氢氧化物NiOOH，电解质为氢氧化钾溶液。电池在放电过程中，负极镉被氧化，生成$Cd(OH)_2$；充电时$Cd(OH)_2$还原为Cd。

镍氢电池是使用氧化镍作为阳极，以及吸收了氢的金属合金作为阴极，由于此合金可吸收高达本身体积100倍的氢，储存能力极强。另外，它具有同镍镉电池的1.2V电压，及自身放电特性，可在一小时内再充电，内阻较低，一般可进行500次以上的充放电循环。

镍氢电池采用与镍镉电池相同的Ni氧化物作为正极，储氢金属作为负极，碱液（主要为KOH）作为电解液，镍氢电池充电时，反应如下：

正极反应：$Ni(OH)_2 + OH^- \longrightarrow NiOOH + H_2O + e^-$

负极反应：$MH_n + ne^- \longrightarrow M + \frac{n}{2}H_2$

放电时，正极：$NiOOH + H_2O + e^- \longrightarrow Ni(OH)_2 + OH^-$

负极：$M + \frac{n}{2}H_2 \longrightarrow MH_n + ne^-$

（4）锂离子/锂聚合物动力电池

铅酸蓄电池和镍氢电池都有一些其固有的缺点，例如能量密度较低、大电流放电能力不足、自放电率较高等。当前广泛使用的可充电电池化学技术是锂离子电池技术（Li-ionBattary）。锂离子电池因为拥有非常低的自放电率、低维护性和相对短的充电时间，已被广泛应用在数码娱乐产品、通信产品等领域，如图2-64所示。

图2-64　常用锂电池

常见的锂离子电池主要是锂-亚硫酸氯电池。此系列电池具有很多优点，例如单元标称电压达3.6~3.7V，其在常温中以等电流密度放电时，放电曲线极为平坦，整个放电过程中电压平稳。另外，在-40℃的情况下这类电池的电容量还可以维持在常温容量的50%左右，远超过镍氢电池。因此其具有极为优良的低温操作性能。再加上其年自放电率约为2%，所以一次充电后存储寿命可长达10年以上。

所谓锂离子电池是指分别用两个能可逆地嵌入与脱嵌锂离子的化合物作为正负极构成的二次电池。人们将这种靠锂离子在正负极之间的转移来完成电池充放电工作的、独特机理的锂离子电池形象地称为“摇椅式电池”，俗称“锂电”。

充电时，正极反应如下：$LiCoO_2 \longrightarrow Li_{1-x}CoO_2 + xLi^+ xe^-$

负极反应：$C + xLi^+ xe^- \longrightarrow CLi_x$

电池反应：$LiCoC_2 + C \longrightarrow Li_{1-x}CoO_2 + CLi_x$

放电时，正极反应：$Li_{1-x}CoO_2 + xLi^+ + xe^- \longrightarrow LiCoO_2$

负极反应：$CLi_x \longrightarrow C + xLi^+ + xe^-$

电池反应：$Li_{1-x}CoO_2 + CLi_x \longrightarrow LiCoC_2 + C$

当电池充电时，锂离子从正极中脱嵌，在负极中嵌入，放电时反之。这就需要一个电极在组装前处于嵌锂状态，一般选择相对锂而言电位大于3 V且在空气中稳定的嵌锂过渡金属氧化物作正极，如$LiCoO_2$、$LiNiO_2$、$LiMn_2O_4$。

作为负极的材料则选择电位尽可能接近锂电位的可嵌入锂化合物，如各种碳材料包括天然石墨、合成石墨、碳纤维、中间相小球碳素等和金属氧化物，包括SnO、SnO_2、锡复合氧化物$SnB_xP_yO_z$（$x=0.4\sim0.6$，$y=0.6\sim0.4$，$z=(2+3x+5y)/2$）等。

锂离子电池和聚合物锂离子电池所用的正负极材料与液态锂离子都是相同的，电池的工作原理也基本一致。主要区别在于电解质的不同，锂离子电池使用的是液体电解质，而聚合物锂离子电池则以聚合物电解质来代替，这种聚合物可以是“干态”的，也可以是“胶态”的，目前大部分采用聚合物胶体电解质。

2.3.2 直流稳压电源

为了得到稳定的直流电压，必须采用稳压电路来实现稳压。根据调整管的工作状态，常把稳压电源分成两类：线性稳压电源和开关稳压电源。

(1) 线性稳压电源

线性稳压电源是指调整管工作在线性状态下的稳压电源。而在开关电源中则不一样，开关管（在开关电源中，一般把调整管叫作开关管）是工作在开、关两种状态下的：开——电阻很小；关——电阻很大。

线性稳压电源是比较早使用的一类直流稳压电源。线性稳压直流电源的特点是：输出电压比输入电压低；反应速度快，输出纹波较小；工作产生的噪声低；效率较低（现在经常看的LDO就是为了解决效率问题而出现的）；发热量大（尤其是大功率电源），间接地给系统增加热噪声。“线性稳压电源”主要是针对开关电源来说的，指的是使用在其线性区域内运行的晶体管或场效应晶体管来进行稳压的电源。从输入电压中减去超额的电压，产生经过调节的输出电压。所谓压降电压，是指稳压器将输出电压维持在其额定值上下100 mV之内所需的输入电压与输出电压差额的最小值。

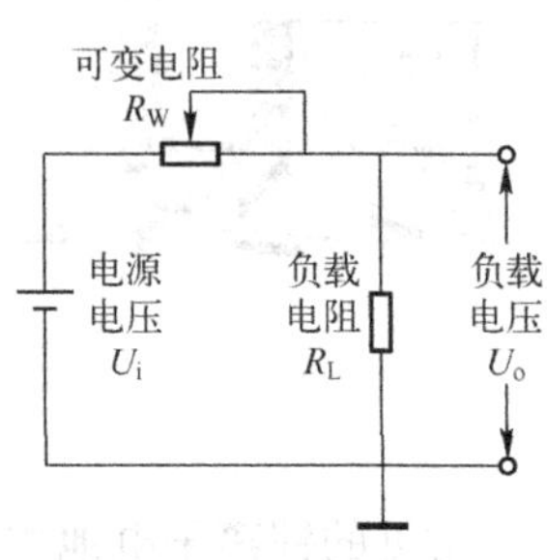

图2-65 线性电源基本原理图

如图2-65所示，可变电阻R_W与负载电阻R_L组成一个分压

电路，输出电压为

$$U_o = \frac{R_L}{R_W + R_L} U_i$$

因此通过调节 R_W 的大小，即可改变输出电压的大小。在这个式子里，如果只看可调电阻 R_W 的值变化，U_o 的输出并不是线性的，但如果将 R_W 和 R_L 合并一起考虑，则是线性的。

用一个晶体管或者场效应晶体管，来代替图中的可变阻器，并通过检测输出电压的大小，来控制这个“变阻器”阻值的大小，使输出电压保持恒定，这样就实现了稳压的目的。这个晶体管或者场效应晶体管是用来调整电压输出大小的，所以叫作调整管。由于调整管相当于一个电阻，电流流过电阻时会发热，所以工作在线性状态下的调整管，一般会产生大量的热，导致效率不高。这是线性稳压电源的最主要的一个缺点。

调整管串联在电源与负载之间，所以叫作串联型稳压电源。相应地，还有并联型稳压电源，就是将调整管与负载并联来调节输出电压，典型的基准稳压器 TL431 就是一种并联型稳压器。

一般来说，线性稳压电源由调整管、基准电压、采样电路和比较放大电路等几个基本部分组成。另外还可能包括一些例如保护电路、启动电路等部分。图 2-66 所示是一个比较简单的线性稳压电源原理图（示意图，省略了滤波电容等元件），采样电阻通过采样输出电压，并与基准电压比较，比较结果由误差放大电路放大后，控制调整管的导通程度，使输出电压保持稳定。

常见的线性电源主要是三端稳压器件，如图 2-67 所示，例如 78xx/79xx 系列三端稳压器件是最常用的线性降压型 DC - DC 转换器，目前大量先进的 DC - DC 转换器层出不穷，例如低压差线性稳压器 LDO 等（如 National Semiconductor 的 LM1085、LM1086、LM2940、LM2651、LM5020，MAXIAM 的 MAX1747 等）。

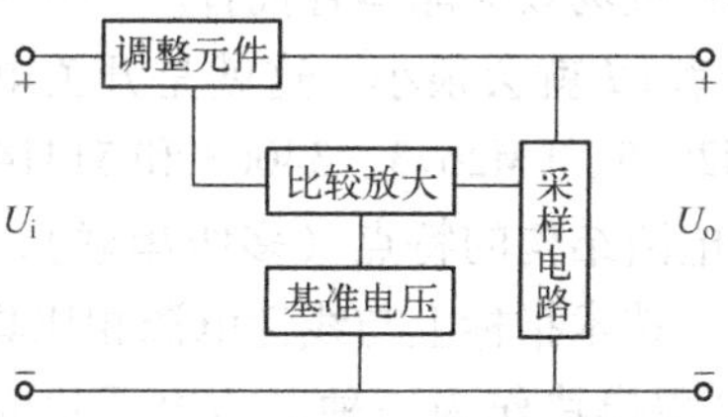

图 2-66　线性稳压电路

图 2-67　常用三端稳压芯片

78xx/79xx 系列简单易用、价格低廉，直到今天还在大多电路中采用，如 7805、7806、7809、7812、7815、7824、(79xx)，以及三端可调稳压（LM317、337、338、…）。

至于桌面型的线性稳压电源，通常是将交流电变压、整流得到较低电压，再用可调节的线性稳压器件搭建出稳压电路，并配以各种保护和电流电压显示部分形成的电源仪器。这种仪器使用方便，安全可靠，电源品质好，非常适合调试机器人使用。但是它们通常体积很大，很笨重，并且需要交流电源，因此无法作为机器人的工作电源。

（2）开关电源

开关电源是利用现代电力电子技术控制开关晶体管导通和关断的时间比率，维持稳定输出电压的一种电源。开关电源一般由脉冲宽度调制（PWM）控制 IC 和 MOSFET 构成。开关电源和线性电源相比，通常具有允许较高的输入输出压差、效率高（满载效率通常可达到 75% 以上，甚至可达到 95% ~97%）、体积小等优势。但是，由于开关电源是依靠开关晶体管不断导通和关断的原理工作的，因此也带来了电源品质通常不如线性电源、瞬态响应特性不如线性电源、有电磁辐射等线性电源所没有的缺点。

开关电源可分为 AC－DC 和 DC－DC 两大类，DC－DC 变换器现已实现模块化，且设计技术及生产工艺在国内外均已成熟和标准化，并已得到用户的认可，但 AC－DC 的模块化，因其自身的特性使得在模块化的进程中，遇到较为复杂的技术和工艺制造问题。

以 DC－DC 类开关电源为例说明，如图 2-68 所示电路由开关 K（实际电路中为晶体管或者场效应晶体管），续流二极管 VD、储能电感 L 和滤波电容 C 等构成。

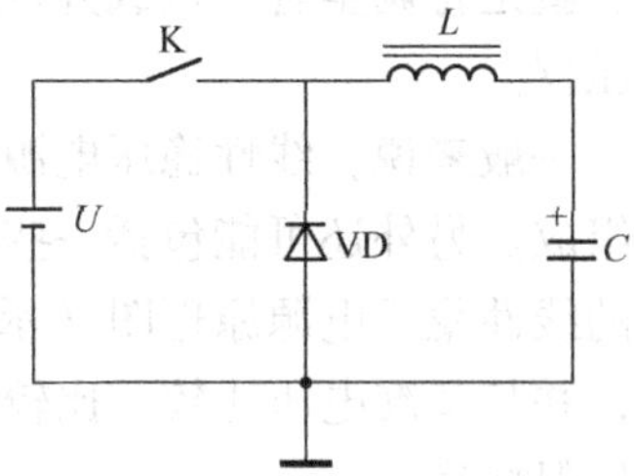

图 2-68　开关电源基本原理图

当开关闭合时，电源给负载供电，并将部分电能存储在电感 L 以及电容 C 中。由于电感 L 的自感，在开关接通后，电流增大得比较缓慢，即输出不能立刻达到电源电压值。一定时间后，开关断开，由于电感 L 的自感作用，将保持电路中的电流不变，即从左往右继续流通。电流流过负载，从地线返回，流到续流二极管 VD 的正极，经过二极管 VD，返回电感 L 的左端，从而形成了一个回路。通过控制开关闭合与断开的时间（即脉冲宽度调制），就可以控制输出电压。如果通过检测输出电压来控制开、关的时间，以保持输出电压不变，就实现了稳压的目的。

在开关闭合期间，电感存储能量；在开关断开期间，电感释放能量，所以电感 L 叫作储能电感。二极管 VD 在开关断开期间，负责给电感 L 提供电流通路，所以二极管 VD 叫作续流二极管。在实际的开关电源中，开关 K 由晶体管或场效应晶体管代替。当开关断开时，电流很小；当开关闭合时，电压很小，所以发热功率 UI 就会很小。这就是开关电源效率高的原因。常见的用于开关电源的芯片有 TL494、LM2575、LM2673、34063 和 51414 等。

开关电源在输入抗干扰性能上，由于其自身电路结构的特点（多级串联），一般的输入干扰如浪涌电压很难通过，在输出电压稳定度这一技术指标上与线性电源相比具有较大的优势，其输出电压稳定度可达 0.5% ~1%。开关电源模块作为一种电力电子集成器件，在选用中应注意以下几点：

1）因开关电源工作效率高，一般可达到 80% 以上，故在其输出电流的选择上，应准确测量或计算用电设备的最大吸收电流，以使被选用的开关电源具有高的性能价格比。

2）开关电源比线性电源会产生更多的干扰，对共模干扰敏感的用电设备，应采取接地和屏蔽措施，按 ICE1000、EN61000、FCC 等 EMC 限制，开关电源均采取 EMC 电磁兼容措施，因此开关电源一般应带有 EMC 电磁兼容滤波器。如利德华福技术的 HA 系列开关电源，将其 FG 端子接大地或接用户机壳，方能满足上述电磁兼容的要求。

3）开关电源在设计中必须具有过电流、过热和短路等保护功能，故在设计时应首选保护功能齐备的开关电源模块，并且其保护电路的技术参数应与用电设备的工作特性相匹配，以避免损坏用电设备或开关电源。

开关电源的发展方向是高频、高可靠、低耗、低噪声、抗干扰和模块化。由于开关电源轻、小、薄的关键技术是高频化，因此国外各大开关电源制造商都致力于同步开发新型高智能化的元器件，特别是改善二次整流器件的损耗，并在功率铁氧体（Mn、Zn）材料上加大科技创新，以提高在高频率和较大磁通密度（B）下获得高的磁性能，而电容器的小型化也是一项关键技术。表面贴装技术（SMT）的应用使得开关电源取得了长足的进展，在电路板两面布置元器件，以确保开关电源的轻、小、薄。开关电源的高频化就必然对传统的PWM开关技术进行创新，实现零电压开关（ZVS）、零电流开关（ZCS）的软开关技术已成为开关电源的主流技术，并大幅提高了开关电源的工作效率。对于高可靠性指标，美国的开关电源生产商通过降低运行电流、降低结温等措施以减少器件的应力，使得产品的可靠性大大提高。

2.3.3 充电装置

电池按使用情况可分为一次电池和二次电池。

一次电池：指无法进行充电，仅能放电的电池，但一次电池容量一般大于同等规格充电电池，如锌、锰、碱性干电池、锂扣电池，锂亚电池等。

二次电池：指可反复充电再循环的电池，如铅酸、镍镉、镍氢、锂离子、锂聚合物、燃料、锌、铝、镁空气电池等。

电池充电装置总共分为两部分：

1）电源部分。

2）充电器部分。

电源按稳压对象可分为直流稳压电源和交流稳压电源。

直流稳压电源输出电压为直流量，交流稳压电源输出为交流量，这两种电源都是用交流供电。由于对电池充电需要的是直流电压，所以电源的输出电压应为直流，因此选用的电源为直流稳压电源。直流稳压电源一般由整流、滤波和稳压三个电路部分组成，如图2-69所示。

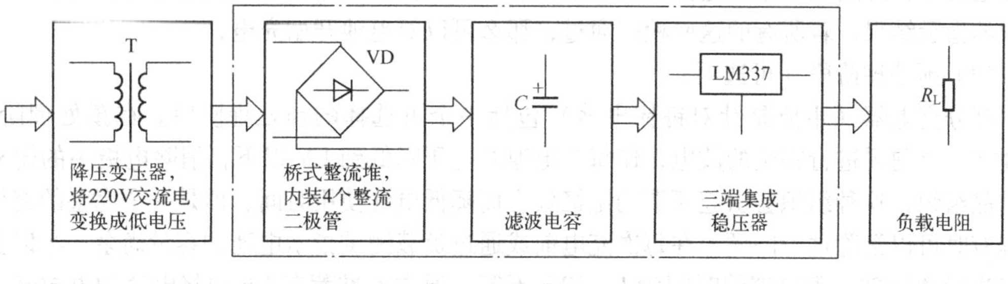

图2-69　稳压电路

1）整流——将交流电转换成脉动直流电。

2）滤波——将脉动直流电转换成平滑直流电。

3）稳压——稳定直流电压。

电池充电器是伴随着充电电池的发展而发展的，目前电池充电器多采用专用充电IC，采用专用充电器IC的优势很突出，表现在以下几个方面：

1）外部电路简单，适合批量生产。

2）价格便宜。

3）有多种充电保护功能。

4）有些充电 IC 具备编程功能，适合多种电池的充电需要。

由于选择不同的充电器 IC 有不同的外部电路设计方法，并且设计出来的电路对电池充电的时间、控制方式和电池数量等参数都有所不同，所以在设计充电电路前先对充电器专用控制芯片进行比较并选择。

目前实际使用的 4 种化学电池是镍镉电池、镍氢电池、铅酸蓄电池和锂电池。几种化学电池充电大多是基于预充电、快速充电、补充充电和涓流充电四个阶段原理进行充电的。

（1）初始化

充电器在此阶段对自身进行初始化和自检。充电器在对电池充电时可能由于电源故障而中断，接着重新初始化。如果电池不是智能电池或某种记忆时间标志的储存体，我们就无法知道事故的发生。大多数充电器在一次电源故障后，会进行一次完全的初始化。如果电池不允许过充电，充电器可以执行段特别的自检程序（比如检查电池温度）以确定电池是否已经充过电。

（2）电池鉴定

充电器在这一阶段检查充电器上是否装上了电池以及电池是否可以充电（通过断开充电电源检测充电器端子电压）。问题在于当电池使用过度时间后，几乎没有电压可供测试。作为替换的方法是充电器寻找热电阻或者短路跳针来做判断，而不是寻找电池本身。这一功能也可以用来识别电池组和智能电池。另一方面，可以实现与电池组大量的数据交换，交换的数据通常是通过系统管理总线提供的必需的电池充电参数，系统管理总线与 I^2C 总线类似。

一旦充电器确认电池装上后，就开始确认电池是否是好的，在这一阶段，充电器对电池的性能进行检查：开路、短路、热或冷，试一下电池是否可充。

对电池和环境温度的检查也是电池鉴定的一部分，当充电器检测到一个不正常的高温或低温的时候，通常等待一个预定的时间间隔期望温度返回到额定值，若温度在预定的时间内没有返回，则充电器将降低充电电流，进而降低电池的温度，提高电池的充电效率。最后要检测电池是否开路或短路，电池的开路很容易检测，但短路电池的测试结果需要确认以避免错误的指示结果。若所有的这些检查通过，那么可以对电池开始充电，

（3）预处理阶段（可选项）

部分充电器（主要是针对镍锡电池）包括一个可选择的预处理阶段。在预处理阶段，电池在放电前需进行完全的放电，使每节电池的电压降低到 1 V 以下，消除电极中的树枝状的结晶组织，这种组织会引起所谓的记忆效应而降低电池使用时间，但是一个完整的充放电过程有时可以消除这一问题。在每次充电前或通过负载测试指示电池的容量尚余一半以上时可以进行预处理，预处理的时间为 1 ~ 10 h 不等。通常不推荐在 1 h 内将电池的电放光，快速放电增加了负载电阻散热的困难。但通常也不推荐大于 10 h 的预处理时间。除非当检测到镍锡电池具有与记忆效应相混淆的容量降低时，可人工启动大于 10 h 的预处理，故系统设计者应避免在充电器上设置初始化按钮以防止这种操作。

（4）快速充电及其终止

具体电池所采用的快速充电及终止方法取决于电池的化学机理和其他的设计因素。

镍铬和镍氢电池的充电过程非常相似，差别主要在快速充电的终止检测方法上。在每种情况下，充电器对电池进行恒流充电，同时监测电池的电压和其他参数以决定何时终止充

电。充电可以采用超过 2C 的速率。但采用的最多的是 C/2 速率。因为充电效率一般小于 100%，故以 C/2 的速率充满一个电池需要 2 h 多一点的时间。

在恒流方式充电时，电池电压会缓慢地上升达到一个峰值（斜率为 0 的一个点），镍氢电池的充电须在这个峰值点终止，而镍铬电池的充电则须在峰值点后当电池电压第一次下降了一个 $-\Delta V$ 的某个点终止，如果在电池充电终止之后继续对电池进行充电则会最终损坏电池。

当充电速率大于 C/2（这样充电时间将小于 2 h）时，充电器也要监测电池的温度和电压。因为当电池快要充满电的时候，电池的温度会急剧上升。监测温度提供了另一种电池充电终止技术，这种基于正温度斜率的终止方法叫作 ΔT 终止法。包括充电时间、最大电池电压在内的其他因素也可以用来终止充电，一个设计完善的充电器通常通过这些因素的综合来终止充电。当电池刚开始充电时的某些状态与充电终止时的状况很相似，故充电器通常在启动斜率监测终止模式前会插入 1 ~5 min 的延时。

锂离子电池的充电方法不同于镍铬材料的化学电池，它采用顶点截止法充电以保证安全地将最多的能量存储在电池中。锂离子电池充电器提供一个稳定精度超过 0.75% 的充电电压，最大充电速率由充电器的电流极限范围确定，与实验室用的稳压电源很相似。当快速充电开始的时候，电池电压较低，充电电流即为充电器电流极限，随着充电的继续进行，电池电压缓慢上升，最终当每节电池的电压达到浮空电压值 4.2 V 时，充电电流快速下降。

当电池电压达到浮空电压时，充电器即可终止充电。但这忽略了顶端截止操作。一种备用的方法是当电池达到浮空电压时启动一个定时器，然后在一个固定的延时后终止充电。另一种方法是检测充电电流，当充电电流跌落到一个下限值时终止充电（典型值是限流值的 5%，某些生产商推荐高一点的 100 mA 的下限值）。顶端截止就是采用这样的技术。

铅酸蓄电池一般采用限流法，或者是更简单的限压法进行充电。限压法的方式与锂离子电池的充电法很相似，但不需要那么高的精度。它要求限流电压源的电压值比电池的浮空电压（约 2.45 V）略高一点。

在预处理操作确保电池可以充电时，充电器即开始对电池进行快速充电，直到充电电流降低到最小值时终止快速充电，转入浮充状态对电池充电（浮充电压一般为 2.2 V）。铜酸电池允许长时间地进行浮充。

当温度升高时，铅酸蓄电池的快充电流应该以每升高 1℃ 降低 0.3% 的速率降低。铅酸电池快充的最高推荐温度为 50℃，但浮充不受这一温度的限制。

所有化学电池的充电器通常包含一个可选的涓流充电状态，这一阶段用于补偿电池的自放电。铅酸蓄电池自放电的速度最高（每天有几个百分点的自放电），锂离子电池的自放电速度最低，所以不需要对锂离子电池进行充电。镍电池涓流充电的速率一般为 C/16。镍氢电池的安全连续电流一般为 C/50。但一般不推荐对镍氢电池进行涓流充电。

涓流充电的另一种形式是脉冲涓流充电。充电器提供幅度为 C/8 的低占空比的脉冲涓流，典型的平均涓流值为 C/512。对两种镍铬电池进行脉冲涓流充电都很适合于采用微机进行开关量控制。

在考虑如何设计一个实用的充电线路时，设计者应该先了解充电器的模块和特点。所有的快速充电器在形式上应包含这些功能模块：未经稳压的直流大功率电源、充电电压和充电电流的控制信号。通过微处理器控制各个流程的按顺序进行，并精准控制。如图 2-70 所示给出了锂电池充电实际电路。

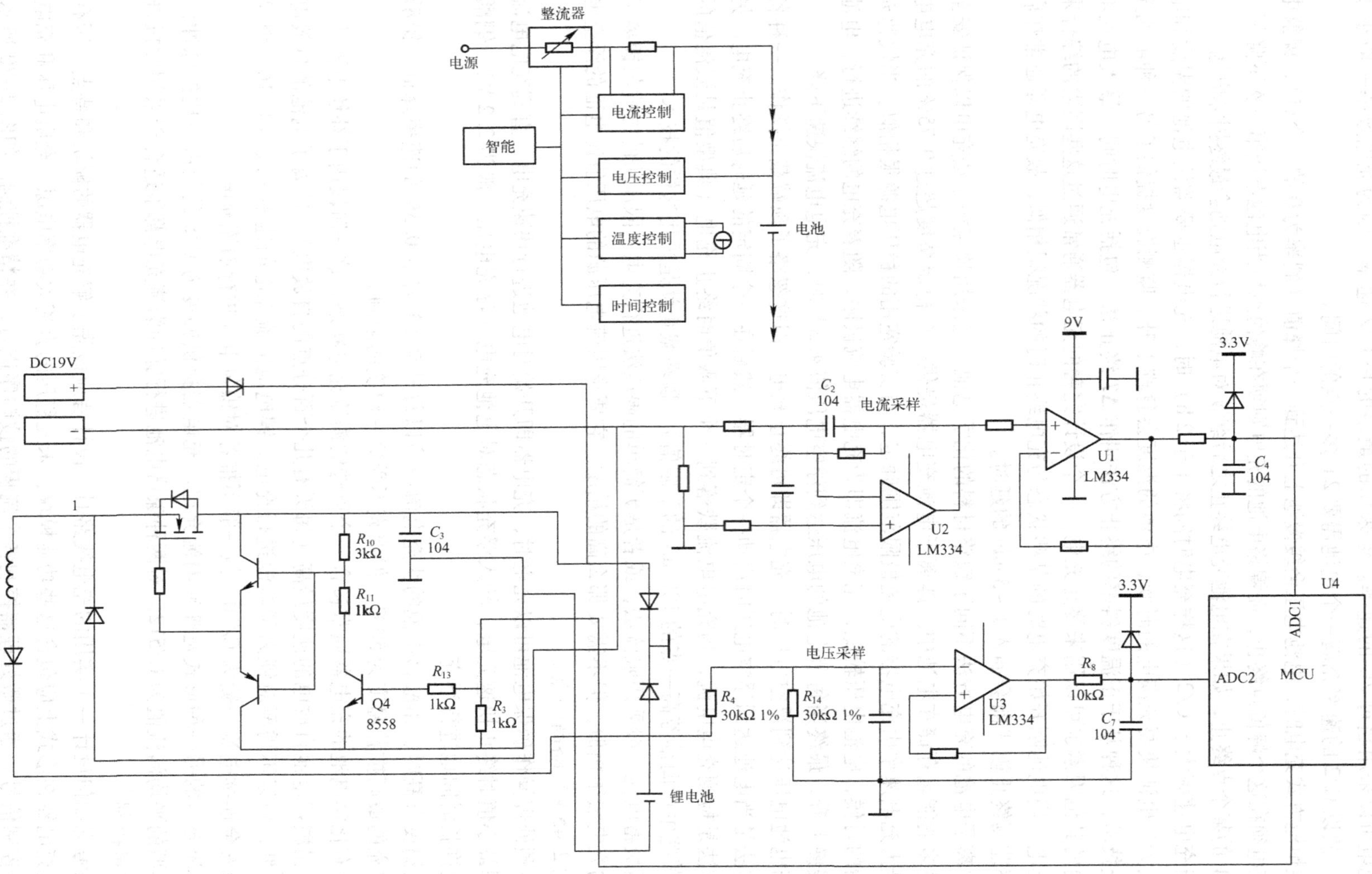

图2-70　锂电池充电电路

2.4 机器人机械制作实例

本节介绍智能足球机器人的机械制作实例，以智能小型足球机器人二轮机械结构制作、智能小型足球机器人四轮全向移动机械结构和智能中型足球机器人的机械设计为例进行介绍。

在设计足球机器人时，首先要明确足球机器人的主要功能，再围绕其主要功能设计机器人结构，主要功能要求有踢球、挑球、带球和跑位。所以该机器人主要由支架、踢球机构、挑球机构、带球机构和驱动底盘组成。整体结构基本要求如下：

1）能承受一定的冲击，结构稳定，不容易被撞翻。

2）容易安装。

3）美观。

4）结构合理。

5）电池有足够的安装空间。

6）有足够的速度和加速度。

7）控球容易。

8）重量合适。

2.4.1 智能小型足球机器人二轮机械结构制作实例

智能小型足球机器人的本体一般分为二轮、三轮和四轮结构，为使部分读者便于制作，本小节主要讲述二轮机械结构的制作。

方案一：全封闭式结构。如图 2–71 所示，该结构稳定，能承受的冲击大，但重量比较大，结构笨重，能耗大，安装容易。

方案二：半封闭式结构。如图 2–72 所示，该结构比方案一巧妙，也能承受一定的冲击，而且重量轻，有很大的电池安装空间，但安装较为复杂，而且电动机可能在碰撞过程中受冲击。该结构为分布式，可以自由更换某些部件，改进非常方便。

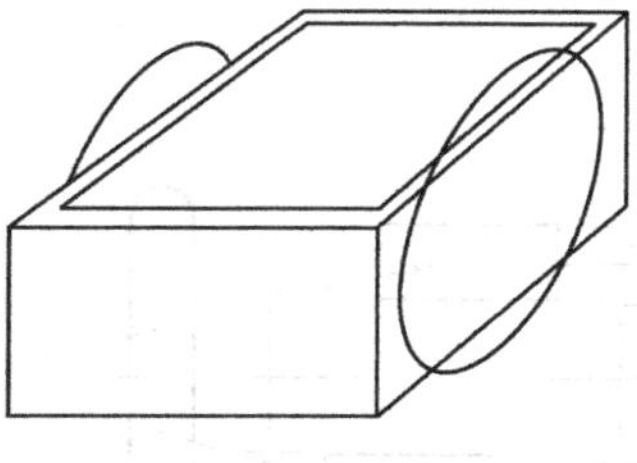

图 2–71　全封闭式本体的示意图

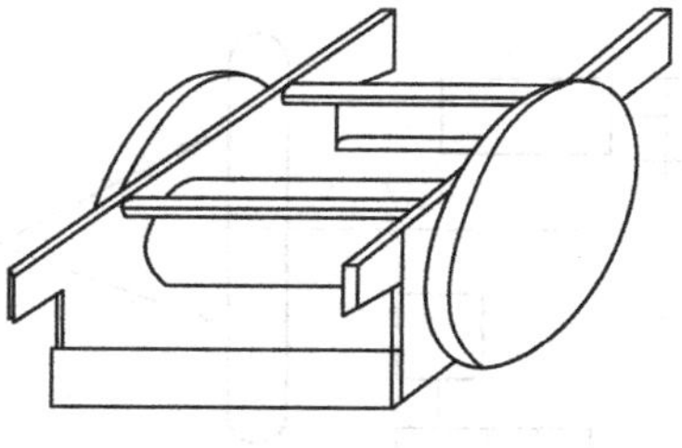

图 2–72　半封闭式本体的示意图

以下为智能小型足球机器人二轮机械结构的分块介绍。

（1）固定板

基本要求：起框架的作用，要求结构稳定，能受一定的冲击。

方案一：整体。结构稳定，但重量大。

方案二：镂空、挖空。结构稳定性比方案一小，但可以达到需要的稳定度，而且挖去不影响结构稳定性的部分，可以使智能小型足球机器人的重量尽量轻。

（2）支撑架

基本要求：能承受 1.0kg 的力，仍有一定的滚动能力，还有稳定结构的功能，是构架的一部分，前后支撑点基本在一条线上（能容易走出一条直线）。

方案一：用万向轮（现在的系统采用的支撑方式）。运动灵活，但不够稳定。

方案二：用微型轴承。该结构使小型足球机器人在转弯时摩擦阻力加大（注：因为只能在一个方向上运动的原因）。

（3）控球结构

基本要求：限球、控球、缓冲。

1）控球面个数。

方案一：单面控球。如果球在后面，则必须转一周才能拿到球，这样对控制是个高要求，因为转一周后，球就不一定还在原处，这样抢球的难度就加大了。

方案二：前后面双面控球。对控制策略的要求降低了，增加抢球的灵活性，但电池空间进一步减小，在电池选择上更加苛刻。

2）控球结构。

方案一：限球架。只能将球控制在一定的范围内，控球能力一般。

方案二：控球面。在控球面上控球能力较好，但抢球能力差。

方案三：控球面 + 限球架。方案一和方案二的综合，抢球能力和控球能力都较好，但实现复杂，导致结构体积要求更高，这对本已经非常紧张的体积来说是个难题。

（4）速度方向控制方式

基本要求：能简单容易地控制机器人速度和方向。

方案一：双电动机三轮。如图 2–73 所示，其中一个控制速度，另外一个控制方向。该方案减小了控制量，但在动作实现方面较为复杂。

方案二：双电动机双轮。如图 2–74 所示，两个电动机分别控制两个轮子，通过电路控制方向和速度。控制量比方案一稍多一点，也不复杂，传动简单。在电动机的安装上也较简单。

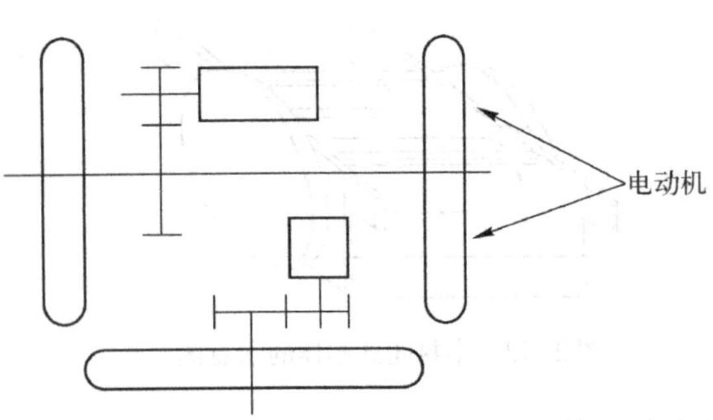

图 2–73　三轮差动转向方式

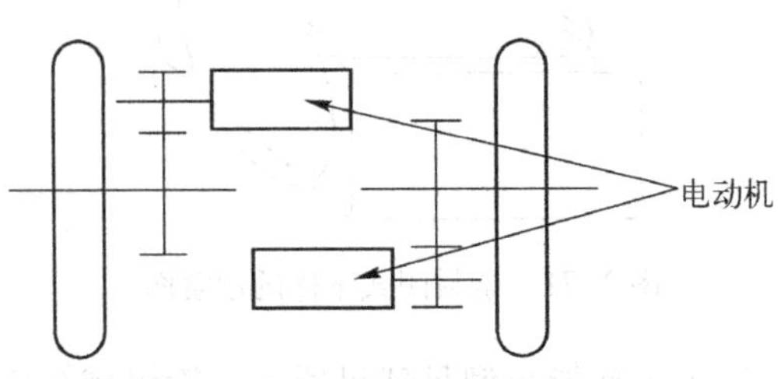

图 2–74　双轮差动转向方式

（5）驱动双轮的传动方式

基本要求：传动稳定，传动效率高，传动精度有要求。

方案一：链传动。没有精度。

方案二：一级齿轮传动。效率高，精度容易控制，机构简单。

方案三：多级齿轮传动。效率高，精度也较容易控制，但机构比方案二复杂很多。

（6）驱动带、带球装置的传动方式

方案一：链传动。没有精度，没有过载保护。

方案二：齿轮传动。效率高，精度容易控制，机构简单；但是没有过载保护。

方案三：同步皮带传动。效率较高，精度较容易控制，机构简单；有过载保护。

（7）齿轮啮合方式

基本要求：传动效率高，结构紧凑，与轮子配合。

方案一：外啮合。加工容易。在相同传动比的情况下占用空间比内啮合大。

方案二：内啮合。内齿加工比外齿复杂。在相同传动比的情况下占用空间比外啮合小。

（8）轮子形状

基本要求：与齿轮配合，运动稳定。

方案一：I 型（指剖面形状），如图 2-75 所示，该方案占用空间较大，因为齿轮啮合需要另外安排，也导致重量增加。

方案二：C 型（指剖面形状），如图 2-76 所示，轮子内部的空间可以用来安排齿轮啮合。这样即可以节省空间，也可以使传动部分被包在内部，使传动环境得以改善。

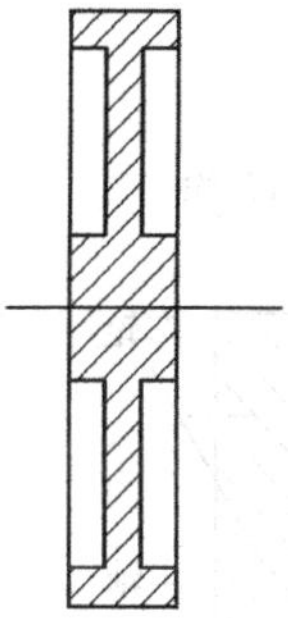

图 2-75　I 型轮子示意图

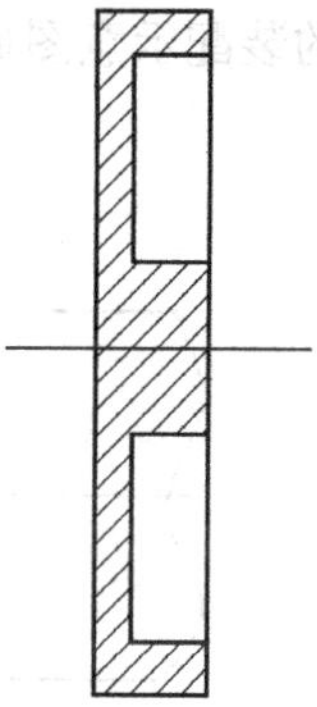

图 2-76　C 型轮子示意图

（9）轮子和轴的运动配合方式

基本要求：运动灵活、稳定，跳动小。

方案一：通过滚珠轴承纵向连接。结构较为平衡，安装空间较小，运转平稳，但要求轴的定位精度和加工精度较高。

方案二：通过滚珠轴承横向连接。运转平稳，对轮子的安装精度要求较高。

方案三：纵向用滚珠轴承连接，横向用止推轴承连接。运转最平稳，结构最紧密，但重量较大。

（10）轴安装

基本要求：安装后稳定，较高定位精度。

方案一：主轴通过固定板从本体内部固定，如图 2-77 所示。

方案二：主轴嵌入固定板从本体外部固定，如图 2-78 所示。

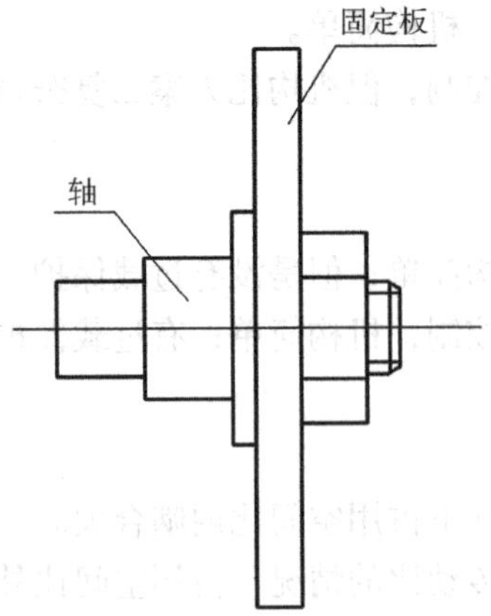

图 2-77　内部固定主轴示意图

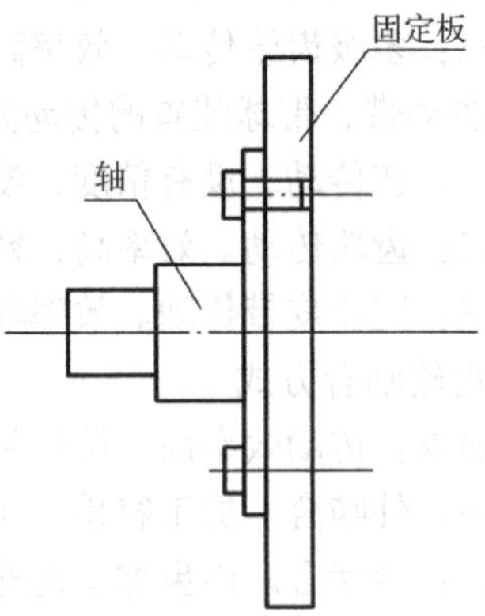

图 2-78　外部固定主轴示意图

1. 结构简介

轮子结构，由于智能小型足球机器人运动的特殊性：轮径小，但线速度却很快；闭环控制较为薄弱，单纯依靠图像闭环控制会影响决策系统的有效工作周期长度；自带的车载单片机及光电编码器的控制依赖于智能小型足球机器人轮子本身的尺寸和安装精度。所以，在设计中，智能小型足球机器人的两个轮子分别安装在轴的两端，依靠轴的刚性来保证其运动的同向性。轮子与轴的装配示意图如图 2-79 所示。

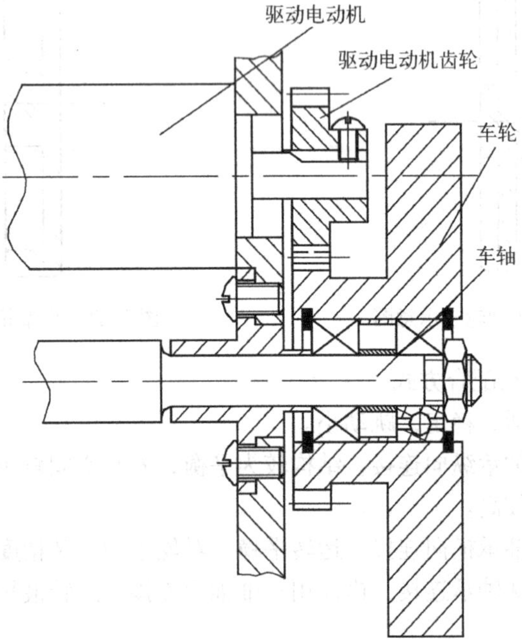

图 2-79　轮子与轴的装配示意图

考虑到智能小型足球机器人的自重要控制在一定范围内，所以，本体是一种前后端无盖的空心箱体。

这种本体是由四块铝合金板材由螺钉互相连接起来。左、右侧板作为主要的承载板，其上安装电动机和轴以及其附件。

整个本体结构的本体主视图、本体俯视图和本体左视图分别如图 2-80 ~ 图 2-83 所示。

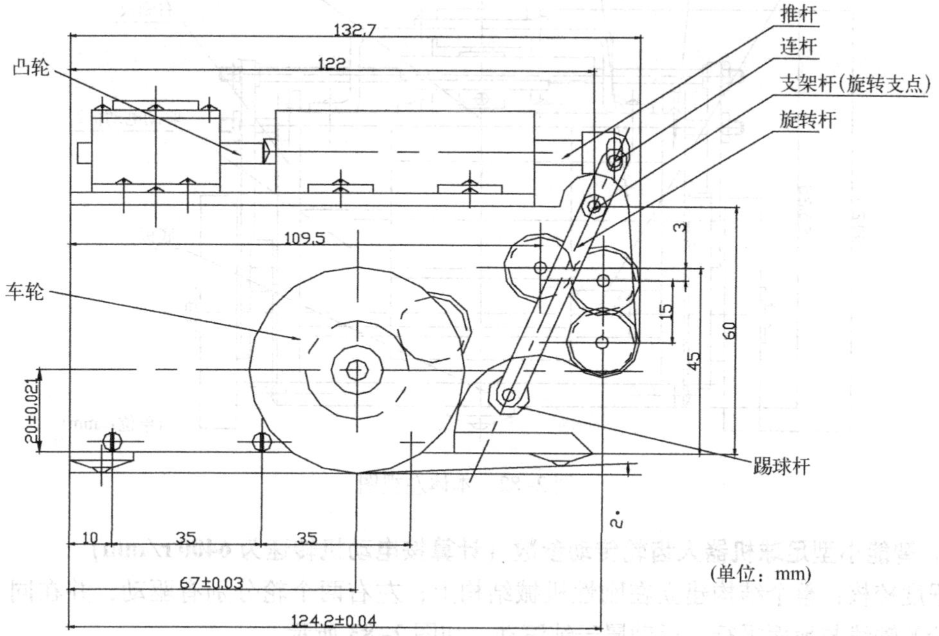

图 2-80　本体主视图

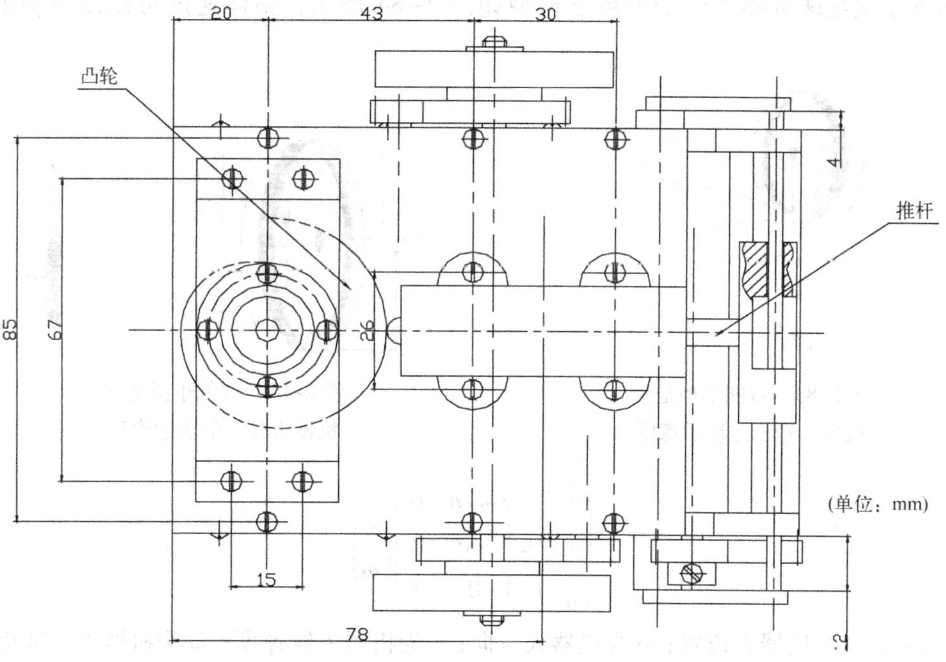

图 2-81　本体俯视图

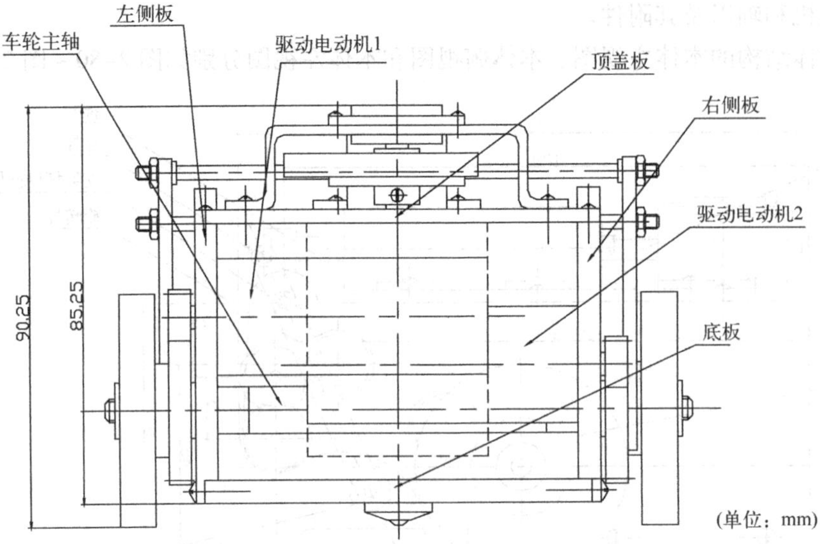

图 2-82　本体左视图

2. 智能小型足球机器人齿轮传动参数（计算按电动机转速为 6400 r/min）

强度校核：整个结构建立在刚性机械结构上；左右两个轮分别有驱动，并在同一轴线上；轮的轴线与地面平行；运动属于纯滚动，如图 2-83 所示。

轮子的线速度：$v = r\omega = n\pi d/60$，其中，n 为轮子转速，单位为 r/min。

智能小型足球机器人轮子的数学模型如图 2-84 所示，整体速度可以用下面的方程描述：

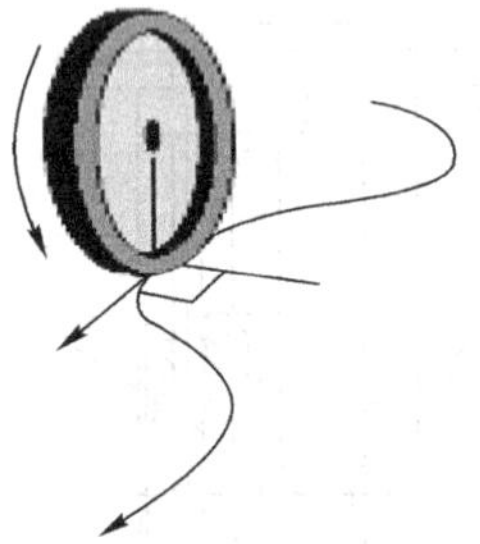

图 2-83　智能小型足球机器人轮子运动示意图

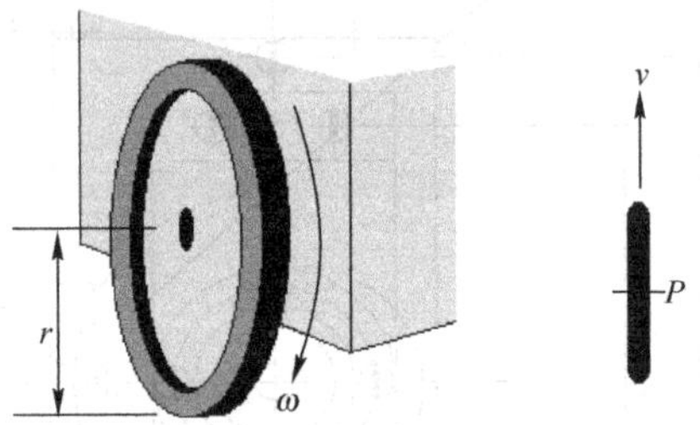

图 2-84　智能小型足球机器人轮子的数学模型

$$\begin{pmatrix} \dot{x}_c \\ \dot{y}_c \\ \dot{\theta} \end{pmatrix} = \begin{pmatrix} \cos\theta & 0 \\ \sin\theta & 0 \\ 0 & 1 \end{pmatrix} \begin{pmatrix} v \\ \omega \end{pmatrix}$$

式中，(x_c, y_c) 为机器人位置；θ 为机器人方向；v 为机器人线速度；ω 为机器人角速度。

智能小型足球机器人本体最大能承受的冲击：整个智能小型足球机器人结构中的最薄处为连接侧板和底板的 M3 螺钉。

$$\tau = \frac{Q}{A} \leqslant [\tau] = (0.75 \sim 0.80)[\sigma]$$

切应力：

$$[\sigma]=314\ \text{MPa}$$

$$\begin{aligned} Q=\tau A\leqslant[\tau]A &= (0.75\sim0.80)[\sigma]A \\ &= (0.75\sim0.80)\times314\cdot\pi\cdot1.5^2 \\ &= (1660\sim1775)\ \text{N} \end{aligned}$$

能承受的最大冲击：$p=mv=Qt=(1660\sim1775)\times0.05=(83.0\sim88.8)\ \text{kg}\cdot\text{m/s}$（假设冲击碰撞的时间为0.05 s）。

限制：齿顶圆直径 $d_1=mZ_1\leqslant6$ mm；$d_2=mZ_2\leqslant35$ mm 且≥27 mm。

速度：$v_{max}\geqslant1500$ mm/s；

电动机转速：$n=6400$ r/min；

$$\frac{\frac{n}{60}}{\frac{v_{max}}{\pi D}}=\frac{n\pi D}{60v_{max}}=i=\frac{n_1}{n_2}=\frac{Z_2}{Z_1}$$

式中，D 为轮子直径（mm）。

由上式经变换得

$$v_{max}=n\pi D/60i=20106D/60i=335.1D/i\geqslant1500\ \text{mm/s}$$

即 $D\geqslant4.476i$。

现取 D 为50mm，则 $i\leqslant11$；取 $i=10$，$Z_1=16$，$Z_2=160$，$m=0.25$，可得分度圆直径 $d_1=mZ_1=0.25\times16=4.00$mm，$d_2=mZ_2=0.25\times160=40.00$ mm。基本符合要求。

基本参数选定和计算的结果，见表2-1。

表2-1　基本参数选定和计算的结果表

	名　称	计　算
计算主要几何参数	已知条件	$i=10$，$Z_1=16$，$Z_2=160$，$m=0.25$ $A=A_0$，$\alpha=20°$，$c^*=0.25$，$h_a^*=1$
	原中心距 A_0	$A_0=\frac{0.25}{2}\times(160-16)=18$
	中心距变动系数 y	$y=0$
	压力角 α	$\alpha=20°$
	啮合角 α'	$\cos\alpha'=\cos20°$，$\alpha'=20°$

3. 电动机部分计算

（1）计算原理

1）基本模型数据说明，图2-85所示为智能小型足球机器人的动力学模型。

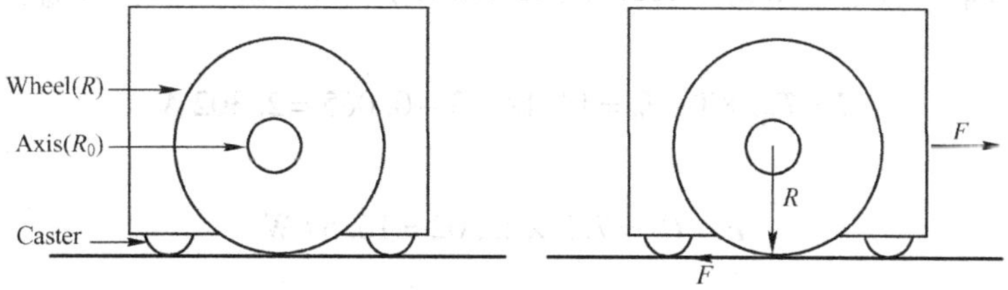

图2-85　智能小型足球机器人的动力学模型

2）机器人轴上的最小转矩计算。

最小静摩擦力：$F_r = kmg$

滚动摩擦力：$F = F_r R_0/R$

一根轴上的转矩：$T_G = 1/2FR = 1/2kmgR_0$

一个电动机上的转矩：$T_M = T_G/(NhG)$

$= (kmgR_0)/(2N \cdot hG) \quad (< T_{stall})$

式中，k 为轮和地面间的静态摩擦系数；m 为机器人重量；g 为重力加速度；R_0为驱动半径；R 为轮半径；hG 为齿轮传动效率；T_{stall}为电动机的驱动转矩。

3）功率计算：$P = UI$。

电动机电流：$I = T/\mathrm{KT}$

电动机的全部转矩：$T = T_M + T_r$

式中，T_M为负载转矩；T_r为固有转矩，$T_r = I_0 \cdot \mathrm{KT}$。

则

$$\begin{aligned} I &= T/\mathrm{KT} = (T_M + T_r)/\mathrm{KT} \\ &= T_M/\mathrm{KT} + T_r/\mathrm{KT} \\ &= T_M/\mathrm{KT} + I_0 \end{aligned}$$

式中,KT 为电动机固有参数；T_r为电动机固有摩擦力矩；I_0为空载电流。

4）线速度计算：

$$v = (2\pi Rn)/(60N)$$

式中，N 为传动比；n 为转速(r/min)。

（2）机器人的速度对电动机要求的初步计算

机器人重量：1.5 kg

供压：7.2 V

最大电流：2000 mA

最大速度：1500 mm/s

轮半径：25 mm

驱动半径：20 mm

传动比 $N = 10$

则所需要的转矩：

$$T_G = 1/2kmgR_0 = 0.5 \times 0.7 \times 1.5 \times 9.8 \times 20 = 102.9 \text{ mN} \cdot \text{m}$$

电动机转矩：

$$T_M = T_G/(N \cdot hG) = 102.9/(10 \times 0.73) = 14.1 \text{ mN} \cdot \text{m} (< T_{stall})$$

电流：

$$I = T_M/\mathrm{KT} + I_0 = 14.1/6.3 + 0.065 = 2.302 \text{ A}$$

功率：

$$P = UI = 7.2 \times 2.302 = 16.57 \text{ W}$$

电动机转速：

$$n = 60v \cdot N/(2\pi R) = 60 \times 2015 \times 10/(2 \times 3.14 \times 25) = 7696 \text{ r/min}$$

(3) 电动机选择

直流电动机选择由中国上海续科电器有限公司生产的直流电动机，型号为 RC－280SA－20120。该电动机的长度为 30 mm，直径为 24 mm，最大转速为 7700 r/min，额定电压为 6 V，$T_{stall}=17.2\ mN\cdot m$。

则机器人最大线速度：

$$v=(2\times\pi\times25\times7700)/(60\times10)=2015\ mm/s$$

2.4.2 智能小型足球机器人四轮全向移动机械设计实例

本节介绍智能小型足球机器人四轮全向移动机械结构，其踢球机构如图 2-86 所示。

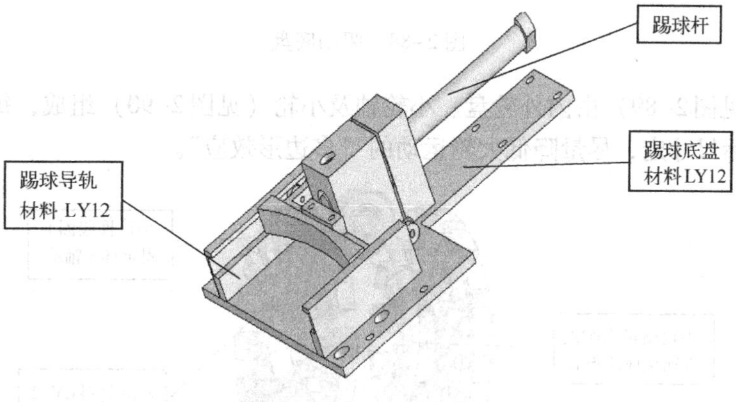

图 2-86　踢球部分

踢球机构由踢球杆、电磁铁、导向槽和导轮组成。导轮是用轴承制成的，将滑动摩擦改进为滚动摩擦，效果更好，导向作用更突出。

踢球杆（见图 2-87）由三部分组成：后踢杆（图中黑色部分）、中踢杆和前踢杆。后踢杆采用 45 钢，因为其磁性较好，能产生较大的推力，后踢杆的长度应根据电磁铁的长度选定。初始位置：后踢杆进入电磁铁内部 1 cm；末状态：后踢杆的中间位置在电磁铁的中心，该阶段属于加速阶段。这样能最大利用电磁铁所产生的能量。目前，轮式移动机器人的运动装置多采用两轮差速驱动、同步轮驱动或者全向轮驱动。由于全向轮驱动的方式使机器人运动更灵活，所以，用于比赛的移动机器人大多采用全向轮方式驱动，RoboCup 小型组也采用全向轮，由于空间有限，小型机器人采用单片全向瑞士轮，但其有一缺点：运动时具有轻微的“多边形效应”。

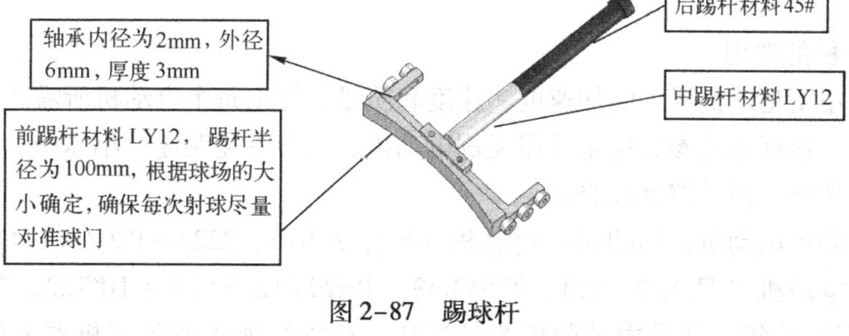

图 2-87　踢球杆

驱动底盘（见图2-88）：采用四个万向驱动轮。这样有利于速度的分解，利于机器人运动的控制。

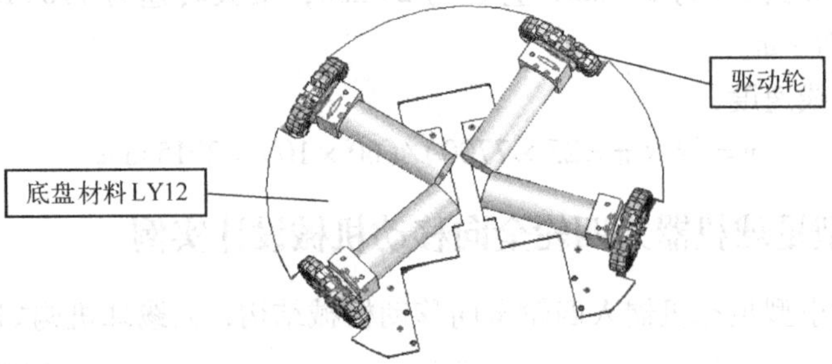

图2-88　驱动底盘

万向轮（见图2-89）由内外轮盘、小轮轴及小轮（见图2-90）组成，每周上的小轮可根据大轮的实际尺寸定，尽量降低大轮运动的“多边形效应”。

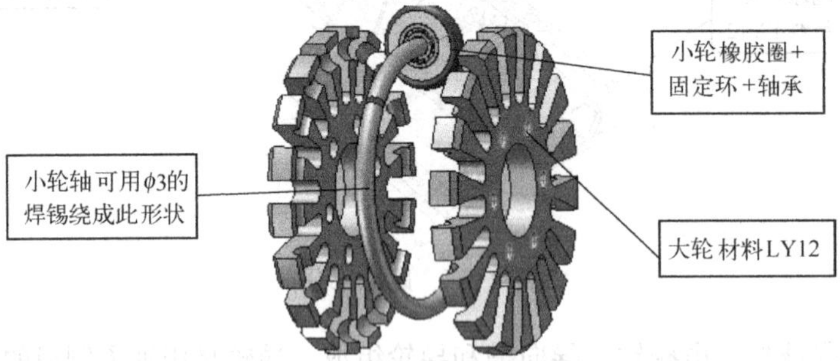

图2-89　单片全向瑞士轮

图2-90　小轮

（1）电动机的选用

根据智能小型足球机器人的加速度、速度和质量计算出每个电动机所需产生的扭力、功率和额定速度。根据这些参数选定采用无刷电动机，它具有宽调速、小体积、高效率和稳态转速误差小等优点，但其控制较难。

可以采用两种电动机：Faulhaber电动机（见图2-91），2224＋P20/1(14∶1)＋IE2-512；SAEGMOTOR电动机（见图2-92），22SYK40＋PH22(12.5∶1)＋HKT22。其中P20/1与PH22代表行星减速箱，括号中的数值为减速比，根据智能小型足球机器人的加速度确定扭矩。

图 2-91　Faulhaber 电动机

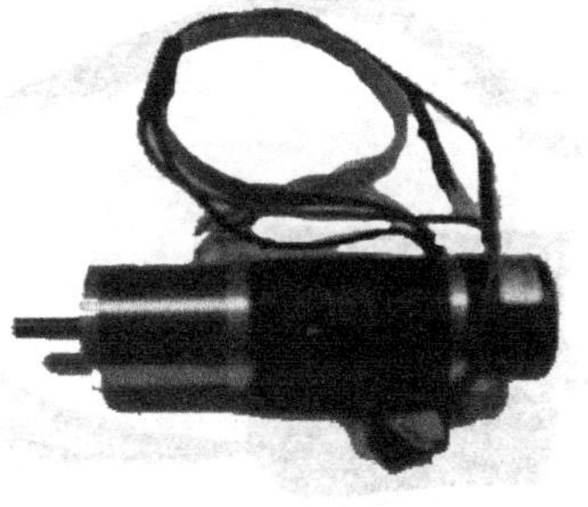

图 2-92　SAEGMOTOR 电动机

Faulhaber 电动机在中国的代理有北京众志恒电动机运动控制系统技术有限公司。

（2）带球机构

带球机构由驱动电动机、支架、悬臂梁、带球滚轮和一堆齿轮副组成，如图 2-93 所示。

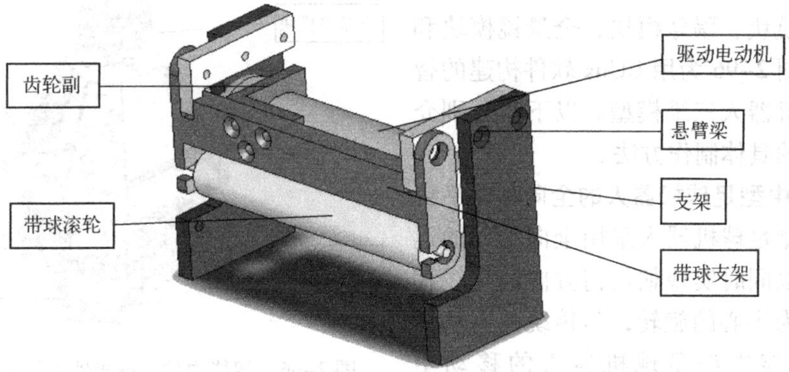

图 2-93　带球机构

齿轮副采用 50:30 的加速减速比，是根据电动机的转速、扭矩和带球时所需的转速和扭矩确定的。此外还要考虑带球滚轮和电动机间的距离。

带球滚轮采用橡胶滚筒制成，类似于打印机中所用的滚筒，因为带球时对滚轮的表面粗糙度要求高，否则带球时，球会有非常明显的抖动，不利于带球。

整个带球机构是可动的，两头采用轴承连接，可以来回晃动，当接触球时，可以起到缓冲作用，有利于带球的效果。带球滚轮的高度根据经验所得为球直径的 2/3，带球速度为1500 r/min。

（3）踢球驱动

踢球驱动采用电磁铁驱动，根据电磁铁的线圈匝数和线的粗细确定电磁铁的型号，此外踢球力度还与电磁铁通电时的电压、电容的容量和通电时间有关，这些数据需根据实际情况做实验测得。一般情况下线圈匝数为六圈，线直径为 0.6 mm，有条件的话可以自己制作电磁铁，自己制作时需小心谨慎，产生的电压较高。

采用的电磁铁为上海盈炜电子电器的 TAU－0837 TR4624，如图 2-94 所示。

小型足球机器人整体结构如图 2-95 所示。

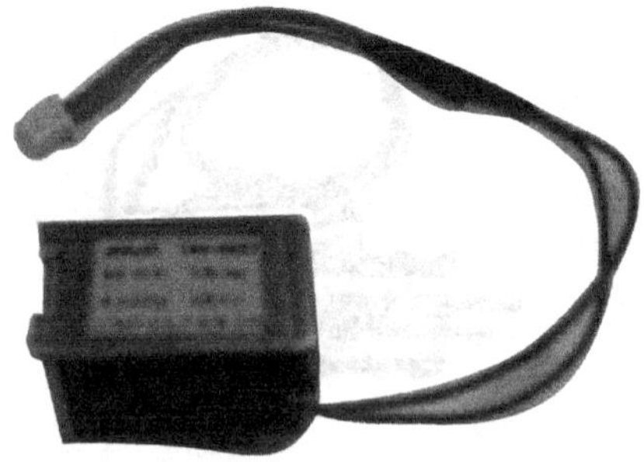

图 2-94　踢球用电磁铁

图 2-95　小型足球机器人整体结构图

2.4.3　智能中型足球机器人的机械设计实例

根据智能中型足球机器人的功能要求，采用模块化思想，整个智能中型足球机器人结构由驱动模块、踢球模块、全景镜模块和机架组成。图 2-96 为用 UGnx 软件构建的智能中型足球机器人三维模型。以下将分别介绍各个模块的具体制作方法。

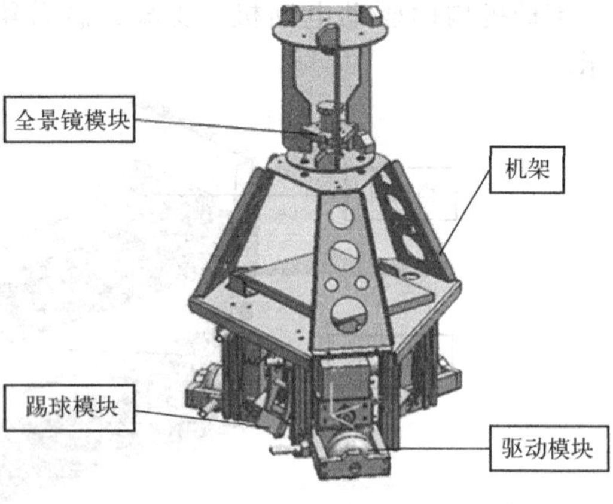

图 2-96　智能中型足球机器人的三维模型图

1. 智能中型足球机器人的全向移动平台

智能中型足球机器人采用全向移动的运动方式，可以同时实现朝任何方向的直线移动和以自身为中心的旋转，与传统的差动运动相比，智能中型足球机器人的移动更灵活。

图 2-97 和图 2-98 分别显示了三轮和四轮全向移动智能中型足球机器人的速度分布空间。采用三轮时，各个方向上的最大速度几乎相等。相比之下，四轮全向移动智能中型足球机器人在 45°方向的最大速度明显小于 90°方向。再者，全向轮数量的减少，能使智能中型足球机器人更轻并且能减少电池电量的消耗，每个电动机的利用率将更高。

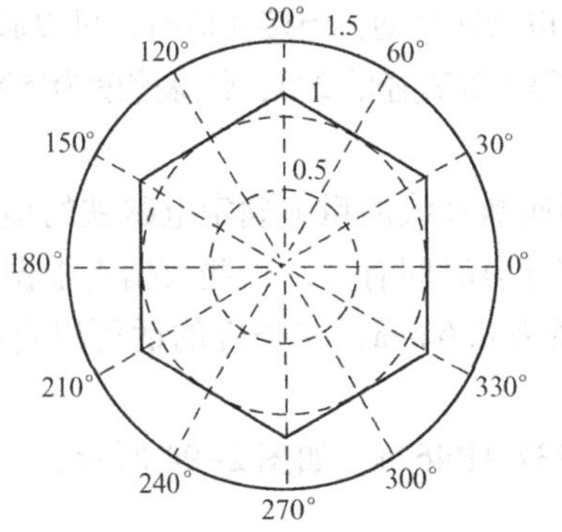

图 2-97　三轮均布的速度空间

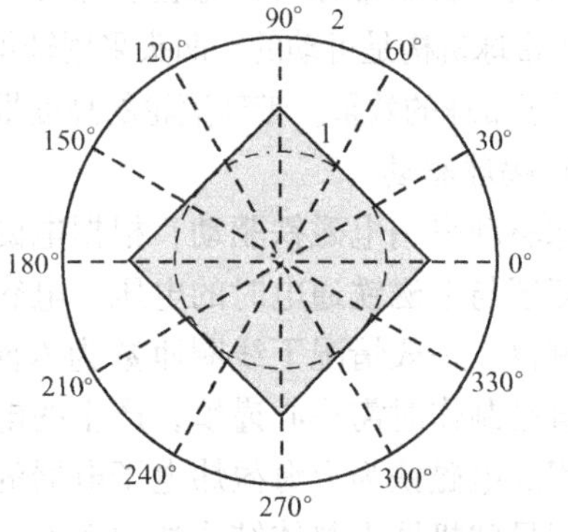

图 2-98　四轮均布的速度空间

在制作新的三轮全向移动智能中型足球机器人平台时，先分析智能中型足球机器人移动一段指定距离（4.5 ~9 m，智能中型足球机器人移动的平均距离）时，其加速度的大小和移动时间的关系。整个移动过程包括加速到最大速度，以最大速度移动和减速到停止。图 2-99显示了这个分析的结果。从图 2-99 中可以看出，并不是加速度越大，移动所需时间就越短。经过分析，可以选择 Maxon 公司的 RE40 直流伺服电动机（150 W，24 V）并配行星齿轮减速箱 P36H（6∶1）作为一级减速，同步带传动作为二级减速，同时对电动机进行过载保护，来驱动三轮全向移动智能中型足球机器人，其设计速度和加速度能达到 3 m/s 和 3.7 m/s^2。图 2-100 显示了驱动模块的结构，在智能中型足球机器人的底盘上，三个驱动模块互成 120°均布。图 2-101 为驱动模块传动路线图。

实际制作时，驱动模块固定架由电动机固定板、电动机架、左右支撑和轴承座组成。考虑到在比赛时智能中型足球机器人之间的相撞会比较频繁，因此在选材上要选择高强度的材料，可以考虑选择硬铝 LV12 材料来加工固定板、左右支撑和轴承座。考虑到整个智能中型足球机器人的质量不能太重，电动机架所受的冲击比较小，故选用工程塑料 ABS 来加工。图 2-102 为电动机架的 CAD 模型，图 2-103 为轮轴的 CAD 模型图。

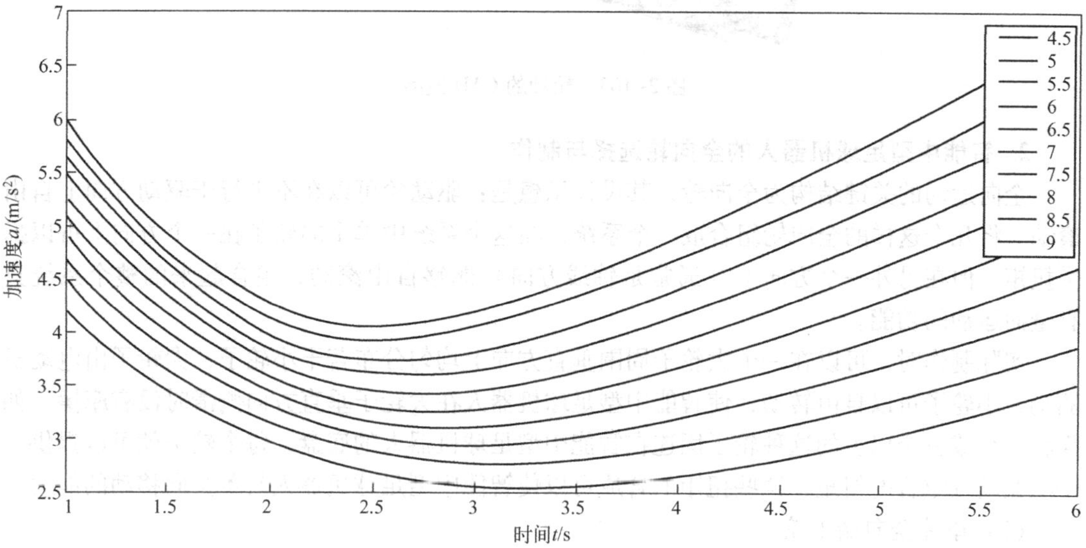

图 2-99　移动时间与加速度之间的分析

图 2-100　驱动模块结构图

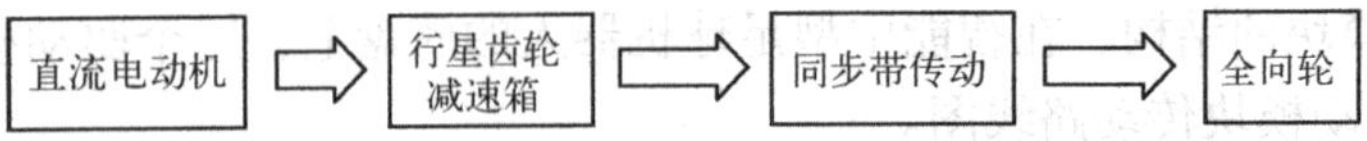

图 2-101 驱动模块传动路线图

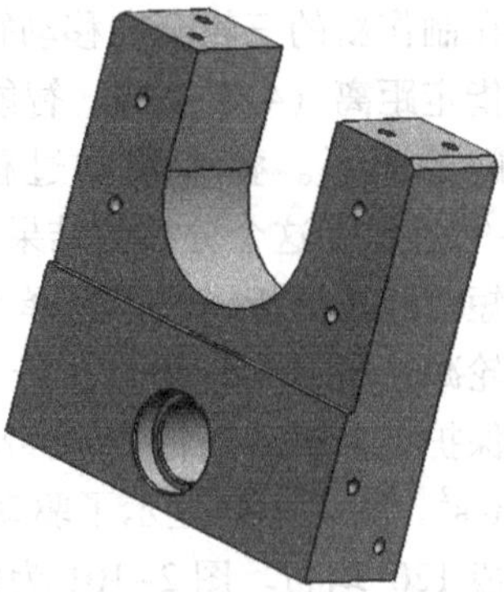

图 2-102 电动机架的 CAD 模型

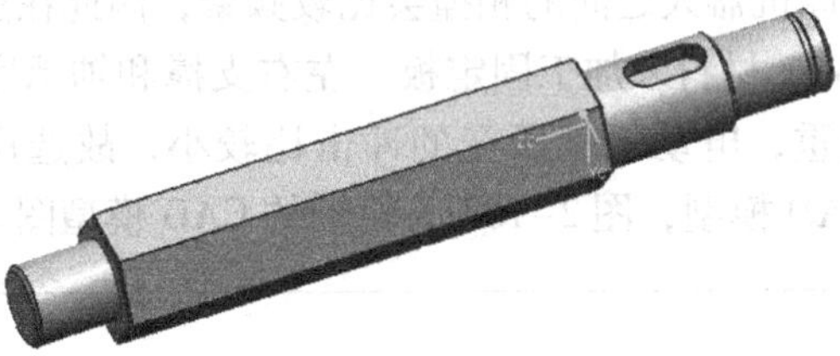

图 2-103 轮轴的 CAD 模型

2. 智能中型足球机器人的全向轮选择与制作

全向运动的关键结构为全向轮，其设计思想是：驱动轮可以在不平行于驱动方向上自由滚动。将几个这样的全向轮组合成一个系统，在这个系统中单个的轮子在一个方向上可以提供扭矩，但在另外一个方向上（通常是轴线方向）能够自由滚动，组合起来的整个系统具有全向运动的功能。

实际制作时，可以在一个大轮子周围垂直方向上均匀分布若干小轮子，大轮子由电动机驱动，小轮子可以自由转动，使智能中型足球机器人在大轮子垂直方向侧滑时没有摩擦。如果将三个或三个以上的这种轮子固连在智能中型足球机器人的底盘，每个轮子就可以提供一个与驱动轴重合的扭矩，这些扭矩的合成可以使智能中型足球机器人具备全向移动的能力。

（1）单片全向瑞士轮

单片全向瑞士轮如图 2-104 所示，其制作工艺相对简单，运动过程中单个小从动轮与地面接触为离散的点接触。当离散的接触点在轮滚动的过程中，出现多边形效应，如图 2-105所示，会造成整个轮体出现幅度较大的颠簸起伏，对运动控制的精度影响很大。在实际使用中，不是很理想。

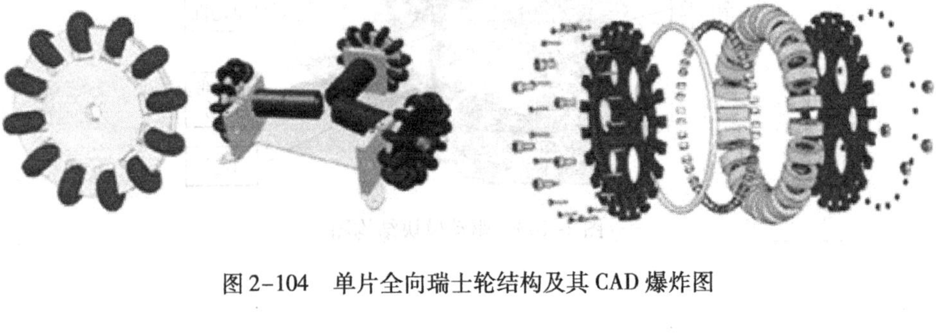

图 2-104 单片全向瑞士轮结构及其 CAD 爆炸图

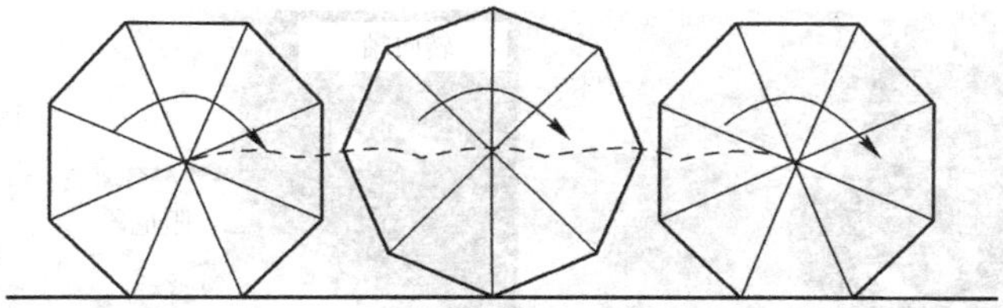

图 2-105　多边形效应

（2）双排全向瑞士轮

双排全向瑞士轮如图 2-106 所示，通过内外两层复合轮体实现与地面的连续接触，在运动地表平面度比较理想的情况下能实现全向运动的效果。但其运动过程中，由于内外两层轮体交替与地面接触受力，从而产生了动载荷效应。

图 2-106　双排全向瑞士轮

（3）差补全向轮

差补全向轮如图 2-107 所示，把单片和双排全向瑞士轮的结构优点组合在了一起，同时又克服了两者的缺点，既没有多边形效应，也没有动载荷的产生，可以实现平滑的全向运动，但其结构工艺相当复杂，成本高，使用寿命又相对较短。图 2-108 为差补全向轮在智能中型足球机器人中的应用图。

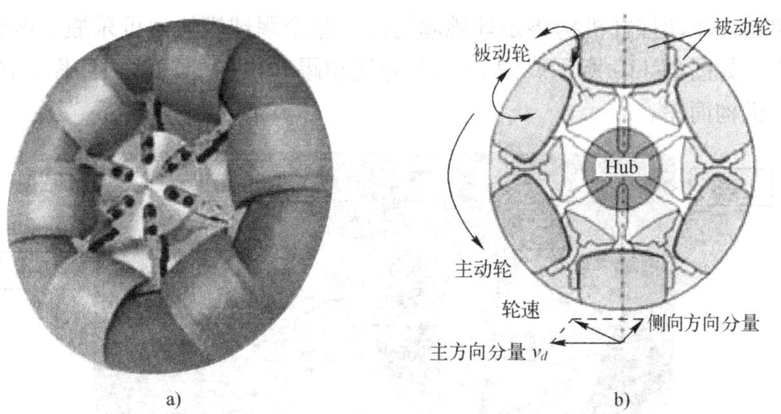

图 2-107　差补全向轮结构

经过以上的分析研究，可以选择德国 Traporol 公司的 ARG80 双排全向瑞士轮（见图 2-109）作为智能中型足球机器人的全向轮。具体订货方式可以参看其官方网站。

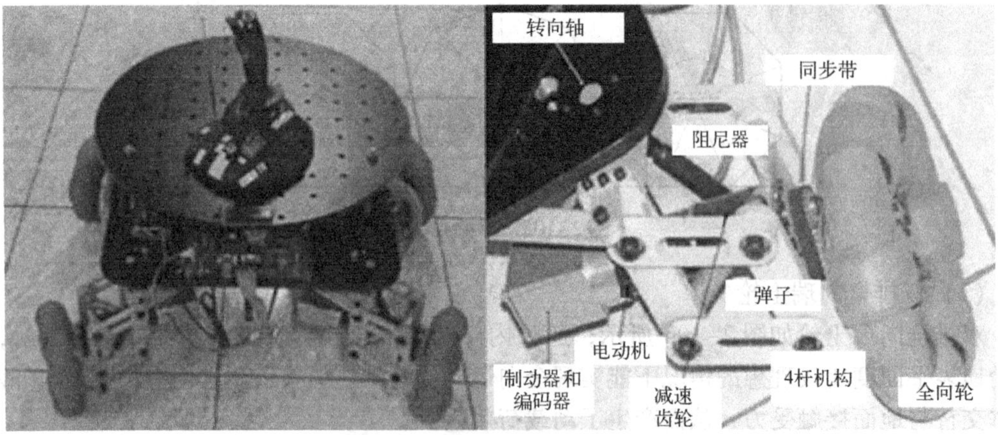

图 2-108　差补全向轮在智能中型足球机器人中的应用

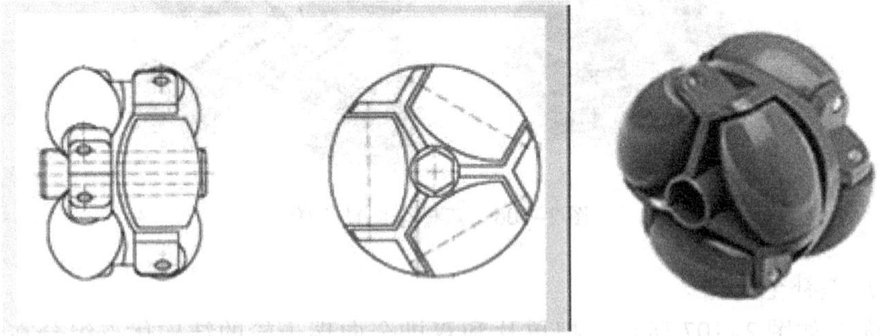

图 2-109　Traporol ARG80

3. 智能中型足球机器人的气动踢球系统

在实现踢球功能上，选择以挑射作为踢球方式，以气缸作为执行元件，通过电磁阀控制气缸活塞的伸缩，驱动杠杆机构将足球挑起射门。整个踢球模块由可乐瓶、电磁阀、气缸和杠杆机构组成，如图 2-110 所示。图 2-111 为气动踢球机构的气动回路图，图 2-112 为用于挑球的杠杆机构简图。

图 2-110　踢球模块结构图

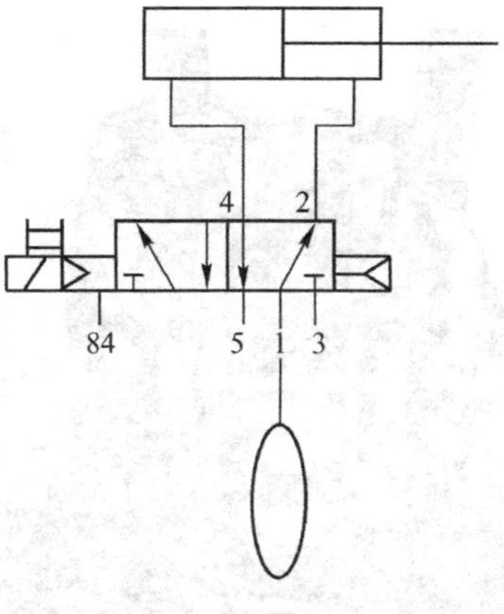

图 2-111　气动回路图
1～5—二位五通换向阀　84—电气控制

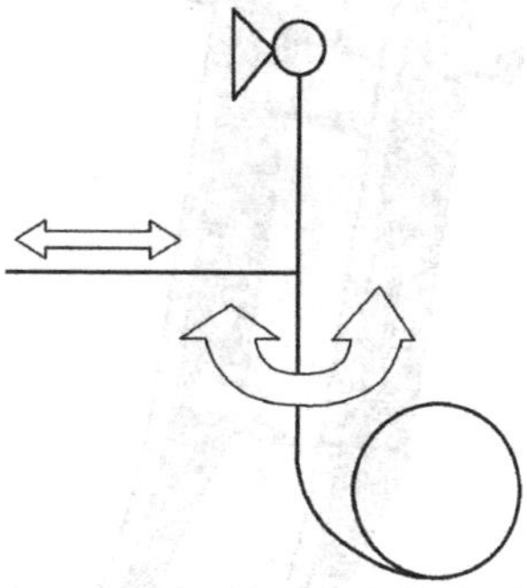

图 2-112　杠杆机构简图

在具体制作中，选择 SMC 内径 40 mm 的气缸，选择 FESTO 二位五通电磁换向阀，其型号为 MFH－5－1/4－B，如图 2-113 所示。

在存储压缩气体方面，选择 2L 或更大点的可乐瓶作为储气罐。向储气罐充气时，其内部气压一般达到 7×10^5Pa 左右即可，千万不要超过 1×10^6 Pa，否则可能充爆气瓶。在充气机的选择上，除了可以选择最为普通的空压机作为充气机外，推荐使用便携式汽车车胎充气机，如图 2-114 所示。和空压机相比，其体积小许多，携带更为方便，同时价格更低。

图 2-113　FESTO 二位五通电磁换向阀

图 2-114　便携式车胎充气机

在利用杠杆原理制作挑球杆时，选择框架结构，整个结构由踢杆、踢板、转轴和连杆组成。踢板和球接触，在转轴转动的过程中，将球挑起一定的高度。具体装配关系参看图 2-115 挑球杆的 CAD 装配模型。

在考虑智能中型足球机器人带球功能时，制作在智能中型足球机器人上加装内部穿了弹簧的黑海绵材质的保温管，依靠保温管和足球之间的摩擦来实现带球。图 2-116 是装配有全向移动平台底盘、气动踢球装置和被动带球装置的智能中型足球机器人内部结构图。

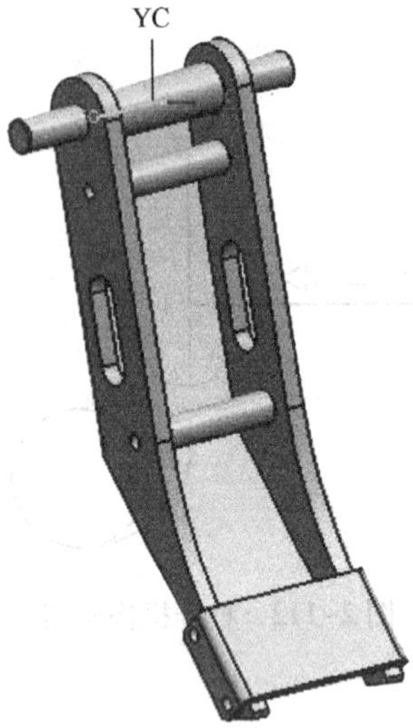

图 2-115　挑球杆的 CAD 装配模型

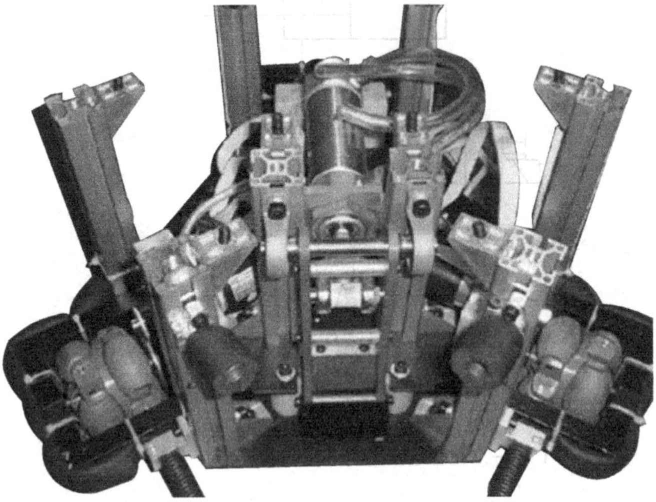

图 2-116　智能中型足球机器人内部结构图

智能中型足球机器人的部分性能参数见表 2-2

表 2-2　智能中型足球机器人性能参数

外形尺寸	490 mm × 458 mm × 765 mm	全向轮	德国进口 8 cm 优质全向轮 × 3
重量	20 kg	电源	24 V 4500 mA · h 锂聚合物电池 12 V 1800 mA · h 锂聚合物电池
材质	硬铝 LY12，合金钢等	踢球方式	气动式
驱动方式	三轮全向运动	踢球速度	大于 8 m/s
最大速度	3 m/s	射程	大于 7 m
最大加速度	3. 7 m/s^2	视觉系统	全景镜系统，半径 6 m 内图像无明显畸变
电动机	瑞士进口直流伺服电动机 150W × 3	决策系统	ThinkpadX61 双核移动计算机，Windows 系统

本章介绍了机器人本体机械、硬件和电源等模块，要想让一个机器人能够运行起来，离不开这几个部分的相互协调。当然仅仅只有“躯体”也不算上是一个完整的机器人，就像一个没有灵魂与思想的人一样如同行尸走肉。从第 3 章开始将揭开机器人神秘的面纱，从机器人的信息获取、智能驱动、运动规划和软件控制系统等方面进行叙述。

习题

1. 试述机器人的基本组成。
2. 请解释机器人的自由度这一概念。
3. 机器人的驱动方式最常见的是哪三种？分别谈谈其优劣点。
4. 机器人的控制方式有哪几种？
5. 谈谈线性稳压电源和开关电源的优劣点。

第3章　机器人的信息获取

机器人是由计算机控制的复杂机器，它具有类似于人的肢体及感官功能，动作灵活，有一定程度的智能，在工作时可以不依赖人的操纵。机器人传感器在机器人控制中起到了十分重要的作用。正因为有了传感器，机器人才具备了类似于人的知觉功能和反应能力。

一般机器人有类似人脑功能的思维子系统，类似于眼睛、皮肤和耳等功能的感觉子系统，类似于手脚功能的运动子系统。人脑、手、足、皮肤、眼睛、耳和舌等的功能在机器人中分别对应于判断和控制、把握、行走、触觉、听觉、味觉等，各种功能之间有着很强的关联性和依赖性，通过传感器使这些功能得以充分发挥。例如机器人装配作业中，一般有决定零件安装位置的距离传感器、检测零件形状的视觉或触觉传感器以及能检测手的把握状态及安装状态的滑觉传感器和力觉传感器。机器人能够根据从这些传感器获取的信息做出判断、控制并有效地工作。

机器人技术的应用领域越来越广，在传统的机器制造业，机器人从主要用作上、下料的万能传送装置，扩展到能进行各种作业，诸如弧焊、点焊、喷漆、刷胶、清理铸件以及各种各样的简单装配工作，到非制造领域的应用，诸如采掘、水下、空间、核工业、土木施工、救灾、作战、战地后勤以及各种服务等，机器人的应用不仅改善了劳动者的工作环境，渐渐地向完全取代人类劳动以及服务于人类的研究发展进行，这一切能得以实现，与传感器技术、微电子技术和通信技术有着密切的联系。传感器技术在机器人控制技术中是核心技术之一，是机器人获取信息的主要部分，本章依据国内外机器人的研究现状，从“五官”的角度来阐述传感器技术在机器人上的应用。

3.1　机器人的传感器

机器人传感器是20世纪70年代起开始发展起来的一类专门用于机器人技术方面的新型传感器。机器人传感器和普通传感器工作原理基本相同，但又有其特殊性。机器人传感器的选择取决于机器人工作需要和应用特点，对机器人感觉系统的要求是选择传感器的基本依据。机器人传感器选择的一般要求如下：

1）精度高、重复性好。

2）稳定性和可靠性好。

3）抗干扰能力强。

4）重量轻、体积小、安装方便。

机器人是通过传感器得到感觉信息的，其中机器人传感器是处于连接外部环境和机器人的接口位置。要使机器人拥有智能，首先必须使机器人具有感知环境的能力，用传感器采集信息是智能化的第一步；其次，如何采取适当的方法，将多个传感器获取的信息加以综合处理，控制机器人进行智能作业，则是提高机器人智能化的重要体现。因此传感器及其信息处理系统是机器人智能化的重要部分，它为机器人智能化提供决策依据。

机器人感觉系统的构成如图 3-1 所示。

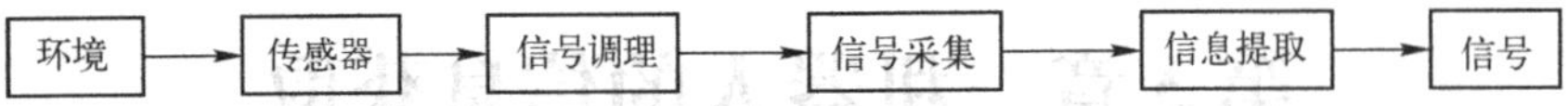

图 3-1　机器人感觉系统的构成

1）传感器将被测量转化为电信号。

2）对电信号进行预处理（信号调理），如放大、滤波、补偿和去耦。

3）将采样调理后的信号通过信号采集送处理器。

4）处理器经过软件分析后提取特征信息为机器人提供决策依据，指导机器人作业。

机器人传感器是一种能将机器人目标物特性（或参量）变换为电量输出的装置，机器人通过传感器实现类似于人类的知觉作用。机器人传感器分为内部检测传感器和外界检测传感器两大类。内部检测传感器是在机器人中用来感知它自己的状态，以调整和控制机器人自身行动的传感器。它通常由位置、加速度、速度及 JR 力传感器组成。外界检测传感器是机器人用以感受周围环境、目标物的状态特征信息的传感器，从而使机器人对环境有自校正和自适应能力。外界检测传感器通常包括触觉、接近觉、视觉、听觉、嗅觉和味觉等传感器。机器人传感器是机器人研究中必不可缺的重要课题，需要有更多的、性能更好的、功能更强的、集成度更高的传感器来推动机器人的发展。

图 3-2 所示为北京康力优蓝机器人科技有限公司推出的国内首个可量产的大型服务机器人“优友”。“优友”具备人脸识别和手势识别、3D 智能场景地图创建、自主环境感知、智能数控编辑和深度智能的学习能力，可以成为公司前台、银行引导员、餐厅服务员等，在劳动力成本高的各个领域都可以得到广泛的运用。

图 3-2　大型服务机器人“优友”

我国传感器的市场近几年一直持续增长，增长速度超过 20%，传感器应用四大领域为工业、汽车电子产品、通信电子产品和消费电子产品专用设备。

2012 年，我国传感器行业发展总体规模逐渐扩大，显著应用于汽车工业中，包括汽车轮胎中的传感器应用、安全气囊中的传感器应用、底盘系统中的传感器应用、发动机运行管理系统中的传感器应用、废气与空气质量控制系统中的传感器应用和需求、ABS 中的传感器应用和需求、车辆行驶安全系统中的传感器应用和需求、汽车防盗系统中的传感器应用和需求、发动机燃烧控制系统中的传感器应用和需求、汽车定位系统中的传感器应用和需求以及汽车其他系统中的传感器应用和需求。

除此以外，传感器在其他领域也有新的应用，如工业控制领域、环境保护领域、设施农业中、多媒体图像领域及其他有关传感器的应用。传感器虽然发展迅速，但是也存在一些不利的因素。如在产品技术上产业基础薄弱、科技与生产脱节、产品技术水平偏低、产品种类欠缺、企业产品研发能力弱。但另一方面，国家不断制定有利传感器产业发展的战略与政策，全年整机系统市场的快速发展、新兴技术的不断推动也都成为传感器发展的有利因素。

3.1.1 常用传感器

传感器使得机器人初步具有类似于人的感知能力，不同类型的传感器组合构成了机器人的感觉系统。

机器人传感器主要可以分为视觉、听觉、触觉、力觉和接近觉五大类。不过从人类生理学观点来看，人的感觉可以分为内部感觉和外部感觉，类似地，机器人传感器也可以分为内部传感器和外部传感器，如图 3-3 所示。

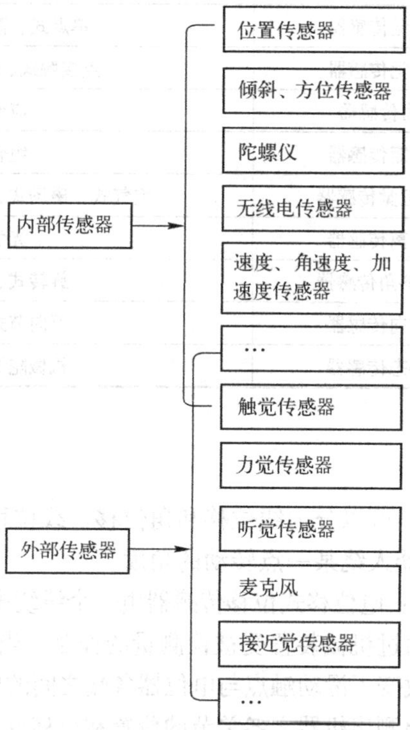

图 3-3　机器人传感器的分类

内部传感器主要用于测量机器人自身的功能元件。具体的检测对象有：关节的线位移、角位移等几何量；速度、加速度等运动量；倾斜角和振动等物理量。内部传感器常用于控制系统中作为反馈元件，检测机器人自身的各种状态参数，如关节的运动位置、速度、加速度、力和力矩等。其常用传感器种类见表 3-1。

表 3-1　常用传感器种类

传感器	种类	传感器	种类
特定位置、角度传感器	微型开关、光电开关	加速度传感器	应变片式、伺服式、压电式、电动式
任意位置、角度传感器	电位器、旋转变压器、码盘、关节角传感器	倾斜角传感器	液体式、垂直振子式
速度、角速度传感器	测速发电机、码盘	方位角传感器	陀螺仪、地磁传感器

外部传感器主要用来检测机器人所处环境（如果是物体，即离物体的距离有多远等）及状况（如抓取的物体是否滑落）的传感器。具体有物体识别传感器、物体探伤传感器、接近觉传感器、距离传感器、力觉传感器和听觉传感器等，其具体种类见表 3-2。

表 3-2 外部传感器种类

功　能	传 感 器	种　　类
视觉传感器	测量传感器	光学式（点状、线状、圆形、螺旋形、光束）
	识别传感器	光学式、声波式
触觉传感器	接触觉传感器	单点式、分布式
	压觉传感器	单点式、高密度集成、分布式
	滑觉传感器	点接触式、线接触式、面接触式
力觉传感器	力传感器	应变式、压电式
	力矩传感器	组合型、单元型
接近觉传感器	接近觉传感器	空气式、磁场式、电场式、光学式、声波式
	距离传感器	光学式、声波式
角度觉（平衡）传感器	倾斜角传感器	旋转式、振子式、摆动式
	方向传感器	万向节式、内球面转动式
	姿态传感器	机械陀螺仪、光学陀螺仪

1. 内部传感器

（1）位移传感器

机器人按照位移的特征，可以分为线位移和角位移。线位移是指机器人沿着某一条直线运动的距离，角位移是指机器人绕某一点转动的角度。

1）电位器式位移传感器：电位移式位移传感器由一个线绕电阻（或薄膜电阻）和一个滑动触点组成。其中滑动触点通过机械装置受被检测量的控制。当被检测的位置量发生变化时，滑动触点也发生位移，从而改变了滑动触点与电位器各端之间的电阻值和输出电压值，根据这种输出电压值的变化，可以检测出机器人各关节的位置和位移量。

2）直线型感应同步器：直线型感应同步器由定尺和滑尺组成。定尺和滑尺间保证一定的间隙，一般为 0.25 mm 左右。在定尺上用铝箔制成单项均匀分布的平面连续绕组，滑尺上用铝箔制成平面分段绕组。绕组和基板之间有一厚度为 0.1 mm 的绝缘层，在绕组的外面也有一层绝缘层，为了防止静电感应，在滑尺的外边还粘贴一层铝箔。定尺固定在设备上不动，而滑尺可以在定尺表面上来回移动。

3）圆形感应同步器：圆形感应同步器主要用于测量角位移。它由定子和转子两部分组成。在转子上分布着连续绕组，绕组的导片是沿圆周的径向均匀分布的。在定子上分布着两相扇形分段绕组。定子与转子的截面构造与直线型同步器是一样的，为了防止静电感应，在转子绕组的表面粘贴一层铝箔。

图 3-4 所示为上海大学自强队家庭服务机器人所使用的里程计，它用来反馈电动机测量轮子走了多远，即机器人行走的距离。它可以用来配合摄像头进行自定位与导航。

里程计是一种利用从移动传感器获得的数据来估计物体位置随时间的变化而改变的方法。该方法被用在许多种机器人系统（轮式或者腿式）上，来估计而不是确定这些机器人相对于初始位

图 3-4　上海大学自强队家庭服务机器人所使用的里程计

置移动的距离。这种方法对由速度对时间积分来求得位置的估计时所产生的误差十分敏感。快速、精确的数据采集，设备标定以及处理过程对于高效地使用该方法是十分必要的。

假设一个机器人在其轮子或腿关节处配备有旋转编码器等设备，当它向前移动一段时间后，想要知道大致的移动距离，可以借助旋转编码器，测量出轮子旋转的圈数，如果知道了轮子的周长，便可以计算出机器人移动的距离。

假设有一个简单的机器人，配备有两个能够前后移动的轮子，这两个轮子是平行安装的，并且相距机器人的中心的距离是相等的。假如每个电动机都配备有一个旋转编码器，便可以计算出任意一个轮子向前或向后移动一个单位时，机器人中心实际移动的距离。该单位长度为轮子周长的某一比例值，该比例依赖于编码器的精度。

假设左边的轮子向前移动了一个单位，而右边的轮子保持静止，则右边的轮子可以被看作是旋转轴，而左边的轮子沿顺时针方向移动了一小段圆弧。因为定义的单位移动距离的值通常都很小，所以可以粗略地将该段圆弧看作是一条线段。因此，左轮的初始与最终位置点、右轮的位置点就构成一个三角形 A。

同时，机器人中心的初始与最终位置点，以及右轮的位置点，也构成了一个三角形 B。由于机器人中心到两轮子的距离相等，同时，两三角形共用以右轮位置为顶点的角，故三角形 A、B 相似。在这种情况下，机器人中心位置的改变量为半个单位长度。机器人转过的角度可以用正弦定理求出。

(2) 速度和加速度传感器

速度传感器有测量平移和旋转运动速度两种，但大多数情况下，只限于测量旋转速度。利用位移的导数，特别是光电方法让光照射旋转圆盘，检测出旋转频率和脉冲数目，以求出旋转角度，以及利用圆盘制成有缝隙，通过两个光电二极管辨别出角速度，即转速，这就是光电脉冲式转速传感器。此外还有测速发电机用于测速等。

应变仪即伸缩测量仪，也是一种应力传感器，用于加速度测量。加速度传感器用于测量工业机器人的动态控制信号。一般由速度测量进行推演，已知质量物体加速度所产生的动力，即应用应变仪测量此力进行推演，还有就是下面所说的方法：

与被测加速度有关的力可由一个已知质量产生。这种力可以为电磁力或电动力，最终简化为对电流的测量，这就是伺服返回传感器，实际又能有多种振动式加速度传感器。

图3–5所示为陀螺仪，它可以用来测角速度，以便知道机器人的方向。陀螺仪的原理就是，一个旋转物体的旋转轴所指的方向在不受外力影响时，是不会改变的。人们根据这个道理，用它来保持方向，制造出来的东西就叫作陀螺仪。陀螺仪在工作时要给它一个力，使它快速旋转起来，一般能达到每分钟几十万转，可以工作很长时间。然后用多种方法读取轴所指示的方向，并自动将数据信号传给机器人控制系统。陀螺仪被广泛用于航空、航天和航海领域。这是由于它的两个基本特性：一为定轴性（Inertia or Rigidity），另一是进动性（Precession），这两种特性都是建立在角动量守恒的原则下。

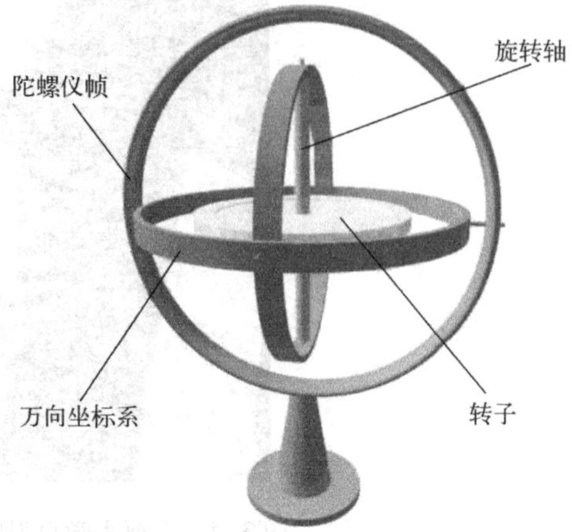

图3–5　陀螺仪

2. 外部传感器

（1）力觉传感器

机器人在工作时，需要有合适的握力，握力太小或太大都不合适。力或力矩传感器的种类很多，有电阻应变片式、压电式、电容式、电感式以及各种外力传感器。力或力矩传感器通过弹性敏感元件将被测力或力矩转换成某种位移量或形变量，然后通过各自的敏感介质把位移量或形变量转换成能够输出的电量。机器人常用的力传感器可以分为以下三类：

1）装在关节驱动器上的力传感器，称为关节传感器。它测量驱动器本身的输出力和力矩。用于控制中力的反馈。

2）装在末端执行器和机器人最后一个关节之间的力传感器，称为腕力传感器。它直接测出作用在末端执行器上的力和力矩。

3）装在机器人手爪指（关节）上的传感器，称为指力传感器。它用来测量夹持物体的受力情况。

（2）听觉传感器

在某些环境中，要求机器人能够感知声音的音调、响度，区分左右声源，有的甚至可以判断声源的大致方位，有时我们甚至要求与机器进行语音交流，使其具备“人–机”对话功能，听觉传感器的存在，使得机器人能更好地完成这项任务。

机器人的听觉功能通过听觉传感器采集声音信号，经声卡输入到机器人大脑。机器人拥有了听觉，就能够听懂人类语言，即实现语音的人工识别和理解，因此机器人听觉传感器可分为两类：

1）声检测型，主要用于测量距离等。超声波传感器具有处理信息简单、成本低、速度快等特点，使其被广泛地应用于机器人听觉传感器。南京信息工程大学利用超声波传感器信息进行栅格地图的创建方法，基于 Bayes 法则对多个超声波传感器信息进行融合，有效地解决了信息间的冲突问题，提高了地图创建的准确性；福州大学采用扩展卡尔曼滤波器对多个超声波传感器和光电编码器测量值进行融合，保证了机器人的较高行走速度；北京科技大学将16个超声波传感器分别安装在机器人本体侧板的16个柱面上，等间隔角度22.5°，当陷入死角时能够凭借机器人本体后方的传感器来检测障碍，以实现继续运行；Huang 等利用 3 个麦克风组成平面三角阵列定位声源的全向轴向，也有利用搭载在移动机器人平台上的二维平面 4 通道十字形麦克风阵列定位说话人的轴向角和距，Valind 等放置 8 个麦克风阵列搭在 Pioneer2 机器人上，用来进行声源轴向角和仰角定位，Tamai 等利用搭载在 Nomad 机器人上的平面圆形 32 通道麦克风阵列定位 1 ~4 个声源的水平方向和垂直方向；Rodemann 等利用仿人耳蜗和双麦克风进行声源的 3D 方向定位。

2）语音识别，建立人和机器之间的对话。语音识别实质上是通过模式识别技术识别未知的输入声音，通常分为特定话者和非特定话者两种方式，特定语音识别是预先提取特定说话者发音的单词或音节的各种特征参数并记录在存储器中，后者为自然语音识别，目前处于研究阶段。从 20 世纪 50 年代 AT&T　Bell 实验室开发出可识别 10 个英文单词的 Audy 系统开始，许多发达国家如美国、日本、韩国以及 IBM、Apple、NTT 等著名公司都为语音识别系统的实用化开发研究投以巨资，国内有关这一领域研究的大学和研究机构相对较少，大部分都是从信号处理的角度对声源定位技术进行研究，而将其应用于机器人上的相对较少。近年来，哈尔滨工业大学、河北工业大学和华北电力大学都在开展机器人听觉技术研究工作。北京航空航天大学机器人研究所也设计了一种可以按照声音的方向向左转或向右转的机器人，当声音太刺耳时，机器人会抬起脑袋，设法躲避它。由于听觉传感器可弥补其他传感器视场有限且不能穿过非透光障碍物的局限，将语音识别技术融合在移动机器人听觉系统中有很好的实用性，河北工业大学在开发救援机器人导航系统中就涉及语音识别技术的应用。

（3）触觉传感器

机器人中的触觉传感器主要包括接触觉、压力觉、滑觉和接近觉。初期的 Spraw lettes 机器人和后期的六足机器人可以依靠一只长而粗的触角进行墙的探测，以及近墙疾走。基于位置敏感探测器（PSD）的触须传感系统可以测量物体外形、物体表面纹理信息以及利用触须沿墙行走，类似的研究有北京航空航天大学利用二维 PSD 设计了一种新型的触须结构，可测量机器人本体与墙之间的夹角。

针对机器人角膜移植显微手术，北京航空航天大学选择微力传感器和微型电感式位移传感器集成在机器人末端环钻上，采用适合于 PC 和传感器数据采集卡的数字滤波算法排除干扰，从而计算机获取实时采集钻切深度和力信息。刘伊威等在设计机器人灵巧手一文中，使用了霍尔传感器（位置感觉）、力/力矩感觉以及集成的温度传感器芯片（温度感觉）等，该手指集传感器、机械本体、驱动及电路为一体，最大限度地实现了灵巧手指的集成化、模块化，类似地采用刚柔结合式结构的应用于 HIT/DLR Ⅱ 五指仿人型机器人灵巧手的新式微型触觉传感器，而东南大学在灵巧手设计的一文中，采用模糊控制的带有阵列式电触觉传感器和力传感器。

基于电容、PVDF（聚偏二氟乙烯）、光波导等技术的三维力触觉传感器的研究得到了广泛的应用，例如南安普敦大学研发出的基于厚膜压电式传感器的仿真手是滑觉传感器较成功的体现；用 PVDF 薄膜制作的像皮肤一样粘贴在假手的手指表面触滑觉传感器，可以安全地握取易碎或者比较柔软的物体；一种基于 PVDF 膜的三向力传感技术的触觉和基于光电原理的滑觉相结合的新型触滑觉传感器，可实现机器人的物体抓取；而哈尔滨工程大学基于光纤的光强内调制原理设计了一种用于水下机器人的滑觉传感器，采用特殊的调理电路和智能化的信息处理方法，适用于水下机器人进行作业；西安交通大学设计了基于单片机控制的光电反射式接近觉传感器和光纤微弯力觉传感器的机器人。

(4) 视觉传感器

现代的“五官”传感器技术中，视觉传感器技术的发展以及研究相比之下较成熟，特别是在机器人的应用上，并且不断地推进着机器人的发展研究。视觉传感器技术是机器人不可或缺的重要部分，视觉传感器的性能在不同的应用中有不同的要求，性能的好坏会影响机器人的操作任务，为此，科研工作者们进行了一系列的研究。如一种由激光器、CCD 和滤光片组成的视觉传感器系统，体积小巧、结构紧凑、性价比高、质量轻；由于机器视觉系统采集到的数据量庞大以及实时性的要求，用多核 DSP 并行处理的架构方式可以解决大量图像数据；为了提高机器人视觉系统的图像处理速度，可以将光学小波变换应用于视觉系统，实现图像和信息的快速处理；针对高温、辐射及飞溅等恶劣环境对传感器的影响，可以采用带冷却系统的结构光视觉传感器。

视觉传感器在机器人上主要应用于方向定位、避障和目标跟踪等。中科院采用视觉系统（单目摄像机）测量得到水下机器人与被观察目标之间的三维位姿关系，通过路径规划、位置控制和姿态控制分解的动力定位方法实现机器人对被观察目标的自动跟踪；浙江工业大学采用一种单目视觉结合红外线测距传感器共同避障的策略，对采集的图像序列信息使用光流法处理，获得移动机器人前方障碍物的信息；为了增强了传感器的光自适应能力，四川大学以主从双视觉传感器实现目标识别和定位任务，采用嵌入式结构技术集成相机和处理机的采摘视觉传感器实现了多传感器、多视角的协调采集和数据处理；与双目视觉传感器相比，三维视觉传感器在计算目标物的三维坐标时不需要复杂的立体匹配过程，其核心就是三角测量技术，定位算法简单，中国农业大学根据作物的反射光谱特性，选择敏感波长的激光源，构建三维视觉传感器；南京农业大学基于立体视觉系统，在图像空间利用 Hough 变换检测出果实目标，进而获得目标质心的空间位置坐标；中国科学院沈阳自动化研究所采用光学原理的全方位位置传感器系统，通过观测路标和视角定位的方法，确定出机器人在世界坐标系中的位置和方向；哈尔滨工程大学采用一个全景镜头和一个全景摄像机的全境图像全景视觉系统，利用 Step - Forward 策略的模糊推理机制的运动决策，实现机器人在动态环境中快速、准确地找到一条无碰撞的路径，最终达到目标点。

科学研究的最终目的都是要应用到实际生活中，视觉传感器的研究在现代工业、农业以及服务业等方面都得到了体现。中科院采用叠加式构架的视觉传感器在焊接机器人上的应用，实现焊接机器人的自动焊接任务；天津师范工程学院采用全局视觉系统应用在全自主服务机器人上，能够准确地为服务机器人的专家决策系统实时提供位置信息，实现了在光照连续变化的部分结构化环境中进行颜色识别；哈尔滨工业大学研制了一个基于两个 CCD 摄像头组成双目系统的服务机器人，为老年人/残疾人提供各种复杂的辅助操作；上海交通大学研制了采用视觉传感器获得目标的图像并进行文字识别的读书机器人，以及一种医用机器人，通过人体肛门进入肠道进行检查，携带微型摄像头、压力传感器、温度传感器和 pH 传感器等，从而实现肠道生理参数的检测和治疗，携带微型操作手进行微型手术，携带药物喷洒装置进行疾病无创诊疗等；湖南大学研制了采用多传感器结合微处理器技术与智能控制的整个系统设计，将智能安全报警及消防灭火、嵌入式语音识别、自主回归充电、家庭娱乐及家务工作等多项功能集于一身的现代智能家居机器人；北京理工大学研制了利用安装在车体前方摄像头，通过无线传输方式可以反馈视频和音频信号，根据反馈信息，利用航模遥控器控制机器人前进、后退、变速及转弯等的侦查机器人。

通过以上实例可以看出，视觉传感器在机器人控制领域中的重要地位，而 Kinect 则是视觉传感器中应用最为广泛的传感器。Kinect 骨架追踪处理流程的核心是一个无论周围环境的光照条件如何，都可以让 Kinect 感知世界的 CMOS 红外传感器。该传感器通过黑白光谱的方式来感知环境：纯黑代表无穷远，纯白代表无穷近。黑白间的灰色地带对应物体到传感器的物理距离。它收集视野范围内的每一点，并形成一幅代表周围环境的景深图像。传感器以每秒 30 帧的速度生成景深图像流，实时 3D 地再现周围环境。

Kinect 需要做的下一件事就是寻找图像中较可能是人体的移动物体，就像人眼下意识地聚焦在移动物体上那样。接下来，Kinect 会对景深图像进行像素级评估，来辨别人体的不同部位。同时，这一过程必须以优化的预处理来缩短响应时间。Kinect 采用分割策略将人体从背景环境中区分出来，即从噪声中提取有用信号。

图 3-6 所示为上海大学自强队家庭服务机器人现阶段所使用的视觉传感器 Kinect。它是目前双目视觉系统中应用最多的传感器。Kinect 传感器主要由红外摄像机、红外深度摄像头、彩色摄像头、麦克风阵列和仰角控制马达组成。红外摄像机、红外深度摄像头、彩色摄像头为 Kinect 的三只“眼睛”，L 型布局的麦克风系列是 Kinect 的四只“耳朵”。红外摄像机能主动投射近红外光谱，照射到粗糙物体光谱便会扭曲，形成随机的反射斑点，叫作散斑，进而能被红外摄像头获取。红外摄像头获取散斑后，分析红外光谱、创建可视范围内的物体深度图像，同时彩色摄像头用于拍摄视角范围内的彩色视频图像。L 型布局的麦克风阵列，4 个麦克风同时采集声音、过滤背景噪声，从而能更精确地定位声源。可编程控制仰角的马达，用来获取最佳视角。

2010 年 6 月 14 日，微软发布 XBOX360 体感周边外设，Kinect 即为该周边外设的名字。值得注意的是，PrimeSence 技术是 Kinect 传感器的基础，工作原理非常简单。SoC 是一款完美支持 PrimeSence 技术的产品，独立地管理音频和视频信息，这些信息都可以通过 USB 连接进行访问，Kinect 传感器的控制结构如图 3-7 所示。

图 3-6　Kinect 传感器

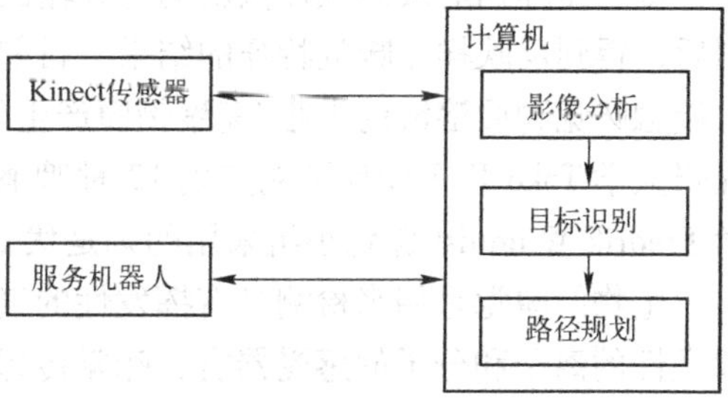

图 3-7　Kinect 传感器控制结构

RoboCup 家庭组家庭服务机器人中的 Kinect 传感器通过抓取物体的深度信息来确定物体的位置，其中美国微软公司推出的 XBOX360 体感传感器将服务机器人采集到的视频流输入上位机，上位机即计算机。根据一些算法，上位机针对这些大量的数据进行处理，再将处理得到的数据发送给运动或者语音模块。

3.1.2　特殊传感器

随着机器人产业的蓬勃发展，具有某些特殊功能的机器人也相继出现，其中包含一些特殊的传感器，如嗅觉传感器、味觉传感器等。它们的出现为机器人全面智能化提供了更加有力的基础保障。

(1) 嗅觉传感器

目前具有嗅觉功能的拟人机器人尚不多见，主要原因是人们对于机器人嗅觉的研究仍处于初级阶段，技术尚未成熟，关于机器人嗅觉的研究更多集中在移动机器人的嗅觉定位领域。

机器人嗅觉问题的研究中，主要采用了三种方法来实现机器人嗅觉功能：一是在机器人上安装单个或多个气体传感器，再配置相应处理电路来实现嗅觉功能，Ishidal 等采用四个气体传感器和四个风速传感器制成了气味方向探测装置，充分利用气味信息和风向信息完成味源搜索；Pyk 研制了一个装有六阵列金属氧化物气体传感器和风向标式风向传感器的移动人工蛾，并利用它在风洞中模拟了飞蛾横越风向和逆风而上的跟踪信息素的运动方式，类似的研究是在移动机器人上安装一对气体传感器，比较两个传感器的输出，令机器人向着浓度高的方向移动；曹为等在煤矿救灾机器人上安装了瓦斯传感器、O_2和 CO 传感器，庄哲民等将半导体气体传感器阵列与神经网络相结合，构建了一个用于临场感机器人的人工嗅觉系统，用于气体的定性识别。二是自行研制的嗅觉装置，Kuwana 使用活的蚕蛾触角配上电极构造了两种能感知信息素的机器人嗅觉传感器，并在信息素导航移动机器人上进行了信息素烟羽的跟踪试验；德国蒂宾根大学的 AchimLilientha 和瑞典厄勒布鲁大学的 Tom Duckett 合作研制了 Mark Ⅲ型立体式电子鼻，和一台 Koala 移动机器人构成了移动电子鼻。三是采用电子鼻（亦称人工鼻）产品，Rozas 等将人工鼻装在一个移动机器人上，通过追踪测试环境中的气体浓度而找到气味源。

(2) 味觉传感器

整体味觉传感器在机器人上的应用相对于其他传感器很少。当口腔含有食物时，舌头表面的活性酶有选择地与某些物质起反应，引起电位差改变，刺激神经组织而产生味觉。基于上述机理，人们研制了味觉传感器，人工味觉传感器主要由传感器阵列和模式识别系统组成，传感器阵列对液体试样做出响应并输出信号，信号经计算机系统进行数据处理和模式识别后，得到反映样品味觉特征的结果。目前运用广泛的生物模拟味觉和味觉传感系统是根据对接触味觉物质溶液的类脂/高聚物膜产生的电势差的原理制成的多通道味觉传感器。日本九州大学 Toko K 等设计了能鉴别 12 种啤酒的多通道类脂膜味觉传感器，瑞典 Linkpoing 大学 Fredrik Winquist 课题小组采用的则是伏安型的三电极结构惰性贵金属传感器阵列。

生物的嗅觉是用来检测具有挥发性的气体分子的，而味觉传感器是用来检测液态中的非挥发性的离子和分子的感受器官，味觉传感器的研究取得了一些发展，已经成功提取并量化了米饭、酱油、饮料和酒的味觉信号。南昌大学采用铂工作电极（PtE）为基底，传感器阵列由 8 个固态 PPP 味觉传感器与 217 型饱和双盐桥甘汞电极组成，采用主成分分析和聚类分析等模式识别工具，识别与分析出不同样品的味觉特征。尽管目前机器人的味觉功能的研究还不成熟，但是国内外的研究机构都在努力地进行这方面实验研究，特点是在未来家居机器人的构想下，已有相应的机构开发出了烹饪机器人等家居机器人，味觉传感器技术在家居机器人的发展空间很大。

3.1.3 传感器应用实例

农业采摘机器人是机器人技术迅速发展的结果，是农业向自动化和智能化发展的重要标志。目前，发达国家在农业采摘机器人研究方面居于领先地位，已研制出番茄、黄瓜、葡萄、柑橘等水果和蔬菜收获机器人。农业采摘机器人工作于非结构性、未知的和不确定的环境中，其作业对象是随机分布的，决定了农业采摘机器人必须具有智能化的感应能力，以适应复杂的作业环境。农业采摘机器人上传感器的应用直接影响到农业采摘机器人对环境的感知能力，同时也影响到农业采摘机器人的智能程度。在研制不同农业采摘机器人时需要选择简单、稳定、易实现的传感器以提高其作业能力。下面以农业采摘机器人为例，讲述相应传感器在其中的应用，主要以视觉传感器、位置传感器、力传感器和避障传感器为例展开。

图 3-8 所示为当前已经研发成功的一种农业采摘机器人。果蔬采摘机器人作业于温室非结构环境下，是一种融合多项传感技术的高度协同自动化系统。采摘机器人不仅需要完成作业对象信息获取、成熟度判别，以及确定收获目标的三维空间信息及视觉标定；同时需要引导机械手与末端执行器完成抓取、切割、回收任务。长远来看，研究果蔬采摘机器人旨在降低人工采收的劳动强度，推动温室果蔬自动化采收技术发展；当前来讲，研制果蔬采摘机器人可以为验证果蔬采摘信息获取、空间匹配及三维定位方法提供硬件平台。

图 3-8　农业采摘机器人

采摘机器人系统主要由双目立体视觉系统、机械手系统（包括机械臂、末端执行器与机械手控制器）、中央控制器、导航行走平台（包括导航摄像机与履带平台）、能源系统及其他附件组成，其硬件构成如图 3-9 所示。

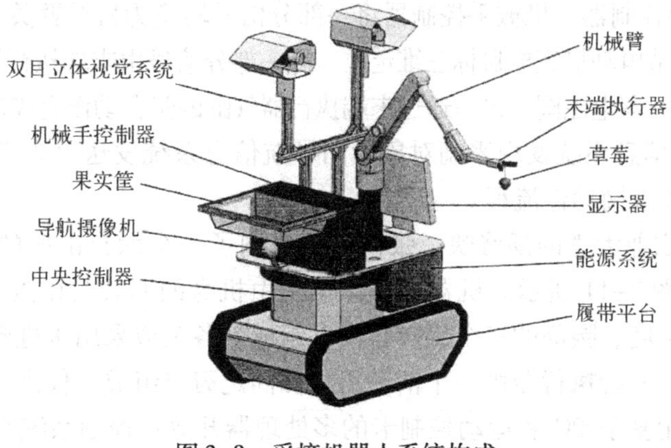

图 3-9　采摘机器人系统构成

其中，根据信息传输过程，采摘机器人又可分为三大模块：视觉信息获取系统、信息处理系统与动作执行系统。其中，双目立体视觉系统与导航摄像机构成视觉信息获取系统，为信息获取层；中央控制器为信息处理系统，为信息处理层；机械手系统、履带平台和显示器构成动作执行系统，为信息执行层。

图 3-10 所示为机器人系统信息传输流程，根据信息内容，又可将机器人分为导航信息系统与采摘信息系统两大模块。

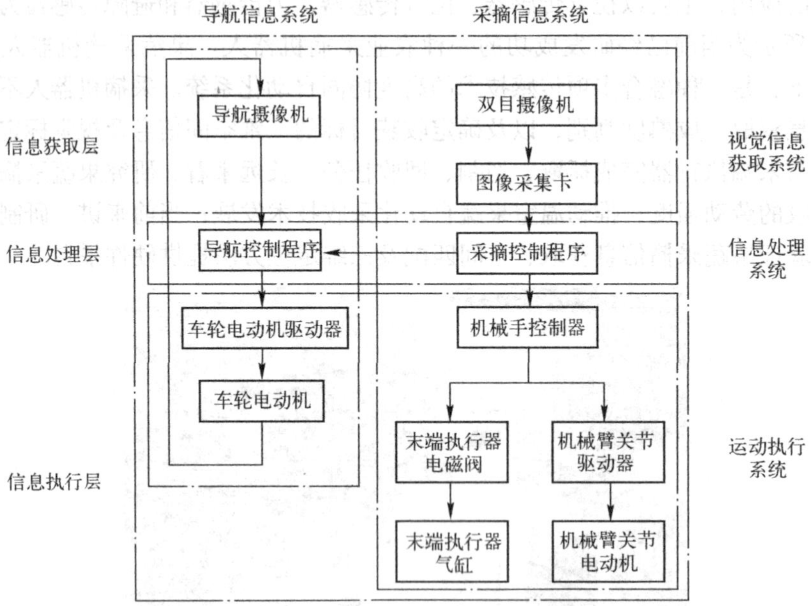

图 3-10　采摘机器人信息传输流程图

1）导航信息系统通过导航摄像机实时获取路面图像信息，将图像数据传输至中央控制器。中央控制器调用导航控制程序，计算获得车轮电动机驱动器转向所需的导航控制参数，最终通过控制车轮电动机转速实现导航转向。

2）采摘信息系统通过双目摄像机采集对象图像模拟信号，图像采集卡将图像模拟信号转换为数字信号，中央控制器调用采摘控制程序对图像进行处理，计算对象采摘点三维坐标信息，并发送至机械手控制器。机械手控制器将一部分信号转换为机械臂关节驱动器可识别的运动参数，由机械臂关节电动机完成目标三维定位；另一部分信号由末端执行器单片机转换为电平信号，发送至末端执行器电磁阀，最终通过末端执行器气缸的张合动作完成果梗切割与夹持。

3）机器人采摘信息系统发现采摘对象后向导航信息系统发送停车指令，在行走平台停止前行后，进行后续采摘动作流程。

2007 年，中国农业大学的汤修映、张铁中等研制了一个六自由度的圆柱形黄瓜采摘机器人 FVHR－I，如图 3-11 所示。机器人本体结构由机身的回转自由度和垂直移动自由度、臂部的伸缩移动自由度、腰部的三个旋转自由度组成。各关节采用步进电动机驱动，结构相对简单，易于控制。末端执行器由一个活动刃口和固定刃口组成，仅需一个开合动作，效率较高。控制系统采用基于 PC 和运动控制卡的多处理器开放式控制系统平台。视觉系统采用基于 RGB 模型 G 分量的图像分割算法，分割成功率为 70%。实验结果表明：该机器人运动

定位精度为 ±2.5 mm，末端执行器的采摘成功率达到 93.3%。该机器人的机构较为笨重，果实识别处理算法的准确度还不够高，有待进一步提高。

（1）视觉传感器

相对于工业机器人而言，应用于农产品生产领域的农业采摘机器人其工作环境和工作对象更加复杂，需要更加高级的计算机视觉传感系统与其相匹配。农业采摘机器人视觉传感系统的主要任务包括：一是确定机器人或其执行机构与工作对象（植物或动物）之间的相对距离；二是确定工作对象的品质、形状和尺寸；三是机器人行走运动的视觉导航。

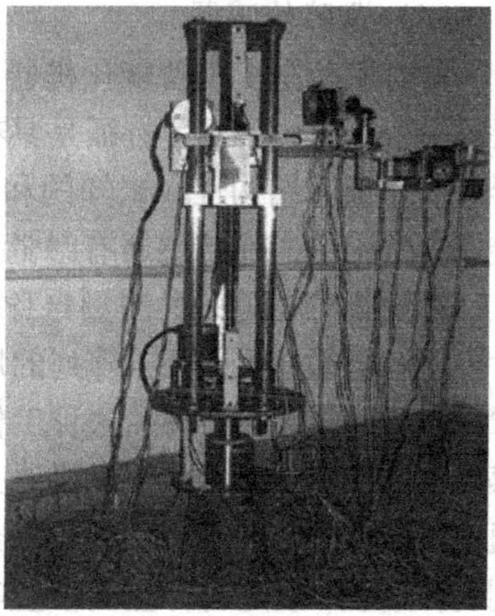
图 3-11　黄瓜采摘机器人

针对农业采摘机器人需要完成的任务，需要选择不同的视觉传感器组成不同视觉系统完成相应的工作。例如，荷兰研制的黄瓜采摘机器人中采用两台数字式摄像机、滤光片、透镜、反射镜和棱镜组成视觉系统。其系统具有 3 大功能，即将果实同周围背景物区分开来、辨认果实和探测它的位置。赵金英等在西红柿采摘机器人视觉系统中，利用视觉传感器获取彩色图像进行目标果实的提取，提出了基于色彩分通道法的果实目标提取方法。在日本和许多欧美国家，已将视觉测距方法应用于农产品的位置检测。例如，在一种葡萄采摘机器人上，采用双目立体视觉测量机械手与葡萄之间的距离。

（2）位置传感器

农业采摘机器人进行采摘作业中，利用视觉传感器获取目标果实图像，经图像处理系统进行图像分析后得到果实的空间坐标，从而驱动末端操作器趋向于目标果实。视觉传感器采集图像时，对近处的目标果实识别能力降低，不能准确提供目标果实相对于末端操作器的位置信息（双目视觉传感器在 0～20 cm 处采集的图像信息趋于模糊化）。目前，多采用在农业采摘机器人末端操作器上安装定位装置实现对果实的准确定位，位置传感器可由一个传感器或多个传感器组成。Kondo 等设计的番茄采摘元件中应用电位器监测位置信息，当末端执行件接近目标时，电位器实时检测目标果实位置信息。红外线光电开关由于信息处理简单、快速并且价格低，被广泛用在机器人定位任务中。利用光电开关作为定位装置，将光电开关分为发射和接收两端，只提供高、低电平两种信号，可以转换为水果采摘机器人控制系统能够接收的数字信号，便于实时处理。

（3）力传感器

在设计农业采摘机器人时需要考虑农业作物自身的生物特性，由于农业作物柔软娇嫩，必须检测抓取果实的力度，避免损伤果实。力传感器在抓取过程中能够实时测量农业采摘机器人末端操作器抓取目标作物的力度，防止损伤果实，在农业机器人中得到了广泛的应用。Kondo 等在末端操作器上加了一个压力传感器，用来监测吸力垫的压力信息。当末端执行件接近目标物体时，吸引器开始朝果实移动。此时，吸力垫内的压力被实时监控，当吸引器内压力达到一阈值时，止回阀关闭，与真空泵隔开，吸引器开始往回移动。当内部压力达到另一阈值时，手指板开始移动，把果实保持在一固定位置，最后利用机械手的腕关节把果实在花梗的连接处拧下。韩国研制的苹果采摘机器人，采用三指夹持器作为末端执行器，内有压力传感器避免损伤苹果。Monta 等为了适应新的番茄生产体系，开发了一种末端执行件，这种末端执行件也包含有压力传感器，防止损伤果实。

(4) 避障传感器

实时避障是实现智能化机器人自主工作能力的关键技术，也是国内外智能机器人近期发展的一个热点，其显著特征是具有传感器信息反馈，可以实现很好的智能行为。农业采摘机器人工作于非结构性、未知的和不确定的环境中，需要实时检测环境信息，进行采摘作业的避障。常用的避障传感器有触觉传感器、超声波传感器和红外线传感器等。

触觉传感器是一种测量自身敏感面与外界物体相互作用参数的装置，触觉传感器常常包含许多触觉敏感元，并以阵列的形式排列，通过这些触觉敏感元与物体相互接触产生触觉图像，并进行分析与处理，这种工作方式称为被动式触觉。在被动式触觉的基础上，将触觉传感器安装在机器人上，随着机器人的不断运动，传感器可得到被识别物体的三维触觉信息，通过进一步处理与识别，并反映给机器人控制器，这样可以使机器人获取周围环境信息，识别物体形状，确定物体空间位置等，从而达到智能控制和避障的目的，这种工作方式称为主动式触觉。超声波传感器是靠发射某种频率的声波信号，利用物体界面上超声反射、散射检测物体的存在与否。超声波在空气中传播时如果遇到其他媒介，则因两种媒介的声阻抗不同而产生反射。因此，向空气中的被测物体发射超声波，检测反射波并进行分析，从而获到障碍物信息。红外传感器是一种比较有效的接近觉传感器，经常被国内外学者应用在多关节机器人避障系统中，用来构成大面积机器人“敏感皮肤”，覆盖在机器人手臂表面，可以检测机器人手臂运行过程中的各种物体。红外传感器具有以下特点：不受电磁波的干扰、非噪声源、可实现非接触性测量。另外，红外线（指中、远红外线）可以不受周围可见光的影响，故可在昼夜进行测量。

3.2 机器人的信息处理

传感器输出的信号大都是比较弱的模拟信号，一般需要经过滤波、放大后送给二次仪表。在计算机控制的数据采集系统中，传感器信号还要进行 A－D 转换，转换成数字信号后送给计算机，然后进行数字滤波、非线性校正、温度补偿和误差处理等。智能传感器中的微处理器可以完成这些数据处理工作。为了进一步明确传感器信息处理与数据处理的区别，下面简单介绍几种常见的传感器数据处理方法。

(1) 数字滤波

传感器的输出信号中通常混杂着不同形式的噪声。传感器信号经过 A－D 转换成数字量时，噪声也会变换成尖脉冲之类的随机干扰信号。计算机或微处理器可以通过软件进行数字滤波。当信号频谱与噪声频谱不重合时，可以利用数字滤波器滤除噪声，而保留有用信号。与电子器件组成的模拟滤波器相比，数字滤波器设计灵活、调整方便、稳定性和重复性好，在智能仪器及各种数字系统中得到广泛应用。

(2) 非线性校正

传感器的敏感元件输出的信号大都是非线性的。使用者希望传感器具有线性特性，这样不但读数方便，而且使仪表在整个刻度范围内灵敏度一致，便于对系统进行分析处理。为了实现传感器输入输出特性线性化，需要进行非线性校正。可以在设计传感器时进行非线性补偿，也可以在传感器输出接口电路中设计非线性补偿电路。但这种依靠硬件进行校正的方法比较复杂。

由于采用了微处理器，智能传感器和数据采集系统可以利用软件进行非线性校正，但必须要求传感器的输入－输出特性具有重复性。非线性校正的原理是利用与输入特性相反的曲线进行校正，可以采用查表法、曲线拟合法和插值方法进行非线性校正。

查表法是一种分段线性插值法。首先，根据精度要求对非线性校正曲线进行分段，用若干段折线逼近曲线；然后，将分段点的坐标存入数据表中，测量时将实际输出对应到某一段内，并根据段内的线性插值直线求取，即可得到非线性校正后的测量结果。

曲线拟合法是利用二次多项式来实现非线性校正曲线。根据最小二乘法求待定常数，得到非线性拟合方程，并将求得的参数存入内存中。测量时将测量值代入公式中进行运算，即可得到校正后的输出。

用微处理器进行非线性补偿常采用插值方法实现。首先，用实验方法测出传感器的特性曲线，然后进行分段插值，只要插值点数取得合理且足够多，即可获得良好的线性度。

（3）温度补偿

传感器的输出特性受环境温度的影响较大，温度变化会给测量结果带来不可忽视的误差。在智能传感器或数据采集系统中，可以通过软件实现传感器的温度补偿。在计算机或微处理器中建立起表达温度变化的数学模型（如多项式），用插值或查表的数据处理方法，便可有效地实现温度补偿。

（4）传感器误差处理

传感器和仪器仪表一样，测量过程中不可避免产生误差。传感器误差处理是数据处理的重要内容。根据传感器误差的特征规律，利用概率与数理统计方法处理传感器测量数据的误差。

3.2.1 常用的数字滤波方法

传感器的输出信号被采入计算机后往往要先进行适当的预处理，其目的是去除混杂在有用信号中的各种干扰，并对检测系统的非线性、零位误差和增益误差等进行补偿和修正。数字信号预处理一般用软件的方法来实现。

混杂在有用信号中的干扰信号主要分为两大类：周期性干扰和随机性干扰。典型的周期干扰是 50 Hz 的工频干扰，采用积分时间为 20 ms 整数倍的双积分型 A－D 转换器，可有效地消除其影响。对于随机性干扰，可采用数字滤波的方式予以削弱或消除。

数字滤波实际上是一种程序滤波，与模拟滤波相比具有如下优点：

1）不要额外的硬件设备，不存在阻抗匹配问题，可以使多个输入通道共用一套数字滤波程序，从而降低了仪器的硬件成本。

2）可以对很低或很高的频率实现滤波。

3）可以根据信号的不同而采用不同的滤波方法或滤波参数，灵活、方便、功能强。

数字滤波的方法很多，下面介绍几种常用的方法。

（1）中值滤波

中值滤波方法对缓慢变化的信号中由于偶然因素引起的脉冲干扰具有良好的滤除效果。其原理是，对信号连续进行 n 次采样，然后对采样值排序，并取序列中位值作为采样有效值。程序算法就是通用的排序算法。采样次数 n 一般取为大于 3 的奇数。当 n 大于 5 时排序过程比较复杂，可采用“冒泡”算法。

（2）算术平均滤波

算术平均滤波方法的原理是，对信号连续进行 n 次采样，以其算术平均值作为采样有效值，其流程图如图 3-12 所示。该方法对压力、流量等具有周期脉动特点的信号具有良好的滤波效果。采样次数 n 越大，滤波效果越好，但灵敏度也越低。为便于运算处理，常取 $n=4$、8、16。

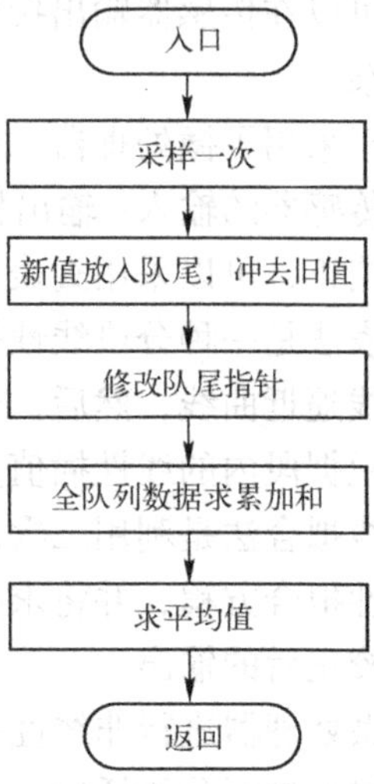

图 3-12　算术平均滤波流程图

3.2.2　小波变换在数字滤波中的应用

数字信号处理的数学方法分为时域、频域和时频域三个方面。在时间域中对信号进行加工处理不涉及数学变换，主要是对时域信号本身进行分析或利用数理统计的方法来获得信号中的某些特征信息。频域方法就是利用离散傅里叶变换（DFT）将离散的时间信号序列转换到频域中去，得到信号的频谱。但是，傅里叶变换只适应于分析平稳信号，对非平稳信号无能为力。因此，有学者提出了时频分析的思想，即将信号转换到时间 - 频率二维平面上，处理后的信号不仅具有频率信息，而且具有时间信息。到目前为止，时频分析方法主要分为短时傅里叶变换、Wigner - Ville 分布（WVD）和小波变换。

小波变换是克服其他信号处理技术缺陷的一种分析信号的方法。它可以描述信号时间（空间）和频率（尺度）域的局部特性，既能对高频段作细致的观察，也能对低频段作概貌观察。常用的小波函数有 Haar、dbN、Meryer 小波等。小波由一族小波基函数构成，如何选择小波基函数目前还没有一个理论标准，但是小波变换的小波系数为如何选择小波基函数提供了依据。小波变换后的系数比较大，就表明了小波和信号的波形相似程度较大；反之则比较小。另外还要根据信号处理的目的来决定尺度的大小。如果小波变换仅仅反映信号整体的近似特征，往往选用较大的尺度；反映信号细节的变换则选用尺度不大的小波。

1989 年，Mallat 统一了以前的各种构造小波的方法，从函数空间分解的基础上引入了多分辨率的概念，在分辨率理论分析的基础上，又引入了一种计算离散栅格上小波变换的快速算法，即 Mallat 快速算法，使得小波分析的应用更加具有实用性。

一般而言，将小波变换应用在一维信号滤波的过程可分为如下三个步骤：

1）信号的小波分解。选择一个小波并确定分解的层次，然后进行分解计算。

2）小波分解高频系数的阈值量化。对各个分解尺度下的高频系数选择一个阈值进行阈值量化处理。

3）一维小波重构。根据小波分解的底层低频系数和各层高频系数进行一维小波重构。

在这三个步骤中，最关键的是如何确定阈值及如何进行阈值量化，在某种程度上，它关系到信号滤波的质量。小波分析进行阈值处理一般有下述三种方法：

1）默认阈值滤波处理。该方法利用函数 ddencmp 产生信号的默认阈值，然后利用 wdencmp 进行滤波处理。

2）给定阈值滤波处理。在实际的滤波处理过程中，阈值往往可通过经验公式获得，且这种阈值比默认值的可信度高。在进行阈值量化处理时可用函数 wthresh。

3）强制滤波处理。该方法是将小波分解结构中的高频系数全部置 0，即滤掉所有高频部分，然后对信号进行小波重构。这种方法比较简单，且滤波后的信号比较平滑，但容易丢失信号中的有用成分。

在小波分析的实际应用中，如何选取小波基函数是十分关键的问题。要综合考虑小波函数的下列性质：正交性、支集长度、光滑性、对称性以及消失矩特性等。但是这些特性之间又是存在矛盾的，构造一个既具有正交性，又具有紧支集、平滑性甚至对称性的小波函数是难以做到的。

小波函数都具有多分辨分析的特点，对不同的目的以及各种信号的具体形式，应适当地选择基本小波函数。symN 小波系是 db 小波的改进，它除了具有 db 小波的特点外，主要是小波函数接近对称，正交小波变换属于线性变换，同时随着 N 的增加，时域支撑长度变长，时间局部性变差；滤波器长度变长；消失矩阶数增加；正则性增加，频域局部性变好，但如果 N 较大，会增加计算量，使计算速度变慢。

由于传感器根据振动强弱和周期会有不同幅度和频率的变化，采用不同 N 值的 Daubechles 小波，可以得到不同的处理效果。N 越大，其滤波器的长度越长，滤波性能越好，但信号处理的时延也越长，即时域定位性变差。

3.3 机器视觉

人的眼睛是心灵的窗户，人眼中有 200 多万个的视觉神经将光学信号送向视网膜，视网膜又将光学信号转变成神经脉冲传向大脑。服务机器人的“眼睛”也具备文字、图像的识别能力，具备信息获取、信息处理的功能。那么服务机器人的“眼睛”是如何获取信息的呢？

机器视觉是一门涉及人工智能、神经生物学、心理物理学、计算机科学、图像处理和模式识别等诸多领域的交叉学科。机器视觉主要利用计算机来模拟人或再现与人类视觉有关的某些智能行为，从客观事物的图像中提取信息进行处理，并加以理解，最终用于实际检测和控制，主要应用于如工业检测、工业探伤、精密测控、自动生产线、邮政自动化、粮食选优、显微医学操作以及各种危险场合工作的机器人等。

机器视觉系统是一种非接触式的光学传感系统，它同时集成软硬件，能够自动地从所采集到的图像中获取信息或者产生控制动作。简言之，机器视觉就是用机器代替人眼来做测量和判断。机器视觉系统可提高生产线的柔性和自动化程度，在一些不适合人工作业的危险工作环境或人工视觉难以满足要求的场合，常用机器视觉来替代人工视觉；同时在大批量工业生产过程中，由于人的主观作用，造成人工视觉检查产品质量效率低且精度不高，用机器视觉方法检测可以大大提高生产效率和生产的自动化程度；而且机器视觉易于实现信息集成，是实现计算机集成制造的基础技术。

机器视觉系统可以快速获取大量信息，而且易于自动处理，也易于同设计信息以及加工控制信息集成。因此，在现代自动化生产过程中，人们将机器视觉系统广泛地用于工况监视、成品检验和质量控制等领域。

3.3.1 机器视觉的组成

从原理上机器视觉系统主要由三部分组成：图像的采集、图像的处理和分析、输出或显示。一个典型的机器视觉系统应该包括光源、光学系统、图像捕捉系统、图像数字化模块、数字图像处理模块、智能判断决策模块和机械控制执行模块，如图 3-13 所示，从中可以看出机器视觉是一项综合技术，其中包括数字图像处理技术、机械工程技术、控制技术、光源照明技术、光学成像技术、传感器技术、模拟与数字视频技术、计算机软硬件技术和人机接口技术等。只有这些技术的相互协调应用才能构成一个完整的机器视觉应用系统。机器视觉应用系统的关键技术主要体现在光源照明、光学镜头、摄像机（CCD）、图像采集卡、图像信号处理以及执行机构等。以下分别就各方面展开论述。

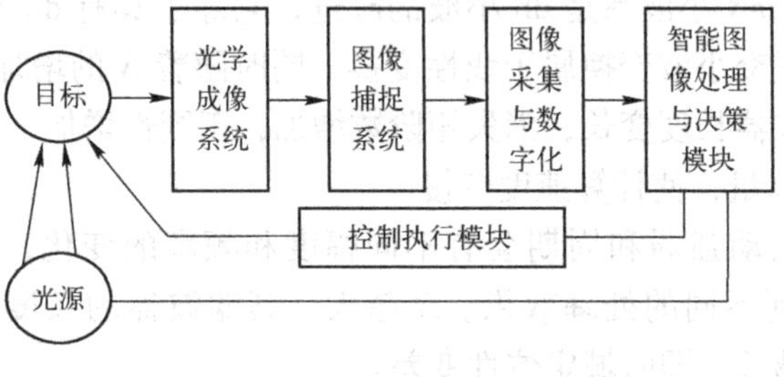

图 3-13　典型机器视觉应用系统

（1）光源照明技术

光源照明技术对机器视觉系统性能的好坏有着至关重要的作用。光源应该具有以下的特征：尽可能突出目标的特征，在物体需要检测的部分与非检测部分之间尽可能产生明显的区别，增加对比度；保证足够的亮度和稳定性；物体位置的变化不应影响成像的质量。机器视觉应用系统中一般使用透射光和反射光。对于反射光情况，应充分考虑光源和光学镜头的相对位置、物体表面的纹理、物体的几何形状等要素。光源设备的选择必须符合所需的几何形状，同时，照明亮度、均匀度、发光的光谱特性也必须符合实际的要求，还要考虑光源的发光效率和使用寿命。常用光源类型有卤素灯、荧光灯和 LED 光源等，其主要性能的比较见表 3-3。

表 3-3　各种光源性能比较

性能指标	卤素灯	荧光灯	LED 光源
使用寿命/h	5000～7000	5000～7000	60000～100000
亮度	亮	较亮	使用多个 LED 到达很亮
响应速度	慢	慢	快
特征	发热大，几乎没有发光亮度和色温的变化，便宜	发热少，扩散性好，适合大面积均匀照射，较便宜	发热少，波长可以根据用途选择，制作形状方便，运行成本低，耗电小

（2）光学镜头

光学镜头成像质量优劣程度可以用像差的大小来衡量，常见的像差有球差、彗差、像散、场曲、畸变和色差 6 种。在选用镜头时需要考虑以下问题：

1）成像面大小：成像面是入射光通过镜头后所成像的平面，这个面是一个圆形。一般使用的 CCD 相机，其芯片大小有 1/3 in、1/2 in、2/3 in 及 1 in 4 种大小，在选用镜头时要考虑该镜头的成像面与所用的CCD相机是否匹配。

2）焦距、视角、工作距离、视野：焦距是镜头到成像面的距离；视角是视线的角度，也就是镜头能看到的宽度；工作距离是镜头的最下端到景物之间的距离；视野是镜头所能够覆盖的有效工作区域。以上四个概念相互之间是有关联的，其关系是：焦距越小，视角越大，最小工作距离越短，视野越大。

（3）摄像机（CCD）

CCD（Charge Coupled Device）是美国人Boyle发明的一种半导体光学器件，该器件具有光电转换、信息存储和延时等功能，并且集成度高、能耗小，故一出现就在固体图像传感、信息存储和处理等方面得到广泛应用。CCD摄像机按照其使用的CCD器件分为线阵式和面阵式两大类，其中线阵CCD摄像机一次只能获得图像的一行信息，被拍摄的物体必须以直线形式从摄像机前移过，才能获得完整的图像，而面阵摄像机可以一次获得整幅图像的信息。目前在机器视觉系统中以面阵CCD摄像机应用较多。

（4）图像采集卡

图像采集卡是机器视觉系统中的一个重要部件，它是图像采集部分和图像处理部分的接口。一般具有以下的功能模块：

1）图像信号的接收与A-D转换模块，负责图像信号的放大与数字化。有用于彩色或黑白图像的采集卡，彩色输入信号可分为复合信号或RGB分量信号。同时，不同的采集卡有不同的采集精度，一般有8 bit和10 bit两种。

2）摄像机控制输入输出接口，主要负责协调摄像机进行同步或实现异步重置拍照、定时拍照等。

3）总线接口，负责通过PC内部总线高速输出数字数据，一般是PCI接口，传输速率可高达130 Mbit/s，完全能胜任高精度图像的实时传输，且占用较少的CPU时间。

在选择图像采集卡时，主要应考虑到系统的功能需求、图像的采集精度和与摄像机输出信号的匹配等因素。

（5）图像信号处理

图像信号处理是机器视觉系统的核心。视觉信息处理技术主要依赖于图像处理方法，包括图像增强、数据编码和传输、平滑、边缘锐化、分割、特征抽取、图像识别与理解等内容。经过这些处理后，输出图像的质量得到相当程度的改善，既优化了图像的视觉效果，又便于计算机对图像进行分析、处理和识别。随着计算机技术、微电子技术以及大规模集成电路技术的发展，为了提高系统的实时性，图像处理的很多工作都可以借助于硬件完成，如DSP芯片、专用图像信号处理卡等，而软件则主要完成算法中非常复杂、不太成熟或尚需不断探索和改进的部分。

（6）执行机构

机器视觉系统最终功能的实现还是依靠执行机构来实现。根据应用场合不同，执行机构可以是机电系统、液压系统或气动系统中的一种，无论哪一种，除了要严格保证其加工制造和装配的精度外，在设计时还需要对动态特性，尤其是快速性和稳定性给予充分重视。

3.3.2 机器视觉的工作原理

视觉系统的输出并非图像视频信号，而是经过运算处理之后的检测结果，采用CCD摄像机将被摄取目标转换成图像信号，传送给专用的图像处理系统，根据像素分布和亮度、颜色等信息，通过 A－D 转变成数字信号；图像系统对这些信号进行各种运算来提取目标的特征（面积、长度、数量及位置等）；根据预设的容许度和其他条件输出结果（尺寸、角度、偏移量、个数、合格/不合格及有/无等）。上位机实时获得检测结果后，指挥运动系统或I/O系统执行相应的控制动作。

1. 双目视觉的信息获取

双目视觉是机器视觉的一个重要分支，它是由不同位置的两台摄像机经过移动或旋转拍摄同一幅场景，获得图像信息，通过计算机计算空间点在两幅图像中的视差，可以得到该物体的深度信息，获得该点的坐标，即视差原理。下面将以双目视觉为例来重点讲解机器视觉的工作原理。双目视觉系统的传感器代替了人的眼睛，计算机代替了人的大脑，通过匹配算法找到多幅图片中的同名点，从而利用同名点在不同图片中的位置不同产生的相差，采用三角定位的方法还原出深度信息。其原理图如图 3–14 所示。

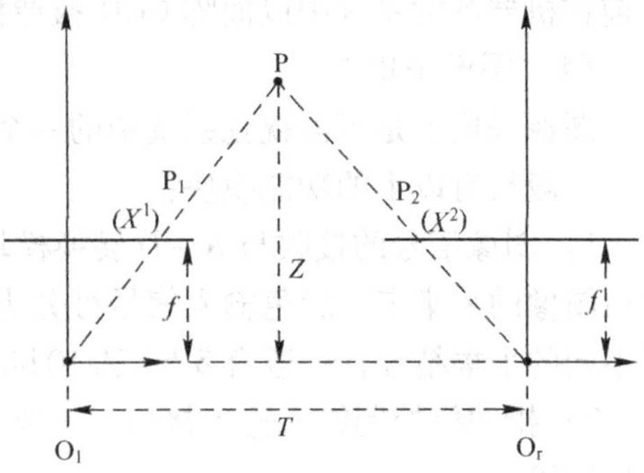

图 3–14　双目视觉系统原理图

图中 O_l 和 O_r 是双目视觉系统的两个摄像头，P 是待测目标点，左右两个摄像头的光轴平行，间距是 T，焦距都是 f。对于空间任一一点 P，通过摄像机 O_l 观察，看到它在摄像机 O_l 上的成像点为 P_1，X 轴上的坐标为 X^1，但无法由 P 的位置得到 P_1 的位置。实际上，在 O_lP 连线上任一点都是 P_1。所以如果同时用 O_l 和 O_r 这两个摄像机观察 P 点，由于空间 P 既在直线 O_lP_1 上，又在直线 O_rP_2 上，所以 P 点是两直线 O_lP_1 和 O_rP_2 的交点，换句话说，P 点的三维位置是唯一确定的。

$$d = X^1 - X^2 \tag{3-1}$$

$$\frac{T-d}{Z-f} = \frac{T}{Z} \tag{3-2}$$

由此得到

$$Z = \frac{fT}{d} \tag{3-3}$$

由式（3–3）可知，视差与深度成反比关系。也不难得知，通过同一点在左右摄像头中成像位置不同产生的视差计算该点的深度信息是比较容易的，即只要能够在两摄像头拍摄到的图片中确定同一个目标，就能得知该目标的坐标，而难点在于分析视差信息。传统的图像匹配算法需要进行大量的循环运算来完成这个过程，对于实时性要求高的工程应用，必须对图像匹配的过程进行优化，提高算法的实时性。

2. 双目视觉的信息处理

基于双目视觉系统的障碍物检测是障碍物检测中比较常用的方法，相比于超声波等其他检测方法，视觉系统接收到的信息包含更加广泛的数据，可以检测到更多其他方法检测不到的信息。

基于双目视觉系统的障碍物检测通常按以下的步骤进行处理：

1）图像采集：双目视觉系统利用两个摄像头从不同的角度同时拍摄照片，获得待处理的图片。

2）图像分割：通过阈值法、边缘法、区域法等图像分割方法将目标从图像背景中分离出来，本节主要讲述阈值法分割。

3）目标匹配：图像分割后，对多幅图片进行同名点匹配，从匹配结果中可以获得同一个目标在多幅图片上的视差，最后计算出该目标的实际坐标。

双目视觉系统处理流程图如图 3-15 所示。

下面分别对各步骤依次进行详细的说明。

（1）图像采集

图像采集是图像信息处理的第一个步骤，此步骤要为图像分割、图像匹配和深度计算提供分析和处理的对象。

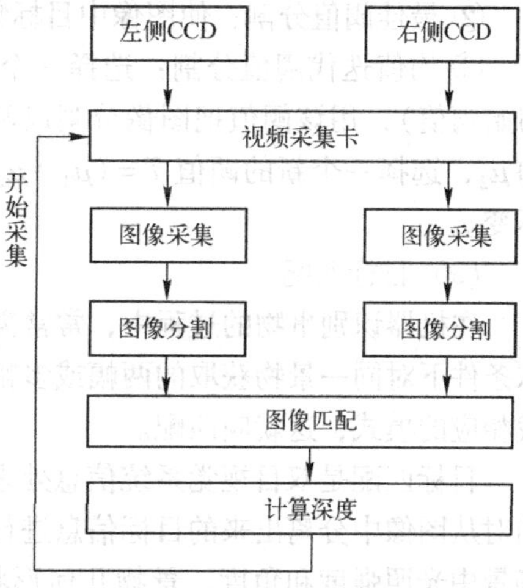

图 3-15　双目视觉系统处理流程图

图像采集用的摄像头分为电子管式摄像头和固体器件摄像头两种，目前普遍采用 CCD 摄像头。本节采用 CCD 摄像头和图像采集卡在计算机的控制下完成图像输入、数字化和预处理工作。CCD 摄像头先将局部视场内的光学图像信号转换成为带有图像空间信息的电信号，然后与同步信号合成完整的视频信号，利用同轴电缆传输给图像采集卡；视频信号经过图像采集卡上的 A－D 转换成为数字式图像数据，存放在采集卡的帧存储器中，供计算机进行各种处理操作。

视觉图像是模拟量，要对视频图像进行数字化才能输入计算机。视频图像采集卡可以将摄像头摄取的模拟图像信号转换成数字图像信号，使计算机得到所需要的数字图像信号。转换后的数字图像信号存储在图像采集卡上的帧存储器内，该存储器被映射为微机内存的一部分，微机可通过访问这部分内存处理图像。图像数字化后，从计算机上所得到的图像数据是由一个个像素所组成的，每个像素都对应于物体上的某一点。

（2）图像分割

图像分割的目的是将图像划分成若干个有意义的互不相交的小区域，或者是将目标区域从背景中分离出来，小区域是具有共同属性并且在空间上相互连接的像素的集合。

1）阈值分割原理。

一幅图像包括目标、背景和噪声，设定某一阈值 T 将图像分成两部分：大于 T 的像素群和小于 T 的像素群。

$$f'(x,y)=\begin{cases}1, & f(x,y)\geqslant T\\0, & f(x,y)\leqslant T\end{cases} \tag{3-4}$$

在实际处理时，为了显示需要一般用 255 表示背景，用 0 表示对象物。

由于实际得到的图像目标和背景之间不一定单纯地分布在两个灰度范围内，此时就需要两个或以上的阈值来提取目标。

$$f'(x,y)=\begin{cases}1, & T_1\leqslant f(x,y)\leqslant T_2\\0, & 其他\end{cases} \tag{3-5}$$

图像阈值化分割是一种传统的最常用的图像分割方法，因其实现简单、计算量小、性能较稳定而成为图像分割中最基本和应用最广泛的分割技术。它特别适用于目标和背景占据不同灰度级范围的图像。

2）阈值分割方法分类。

① 直方图阈值分割：20 世纪 60 年代中期，Prewitt 提出了直方图双峰法，即如果灰度级直方图呈明显的双峰状，则选取两峰之间的谷底所对应的灰度级作为阈值。

② 最佳阈值分割：使图像中目标物和背景分割错误最小的阈值。

③ 均值迭代阈值分割：选择一个初始的估计阈值 T（可以用图像的平均灰度值作为初始阈值），用该阈值把图像分割成两个部分 R_1 和 R_2，分别计算 R_1 和 R_2 的灰度均值 μ_1 和 μ_2，选择一个新的阈值 $T=(\mu_1+\mu_2)/2$，重复直至后续迭代中平均灰度值 μ_1 和 μ_2 保持不变。

（3）目标匹配

在机器识别事物的过程中，常常需要把不同传感器或同一个传感器在不同时间、不同成像条件下对同一景物获取的两幅或多幅图像在空间上对准，或根据已知模式到另一幅图中寻找相应的模式，这就叫匹配。

目标匹配是双目视觉系统信息处理中的关键技术，因为要取得障碍物的位置信息，就必须对从图像中分离出来的目标信息进行匹配处理。当空间三维场景被投影为二维图像时，受场景中光照强度和角度、景物几何形状、物理特性、噪声干扰以及摄像头特性等因素的影响，同一景物在不同视点下的图像会有一定不同，要快速准确地对包含以上不利因素的图像进行匹配具有一定的难度。目前常用的目标匹配算法见表 3–4。

表 3–4　常用目标匹配算法

目标匹配算法		算法介绍
局部匹配	区域匹配	在一定的区域内寻找最小的误差
	基于梯度的优化	通过梯度优化，使某度量函数的相似性最小化
	特征匹配	对可靠的特征进行匹配
全局匹配	动态规划	为扫描线的视差表面确定一条最佳路径
	本征曲线	通过将扫描线映射到本征曲线空间，使得搜索空间转换为最近邻域查找问题
	图切法	把视差表面确定为图中最大流的最小割
	非线性融合	应用局部扩散过程统计支持率
	置信度传播	根据在置信度网络中传递的信息求视差
	非对应性方法	在目标函数的基础上，剔除场景模型中的有误元素

双目视觉系统的目标匹配有非常多种的算法，发展了很多年，其主要目的是对参考图和目标图之间的像素的相对匹配关系进行计算，一般由以下几个步骤组成：

1）匹配误差计算。

2）误差集成。

3）视差图优化。

4）视差图校正。

在这里，其实就是对 Kinect 传感器输入的大量数据进行了计算，这里的计算时间就是我们平时能感觉到的服务机器人的“考虑”时间，“考虑”时间越短，代表计算机对数据处理速度越快，代表计算机性能越好。

（4）障碍物识别

在实际的双目视觉系统信息获取过程中，环境中的静止的物体或者移动的人体都是障碍物，那么双目视觉系统对这些障碍物的识别则称为障碍物识别，其中对静止的物体的识别称为静态障碍物识别，对移动的人体的识别称为动态障碍物识别。

基于双目立体视觉的障碍物检测的关键在于两点：

1）障碍物目标的提取，即识别出障碍物在图像中的位置和大小。

2）障碍物目标区域图像对之间的立体匹配点，从而得到障碍物目标的深度信息。

障碍识别方法分为静态障碍物识别和动态障碍物识别，其中静态障碍物识别方法是目前运用最多的，但其中也存在很多的问题，接下来会详细阐述。

1）静态障碍物识别。

基于双目立体视觉的障碍物检测方法可以进一步分为单目检测和双目检测，单目检测实质是先通过单幅图像检测障碍物在图像上的位置，再用双目立体视觉计算障碍物的空间信息。

简单地说，基于双目立体视觉的障碍物的识别方法主要是通过判别图像中像素点是否在服务机器人的行进路面上。当然，在进行障碍物识别之前，首先需要对摄像机系统进行标定，求出摄像机的各个参数以及摄像组之间的相对位置关系。

传统的基于双目立体视觉的障碍物的识别方法是首先计算服务机器人行进道路前方拍摄的图像中需要判定的每一个像素点，得到前方物体的高度信息。当物体的高度值高于或低于地面一定阈值的点时则被认为是障碍点，否则识别为可行进区域。摄像机标定完后，还需要对左右两摄像头拍摄得到的两幅图像对中的像素点进行匹配，根据匹配的像素对的图像坐标值进行空间地图重建。传统的障碍识别方法比较简单，但如果用此种方法对所得图像中的所有的像素都进行相应的匹配然后进行二维地图重建，则计算复杂，不能满足服务机器人障碍物识别的实时性要求。

传统的基于双目立体视觉的障碍物的识别方法通常采用 3D 重建技术，计算相当复杂，因此运用传统的障碍物识别方法的服务机器人避障的实时性较差。

现在也有一些研究人员提出静态障碍物识别的另一种方法，即障碍物特征识别，所运用的方法是 3.2 节中提到的阈值分割方法，障碍物识别流程图如图 3-16 所示。

那么障碍物就是在平均灰度图的基础上小于平均值的部分，并且用最小矩形框标出，效果图如图 3-17 所示。

从图 3-17 中可以看出，左车道附近的石子已被框标记出来，表示已被机器人识别，同时也识别出车底的阴影部分，由此来确定车辆的位置信息。但此种方法存在一个问题，即若障碍物面积和形状与车底阴影部分相似，那么车辆的位置信息很有可能被错误识别。

2）动态障碍物识别。

目前双目视觉系统的障碍物识别应用较多的是静态障碍物识别，动态障碍物识别也逐渐被运用起来。动态障碍物识别中最典型的障碍物识别便是运动的人体或者是机器人本身的移动、旋转。动态障碍物识别方法是基于安装在服务机器人底板的激光测距仪对目标人物进行识别，不论是服务机器人自身的移动、旋转或者有人体的站立、行走等动态干扰，动态障碍物识别方法基本上都能比较准确地判断出目标障碍物的位置、大小以及高度。

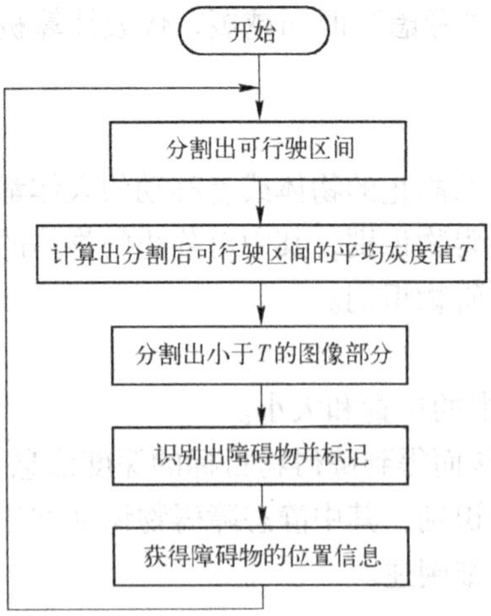

图 3-16　障碍物识别流程

图 3-17　静态障碍物识别例图

国外也有很多组织在研究服务机器人的动态障碍物识别，比如有些在研究用 RGBD 传感器来做障碍物识别的传感器。但是 RGBD 传感器没有被广泛使用的原因是因为其存在如下几个缺陷：

① 目标障碍物要保证不能被其他障碍物所遮挡。

② 有限的测量角度使测量的周围环境空间受限。

③ 不适用于移动的平台。

④ 此种方法的动态障碍物识别需要特殊的装备且花费昂贵。

动态障碍物识别方法的原理是利用传感器识别人体的腰部以下的位置，但是这种方法存在一个问题便是若目标障碍物是穿裙子的女性，那么此方法便不能判断这个穿裙子的女性是目标障碍物。

双目视觉系统在进行障碍物识别之后，便要进行周围环境的二维地图构建，再规划避障路径，从而实现机器人的移动。避障路径如图 3-18 所示。

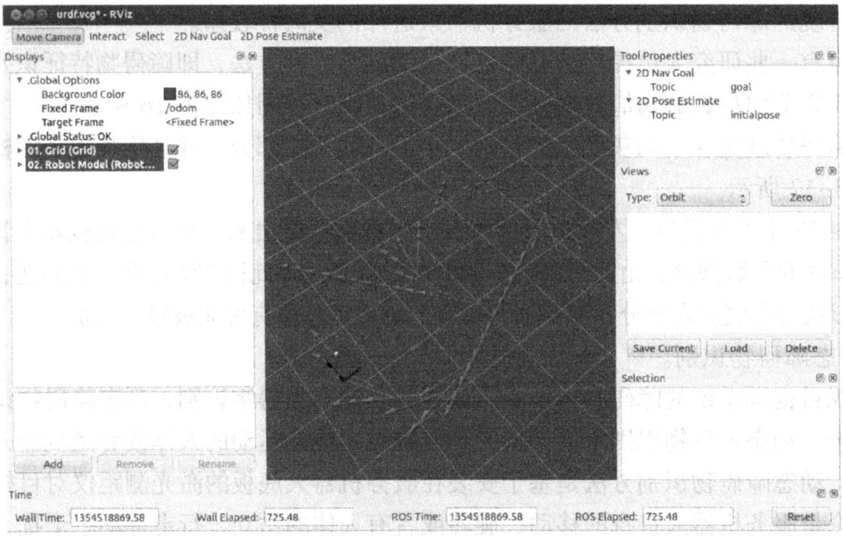

图 3-18　避障路径图

无论是基于双目视觉系统的静态障碍物识别还是动态障碍物识别，服务机器人都能够根据双目视觉系统的识别情况切换到障碍躲避方法并规划障碍躲避路径。

3.3.3 机器视觉应用实例

机器视觉的最大优点是与被观测对象无接触，对观测与被观测者都不会产生任何损伤，十分安全可靠。理论上，人眼观察不到的范围机器视觉也可以观察，例如红外线、微波、超声波等，而机器视觉则可以利用这方面的传感器件形成红外线、微波、超声波等图像，且其比人眼具有更高的精度与速度，因此极大拓宽了机器视觉技术的检测对象与范围。正因为机器视觉所具有的诸多优点，其才越来越广泛地应用在国民经济的各行业。

(1) 工业领域

工业领域是机器视觉应用中比重最大的领域，按照功能又可以分成4类：产品质量检测、产品分类、产品包装和机器人定位，其应用行业包括印刷包装、汽车工业、半导体材料/元器件/连接器生产、药品/食品生产、烟草行业、纺织行业等。

下面以纺织行业为例具体阐述机器视觉在工业领域的应用。

在纺织企业中，视觉检测是工业应用中质量控制的主要组成部分，用机器视觉代替人的视觉可以克服人工检测所造成的各种误差，大大提高检测精度和效率。正是由于视觉系统的高效率和非接触性，机器视觉在纺织检测中的应用越来越广泛，在许多方面已取得了成效。

机器视觉可用于检测与纺织材料表面有关的性能指标，见表3-5。目前主要的研究内容可分为3 大类：纤维、纱线、织物。由于织物疵点检测（在线检测）需要很高的计算速度，因此，设备费用比较昂贵。目前国内在线检测的应用比较少，主要应用是离线检测（见表3-5），主要的检测有纺织布料识别与质量评定、织物表面绒毛鉴定、织物的反射特性、合成纱线横截面分析、纱线结构分析等，此外还可用于织物组织设计、花型纹板、棉粒检测、分析纱线表面摩擦。

表3-5 离线检测内容

纤维取向度	纱线细度	绸类织物的起皱效果
纤维直径 棉网均匀度 棉纤维成熟度 纤维异形度分析	纱线均匀度 纱线混纺不均	绸类织物的反射特性 织物外观的综合评定 织物疵点

尺寸测量及形状检测是根据图像测量物体的尺寸，判断其是否在允许的公差范围内，对物体的姿态进行定位或者检测物体的形状是否符合要求等。在尺寸测量及形状检测应用中，提出利用形状识别算法识别树上的果实，并利用激光测距来定位果实位置，实现果实自动收获。利用基于模型的计算机视觉方法，设计实现了在复杂工业环境下能够估计物体姿态的检测系统。机器视觉特别适合复杂形状尺寸的测量，如利用机器视觉检测螺纹线的方法，取得了较好的测量精度。

表面质量检测也是机器视觉检测的一个重要应用领域，是检测物体或者产品表面是否有刮痕、破损、磨损等缺陷，是否达到抛光精度，具有正确的纹理等。木材、钢材和纺织品的检测都离不开机器视觉表面检测技术。在表面质量检测应用中，利用自组织神经网络对缝合纺织品的接缝质量进行了自动检测。Smith 提出利用图像分割方法根据缺陷的特征进行表面检测的方法，Tasi 利用类似的方法并结合神经网络，研究对机械加工后零件表面的粗糙度进行检测评估的方法，Tasi 对表面检测方法进行深入研究，提出了对于木材、纺织品等具有方向性纹理的表面进行缺陷检测的方法。而 Shafarenko 等针对颜色纹理表面的检测问题，提出了基于分水岭算法的机器视觉检测自动分割方法。食品工业也是机器视觉表面检测方法应用的重要领域，Barni 提出了利用颜色来检测鸡肉上的缺陷的智能系统，Lee 提出了基于增强颜色变换和颜色特征的检测方法，并成功应用到活鸡处理等食品工业应用上。

结构完整性检测是验证产品的组成部件是否完整，装配有无遗漏，或者尺寸结构是否完整和有无异物等。Cootes 提出了 PCB 元件装配中结构完整性质量的检测方法，利用训练集建立物体结构的统计模型，采用多分辨率搜索的策略在图像中定位物体。Kim 对汽车生产线上的机器视觉检测方法进行了研究，提出直线拟合判断汽车车门开关状态的算法，提出利用模板匹配方法对汽车装配生产线上异常进行实时检测的机器视觉方法。

计算机视觉和机器视觉检测一直都是理论研究和工业应用的热点问题。虽然我国在机器视觉领域与发达国家有较大的技术差距，应用范围也比较小。但随着中国经济的发展，在我国一些传统和有特色的工农业领域，如烟草、印刷、食品包装、纺织、农产品色选和智能交通等领域已经尝试使用机器视觉解决生产实际中的问题，提高了工业自动化水平，取得较好的效果。李长勇等提出基于机器视觉的烟箱包装带识别定位算法，设计研制了基于机器视觉的智能烟草机器人拆箱系统。谢勇等将机器视觉检测技术应用于印刷质量检测，取得了较好的实验结果。饶秀勤等设计了基于机器视觉的水果品质实时检测与分级生产线，提出水果品质实时检测与分级方法，取得良好的社会和经济效益。饮料的包装和灌装也是国内机器视觉应用的重要领域，湖南大学针对啤酒瓶的检测设计和研制了灌装检测机器人，包括用于灌装前检测的空瓶视觉检测机器人和灌装后检测的实瓶视觉检测机器人。因为我国已经成为建筑瓷砖的生产大国，瓷砖检测近几年也成为国内机器视觉检测应用研究的重要内容，很多学者提出多种基于机器视觉的缺陷检测和分级方法。

（2）民用领域

机器视觉技术可用在智能交通、安全防范、文字识别、身份验证和医疗设备等方面。在医学领域，机器视觉主要用于医学辅助诊断。首先采集核磁共振、超声波、激光、X 射线、γ 射线等对人体检查记录的图像，再利用数字图像处理技术、信息融合技术对这些医学图像进行分析、描述和识别，最后得出相关信息，对辅助医生诊断人体病源大小、形状和异常，并进行有效治疗发挥了重要的作用。不同医学影像设备得到的是不同特性的生物组织图像，如 X 射线反映的是骨骼组织，核磁共振影像反映的是有机组织图像，而医生往往需要考虑骨骼与有机组织的关系，因而需要利用数字图像处理技术将两种图像适当地叠加起来，以便于医学分析。图 3-19 所示为将多种影像结果综合进行分析。

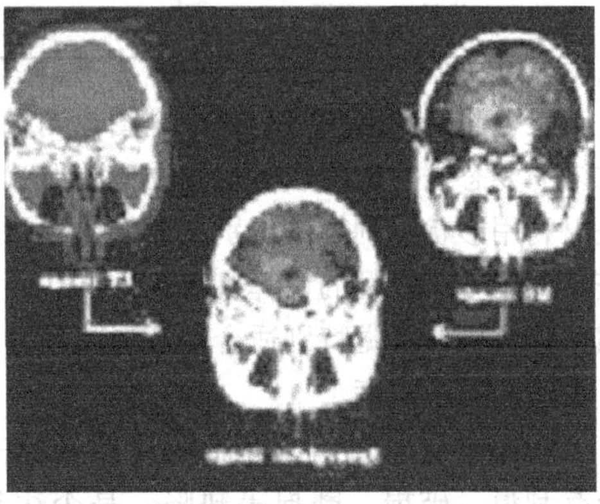

图 3-19 多种影像结果分析

除此之外，人体检测跟踪和人脸识别是计算机视觉的一个重要的课题，一直受到国内外学者和研究机构的关注，许多科研院校已经在这一领域研究了很多年，他们有很深的理论基础，在国内外的主流会议和刊物上发表了重要的文章，同时也开发了相应的项目，为人体检测跟踪和人脸识别奠定了坚实的理论基础和实践基础。

由于人体运动分析检测具有广泛的应用范围，这些都使得相关领域的研究者对于人体检测投入了很大的精力去研究，2000 年在模式分析和机器智能的刊物中就有文章集中讨论了人体运动检测和识别的问题，而且关于人体检测的项目层出不穷，有一些好的项目甚至得到了美国国防高级研究计划局的视频监控工程的部分资助，而且，在不同时期不同国家的研究人员分别得到了这一方面的资助，比如印度在 1998 年得到了该组织的资助，爱尔兰在 2000 年得到了资助。同时，对于目标的跟踪很早就被广大研究者重视，尤其是基于视频的目标跟踪更是成为重点研究的对象，在这近四十年间，已经涌现了大量的目标跟踪方法，而且出现了一些成型的应用成果，这是由于目标跟踪，特别是人体跟踪的复杂性，也源于它的广泛应用，使得其得到了世界范围的业内研究人员的关注。

对于人体检测和跟踪领域已经有许多比较有名的监控系统被研发出来，比如 W^4 就是一个实时的视频监控系统，它结合了目标形状分析和跟踪技术，建立人体的模型，同时可以检测和跟踪大规模人群，并且及时监视他们在室内和室外拥挤状态下的行为。这个系统采用单一摄像机和灰度传感器来进行跟踪识别。此外，Wren 研发团队开发了 Pfinder 系统，这个系统可以重现室内的人体三维轮廓，同时也可以跟踪复杂背景下的独立人的行动，但是不能对大规模人群进行跟踪分析。另外，Olsen 研发团队开发了 TI 系统，这是一个跟踪单个人的系统，采用目前主流的运动检测方法来进行人体的检测，主要用于室内场景的运动物体，同时采用预测轨迹来跟踪识别，这个系统目前不能处理一般背景下的微小运动，但是对于室外的行人和车辆有出色的表现。2003 年，美国一家机构进行了一项名字为 Video Analysis and Content Extraction 的研究计划，简称 VACE。这项研究计划的目的是对制定目标进行检测、跟踪和识别，最终达到可以理解目标的行为。同时，其他国家如日本、德国的一些大学和研究所也开展了跟踪这方面的研究工作，比如日本一家研究机构研究的一个项目名叫 The Co-operative Distributed Vision Project，简称 CDVP，再比如法国的一家实验室研究的基于视频的多人检测跟踪系统也取得了一定的成果，并且已经试用在一些监控系统上，还有 IBM 公司开发的一种安全软件，这种软件可以用来分析监控得来的实时数据，同时还能发现环境中的潜在危险并报警，由于联网，所以这个软件可以实现远程监控的功能。在硬件方面，国际的一线品牌公司如英特尔、索尼公司都为视频监控设计了适合于各类监控的设备，如红外摄像机、深度摄像机和智能摄像机等。

对于人脸识别而言，它涉及的领域十分广泛，包括生物学、生理学、心理学、认知学、图形图像学和模式识别等领域，而且与生物特性的识别鉴别方法有密切的联系。人脸识别从某种意义上讲是人体识别的发展，对于人脸识别的研究最早是源于 19 世纪末期发表在 NATURE 杂志上的 Calton 写的文章，随着计算机的发展和模式识别的发展，人脸识别以它应用范围广的特点再次受到人们的重视，成为计算机视觉和模式识别领域的一个热门子领域。

对于人脸识别的过程包括人脸的检测和识别两个部分，人脸的检测属于识别过程的前一步，它的目标是准确地定位人脸，把人脸从图像中切割出来，接下来的识别过程是根据获得的人脸图像进行分析比对，从中提取出有效的信息进而鉴别人员身份，如图 3-20 所示。近些年来关于人脸识别的研究有很大提高，这可以从国际上发表的论文数量可见一斑，特别是 IEEE 的 PAMI 还特别为人脸识别领域在 1997 年发了一本专辑。

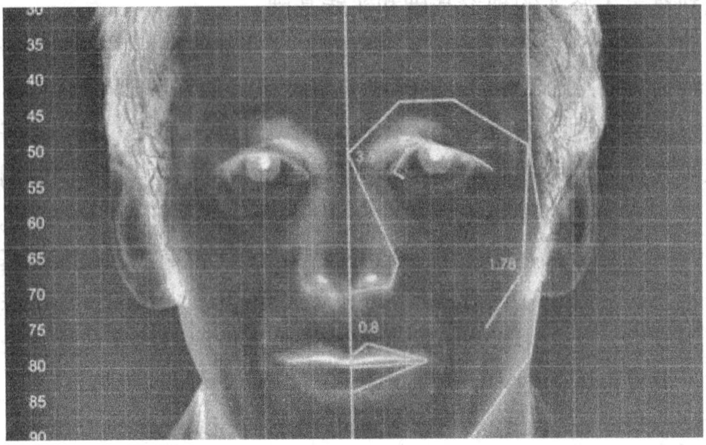

图 3-20　人脸识别

（3）科学研究领域

在科学研究领域可以利用机器视觉进行材料分析、生物分析、化学分析和生命科学，如血液细胞自动分类计数、染色体分析和癌症细胞识别等，如图 3-21 所示。

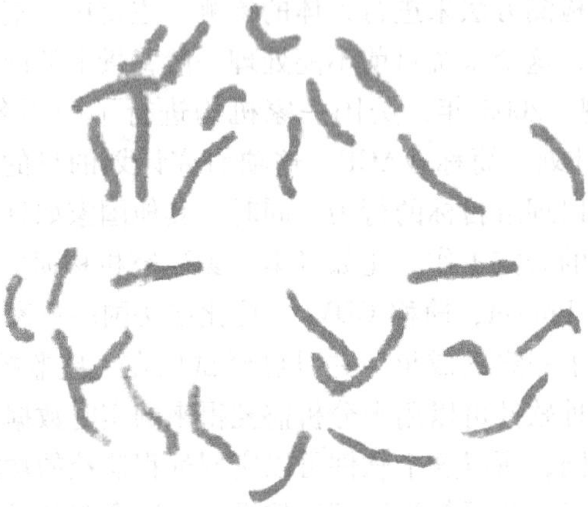

图 3-21　染色体分析

（4）军事领域

视觉技术可用在航天、航空、兵器（敌我目标识别、跟踪）及测绘。在卫星遥感系统中，机器视觉技术被用于分析各种遥感图像，进行环境监测，根据地行、地貌的图像和图形特征，对地面目标进行自动识别、理解和分类等。

（5）其他领域

在交通管理系统中，机器视觉技术被用于车辆识别（见图 3-22）、调度，向交通管理与指挥系统提供相关信息；在闭路电视监控系统中，机器视觉技术被用于增强图像质量，捕捉突发事件，监控复杂场景，鉴别身份，跟踪可疑目标等。

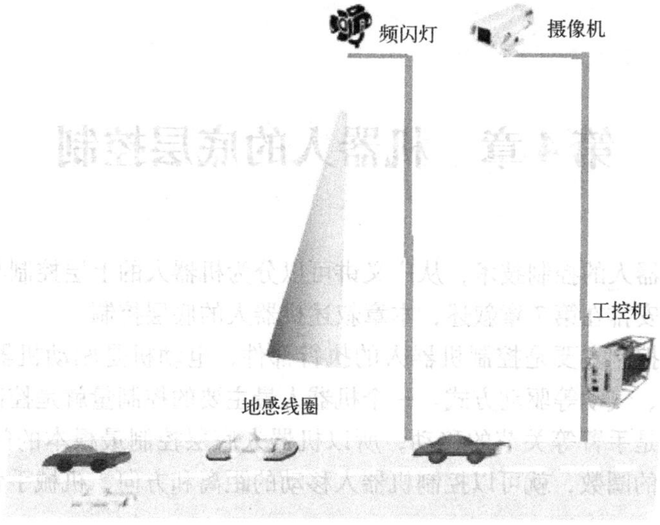

图 3-22　机器视觉车辆特征识别技术

习题

1. 传感器的特性参数主要有哪些？选用传感器应该注意什么问题？
2. 电感式传感器有哪几种？各自的优缺点是什么？
3. 某传感器给定精度为 2% FS，满度值为 50 mV，零位值为 10 mV，求可能出现的最大误差 d（以 mV 计）。当传感器使用在满量程的 1/2 和 1/8 时，计算可能产生的测量百分误差。由你的计算结果能得出什么结论？

第4章　机器人的底层控制

本书所指的机器人的控制技术，从广义讲可以分为机器人的上层控制与底层控制，其中机器人的上层控制安排在第7章叙述，本章叙述机器人的底层控制。

机器人的底层控制主要是控制机器人的执行部件，电动机是驱动机器人运动的常用部件，此外还有液压、气动等驱动方式。一个机器人最主要的控制量就是控制机器人移动，无论是自身的移动还是手臂等关节的移动，所以机器人底层控制最根本的问题就是控制电动机。控制电动机转的圈数，就可以控制机器人移动的距离和方向、机械手臂的弯曲程度或者移动的距离等。

4.1　电动机的选择与惯量计算

4.1.1　电动机选择

现代机器人控制中经常会碰到一些复杂的运动，这对电动机的动力荷载有很大影响。伺服驱动装置是机器人必不可少的关键环节，因此，伺服电动机的选择就变得尤为重要。首先要选出满足给定负载要求的电动机，然后再从中按价格、重量和体积等技术经济指标选择最适合的电动机。伺服电动机如图4-1所示。

1. 伺服电动机选型的原则

(1) 负载/电动机惯量比

正确设定惯量比参数是充分发挥机械及伺服系统最佳效能的前提，此点在要求高速高精度的系统上表现尤为突出，伺服系统参数的调整与惯量比有很大的关系，若负载/电动机惯量比过大，伺服参数调整越趋于边缘化，也越难调整，振动抑制能力也越差，所以控制易变得不稳定；在没有自适应调整的情况下，伺服系统的默认参数在1～3倍负载/电动机惯量比下，系统会达到最佳工作状态，这样，就有了负载/电动机惯量比的问题，也就是我们一般所说的惯量匹配。如果电动机惯量和负载惯量不匹配，就会出现电动机惯量和负载惯量之间动量传递时发生较大的冲击。

图4-1　伺服电动机

$$T_M - T_L = (J_M + J_L)\alpha \qquad (4-1)$$

式中，T_M 为电动机所产生的转矩；T_L 为负载转矩；J_M 为电动机转子的转动惯量；J_L 为负载的总转动惯量；α 为角加速度。

由式（4-1）可知，角加速度 α 影响着系统的动态特性，α 越小，则由控制器发出的指令到系统执行完毕的时间越长，系统响应速度就越慢；如果 α 变化，则系统响应就会忽快忽慢，影响机械系统的稳定性。由于电动机选定后最大输出力矩值不变，如果希望 α 的变化小，则 J_M+J_L 应该尽量小。J_M 为伺服电动机转子的转动惯量，伺服电动机选定后，此值就为定值，而 J_L 则根据不同的机械系统类型可能是定值，也可能是变值。如果 J_L 是变值的机械系统，一般希望 J_M+J_L 变化量较小，所以希望 J_L 在总的转动惯量中占的比例小些，这就是我们常说的惯量匹配。

通过以上分析可知：转动惯量对伺服系统的精度、稳定性、动态响应都有影响，惯量越小，系统的动态性能反应越好；惯量大，系统的机械常数大，响应慢，会使系统的固有频率下降，容易产生谐振，因而限制了伺服带宽，影响伺服精度和响应速度，也越难控制；惯量的适当增大只有在改善低速爬行时有利，因此，在不影响系统刚度的条件下，应尽量减小惯量。机械系统的惯量需要和电动机惯量相匹配才行，负载/电动机惯量比是一个系统稳定性的问题，与电动机输出转矩无关，是电动机转子和负载之间冲击、松动的问题。不同负载/电动机惯量比的电动机可控性和系统动态特性如下：

1）一般情况下，当 $J_L \leqslant J_M$ 时，电动机的可控性好，系统的动态特性好。

2）当 $J_M < J_L \leqslant 3J_M$ 时，电动机的可控性会稍微降低，系统的动态特性较好。

3）当 $J_L > 3J_M$ 时，电动机的可控性会明显下降，系统的动态特性一般。

不同的机械系统，对惯量匹配原则有不同的选择，且有不同的作用表现，但大多要求负载惯量与电动机惯量的比值小于 10。总之，惯量匹配的确定需要根据具体机械系统的需求来确定。

常见的机械类型驱动方式有：①滚珠丝杠（直接连接）；②齿条和小齿轮；③同步皮带（传送带）；④链条驱动；⑤主轴驱动等。计算时需要根据具体的机械类型驱动方式来计算负载惯量。

（2）转速

电动机选择首先应依据机械系统的快速行程速度来计算，快速行程的电动机转速应严格控制在电动机的额定转速之内，并应在接近电动机的额定转速的范围使用。伺服电动机工作在最低转速和最大转速之间时为恒转矩调速，工作在额定转速和最大转速之间时为恒功率调速；恒功率调速是指电动机低速时输出转矩大，高速时输出转矩小，即输出功率是恒定的；恒转矩调速是指电动机高速、低速时输出转矩一样大，即高速时输出功率大，低速时输出功率小。

（3）转矩

伺服电动机的额定转矩必须满足实际需要，但是不需要留有过多的余量，因为一般情况下，其最大转矩为额定转矩的 3 倍。

需要注意的是，连续工作的负载转矩小于等于伺服电动机的额定转矩，机械系统所需要的最大转矩小于伺服电动机输出的最大转矩。

（4）短时间特性（加减速转矩）

伺服电动机除连续运转区域外，还有短时间内的运转特性如电动机加减速，用最大转矩表示，即使容量相同，最大转矩也会因各电动机而有所不同。最大转矩影响驱动电动机的加减速时间常数，使用式（4-2）可以估算线性加减速时间常数 t_α。

$$t_\alpha = \frac{(J_L + J_M)n}{95.5 \times (0.8T_{max} - T_L)} \tag{4-2}$$

式中，n 为电动机设定转速（r/min）；J_L 为电动机轴换算负载惯量（$kg \cdot cm^2$）；J_M 为电动机惯量（$kg \cdot cm^2$）；T_{max}为电动机最大转矩（N·m）；T_L为电动机轴换算负载转矩（N·m）。

（5）连续特性（连续实效负载转矩）

对要求频繁起动、制动的工作场合，为避免电动机过热，必须检查它在一个周期内电动机转矩的均方根值，并使它小于电动机连续额定转矩。

在选择的过程中应依次计算此五要素来确定电动机型号，如果其中一个条件不满足则应采取适当的措施，如变更电动机系列或提高电动机容量等。

2. 伺服电动机选型时的注意事项

1）有些系统如传送装置、升降装置等要求伺服电动机能尽快停止，而在故障、急停、电源断电时伺服器没有再生制动，无法对电动机减速。同时系统的机械惯量又较大，这时对制动器要依据负载的轻重、电动机的工作速度等选择。

2）有些系统要维持机械装置的静止位置，需电动机提供较大的输出转矩，且停止的时间较长。如果使用伺服的自锁功能，往往会造成电动机过热，这种情况要选择带电磁制动的电动机。

3）如果选择了带电磁制动器的伺服电动机，电动机的转动惯量会增大，计算转矩时要进行考虑。

4.1.2 步进电动机

1. 概念及分类

步进电动机是一种将电脉冲转化为角位移的执行机构。当步进驱动器接收到一个脉冲信号，它就驱动步进电动机按设定的方向转动一个固定的角度（称为“步距角”），它的旋转是以固定的角度一步一步运行的。可以通过控制脉冲个数来控制角位移量，从而达到准确定位的目的；同时可以通过控制脉冲频率来控制电动机转动的速度和加速度，从而达到调速的目的。步进电动机及其内部结构如图4-2所示。

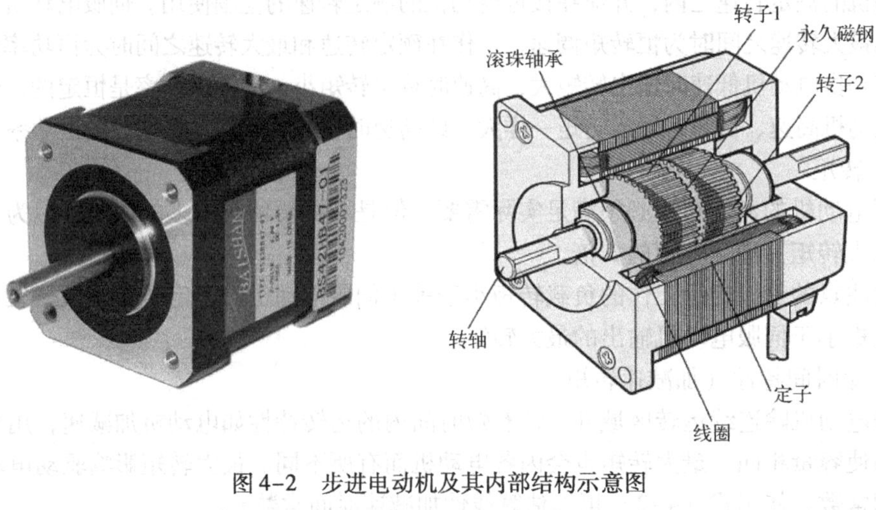

图4-2　步进电动机及其内部结构示意图

步进电动机在构造上有以下3种主要类型：

（1）永磁式（PM）

永磁式步进电动机一般为两相，转矩和体积较小，步进角一般为7.5°或15°。转子以软铁加工成齿状，当定子线圈不加激磁电压时，保持转矩为零，故其转子惯性小、响应快，但其容许负荷惯性并不大。

（2）反应式（VR）

反应式步进电动机一般为三相，可实现大转矩输出，步进角一般为1.5°，但噪声和振动都很大。转子由永久磁铁构成，其磁化方向为轴向磁化，无激磁时有保持转矩。

（3）混合式（HB）

混合式兼有永磁式和反应式的优点，又分为两相、五相和三相，两相步进角一般为1.8°，而五相步进角一般为0.72°。转子由轴向磁化的磁铁制成，磁极做成复极的形式，其综合了可变磁阻式步进电动机及永久磁铁式步进电动机的优点，精确度高、转矩大、步进角度小。

2. 步进电动机的特征及参数

（1）特性

1）高精度的定位：步进电动机最大特征即是能够简单地做到高精度的定位控制。以五相步进电动机为例：其定位基本单位（分辨率）为0.72°（全步级）/0.36°（半步级），是非常小的；停止定位精度误差皆在±3分（±0.05°）以内，且无累计误差，故可达到高精度的定位控制。

2）具定位保持力：步进电动机在停止状态下（无脉波信号输入时），仍具有激磁保持力，故即使不依靠机械式的刹车，也能做到停止位置的保持。

3）动作灵敏：步进电动机由于加速性能优越，可做到瞬时起动、停止、正反转之快速、频繁的定位动作。

4）开回路控制、不必依赖传感器定位：步进电动机的控制系统构成简单，不需要速度感应器（Encoder、转速发电机）及位置传感器（Sensor），就能以输入的脉波做速度及位置的控制。也因其属开回路控制，故最适合于在短距离、高频度、高精度定位控制的场合下使用。

5）中低速时具备高转矩：步进电动机在中低速时具有较大的转矩，故能够较同级伺服电动机提供更大的扭力输出。

6）高信赖性：使用步进电动机装置与使用离合器、减速机及极限开关等其他装置相比较，步进电动机的故障及误动作少，所以在检查及保养时也较简单容易。

7）小型、高功率：步进电动机体积小、扭力大，尽管于狭窄的空间内，仍可顺利安装，并提供高转矩输出。

8）无积累误差：一般步进电动机的精度为步进角的3%～5%，且不累积。

9）步进电动机外表允许的最高温度：步进电动机温度过高首先会使电动机的磁性材料退磁，从而导致力矩下降乃至于失步，因此电动机外表允许的最高温度应取决于不同电动机磁性材料的退磁点；一般来讲，磁性材料的退磁点都在130℃以上，有的甚至高达200℃以上，所以步进电动机外表温度在80～90℃完全正常。

10）步进电动机的力矩会随转速的升高而下降：当步进电动机转动时，电动机各相绕组的电感将形成一个反向电动势；频率越高，反向电动势越大。在它的作用下，电动机随频率（或速度）的增大而相电流减小，从而导致力矩下降。

11）步进电动机低速时可以正常运转，但若高于一定速度就无法起动，并伴有啸叫声。

步进电动机有一个技术参数：空载起动频率，即步进电动机在空载情况下能够正常起动的脉冲频率，如果脉冲频率高于该值，电动机不能正常起动，可能发生丢步或堵转。在有负载的情况下，起动频率应更低。如果要使电动机达到高速转动，脉冲频率应该有加速过程，即起动频率较低，然后按一定加速度升到所希望的高频（电动机转速从低速升到高速）。

（2）基本参数

1）电动机固有步距角：它表示控制系统每发一个步进脉冲信号，电动机所转动的角度。电动机出厂时给出了一个步距角的值，如 86BYG250A 型电动机给出的值为 0.9°/1.8°（表示半步工作时为 0.9°、整步工作时为 1.8°），这个步距角可以称为“电动机固有步距角”，它不一定是电动机实际工作时的真正步距角，真正的步距角和驱动器有关。步距角公式为

$$\theta_s = \frac{360°}{Z_r N} \tag{4-3}$$

式中，θ_s 为步距角；N 为一个周期的运行拍数；Z_r 为转子齿数。

2）步进电动机的相数：是指电动机内部的线圈组数，目前常用的有二相、三相、四相和五相步进电动机。电动机相数不同，其步距角也不同，一般二相电动机的步距角为 0.9°/1.8°、三相的为 0.75°/1.5°、五相的为 0.36°/0.72°。在没有细分驱动器时，用户主要靠选择不同相数的步进电动机来满足步距角的要求。如果使用细分驱动器，则“相数”将变得没有意义，用户只需在驱动器上改变细分数，就可以改变步距角。

3）保持转矩：是指步进电动机通电但没有转动时，定子锁住转子的力矩。它是步进电动机最重要的参数之一，通常步进电动机在低速时的力矩接近保持转矩。由于步进电动机的输出力矩随速度的增大而不断衰减，输出功率也随速度的增大而变化，所以保持转矩就成为衡量步进电动机最重要的参数之一。比如，当人们说 2 N · m 的步进电动机，在没有特殊说明的情况下是指保持转矩为 2 N · m 的步进电动机。

3. 步进电动机的工作原理

以三相步进电动机为例说明步进电动机的工作原理，三相步进电动机的工作方式可分为三相单三拍、三相单双六拍和三相双三拍等。

下面以三相单三拍为例进行介绍。

1）三相绕组联结方式：Y型。

2）三相绕组中的通电顺序为：A 相→B 相→C 相。

3）A 相通电，A 方向的磁通经转子形成闭合回路。若转子和磁场轴线方向原有一定角度，则在磁场的作用下，转子被磁化，吸引转子，使转子的位置力图使通电相磁路的磁阻最小，从而使转、定子的齿对齐停止转动。步进电动机 A、B、C 三相通电示意图如图 4-3 所示。

这种工作方式，因三相绕组中每次只有一相通电，而且，一个循环周期共包括三个脉冲，所以称为三相单三拍。三相单三拍的特点如下：

1）每来一个电脉冲，转子转过 30°。此角称为步距角，用 S 表示。

2）转子的旋转方向取决于三相线圈通电的顺序，改变通电顺序即可改变转向。

正转：A 相→B 相→C 相，反转：A 相→C 相→B 相。

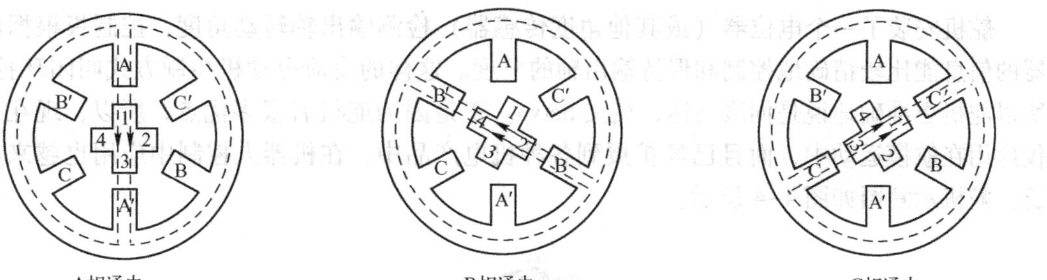

图 4-3　步进电动机 A、B、C 三相通电示意图

4. 步进电动机的驱动系统

步进电动机在单单仅给予电压时，电动机是不会动作的，必须通过脉波产生器提供位置（脉波数）、速度的脉波信号指令，以及驱动器驱动电流流过电动机内部线圈、依顺序切换激磁相序的方式才能够让电动机运转。所以欲使步进电动机动作的必要系统组成有：

1）脉冲产生器（控制器）：给予角度（位置移动量）、动作速度及运转方向之脉冲信号的电动机驱动指令。

2）步进驱动器：依控制器所投入的脉冲信号指令，提供电流来驱动步进电动机动作。

3）步进电动机：提供转矩动力输出来带动负载。

4.1.3　舵机与转向控制

1. 舵机概述

舵机是一种位置（角度）伺服的驱动器，由于可以通过程序连续控制其转角，因而被广泛应用于智能小车以实现转向以及机器人各类关节运动中。舵机最早出现在航模运动中。在航空模型中，飞行机的飞行姿态是通过调节发动机和各个控制舵面来实现的。举个简单的四通飞机来说，飞机上有以下几个地方需要控制：

1）发动机进气量，用来控制发动机的拉力（或推力）。

2）副翼舵面（安装在飞机机翼后缘），用来控制飞机的横滚运动。

3）水平尾舵面，用来控制飞机的俯仰角。

4）垂直尾舵面，用来控制飞机的偏航角。

遥控器有四个通道，分别对应四个舵机，而舵机又通过连杆等传动元件带动舵面的转动，从而改变飞机的运动状态。根据控制方式，舵机应该称为微型伺服马达。早期在模型上使用最多，主要用于控制模型的舵面，所以俗称舵机。舵机接收一个简单的控制指令就可以自动转动到一个比较精确的角度，所以非常适合在关节型机器人产品中使用。仿人型机器人就是舵机运用的最高境界。

舵机具有以下一些特点：

1）体积紧凑，便于安装。

2）输出力矩大，稳定性好。

3）控制简单，便于和数字系统接口。

舵机简单地说就是集成了直流电动机、电动机控制器和减速器等，并封装在一个便于安装的外壳里的伺服单元。它能够利用简单的输入信号比较精确地控制转动角度。

舵机安装了一个电位器（或其他角度传感器）检测输出轴转动角度，控制板根据电位器的信息能比较精确地控制和保持输出轴的角度。这样的直流电动机控制方式叫闭环控制，所以舵机更准确地说是伺服马达，英文 Servo。正是因为舵机有很多优点，所以，现在不仅仅应用在航模运动中，而且已经扩展到各种机电产品中，在机器人控制中应用也越来越广泛。舵机示意图如图 4-4 所示。

图 4-4　舵机

2. 舵机的组成

舵机的组成示意图如图 4-5 所示，主要有几个部分：外壳、减速齿轮组、电动机、电位器和控制电路。简单的工作原理是，控制电路接收信号源的控制信号，并驱动电动机转动；齿轮组将电动机的速度成大倍数缩小，并将电动机的输出扭矩放大相应倍数，然后输出；电位器和齿轮组的末级一起转动，测量舵机轴转动角度；电路板检测并根据电位器判断舵机转动角度，然后控制舵机转动到目标角度或保持在目标角度。

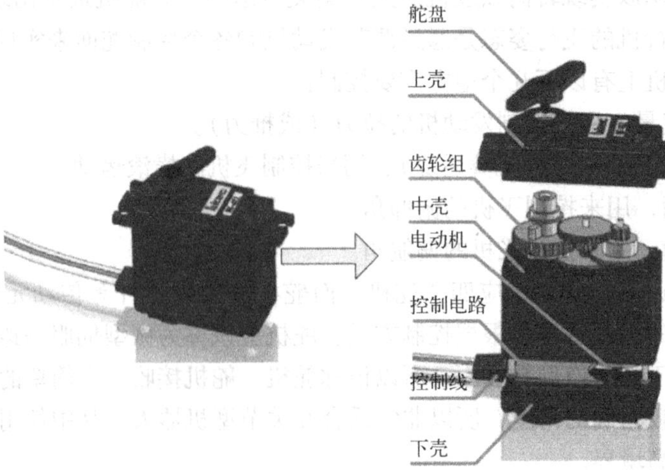

图 4-5　舵机的组成示意图

舵机的外壳一般是塑料的，特殊的舵机可能会有金属铝合金外壳。金属外壳能够提供更好的散热，可以让舵机内的电动机运行在更高功率下，以提供更高的扭矩输出。金属外壳也可以提供更牢固的固定位置。舵机的金属外壳如图 4-6 所示。

齿轮箱有塑料齿轮、混合齿轮、金属齿轮的差别。塑料齿轮成本低，噪声小，但强度较低；金属齿轮强度高，但成本高，在装配精度一般的情况下会有很大的噪声。小扭矩舵机、微舵、扭矩大但功率密度小的舵机一般都用塑料齿轮，如 Futaba 3003、辉盛的 9 g 微舵。金属齿轮一般用于功率密度较高的舵机上，比如辉盛的 995 舵机，在和 Futaba 3003 一样体积的情况下却能提供 13 kg 的扭矩。Hitec 甚至用钛合金作为齿轮材料，其高强度能保证 Futaba 3003 大小的舵机能提供 20 几公斤的扭矩。混合齿轮在金属齿轮和塑料齿轮间做了折中，在电动机输出齿轮上扭矩一般不大，用塑料齿轮。舵机里面的各种齿轮箱如图 4-7 所示。

图 4-6　舵机的金属外壳

图 4-7　舵机里面的各种齿轮箱

3. 舵机的规格和选型

当今使用的舵机有模拟舵机和数字舵机之分，不过数字舵机还是相对较少。下面的技术规格同时适用于这两种舵机。

舵机的规格主要有几个方面：转速、转矩、电压、尺寸、重量和材料等。在做舵机的选型时要对以上几个方面进行综合考虑。

（1）转速

转速由舵机无负载的情况下转过 60°角所需时间来衡量，常见舵机的速度一般在 0.11 s/60° ~0.21 s/60°之间。

（2）转矩

舵机扭矩的单位是 kg · cm，这是一个扭矩单位。可以理解为在舵盘上距舵机轴中心水平距离 1 cm 处，舵机能够带动的物体重量。

（3）电压

厂商提供的速度、转矩数据和测试电压有关，在 4.8 V 和 6 V 两种测试电压下这两个参数有比较大的差别。如 Futaba S-9001 在 4.8 V 时扭力为 3.9 kg、速度为 0.22 s/60°，在 6.0 V 时扭力为 5.2 kg、速度为 0.18 s/60°。若无特别注明，JR 的舵机都是以 4.8 V 为测试电压，Futaba 则是以 6.0 V 作为测试电压。

舵机的工作电压对性能有重大的影响，舵机推荐的电压一般是 4.8 V 或 6 V。当然，有的舵机可以在 7 V 以上工作，12 V 的舵机也不少。较高的电压可以提高电动机的转速和扭矩。选择舵机时还需要看控制卡所能提供的电压。

（4）尺寸、重量和材质

舵机的功率（速度 × 转矩）和舵机的尺寸比值可以理解为该舵机的功率密度，一般同样品牌的舵机，功率密度大的价格高。

塑料齿轮的舵机在超出极限负荷的条件下使用可能会崩齿，金属齿轮的舵机则可能会电动机过热损毁或外壳变形。所以材质的选择并没有绝对的倾向，关键是将舵机使用在设计规格之内。

用户一般都对金属制的物品比较信赖，齿轮箱期望选择全金属的，舵盘期望选择金属舵盘。但需要注意的是，金属齿轮箱在长时间过载下也不会损毁，最后确是电动机过热损坏或外壳变形，而这样的损坏是致命的，不可修复的。塑料出轴的舵机如果使用金属舵盘是很危险的，舵盘和舵机轴在相互扭转过程中，金属舵盘不会磨损，舵机轴会在一段时间后变得光秃，导致舵机完全不能使用。

综上，选择舵机需要在计算所需扭矩和速度，并确定使用电压的条件下，选择有150%左右甚至更大扭矩富余的舵机。

4. 舵机工作原理

控制电路板接收来自信号线的控制信号，控制电动机转动，电动机带动一系列齿轮组，减速后传动至输出舵盘。舵机的输出轴和位置反馈电位计是相连的，舵盘转动的同时，带动位置反馈电位计，电位计将输出一个电压信号到控制电路板，进行反馈，然后控制电路板根据所在位置决定电动机转动的方向和速度，从而达到目标停止。其工作流程为：控制信号→控制电路板→电动机转动→齿轮组减速→舵盘转动→位置反馈电位计→控制电路板反馈。

舵机的控制信号周期为20 ms的脉宽调制（PWM）信号，其中脉冲宽度为0.5～2.5 ms，相对应的舵盘位置为0～180°，呈线性变化。也就是说，给它提供一定的脉宽，它的输出轴就会输出相应的角度，无论外界转矩怎么改变，直到给它提供一个另外宽度的脉冲信号，它才会改变输出角度到新的对应位置上。舵机内部有一个基准电路，产生周期为20 ms、宽度1.5 ms的基准信号，有一个比较器，将外加信号与基准信号相比较，判断出方向和大小，从而生产电动机的转动信号。由此可见，舵机是一种位置伺服驱动器，转动范围不能超过180°，适用于那些需要不断变化并可以保持的驱动器中，比如机器人的关节、飞机的舵面等。舵机输出转角与输入脉冲的关系如图4-8所示。

输入正脉冲宽度（周期为20ms）	舵机角度
0.5ms	–90°
1.0ms	–45°
1.5ms	0°
2.0ms	45°
2.5ms	90°

图4-8　舵机输出转角与输入脉冲的关系

4.1.4 惯量计算实例

1. 基本概念

惯量 J 是一个常用的物理量，在负载被加速或减速的过程中，是一个非常重要的参数。

转动惯量又可以称为惯性矩，它的定义是：物体每一质点的质量 m 与这一质点到旋转中心轴线的距离 r 的二次方的乘积的总和，其数学表达式为

$$J=\frac{1}{2}mr^2 \tag{4-4}$$

在伺服控制系统中，大多数的传动机构具有圆柱状构件，因此，下面介绍几种圆柱状物体的转动惯量的计算。

图 4-9 和图 4-10 分别描述了围绕着中心轴线旋转的空心圆柱体和实心圆柱体。

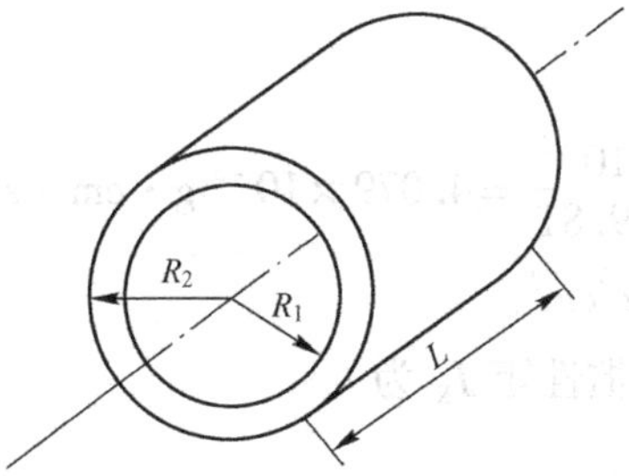

图 4-9 空心圆柱体

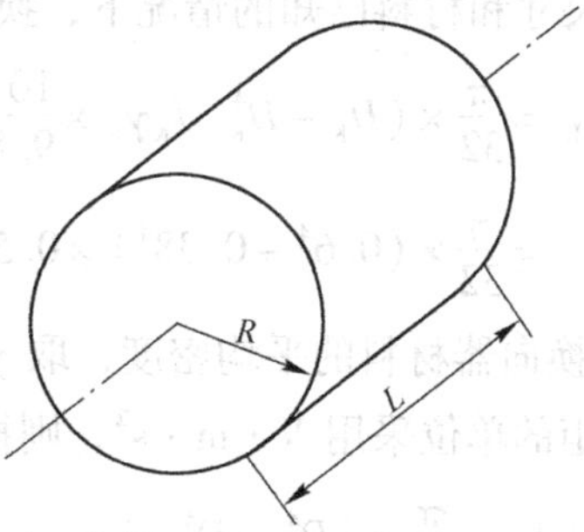

图 4-10 实心圆柱体

1）空心圆柱体的转动惯量 J（N · m · s^2）计算公式为

$$J=\frac{1}{2}m(R_1^2+R_2^2) \tag{4-5}$$

2）实心圆柱体的转动惯量 J（N · m · s^2）计算公式为

$$J=\frac{1}{2}mR^2 \tag{4-6}$$

对于已知重量为 G 的物体，用（G/g）代替式（4-5）和式（4-6）中的 m，g 为重力加速度，可以分别得到：

1）空心圆柱体的转动惯量 J（N · m · s^2）计算公式为

$$J=\frac{G(R_1^2+R_2^2)}{2g} \tag{4-7}$$

2）实心圆柱体的转动惯量 J（N · m · s^2）计算公式为

$$J=\frac{GR^2}{2g} \tag{4-8}$$

如果重量不知道，但已知旋转物体的体积 V 和密度 γ，则可用（$V\gamma/g$）代替式（4-5）和式（4-6）的 m，可以得到：

1）空心圆柱体的转动惯量 J（N · m · s^2）计算公式为

$$J=\frac{\pi L\gamma}{2g}(R_2^4-R_1^4) \tag{4-9}$$

2）实心圆柱体的转动惯量 J（N·m·s^2）计算公式为

$$J=\frac{\pi L\gamma}{2g}R^4 \tag{4-10}$$

2. 计算

(1) 换向器的惯性矩 J_K（g·cm·s^2）

$$J_K=\frac{\pi}{32}\times(D_K^4-D_{Ki}^4)l_K\gamma_K\times\frac{10^{-2}}{9.81} \tag{4-11}$$

换向器的几何尺寸：

换向器的外径 $D_K=0.6$ cm；

换向器的内径 $D_{Ki}=0.38$ cm；

换向器的轴向长度 $l_K=0.5$ cm。

在几何尺寸和材料已知的情况下，换向器的惯性矩 J_K 为

$$\begin{aligned}J_K&=\frac{\pi}{32}\times(D_K^4-D_{Ki}^4)l_K\gamma_K\times\frac{10^{-2}}{9.81}\\&=\frac{\pi}{32}\times(0.6^4-0.38^4)\times0.5\times7.5\times\frac{10^{-2}}{9.81}=4.079\times10^{-5}\text{ g}\cdot\text{cm}\cdot\text{s}^2\end{aligned}$$

式中，γ_K 为换向器材料的平均密度，取 $\gamma_K\approx7.5$ g/cm^3。

若惯性矩的单位采用 N·m·s^2，则换向器的惯性矩 J_K 为

$$\begin{aligned}J_K&=\frac{\pi}{32}\times(D_K^4-D_{Ki}^4)l_K\gamma_K\times10^{-7}\\&=\frac{\pi}{32}\times(0.6^4-0.38^4)\times0.5\times7.5\times10^{-7}\approx4.0\times10^{-9}\text{ N}\cdot\text{m}\cdot\text{s}^2\end{aligned}$$

(2) 转轴部分的惯性矩 J_{sha}（g·cm·s^2）

$$J_{sha}=\frac{\pi}{32}\times D_{sha}^4l_{sha}\gamma_{sha}\times\frac{10^{-2}}{9.81}\text{ g}\cdot\text{cm}\cdot\text{s}^2 \tag{4-12}$$

转轴的几何尺寸：

转轴的外径 $D_{sha}=0.6$ cm；

转轴的长度 $l_{sha}=5.95$ cm。

转轴部分的惯性矩 J_{sha}为

$$\begin{aligned}J_{sha}&=\frac{\pi}{32}\times D_{sha}^4l_{sha}\gamma_{sha}\times\frac{10^{-2}}{9.81}\\&=\frac{\pi}{32}\times0.3^4\times5.95\times7.8\times\frac{10^{-2}}{9.81}=3.76\times10^{-5}\text{ g}\cdot\text{cm}\cdot\text{s}^2\end{aligned}$$

式中，γ_{sha}为转轴的密度，取 $\gamma_{sha}\approx7.8$ g/cm^3。

若惯性矩的单位采用 N·m·s^2，则转轴部分的惯性矩 J_{sha}为

$$\begin{aligned}J_{sha}&=\frac{\pi}{32}\times D_{sha}^4l_{sha}\gamma_{sha}\times10^{-7}\\&=\frac{\pi}{32}\times0.3^4\times5.95\times7.8\times10^{-7}=3.689\times10^{-9}\text{ N}\cdot\text{m}\cdot\text{s}^2\end{aligned}$$

(3) 电枢杯部分的惯性矩 J_{cup}（g·cm·s^2）

$$J_{cup}=\frac{\pi}{32}\times(D_{cupo}^4-D_{cupi}^4)l_{cup}\gamma_{cup}\times\frac{10^{-2}}{9.81} \tag{4-13}$$

电枢杯部分的几何尺寸：

电枢杯的外径 $D_{cupo}=1.96\,\text{cm}$；

电枢杯的内径 $D_{cupi}=1.846\,\text{cm}$；

电枢杯的轴向长度 $l_{cup}=3.5\,\text{cm}$。

电枢杯部分的惯性矩 J_{cup} 为

$$J_{cup}=\frac{\pi}{32}\times(D_{cupo}^4-D_{cupi}^4)l_{cup}\gamma_{cup}\times\frac{10^{-2}}{9.81}$$

$$=\frac{\pi}{32}\times(1.96^4-1.846^4)\times3.75\times\frac{10^{-2}}{9.81}=4.129\times10^{-3}\ \text{g}\cdot\text{cm}\cdot\text{s}^2$$

式中，γ_{cup}为转轴的密度，取 $\gamma_{cup}\approx3.75\,\text{g/cm}^3$。

若惯性矩的单位采用 N · m · s²，则电枢杯部分的惯性矩 J_{cup} 为

$$J_{cup}=\frac{\pi}{32}\times(D_{cupo}^4-D_{cupi}^4)l_{cup}\gamma_{cup}\times10^{-7}$$

$$=\frac{\pi}{32}\times(1.96^4-1.846^4)\times3.75\times\frac{10^{-2}}{9.81}=4.057\times10^{-7}\ \text{N}\cdot\text{m}\cdot\text{s}^2$$

（4）电枢杯支架部分的惯性矩 J_{hol}（g · cm · s²）

$$J_{hol}=\frac{\pi}{32}\times(D_{holo}^4-D_{holi}^4)l_{hol}\gamma_{hol}\times\frac{10^{-2}}{9.81} \tag{4-14}$$

电枢杯支架部分的几何尺寸：

电枢杯支架部分的外径 $D_{holo}\approx D_{cupi}=1.846\,\text{cm}$；

电枢杯支架部分的内径 $D_{holo}\approx D_{Ki}=0.38\,\text{cm}$；

电枢杯支架部分的轴向长度 $l_{hol}\approx0.3\,\text{cm}$。

电枢杯支架部分的惯性矩 J_{hol} 为

$$J_{hol}=\frac{\pi}{32}\times(D_{holo}^4-D_{holi}^4)l_{hol}\gamma_{hol}\times\frac{10^{-2}}{9.81}$$

$$=\frac{\pi}{32}\times(1.846^4-0.38^4)\times0.3\times1.8\times\frac{10^{-2}}{9.81}=6.26\times10^{-4}\ \text{g}\cdot\text{cm}\cdot\text{s}^2$$

式中，γ_{hol}为电枢杯支架部分的密度，取 $\gamma_{hol}\approx1.8\,\text{g/cm}^3$。

若惯性矩的单位采用 N · m · s²，则电枢杯支架部分的惯性矩 J_{hol} 为

$$J_{hol}=\frac{\pi}{32}\times(D_{holo}^4-D_{holi}^4)l_{hol}\gamma_{hol}\times10^{-7}$$

$$=\frac{\pi}{32}\times(1.846^4-0.38^4)\times0.3\times1.8\times10^{-7}=0.6\times10^{-7}\ \text{N}\cdot\text{m}\cdot\text{s}^2$$

（5）转子的惯性矩 J（g · cm · s²）

$$J=J_K+J_{sha}+J_{cup}+J_{hol} \tag{4-15}$$

$$=4.079\times10^{-5}+3.76\times10^{-5}+4.129\times10^{-3}+6.26\times10^{-4}$$

$$=4.8334\times10^{-3}\ \text{g}\cdot\text{cm}\cdot\text{s}^2$$

若惯性矩的单位采用 N · m · s²，则转子的惯性矩 J 为

$$
\begin{aligned}
J &= 4.0\times10^{-9}+3.689\times10^{-9}+4.057\times10^{-7}+0.6\times10^{-7}\\
&= 0.473\times10^{-6}\ \mathrm{N\cdot m\cdot s^2}
\end{aligned}
$$

4.2 典型驱动 PWM

4.2.1 典型驱动

1. 驱动方式

根据能量转换方式，将驱动器划分为液压驱动、气压驱动和电气驱动。在选择机器人驱动器时，除了要充分考虑机器人的工作要求，如工作速度、最大搬运物重、驱动功率、驱动平稳性和精度要求以外，还应考虑是否能够在较大的惯性负载条件下，提供足够的加速度以满足作业要求。

（1）液压驱动的特点

液压驱动所用的压力为 0.5 ~ 32 MPa。

1）优点如下：

① 能够以较小的驱动器输出较大的驱动力或力矩，即获得较大的功率重量比。

② 可以把驱动油缸直接做成关节的一部分，故结构简单紧凑，刚性好。

③ 由于液体的不可压缩性，定位精度比气压驱动高，并可实现任意位置的开停。

④ 液压驱动调速比较简单和平稳，能在很大调整范围内实现无级调速。

⑤ 使用安全阀可简单而有效地防止过载现象发生。

⑥ 液压驱动具有润滑性能好、寿命长等特点。

2）缺点如下：

① 油液容易泄漏，这不仅影响工作的稳定性与定位精度，而且会造成环境污染。

② 因油液黏度随温度而变化，且在高温与低温条件下很难应用。

③ 因油液中容易混入气泡、水分等，使系统的刚性降低，速度特性及定位精度变坏。

④ 需配备压力及复杂的管路系统，因此成本较高。

3）适用范围如下：

液压驱动方式大多用于要求输出力较大而运动速度较低的场合。在机器人液压驱动系统中，近年来以电液伺服系统驱动最具有代表性。

（2）气压驱动的特点

气压驱动在工业机械手臂中应用较多，使用的压力通常为 0.4 ~ 0.6 MPa。

1）优点如下：

① 快速性好，这是因为压缩空气的黏性小，流速大，一般压缩空气在管路中流速可达 180 m/s，而油液在管路中的流速仅为 2.5 ~ 4.5 m/s。

② 气源方便，一般工厂都有压缩空气站供应压缩空气，亦可由空气压缩机取得。

③ 废气可直接排入大气不会造成污染，因而在任何位置只需一根高压管连接即可工作，所以比液压驱动干净且简单。

④ 通过调节气量可实现无级变速。

⑤ 由于空气的可压缩性，气压驱动系统具有较好的缓冲作用。

⑥ 可以把驱动器做成关节的一部分，因而结构简单、刚性好、成本低。

2）缺点如下：

① 因为工作压力偏低，所以功率重量比小、驱动装置体积大。

② 基于气体的可压缩性，气压驱动很难保证较高的定位精度。

③ 使用后压缩空气向大气排放时，会产生噪声。

④ 因压缩空气含冷凝水，使得气压系统易锈蚀，在低温下易结冰。

（3）电气驱动的特点

电气驱动是利用各种电动机产生力和力矩，直接或经过机械传动去驱动执行机构，以获得机器人的各种运动。因为省去了中间能量转换的过程，所以比液压及气压驱动效率高，使用方便且成本低。电气驱动大致可分为普通电动机驱动、步进电动机驱动和直线电动机驱动三类。

1）普通电动机驱动的特点：普通电动机包括交流电动机、直流电动机及伺服电动机。交流电动机一般不能进行调速或难以进行调速，即使是多速电动机，也只能进行有限的有级调。直线电动机能够实现无级调速，但直流电源价格较高，因而限制了它在大功率机器人上的应用。

2）步进电动机驱动的特点：步进电动机驱动的速度和位移大小，可由电气控制系统发出的脉冲数加以控制。由于步进电动机的位移量与脉冲数严格成正比，故步进电动机驱动可以达到较高的重复定位精度，但是步进电动机速度不能太高，控制系统也比较复杂。

3）直线电动机驱动的特点：直线电动机结构简单、成本低，其动作速度与行程主要取决于其定子与转子长度，反接制动时，定位精度较低，必须增设缓冲及定位机构。

在工业机器人中，交流伺服电动机、直流伺服电动机和直接驱动电动机都采用闭环控制，常用于位置精度和速度要求高的机器人中。目前，一般负载 1000 N 以下的工业机器人大多采用电伺服驱动系统，所采用的关节驱动电动机主要是交流伺服电动机、步进电动机和直流伺服电动机。交流伺服电动机由于采用电子换向，无换向火花，在易燃易爆环境中得到了广泛使用。步进电动机主要适于开环控制系统，一般用于位置和速度精度要求不高的环境。机器人关节驱动电动机的功率范围一般为 0.1 ~ 10 kW。

电动机驱动器类型包括直流伺服电动机驱动器、同步式交流伺服电动机驱动器、步进电动机驱动器、直接驱动和特种驱动器。

1）直流伺服电动机驱动器。

直流伺服电动机驱动器多采用脉宽调制（PWM）伺服驱动器，通过改变脉冲宽度来改变加在电动机电枢两端的平均电压，从而改变电动机的转速。直流伺服电动机驱动器如图 4-11 所示。

PWM 伺服驱动器具有调速范围宽、低速特性好、响应快、效率高和过载能力强等特点，在工业机器人中常作为直流伺服电动机驱动器。

2）同步式交流伺服电动机驱动器。

同直流伺服电动机驱动器相比，同步式交流伺服电动机驱动器具有转矩转动惯量比高、无电刷及无换向火花等优点，在工业机器人中得到广泛应用。交流伺服电动机驱动器如图 4-12 所示。

图 4-11　直流伺服电动机驱动器

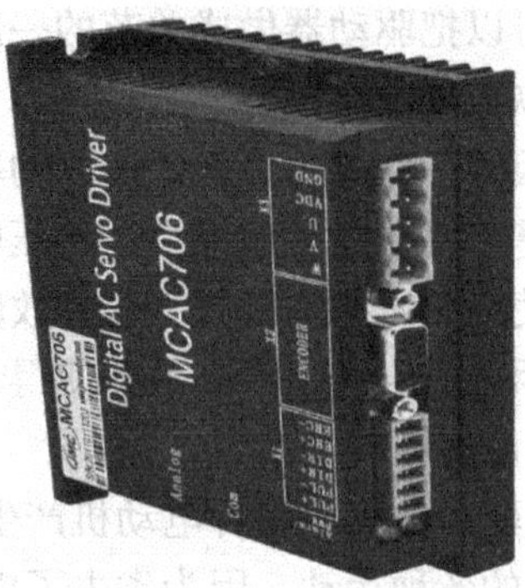

图 4-12　交流伺服电动机驱动器

同步式交流伺服电动机驱动器通常采用电流型脉宽调制（PWM）三相逆变器和具有电流环为内环、速度环为外环的多闭环控制系统，以实现对三相永磁同步伺服电动机的电流控制。根据其工作原理、驱动电流波形和控制方式的不同，它又可分为两种伺服系统：

① 矩形波电流驱动的永磁交流伺服系统。

② 正弦波电流驱动的永磁交流伺服系统。

采用矩形波电流驱动的永磁交流伺服电动机称为无刷直流伺服电动机，采用正弦波电流驱动的永磁交流伺服电动机称为无刷交流伺服电动机。

一般情况下，交流伺服驱动器可通过对其内部功能参数进行人工设定而实现以下功能：

① 位置控制方式。

② 速度控制方式。

③ 转矩控制方式。

④ 位置、速度混合方式。

⑤ 位置、转矩混合方式。

⑥ 速度、转矩混合方式。

⑦ 转矩限制。

⑧ 位置偏差过大报警。

⑨ 速度 PID 参数设置。

⑩ 速度及加速度前馈参数设置。

3）步进电动机驱动器。

步进电动机是将电脉冲信号变换为相应的角位移或直线位移的元件，它的角位移和线位移量与脉冲数成正比，转速或线速度与脉冲频率成正比。在负载能力的范围内，这些关系不因电源电压、负载大小和环境条件的波动而变化，误差不长期积累，步进电动机驱动系统可以在较宽的范围内，通过改变脉冲频率来调速，实现快速起动、正反转制动。作为一种开环数字控制系统，步进电动机驱动系统在小型机器人中得到较广泛的应用。但由于其存在过载能力差、调速范围相对较小、低速运动有脉动、不平衡等缺点，一般只应用于小型或简易型机器人中。步进电动机驱动器如图 4-13 所示。

2. H 桥式驱动电路

驱动电路是主电路与控制电路之间的接口，直流电动机驱动电路使用最广泛的是 H 型全桥式电路，这种驱动电路可以很方便实现直流电动机的四象限运行，分别对应正转、正转制动、反转和反转制动。图 4-14 所示为一个典型的 H 桥式直流电动机驱动电路。电路得名于“H 桥式驱动电路”是因为它的形状酷似字母 H。4 个晶体管组成 H 的 4 条垂直腿，而电动机就是 H 中的横杠。

图 4-13　步进电动机驱动器

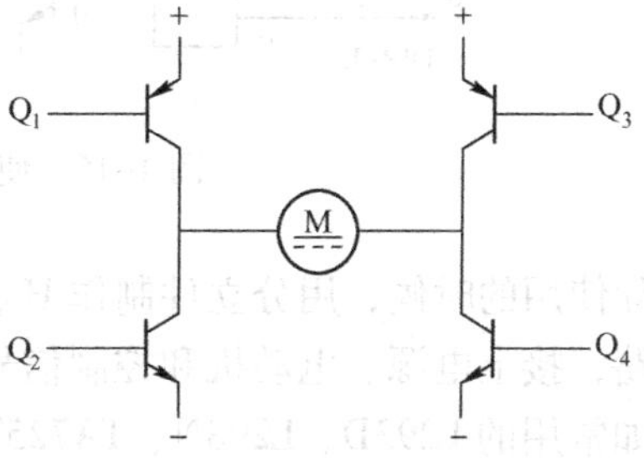

图 4-14　H 桥式电动机驱动电路

要使电动机运转，必须导通对角线上的一对晶体管。根据不同晶体管对的导通情况，电流可能会从左至右或从右至左流过电动机，从而控制电动机的转向。

使能控制和方向逻辑：驱动电动机时，保证 H 桥上两个同侧的晶体管不会同时导通非常重要。如果晶体管 Q_1 和 Q_2 同时导通，那么电流就会从正极穿过两个晶体管直接回到负极。此时，电路中除了晶体管外没有其他任何负载，因此电路上的电流就可能达到最大值（该电流仅受电源性能限制），甚至烧坏晶体管。

基于上述原因，在实际驱动电路中通常要用硬件电路方便地控制晶体管的开关。图 4-15 所示就是基于这种考虑的改进电路，它在基本 H 桥电路的基础上增加了 4 个与门和 2 个非门。4 个与门同一个“使能”导通信号相接，这样，用这一个信号就能控制整个电路的开关。而 2 个非门通过提供一种方向输入，可以保证任何时候在 H 桥的同侧腿上都只有一个晶体管能导通。

采用以上方法，电动机的运转就只需要用三个信号控制：两个方向信号和一个使能信号。如果 DIR－L 信号为 0，DIR－R 信号为 1，并且使能信号是 1，那么晶体管 Q_1 和 Q_4 导通，电流从左至右流经电动机，如图 4-16 所示；如果 DIR－L 信号变为 1，而 DIR－R 信号变为 0，那么 Q_2 和 Q_3 将导通，电流则反向流过电动机。

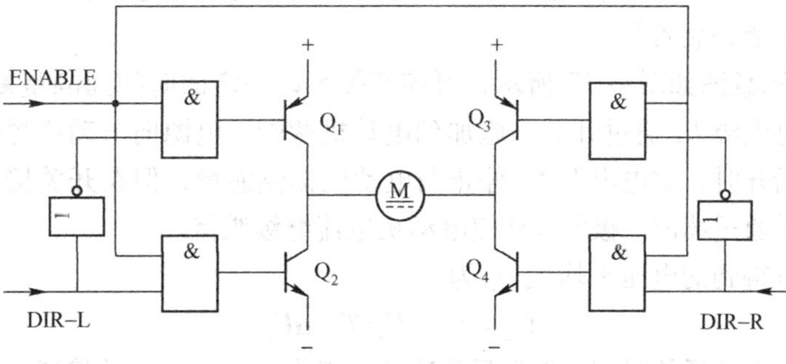

图 4-15　具有使能控制和方向逻辑的 H 桥电路

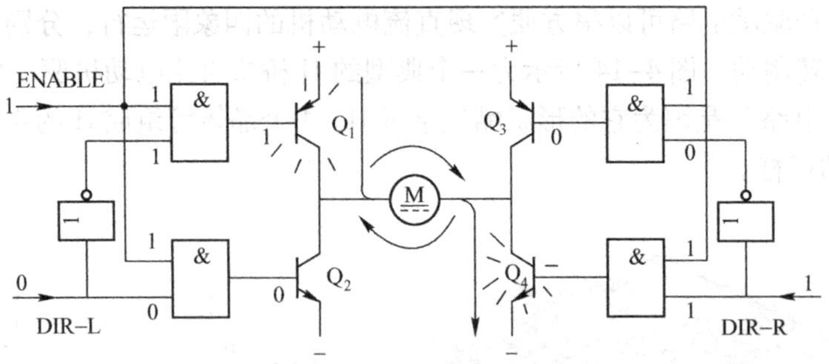

图 4-16　使能信号与方向信号的使用

实际使用的时候，用分立件制作 H 桥式比较麻烦，可以采用现在市面上封装好的 H 桥集成电路，接上电源、电动机和控制信号就可以使用，在额定电压和电流内使用非常方便可靠。比如常用的 L293D、L298N、TA7257P、SN754410 等。

4.2.2　PWM 驱动原理

PWM（Pulse Width Modulation）脉冲宽度调制通过改变电动机电枢电压接通与断开的时间的占空比来控制电动机的转速。脉冲宽度调制（PWM）是一种对模拟信号电平进行数字编码的方法。通过高分辨率计数器的使用，方波的占空比被调制用来对一个具体模拟信号的电平进行编码。PWM 信号仍然是数字的，因为在给定的任何时刻，满幅值的直流供电要么完全有（ON），要么完全无（OFF）。电压或电流源是以一种通（ON）或断（OFF）的重复脉冲序列被加到模拟负载上的。通的时候即是直流供电被加到负载上的时候，断的时候即是供电被断开的时候。只要带宽足够，任何模拟值都可以使用 PWM 进行编码。简而言之，就是用改变电动机电枢（定子）电压接通和断开的时间比（占空比）来控制电动机的速度，在脉宽调速系统中，当电动机通电时，其速度增加；电动机断电时，其速度降低。只要按照一定的规律改变通、断电的时间，即可使电动机的转速达到并保持一稳定值。

对于直流电动机调速系统，使用 PWM 进行调速是极为方便的。其方法是通过改变电动机电枢电压导通时间与断开时间的比值（即占空比）来控制电动机速度。PWM 驱动装置是利用大功率晶体管的开关特性来调制固定电压的直流电源，按一个固定的频率来接通和断开，并根据需要改变一个周期内“接通”与“断开”时间的长短，通过改变直流伺服电动机电枢上电压的“占空比”来改变平均电压的大小，从而控制电动机的转速。因此，这种装置又称为“开关驱动装置”。

PWM 控制的示意图如图 4-17 所示，可控开关 S 以一定的时间间隔重复地接通和断开，当 S 接通时，供电电源 U_S 通过开关 S 施加到电动机两端，电源向电动机提供能量，电动机储能；当开关 S 断开时，供电电源 U_S 停止向电动机提供能量，但在开关接通期间电枢电感所存储的能量此时通过续流二极管 VD 使电动机电流继续维持。

这样，电动机得到的电压平均值 U_{as} 为

$$U_{as}=t_{on}\cdot U_s/T=\alpha U_s \tag{4-16}$$

式中，t_{on}为开关每次接通的时间；T 为开关通断的工作周期（即开关接通时间 t_{on}和关断时间 t_{off}之和）；α 为占空比，$\alpha = t_{on}/T$。

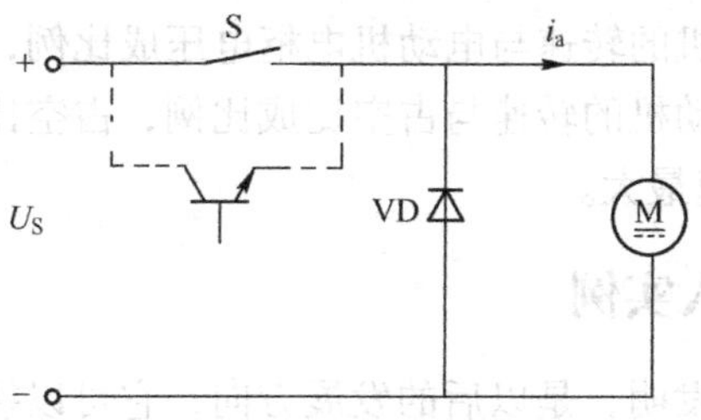

图 4-17　PWM 控制示意图

由式（4-16）可见，改变开关接通时间 t_{on} 和开关周期 T 的比例也即改变脉冲的占空比，电动机两端电压的平均值也随之改变，因而电动机转速得到了控制。PWM 调速原理即面积等效原理如图 4-18 所示。

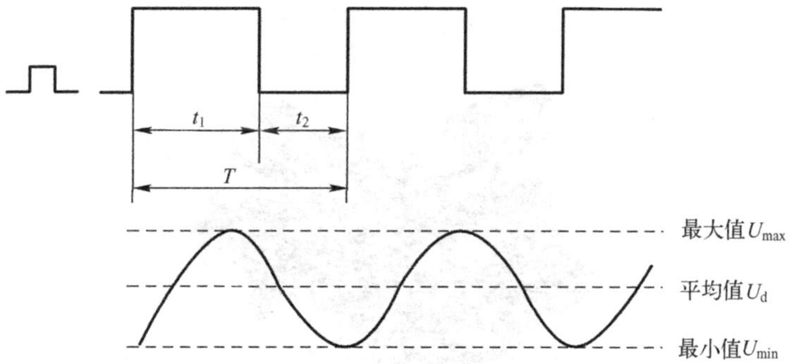

图 4-18　PWM 调速原理

在脉冲作用下，当电动机通电时，速度增加；电动机断电时，速度逐渐减少。只要按一定规律，改变通、断电时间，即可让电动机转速得到控制。设电动机接通电源时，其转速最大为 U_{max}，则电动机的平均速度为

$$U_d = U_{max}\alpha \tag{4-17}$$

式中，U_d 为电动机的平均速度；U_{max} 为电动机全通时的速度（最大）；α 为占空比。

平均速度 V_d 与占空比 α 的函数曲线如图 4-19 所示。

由图 4-19 所示可以看出，U_d 与占空比 α 并不是完全线性关系（图中实线），当系统允许时，可以将其近似地看成线性关系（图中虚线）。因此也就可以看成电动机电枢电压与占空比 α 成正比，改变占空比的大小即可控制电动机的转速。

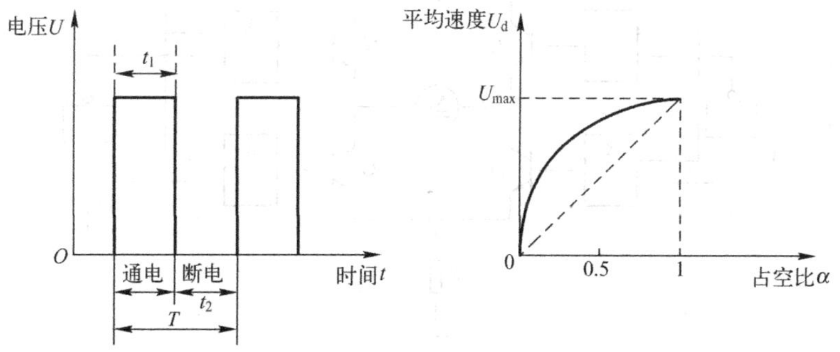

图 4-19　平均速度和占空比的关系

由以上叙述可知：电动机的转速与电动机电枢电压成比例，而电动机电枢电压与控制波形的占空比成正比，因此电动机的转速与占空比成比例，占空比越大，电动机转得越快，当占空比 $\alpha=1$ 时，电动机转速最大。

4.2.3 PWM 驱动机器人实例

智能小车作为现代的新发明，是以后的发展方向，它可以按照预先设定的模式在一个环境里自动地运作，不需要人为的管理，可应用于科学勘探、搬运和救灾等活动中。智能小车能够实时显示时间、速度、里程，具有自动寻迹、寻光、避障功能，可程控行驶速度、准确定位停车以及远程传输图像等功能。本节介绍 PWM 驱动智能小车的过程。PWM（脉冲宽度调制）控制，通常配合桥式驱动电路实现直流电动机调速，非常简单，且调速范围大，它的原理就是直流斩波原理。下面先介绍一下 H 桥驱动电路的驱动过程。智能小车如图 4-20 所示。

图 4-20　智能小车

H 桥驱动电路如图 4-21 所示，采用 H 桥驱动电路，电动机的运转就只需要三个信号控制：两个方向信号和一个使能信号。如果 IN1 信号为 0，IN2 信号为 1，并且使能信号是 1，那么晶体管 Q_1 和 Q_4 导通，电流从左至右流经电动机；如果 IN1 信号变为 1，而 IN2 信号变为 0，那么 Q_2 和 Q_3 将导通，电流则反向流过电动机。

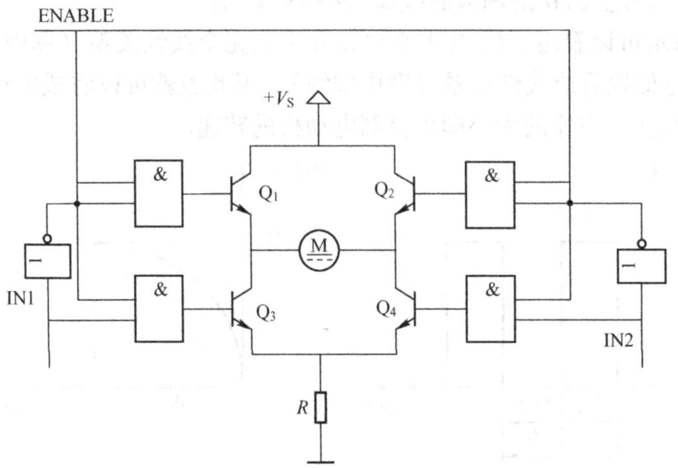

图 4-21　H 桥驱动电路

由于 H 桥电路有诸多的优点，但是在实际制作过程中电路又比较麻烦，因此设计中采用 H 桥集成电动机驱动芯片 L298N。L298N 的工作原理和以上介绍的 H 桥相同，表 4-1 为 L298N 输入输出关系表，图 4-22 为其外部引脚图。

表 4-1　L298N 输入输出关系

ENA	IN1	IN2	电动机运行情况
H	H	L	正转
H	L	H	反转
H	IN2	IN1	快速停止
L	X	X	停止

L298N 驱动电动机示意图如图 4-23 所示。

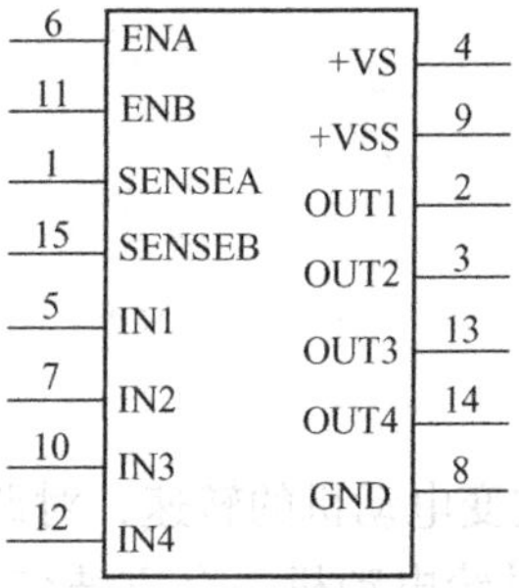

图 4-22　L298N 外部引脚

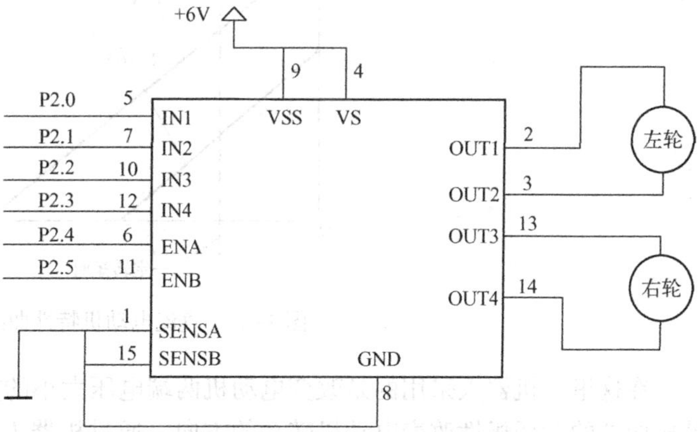

图 4-23　L298N 驱动电动机示意图

在驱动电路中，主要利用单片机 P2.4 和 P2.5 端口输出 PWM 波形控制电动机转速。P2.0～P2.3 输出状态值控制电动机转向。电动机的转速与电动机两端的电压成比例，而电动机两端的电压与控制波形的占空比成正比，因此电动机的转速与占空比成比例，占空比越大，电动机转得越快，当占空比 $\alpha=1$ 时，电动机转速最大。PWM 控制波形的实现可以通过模拟电路或数字电路实现，例如用 555 搭成的触发电路，但是，这种电路的占空比不能自动调节，不能用于自动控制小车的调速。而目前使用的大多数单片机都可以直接输出这种 PWM 波形，或通过时序模拟输出，最适合小车的调速。以凌阳公司的 SPCE061 单片机为例，它是 16 位单片机，频率最高达到 49MHz，可提供 2 路 PWM 直接输出，频率可调，占空比 16 级可调，控制电动机的调速范围大，使用方便。SPCE061 单片机有 32 个 I/O 口，内部设有 2 个独立的计数器，完全可以模拟任意频率、占空比随意调节的 PWM 信号输出，用以控制电动机调速。在实际制作过程中，我们认为控制信号的频率不需要太高，一般在 400 Hz 以下为宜，占空比 16 级调节也完全可以满足调速要求，并且在小车行进的过程中，占空比不应该太高，在直线前进和转弯的时候应该区别对待。若车速太快，则在转弯的时候，方向不易控制；而车速太慢，则很浪费时间，这时可以根据具体情况慢慢调节。

4.3 运动控制与 PID

4.3.1 电动机正反转分析

1. 直流电动机的基本特性

直流电动机在一定的电压下，转速与转矩成反比；如果改变电压，则转速、转矩随着电压的升降而升降，如图 4-24 所示。在机器人上的负载一定（即转矩一定）时，降低电压，对应的转速也跟着降低，这样就可以实现电动机的调速了。

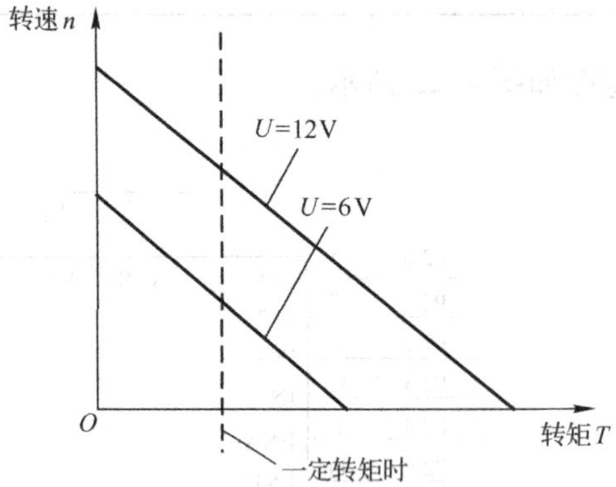

图 4-24 直流电动机特性曲线

在这里，机器人采用的是改变电动机两端电压大小的方式来改变电动机的转速，对调电动机两端的电压极性改变电动机转动的方向。通过机器人主板提供给电动机一个方波信号，不同的方波信号的平均电压不同，如图 4-25 所示，因此，利用这一点来对机器人的速度进行控制。采用不同的脉宽调节平均电压的高低，进而调节电动机的转速，即脉宽调制（PWM）。

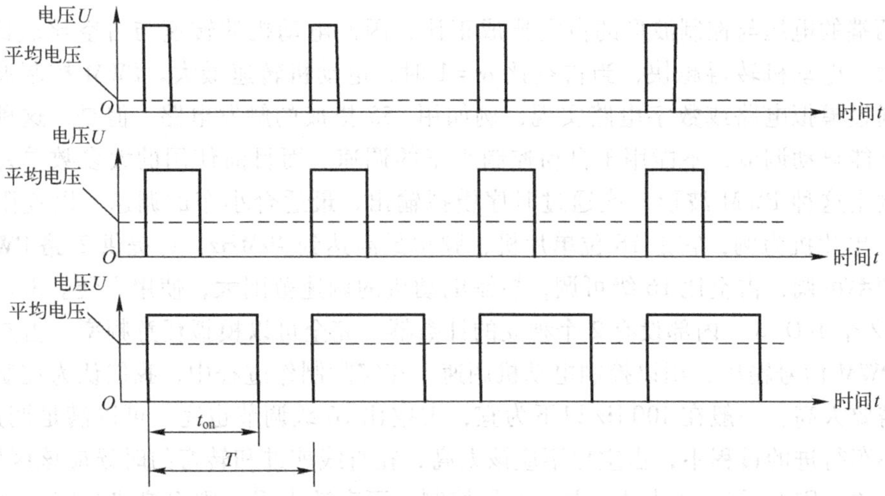

图 4-25 脉冲宽度调整

2. 电动机驱动电路

(1) 电动机驱动芯片 L298N

电动机驱动电路采用的是基于双极型 H 桥脉宽调制方式的集成电路 L298N，如图 4-26 所示。

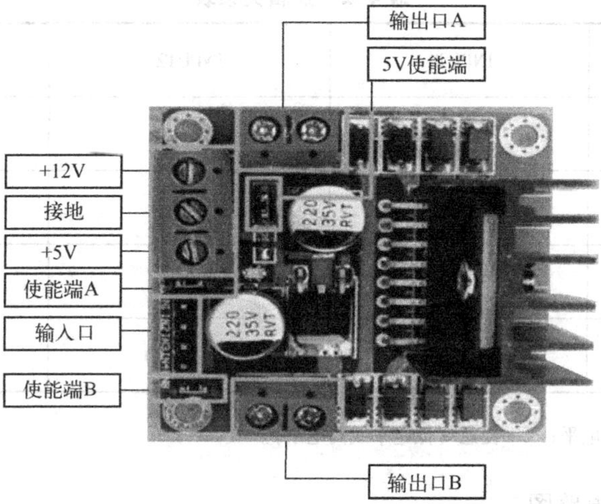

图 4-26　L298N 实物图

L298N 内部包含 2 个 H 桥的高电压大电流桥式驱动器，接收标准 TTL 逻辑电平信号，可驱动 46 V、2 A 以下的电动机，工作温度范围为 -25 ~ 130°。其内部的一个 H 桥原理图如图 4-27 所示。ENABLE A 是控制使能端，控制 OUTPUT1 和 OUTPUT2 之间电动机的停转，INPUT1、INPUT2 引脚接入控制电平，控制 OUTPUT1 和 OUTPUT2 之间电动机的转向。当使能端 ENABLE A 有效，INPUT1 为低电平，INPUT2 为高电平时，晶体管 2、3 导通，1、4 截止，电动机反转。当 INPUT1 和 INPUT2 电平相同时，电动机停转。表 4-2 是其使能引脚、输入引脚和输出引脚之间的逻辑关系。

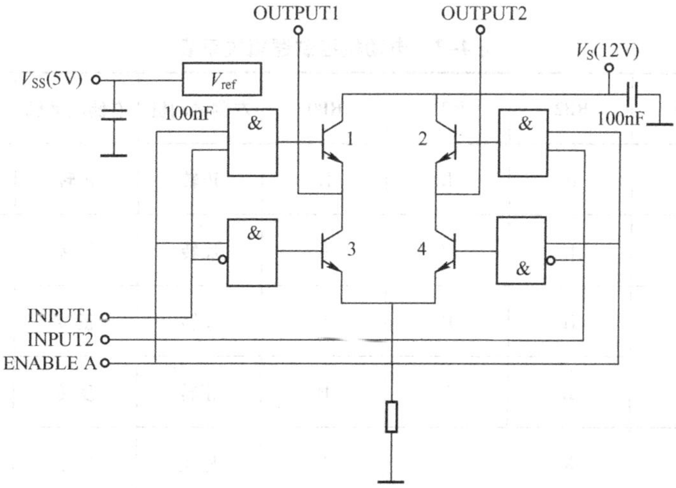

图 4-27　H 桥原理图

另一个 H 桥的工作原理同上。由 ENABLE B 控制 OUTPUT3 和 OUTPUT4 之间电动机的停转，根据 INPUT3、INPUT4 脚的输入电平情况控制 OUTPUT3 和 OUTPUT4 之间电动机的转向。

表 4-2 逻辑关系表

ENABLE A	INPUT1	INPUT2	电动机转向
H (1)	H (1)	L (0)	正转
H (1)	L (0)	H (1)	反转
H (1)	同 IN2	同 IN1	停止
L (0)	X (0、1)	X (0、1)	停止

注：H—高电平；L—低电平；X—任意（低电平或高电平）。

(2) 电动机驱动电路图

图 4-28 所示为 12 V 直流电动机的驱动电路图。

L298N 电动机驱动芯片的电动机控制引脚 INPUT1、INPUT2、INPUT3、INPUT4 分别接到 PIC16F873A 单片机的 PORT B 通用输入/输出口上的 RB0、RB1、RB2、RB3 位，而电动机控制的使能引脚 ENABLE A 和 ENABLE B 连接在一起，接到 PIC16F873A 单片机的 PORT B 输入/输出口上的 RB4 位。OUTPUT1 和 OUTPUT2 接左侧的电动机，OUTPUT3 和 OUTPUT4 接右侧电动机。通过对 PIC16F873A 单片机 PORT B 输入/输出口进行编程，可以实现左右侧 12V 电动机的正反转控制，进而控制机器人的运动状态。表 4-3 所示为 PIC16F873A 单片机 PORT B 口上 RB0 至 RB4 位为不同值时，左右侧电动机和机器人的运行状态。

表 4-3 电动机控制逻辑关系表

RB4	RB3	RB2	RB1	RB0	左侧电动机	右侧电动机	机器人运动状态
H	L	H	L	H	正转	正转	前进
H	H	L	H	L	反转	反转	后退
H	L	H	H	L	反转	正转	左转
H	H	L	L	H	正转	反转	右转
L	X	X	X	X	停止	停止	停止

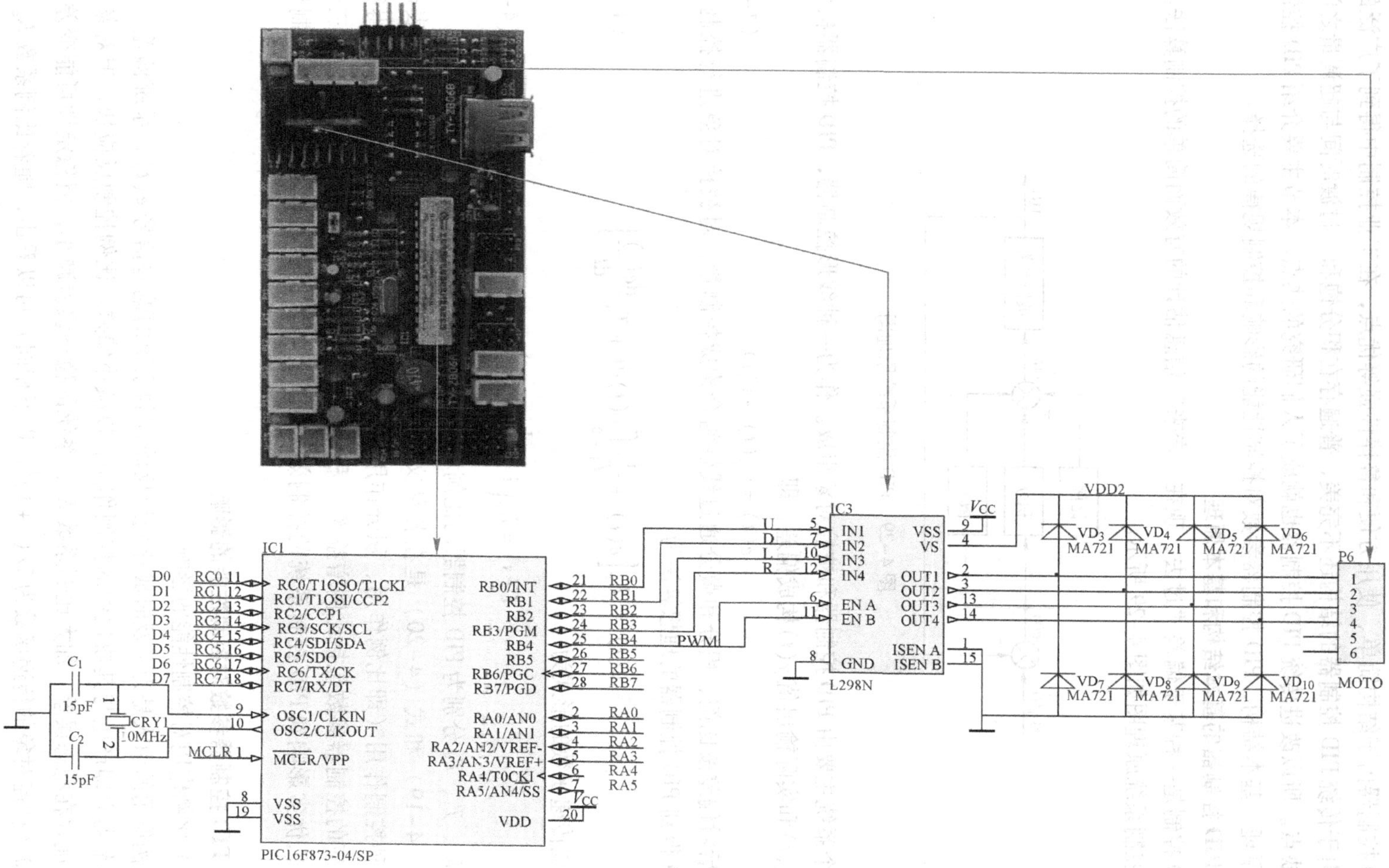

图4–28　12V直流电动机驱动电路图

4.3.2 经典 PID 控制

PID 控制器由于结构简单、使用方便和鲁棒性强等优点，在工业控制中得到了广泛的应用，但由于传统 PID 控制器的结构还不完美，普遍存在积分饱和、过渡时间与超调量之间矛盾大等缺点。所以改进传统 PID 控制器也就成了人们研究的热点。本节主要介绍 PID 控制器的基本原理、基本结构，PID 控制器参数对控制性能的影响和控制规律的选择。

1. PID 控制器的基本结构和基本原理

PID 控制是一种基于偏差“过去、现在、未来”信息估计的有效而简单的控制算法。常规 PID 控制系统原理图如图 4-29 所示。

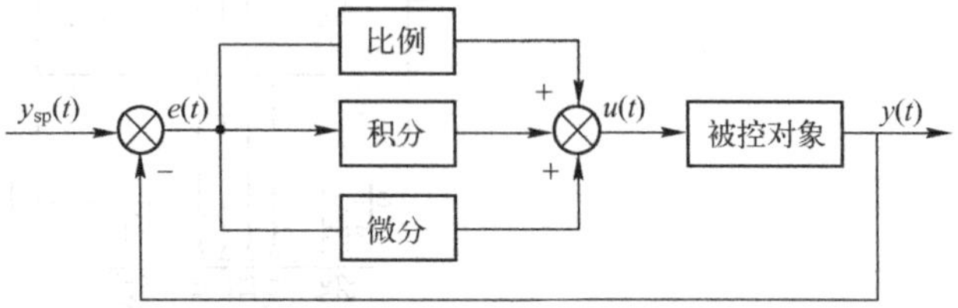

图 4-29 PID 控制系统原理图

整个系统主要由 PID 控制器和被控对象组成。作为一种线形控制器，PID 控制器根据给定值 $y_{sp}(t)$ 和实际输出值 $y(t)$ 构成偏差，即

$$e(t)=y_{sp}(t)-y(t) \tag{4-18}$$

然后对偏差按比例、积分和微分通过线性组合构成控制量，对被控对象进行控制，由图 4-29 得到 PID 控制器的理想算法为

$$u(t) = K_p\left[e(t) + \frac{1}{T_i}\int_0^t e(t)\mathrm{d}t + T_d\frac{\mathrm{d}e(t)}{\mathrm{d}t}\right] \tag{4-19}$$

或者写成传递函数的形式为

$$U(s)=K_p\left(1+\frac{1}{T_i s}+T_d s\right)E(s) \tag{4-20}$$

式中，K_p、T_i、T_d 分别为 PID 控制器的比例增益、积分时间常数和微分时间常数。

式（4-19）和式（4-20）是在各种文献中最经常看到的 PID 控制器的两种表达形式。各种控制作用（即比例作用、积分作用和微分作用）的实现在表达式中表述得很清楚，相应的控制器参数包括比例增益 K_p、积分时间常数 T_i 和微分时间常数 T_d。这三个参数的取值优劣影响到 PID 控制系统的控制效果好坏，以下将介绍这三个参数对控制性能的影响。

2. PID 控制器参数对控制性能的影响

（1）比例作用对控制性能的影响

比例作用的引入是为了及时成比例地反映控制系统的偏差信号 $e(t)$，系统偏差一旦产生，调节器立即产生与其成比例的控制作用，以减小偏差。比例控制反应快，但对某些系统，可能存在稳态误差，加大比例系数 K_p，系统的稳态误差减小，但稳定性可能变差。从图 4-30（被控对象的传递函数为 $1/(s+1)^3$，以下相同）可以看出，随着比例系数 K_p 的增大，稳态误差减小；同时，动态性能变差，振荡比较严重，超调量增大。

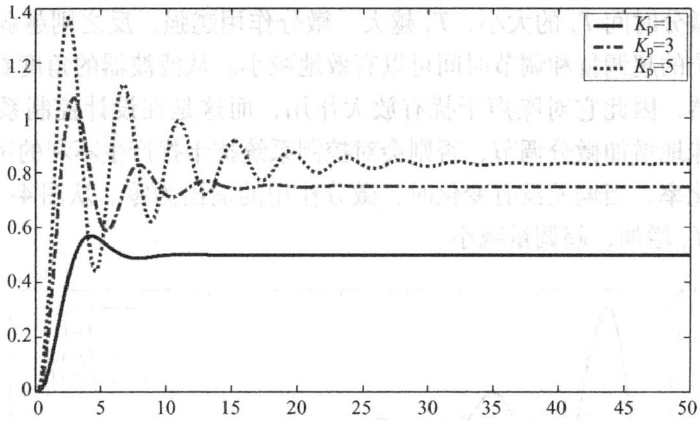

图 4-30　比例控制的系统响应

(2) 积分作用对控制性能的影响

积分作用的引入是为了使系统消除稳态误差，提高系统的无差度，以保证实现对设定值的无静差跟踪。假设系统已经处于闭环稳定状态，此时的系统输出和误差量保持为常值 U_0 和 E_0，则由式（4-19）可知，当且仅当动态误差 $e(t)=0$ 时，控制器的输出才为常数。因此，从原理上看，只要控制系统存在动态误差，积分调节就产生作用，直至无差，积分作用就停止，此时积分调节输出为一常值。积分作用的强弱取决于积分时间常数 T_i 的大小，T_i 越小，积分作用越强，反之则积分作用越弱。积分作用的引入会使系统稳定性下降，动态响应变慢。从图 4-31 可以看出，随着积分时间常数 T_i 减小，静差在减小；但是过小的 T_i 会加剧系统振荡，甚至使系统失去稳定。实际中，积分作用常与另外两种调节规律结合，组成 PI 控制器或者 PID 控制器。

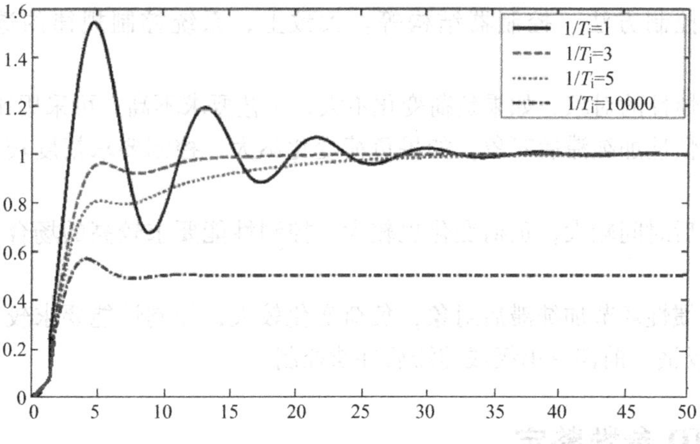

图 4-31　比例积分控制的系统响应($K_p=1$)

(3) 微分作用对控制性能的影响

微分作用的引入主要是为了改善控制系统的响应速度和稳定性。微分作用能反映系统偏差的变化律，预见偏差变化的趋势，因此能产生超前的控制作用。直观而言，微分作用能在偏差还没有形成之前，就已经消除偏差。因此，微分作用可以改善系统的动态性能。微分作用的强弱取决于微分时间 T_d 的大小，T_d 越大，微分作用越强，反之则越弱。在微分作用合适的情况下，系统的超调量和调节时间可以有效地减小。从滤波器的角度看，微分作用相当于一个高通滤波器，因此它对噪声干扰有放大作用，而这是在设计控制系统时不希望看到的。所以不能一味地增加微分调节，否则会对控制系统抗干扰产生不利的影响。此外，微分作用反映的是变化率，当偏差没有变化时，微分作用的输出为零。从图 4-32 可以看出，随着微分时间常数 T_d 增加，超调量减小。

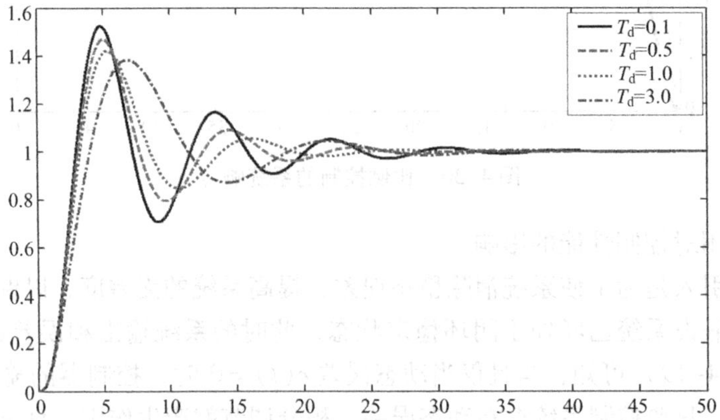

图 4-32　比例积分微分控制的系统响应($K_p=1, T_d=1$)

3. 控制规律的选择

PID 控制器参数整定的目的就是按照已定的控制系统，求得控制系统质量最佳的调节性能。PID 参数的整定直接影响到控制效果，合适的 PID 参数整定可以提高自控投用率，增加装置操作的平稳性。对于不同的对象，闭环系统控制性能的不同要求，通常需要选择不同的控制方法、控制器结构等。大致上，系统控制规律的选择主要有下面几种情况：

1）对于一阶惯性的对象，如果负荷变化不大，工艺要求不高，可采用比例控制。

2）对于一阶惯性加纯滞后对象，如果负荷变化不大，控制要求精度较高，可采用比例积分控制。

3）对于纯滞后时间较大，负荷变化也较大，控制性能要求较高的场合，可采用比例积分微分控制。

4）对于高阶惯性环节加纯滞后对象，负荷变化较大，控制性能要求较高时，应采用串级控制、前馈 - 反馈、前馈 - 串级或纯滞后补偿控制。

4.4　智能 PID 参数整定

PID 控制具有结构简单、稳定性好和可靠性高等优点，尤其适用于可建立精确数学模型的确定性控制系统。在控制理论和技术飞速发展的今天，工业过程控制领域仍有近 90% 的回路在应用 PID 控制策略。PID 控制中一个关键的问题便是 PID 参数的整定。但是在实际应用中，许多被控过程机理复杂，具有高度非线性、时变不确定性和纯滞后等特点；在噪声、负载扰动等因素的影响下，过程参数甚至模型结构均会随时间和工作环境的变化而变化。这就要求在PID控制中，不仅PID参数的整定不依赖于对象数学模型，并且PID参数能够在线调整，以满足实时控制的要求。智能控制（Intelligent Control）是一门新兴的理论和技术，它是传统控制发展的高级阶段，主要用来解决那些传统方法难以解决的控制对象参数在大范围变化的问题，其思想是解决PID参数在线调整问题的有效途径。

近年来，智能控制无论是理论上还是应用技术上均得到了长足的发展，随之不断涌现将智能控制方法和常规PID控制方法融合在一起的新方法，形成了许多形式的智能PID控制器。它吸收了智能控制与常规PID控制两者的优点。首先，它具备自学习、自适应、自组织的能力，能够自动辨识被控过程参数、自动整定控制参数，能够适应被控参数的变化；其次，它又具备常规PID控制器结构简单、鲁棒性强、可靠性高、为现场工程设计人员所熟悉等特点。本节介绍几种常见的智能PID控制器的参数整定和构成方式，包括继电反馈、模糊PID、神经网络PID、参数自整定和专家PID控制及基于遗传算法的PID控制。

1. 基于继电反馈（Relay Feedback）的PID参数自整定

Asortm和Hagglund在1984年提出基于继电反馈控制的PID参数整定方法。依据在于大多数的对象在继电反馈作用下都能产生稳定的振荡，当过程输出达到稳定状态时启动整定程序，控制开关切换到b时，系统进入继电整定状态。继电可以是带滞后的也可以不带滞后，等到不变的振荡输出量y产生，通过测量这个极限环的性质，也就是输出的频率与幅度，就可以测知对象临界点的信息。当输出的频率与幅度均计算得出后，PID参数可以通过算法或一定的约束条件（在这里是指它的相位裕度）得出，然后将开关拨到a处，系统进入PID控制阶段。继电反馈控制结构如图4-33所示。

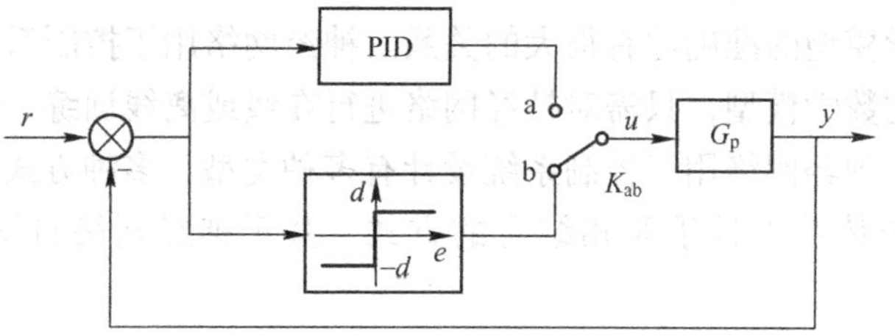

图4-33　继电反馈控制结构

2. 基于模糊PID控制（Fuzzy-PID）的参数自整定

“模糊性”主要是指事物差异的中间过渡中的“不分明性”。所谓模糊控制，就是将工艺操作人员的经验加以总结，运用语言变量和模糊逻辑的理论归纳出控制算法的控制。模糊集理论是由美国控制理论专家查德教授于1965年首次提出来的。1974年英国马丹尼首先把模糊集理论用于锅炉和蒸汽机的控制。自1974年以来，我国科学工作者对模糊理论的研究及其应用也做了大量的工作，并已取得了可喜的成果。在工业上，有许多复杂对象，特别是对无法建立精确数学模型的工业对象的控制，用常规仪表控制效果不佳时，而采用模糊控制可获得满意的效果。随着日趋复杂的生产过程，必须有一种能够模拟人脑的思维和创造能力的控制系统，以适应复杂而多变的环境。近期，人们分析研究了简单模糊控制存在的一些缺陷，设计出了几种高性能的模糊控制系统：①控制规则可调的模糊控制；②具有积分作用的模糊控制；③参数自调整的模糊控制；④复合型模糊控制；⑤自学习模糊控制。

PID 参数模糊自整定控制系统能在控制过程中对不确定的条件、参数、延迟和干扰等因素进行检测分析，采用模糊推理的方法实现 PID 参数、工艺的在线自整定。不仅保持了常规 PID 控制系统的原理简单、使用方便、鲁棒性较强等特点，而且具有更大的灵活性、适应性、精确性等特性。典型的模糊自整定 PID 控制系统的结构如图 4-34 所示，系统包括一个常规 PID 控制器和一个模糊控制器。根据给定值和实际输出值，计算出偏差 e 和偏差的变化率 e_c 作为模糊系统的输入，三个 PID 参数的变化值作为输出，根据事先确定好的模糊控制规则做出模糊推理在线改变 PID 参数的值，从而实现 PID 参数的自整定，使得被控对象有良好的动、静态性能，而且计算量小，易于用单片机实现。

3. 基于神经网路 PID（Neural – Network PID）的参数整定

所谓“神经网络”是以一种简单计算处理单元（即神经元）为节点，采用某种网络拓扑结构构成的活性网络，可以用来描述几乎任意的非线性系统。神经网络还具有学习能力、记忆能力、计算能力以及各种智能处理能力，在不同程度和层次上模仿人脑神经系统的信息处理、存储和检索功能。神经网络在控制系统中的应用提高了整个系统的信息系统处理能力和适应能力，提高了系统的智能水平。由于神经网络已具有逼近任意连续有界非线性函数的能力，对于长期困扰控制界的非线性系统和不确定性系统来说，神经网络无疑是一种解决问题的有效途径。采用神经网络方法设计的控制系统具有更快的速度（实时性)、更强的适应能力和更强的鲁棒性。

正因为如此，近年来在控制理论的所有分支都能够看到神经网络的引入及应用，对于传统的 PID 控制当然也不例外，以各种方式应用于 PID 控制的新算法大量涌现，其中有一些取得了明显的效果。传统的控制系统设计是在系统数学模型已知的基础上进行的，因此，它设计的控制系统与数学模型的准确性有很大的关系。神经网络用于控制系统设计则不同，它可以不需要被控对象的数学模型，只需对神经网络进行在线或离线训练，然后利用训练结果进行控制系统的设计。神经网络用于控制系统设计有多种类型，多种方式，既有完全脱离传统设计的方法，也有与传统设计手段相结合的方式。基于神经网络自适应 PID 控制系统如图 4-35 所示。

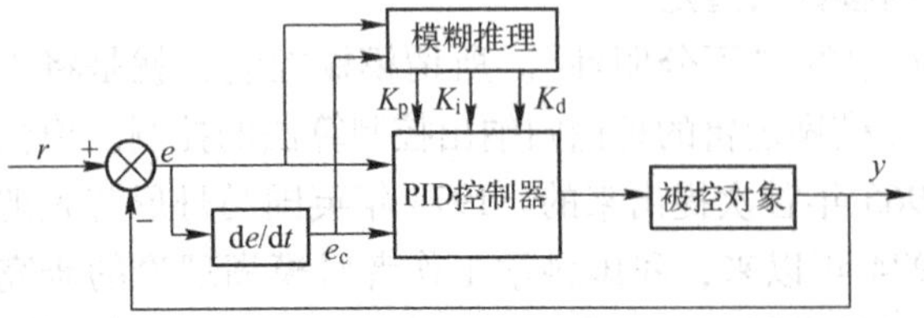

图 4-34　PID 参数模糊自整定控制器结构

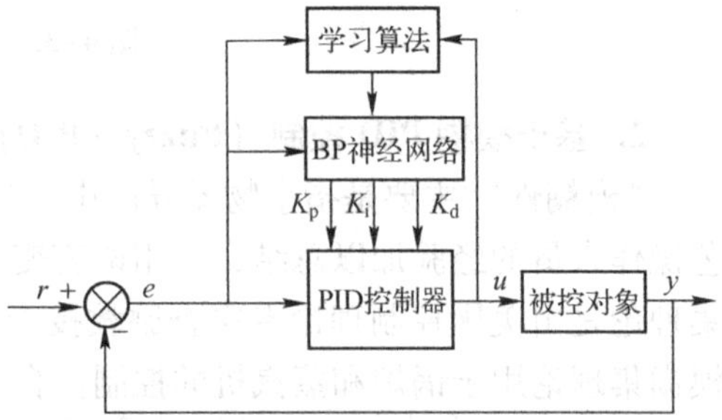

图 4-35　基于神经网络自适应 PID 控制系统

PID 控制要取得好的控制效果，就必须通过调整好比例、积分和微分三种控制作用在形成控制量中相互配合又相互制约的关系，这种关系不一定是简单的“线性组合”，而是从变化无穷的非线性组合中找出最佳的关系。BP（Back Propagation）神经网络具有逼近任意非线性函数的能力，而且结构和学习算法简单明确。通过网络自身的学习，可以找到某一最优控制规律下的 PID 参数。基于 BP 神经网络的 PID 控制系统由两部分组成：①经典的 PID 控制器：直接对被控对象进行闭环控制，并且三个参数在线调整方式；②BP 神经网络：根据系统的运行状态，调节 PID 控制器的参数，以达到某种性能指标的最优化，即使输出层神经元的输出状态对应于 PID 控制器的三个可调参数，通过神经网络的自身学习、加权系数调整，从而使其稳定状态对应于某种最优控制规律下的 PID 控制参数。

4. 基于神经网络的模糊 PID 控制

将模糊控制具有的较强的逻辑推理功能，神经网络的自适应、自学习功能以及传统 PID 的优点融为一体，构成基于神经网络的模糊 PID 控制系统，如图 4-36 所示。它包括 4 个部分：①传统 PID 控制部分：直接对控制对象形成闭环控制；②模糊量化模块：对系统的状态向量进行归档模糊量化和归一化处理；③辨识网络 NNM：用于建立被控系统中的辨识模型；④控制网络 NNC：根据系统的状态，调节 PID 控制的参数以达到某种性能指标最优，具体实现方法是使神经元的输出状态对应 PID 控制器的被调参数，通过自身权系数的调整，使其稳定状态对应某种最优控制规律下的 PID 控制参数。这种控制器对模型、环境具有较好的适应能力以及较强的鲁棒性，但是由于系统组成比较复杂，存在运算量大、收敛慢、成本较大等缺点。

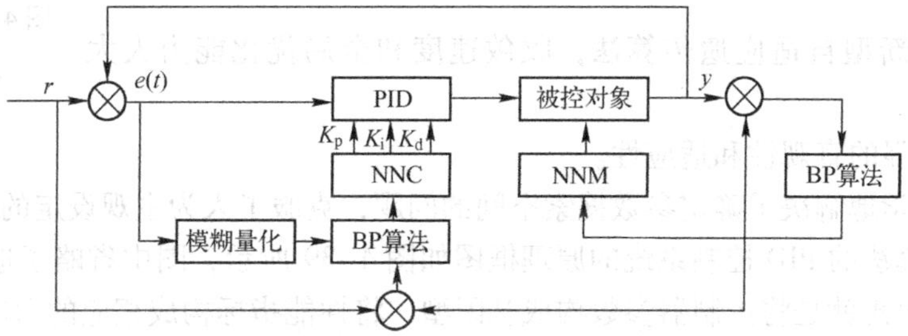

图 4-36　基于神经网络的模糊 PID 控制系统

5. 专家 PID 控制

具有专家系统的自适应 PID 控制器结构如图 4-37 所示。它由参考模型、可调系统和专家系统组成。从原理上看，它是一种模型参考自适应控制系统。其中，参考模型由模型控制器和参考模型被控对象组成；可调系统由数字式 PID 控制器和实际被控对象组成。控制器的 PID 参数可以任意加以调整，当被控对象因环境原因而特性有所改变时，在原有控制器参数作用下，可调系统输出 $y(t)$ 的响应波形将偏离理想的动态特性。这时，利用专家系统以一定的规律调整控制器的 PID 参数，使 $y(t)$ 的动态特性恢复到理想状态。专家系统由知识库和推理机制两部分组成，它首先检测参考模型和可调系统输出波形特征参数差值即广义误差 $\boldsymbol{e}$。PID 自整定的目标就是调整控制器 PID 参数矢量 $\boldsymbol{\theta}$，使 $\boldsymbol{\theta}$ 值逐步趋近于 $\boldsymbol{\theta}_m$（即 $\boldsymbol{e}$ 值趋近于 $\mathbf{0}$）。

该系统由于采用闭环输出波形的模式识别方法来辨别被控对象的动态特性，不必加持续的激励信号，因而对系统造成的干扰小。另外，采用参考模型自适应原理，使得自整定过程可以根据参考模型输出波形特征值的差值来调整 PID 参数，这个过程物理概念清楚，并且避免了被控对象动态特性计算错误而带来的偏差。

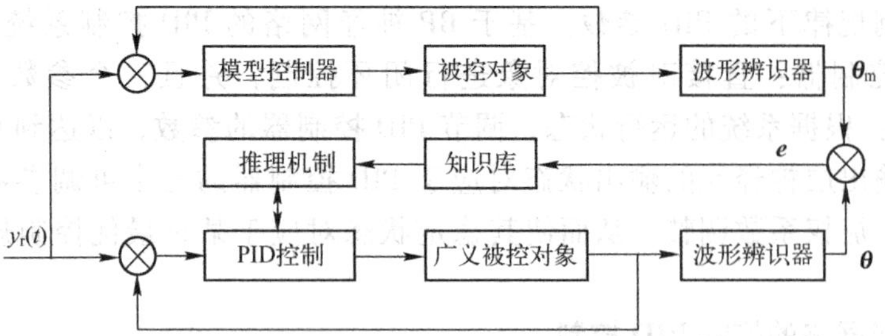

图 4-37　基于专家 PID 的控制系统

6. 基于遗传算法 PID 控制（Genetic Algorithm PID）

遗传算法是一种基于自然选择和基因遗传原理的迭代自适应概率性搜索算法。基本思想就是将待求解问题转换成由个体组成的演化群体和对该群体进行操作的一组遗传算子，包括 3 个基本操作：复制（Reproduction）、交叉（Crossover）和变异（Mutation）。其基本流程图如图 4-38 所示。

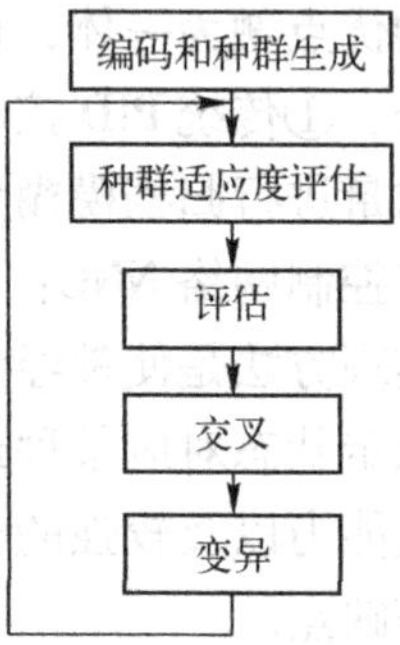

图 4-38　遗传算法的基本流程

基于遗传算法的 PID 控制具有以下特点：

1）将时域指标同频域指标做了紧密结合，鲁棒性和时域性能都得到良好保证。

2）采用了新型自适应遗传算法，收敛速度和全局优化能力大大提高。

3）具有较强的直观性和适应性。

4）较为科学地解决了确定参数搜索空间的问题，克服了人为主观设定的盲目性。

基于遗传算法的 PID 控制系统的原理框图如图 4-39 所示，图中省略了遗传算法的具体操作过程。其思想就是将控制器参数构成基因型，将性能指标构成相应的适应度，便可利用遗传算法来整定控制器的最佳参数，并且不要求系统是否为连续可微的，能否以显式表示。当遗传算法用于 PID 控制参数寻优时，其操作流程主要包括：①参数编码、种群初始化；②适应度函数的确定；③通过复制、交叉、变异等算子更新种群；④结束进化过程。

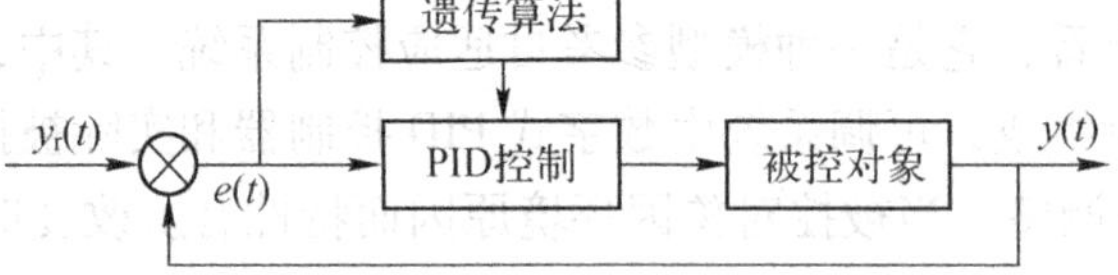

图 4-39　基于遗传算法的 PID 控制系统

4.5　机器人底层控制设计实例

本节以智能小型足球机器人、中型足球机器人为例介绍机器人底层运动控制的设计。

4.5.1　智能小型足球机器人的底层控制设计实例

为了使智能小型足球机器人具备高度的机动性和灵活性，能够快速实现前进、后退、转角、停车等基本动作，可以考虑采用专用于电动机控制的 DSP 芯片——TMS320LF2407A。其运算速度是单片机无法比拟的，即使在很复杂的控制中，采样周期也可以取得很小，控制效果更接近连续控制，可以实时地完成许多移动机器人的复杂控制算法如模糊控制等。

智能小型足球机器人，共采用了三片 DSP，其硬件整体结构如图 4-40 所示。

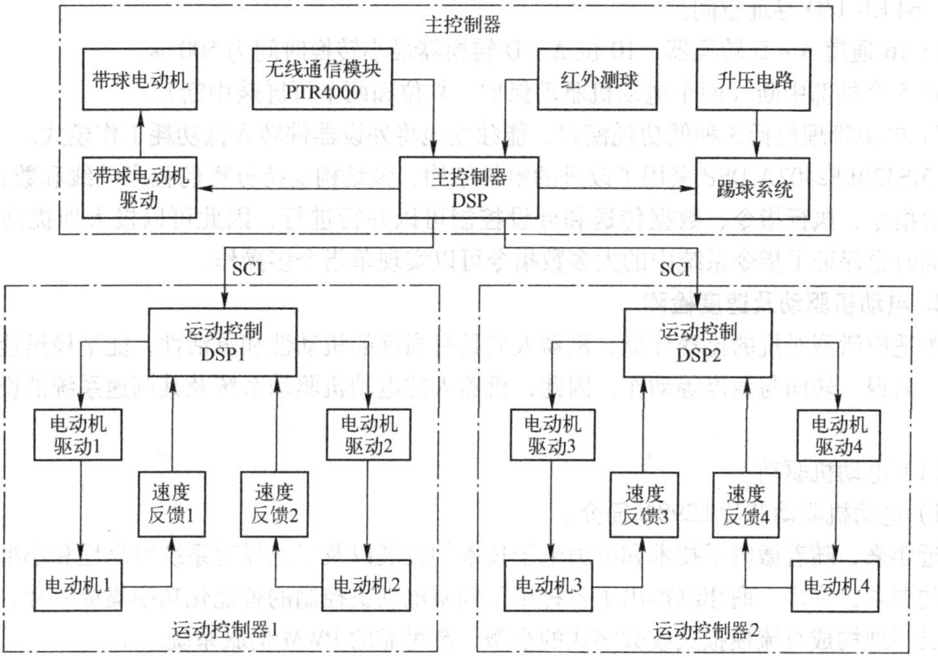

图 4-40　机器人硬件系统整体结构

在图 4-40 中，一块 DSP 作为智能小型足球机器人的主控制器，它主要完成五大功能：从无线通信模块 PTR4000 读取主机发送的数据，把预处理好的数据转发给两块用于运动控制的 DSP，读取红外测球信号，驱动带球电动机带球，控制电磁铁踢球动作。而另外两块 DSP 主要用于运动控制。每块 DSP 控制两个电动机，它们完成相同的功能：接收主控制器 DSP 发送的速度和方向的数据，完成电动机编码脉冲信号的采样，根据算法生成 PWM 信号以控制驱动电动机。

1. TMS320LF2407A 简介

TMS320LF2407A 是美国 TI（Texas Instruments）公司专为电动机的数字控制而推出的一款 16 位定点 DSP。它集 DSP 的信号高速处理能力和适用于电动机控制的外围电路于一体，为电动机控制系统数字化设计提供了一个理想的解决方案，在电动机数字控制中得到广泛的应用。

它有以下一些优点：

1）采用高性能静态 CMOS 技术，使得供电电压降为 3.3 V，降低了控制器的损耗；40 MIPS 的执行速度大大提高了控制器的实时控制能力。

2）片内有高达 32 KB 的 FLASH 程序存储器，高达 1.5 KB 的数据/程序 RAM，544 B 双口 RAM（DARAM）和 2 KB 的单口 RAM（SARAM）。

3）两个事件管理模块 EVA 和 EVB，每个包括：两个 16 位通用定时器，8 个 16 位的脉宽调制通道，能输出对称和非对称的 PWM 波形；当外部引脚 PDPINTx 出现低电平时快速关闭 PWM 通道；可编程的 PWM 死区控制以防止上下桥臂同时输出触发脉冲；3 个捕获单元；片内光电编码器接口电路。

4）可扩展的外部存储器，总共 192 KB 空间：64 KB 程序存储器空间；64 KB 数据存储器空间；64 KB I/O 寻址空间。

5）16 通道 A－D 转换器，10 位 A－D 转换器最小转换时间为 500 ns。

6）5 个外部中断（两个电动机驱动保护、复位和两个可屏蔽中断）。

7）电源管理包括 3 种低功耗模式，能独立地将外设器件转入低功耗工作模式。

TMS320LF2407A DSP 采用了改进的哈佛结构，该结构支持分离的程序总线和数据总线，使得取指令、执行指令、数据传送和外设控制可以并行进行，因此可以极大地提高工作速度，同时也保证了指令系统中的大多数指令可以实现单指令多操作。

2. 电动机驱动及速度检测

为适应激烈对抗的比赛环境，机器人应具有高度的机动性和灵活性，能平稳迅速地完成前进、后退、转向与急停等动作，因此，机器人的电动机驱动系统及其调速系统的设计尤为重要。

（1）电动机驱动

1）电动机驱动芯片 L298N 简介。

近年来，随着微电子技术和电力电子技术的发展以及工业界对系统可靠性和小型化等诸方面的要求，许多厂商相继推出了各种用于伺服电动机控制的智能化功率集成芯片，这类芯片可灵活地构成直流模拟式或数字式的小型、高可靠的 PWM 伺服系统。

本智能小型足球机器人选用的是意法半导体公司生产的双 H 桥电动机驱动芯片 L298N。它具有以下主要性能：工作电压范围为 4～46 V；最大输出电流为 4 A；最大 PWM 频率为 50 kHz；一块 L298N 可以同时驱动 2 台电动机。

其内部结构图如图 4-41 所示。

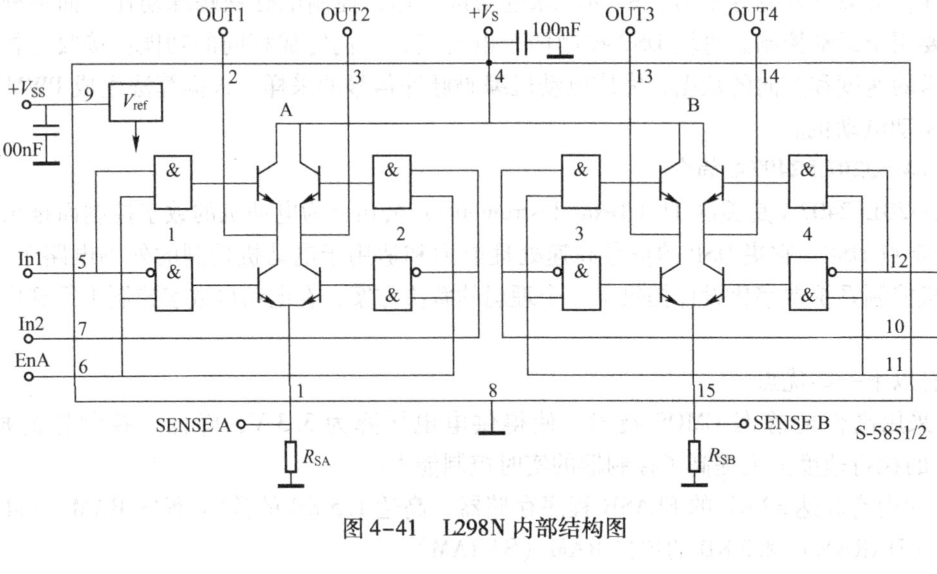

图 4-41　L298N 内部结构图

L298N 既可以工作在单极性模式也可以工作在双极性模式下。其功能见表 4-4。

表 4-4　L298N 功能表

输　入		电动机功能
EnA = H	In1 = H　In2 = L	电动机正转
	In1 = L　In2 = H	电动机反转
	In1 = In2	电动机快速停止
EnA = L	In1 = X　In2 = X	电动机停止

2）数字测速方法简介。

数字测速具有测速精度高、分辨能力强和受器件影响小等优点，被广泛应用于调速要求高、调速范围大的调速系统和伺服系统。在实际应用中，光电编码器是数字测速中常用的器件。

其工作原理如图 4-42 所示。

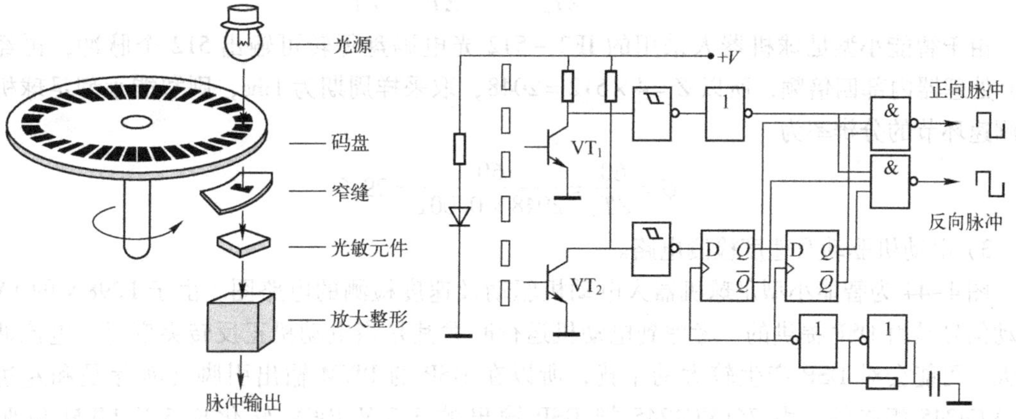

图 4-42　光电码盘工作原理图

由图 4-42 可知，在光源 LED 的照射下，通过光电码盘的盘缝，不断输出光电脉冲信号。当智能小型足球机器人轮速较慢时，输出的光电脉冲个数较少，反之，当智能小型足球机器人的轮速较快时，输出的光电脉冲个数较多。这样就可以通过检测一段时间 T_c 内光电码盘输出的脉冲数来计算轮子的实际转速。具体计算公式稍后再作详细分析。

如图 4-43 所示，channel A 代表输出的 A 脉冲，channel B 代表输出的 B 脉冲，当轮子做顺时针（CW）转动时，A 脉冲超前 B 脉冲 1/4 个周期，而当轮子做逆时针（CCW）转动时，A 脉冲落后 B 脉冲 1/4 个周期。由此，通过检测 channel A 和 channel B 的相位差就能判断轮子的转向。

在实际应用中，根据编码器脉冲数计算轮子实际转速的方法主要有 3 种：M 法测速、T 法测速和 M/T 法测速。由于本智能小型足球机器人采用了 M 法测速，所以下面将只介绍该测速方法。

在规定的时间 T_c 内，测量旋转编码器输出的脉冲数来获得被测速度值，称作 M 法测速。设电动机每转一圈共产生 Z 个脉冲，且在 T_c 时间内测得脉冲数为 M_1，则电动机每分钟的转速为

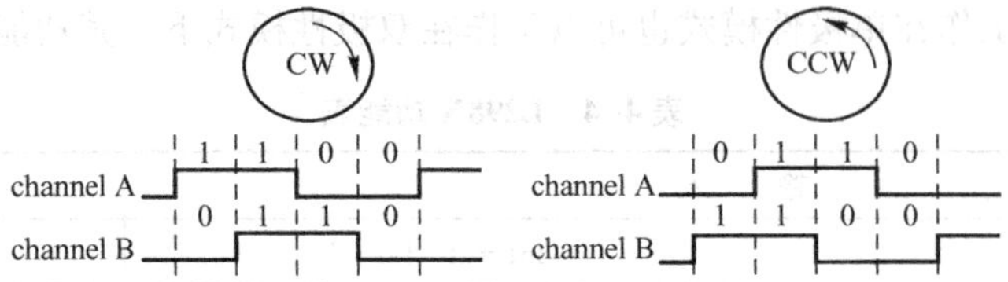

图 4-43　脉冲相位与轮子转向的关系

$$n = \frac{60M_1}{ZT_c} \text{r/min} \tag{4-21}$$

式（4-21）中，Z 和 T_c 均为常值，因此 n 正比于脉冲个数 M_1。高速时，M_1 大，量化误差较小，随着转速的降低误差增大，转速过低时 M_1 将小于 1，测速装置便不能正常工作。但由于智能小型足球机器人大部分时间内都在高速运动，所以可以忽略此影响。

其分辨率计算公式为

$$Q = \frac{60(M_1+1)}{ZT_c} - \frac{60M_1}{ZT_c} = \frac{60}{ZT_c} \tag{4-22}$$

由于智能小型足球机器人采用的 IE2－512 光电码盘每转可输出 512 个脉冲，再经过 DSP 处理器内部四倍频，所以 $Z = 4 \times 512 = 2048$，取采样周期为 1ms，则智能小型足球机器人测速环节的分辨率为

$$Q = \frac{60}{ZT_c} = \frac{60}{2048 \times 0.001} = 29.3$$

3）电动机驱动及速度检测电路。

图 4-44 为智能小型足球机器人电动机驱动及速度检测的电路图。由于 L298N 的 PWM 驱动信号是由 DSP 提供的，考虑到电动机运行时尤其是当电动机正反转突变时，电流冲击较大，可能会对 DSP 产生较大的干扰，所以在 DSP 的 PWM 输出引脚（实际是和左边的 74LVC4245 相连的，由 74LVC4245 把 DSP 输出的 3.3 V PWM 转化成 5 V PWM 以驱动 L298N）和 L298N 驱动信号输入引脚间用高速光耦 6N137 进行了隔离，以保证 DSP 能正常工作。电动机光电码盘的两个输出通道 channel A 和 channel B 分别和 DSP 的 QEP1 和 QEP2 两引脚相连，由 DSP 来对脉冲进行计数和鉴相。

（2）踢球子系统

智能小型足球机器人的踢球子系统包括两大部分：踢球机构和红外测球机构。

1）小型足球机器人升压电路。

智能小型足球机器人实际的升压电路设计如图 4-45 所示。

图 4-45 中，VD_6 为快恢复二极管，选用了 FR107，其作用是使电流只能单向流动，也就是只能从电感流向电容，这样保证了电容上的电量不会流失。大功率 MOS 管 IRFP460 在这里起开关的作用，正是由于它不断地打开关闭使电感产生电压尖峰。控制 MOS 管开关的是一个 555 构成的 PWM 发生器，它输出 PWM 波的频率和占空比都可以通过外围电路中的电位器进行调节。储能元件采用的是 250 V、1000 μF 的大电容。当电容的能量充到要求的能量时必须停止充电，否则会造成元器件损坏。该设计中采用了电压反馈来停止 PWM 发生器以停止充电。具体电路如图 4-45 所示，由稳压二极管、电压取样电阻和晶体管组成。当稳压二极管上的电压超过其稳压值后，稳压管击穿，电流流过

取样电阻，转换成电压，经晶体管放大后反馈到555的4引脚复位端，从而关断PWM输出，这样就停止了充电过程。

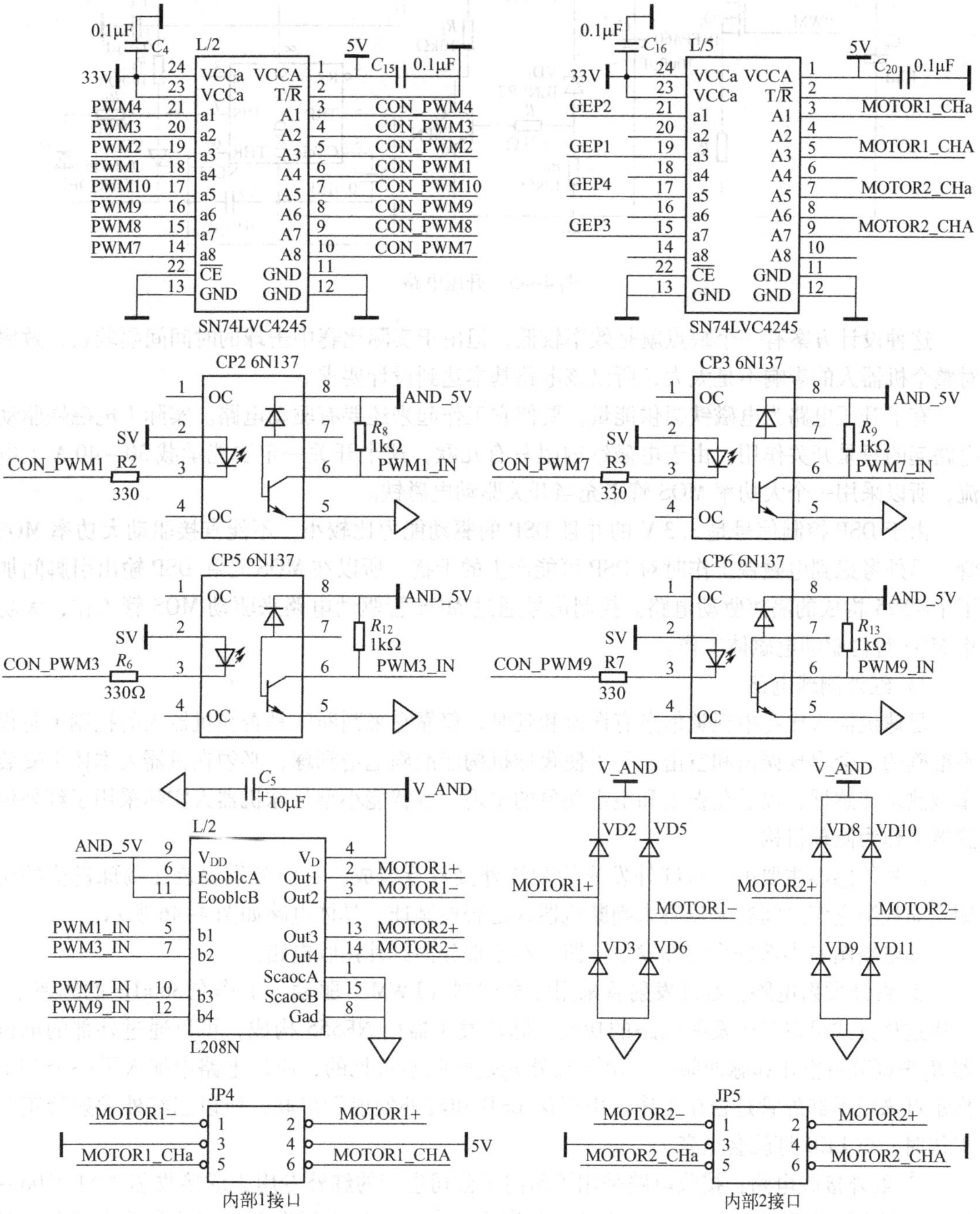

图4-44　电动机驱动及速度检测电路

充电的速度和PWM波的频率、占空比、电感电容的大小都有关，存在如下关系：$L=0.12\,\text{mH}$，$C=1000\,\mu\text{F}$，$f=200\,\text{kHz}$ 时充电速度较为理想，充到150 V只需要4.3 s。

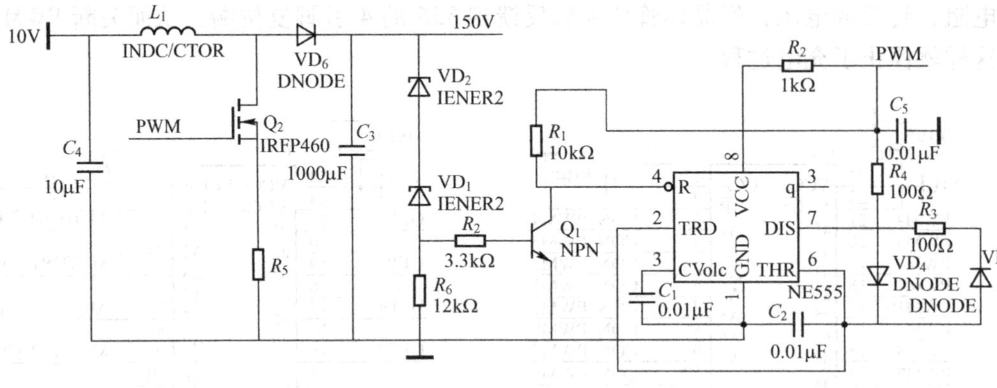

图 4-45　升压电路

这种设计方案有一个缺点就是效率较低，但由于实际比赛中击球的时间间隔较长，效率对整个机器人的影响不是太大，所以该电路基本达到设计要求。

有了升压电路为电磁铁提供能量，要使它工作起来还要有驱动电路。实际上电磁铁驱动电路起的只是开关作用。由于电磁铁内阻只有几欧，这个开关一定要能承载 30 ~ 40 A 大电流，所以采用一个大功率 MOS 管来充当开关驱动电磁铁。

由于 DSP 控制信号是 3.3 V 的并且 DSP 的驱动能力比较小，不能直接驱动大功率 MOS 管，另外考虑到电磁铁工作时对 DSP 可能产生的干扰，所以在 MOS 管和 DSP 输出引脚间加了个 4N25 构成的隔离驱动电路。控制信号通过 MOS 管驱动电路来驱动 MOS 管工作，大功率 MOS 管再驱动电磁体工作。

2）红外测球电路。

足球机器人比赛中视觉信息有误差和延时，仅靠它来判断球是否在机器人的控制下是很不准确的，会出现误击和空击。为了使踢球机构能准确地击到球，必须在机器人本体上安装车载测球传感器，以避免误击和空击现象的出现。本智能小型足球机器人实际采用了红外传感器来作为测球机构。

红外传感器主要由一对红外发光管和红外接收管组成。它们分别安装在踢球机构的两侧，靠检测它们之间有无障碍来判断机器人是否控制球。具体电路如图 4-46 所示。

该电路图左半部分为红外发射电路，右半部分为红外接收电路。

① 红外发射电路：红外发射管采用脉宽调制（PWM）驱动，工作在 38 kHz 的频率下。采用这种方式可以减少发射电路的功耗。脉冲发生器由 NE555 构成，可以通过外部的电位器 R_1 来调节占空比和脉冲频率。由于红外光是肉眼不可见的，所以电路中加入了一个 LED 指示灯来指示红外管是否在工作。由于该 LED 和红外发射管串联，所以当红外发射管正常工作时，该 LED 灯就会点亮。

② 红外接收电路：接收电路采用了西门子公司生产的红外专用集成接收芯片 SFH506 - 38，它只有接收到 38 kHz 的脉冲波时才会作用。它内部集成了选频、滤波和放大电路，对外只有三个引脚：1 引脚为信号输出端，2 引脚为接地端，3 引脚为电源端，所以使用起来非常方便，且效果比较理想。实际工作时，当球处于红外发射接收管的中间，挡住红外线，SFH506 接收不到 38 kHz 的脉冲波时，其输出高电平，若球没挡住红外线，则 SFH506 输出低电平，这样 DSP 通过 I/O 口读取这个高低电平就能很容易地判断出小球是否处于智能小

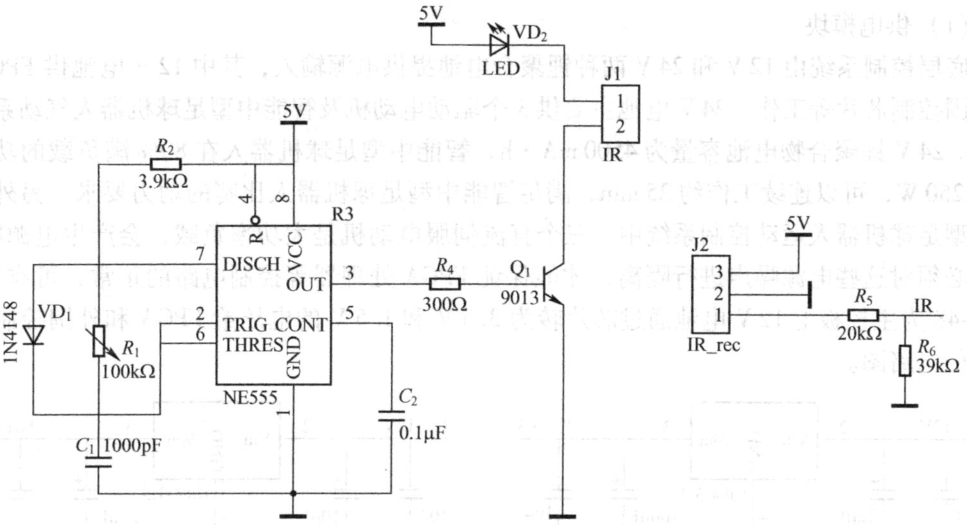

图 4-46　红外测球电路

型足球机器人的控制下。

4.5.2　智能中型足球机器人的底层控制设计实例

智能中型足球机器人底层控制系统采用 FPGA 为核心器件，在 FPGA 中嵌入 NiosII 软核处理器实现可编程片上系统（System on Programmable Chip，SOPC）。整个底层电路系统完成和上位机（移动计算机）的通信，控制相关机械部件完成智能中型足球机器人的运动、找球和踢球等相关动作，智能中型足球机器人硬件系统如图 4-47 所示。下面主要介绍部分电路原理和 SOPC 的实现过程，至于 PCB 电路板的制作是在工厂里完成的，这里不再介绍。

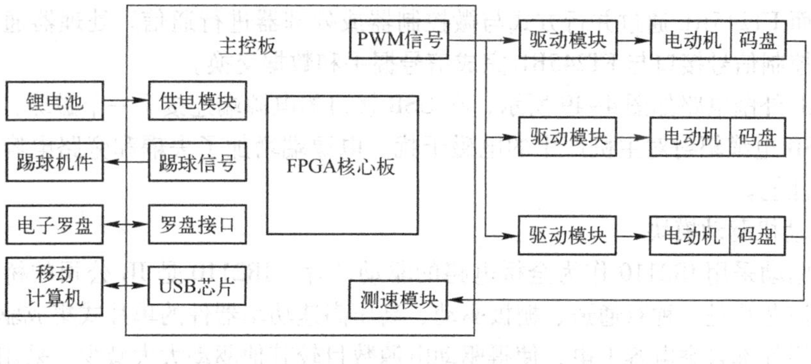

图 4-47　智能中型足球机器人硬件系统

下面介绍电路原理部分构建过程。

这里主要介绍主控板上的供电电路、USB 与移动计算机上的通信电路及电动机驱动电路。在做 PCB 板的时候要充分考虑和其他模块连接的各种接口，采用质量好的接口端子对增加整个系统稳定性有很大的意义。此外做 PCB 的时候还要合理规划 12 V 和 24 V 两种电源的分配情况，关于 PCB 的画法这里也不再介绍，请读者自行参考其他相关书籍。

（1）供电模块

底层控制系统由 12 V 和 24 V 两种锂聚合电池提供电源输入，其中 12 V 电池供 FPGA 及各外围控制芯片等工作。24 V 电池主要供 3 个驱动电动机及智能中型足球机器人气动系统的工作。24 V 锂聚合物电池容量为 4500 mA · h，智能中型足球机器人在 80% 满负载的功率大致为 250 W，可以连续工作约 25 min，满足智能中型足球机器人比赛的动力要求。另外，智能中型足球机器人运动控制系统中，三个直流伺服电动机是大功率负载，会产生电源噪声，所以必须对这些电源噪声进行隔离，才能保证 FPGA 处理器等控制电路的正常、可靠工作。图 4-48 为主控板上 12 V 电池通过芯片转为 3.3 V 和 1.5 V 的电压给 FPGA 和外围控制芯片供电的电路图。

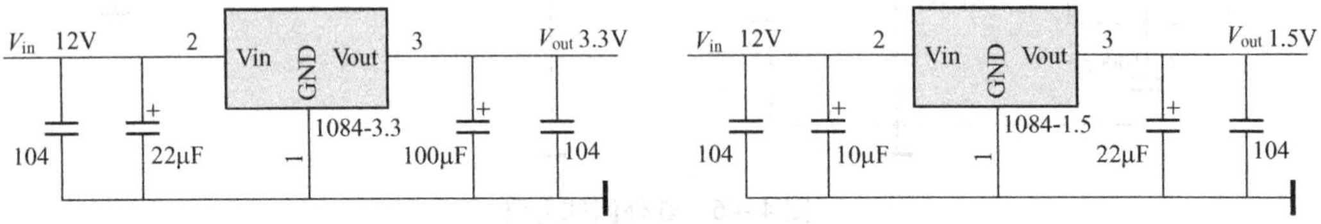

图 4-48　电压转换电路图

（2）USB 通信模块

在智能中型足球机器人比赛中，智能中型足球机器人底层控制系统一方面要及时、准确地接收决策上位机下发的控制指令，另一方面要定时向决策上位机传送大量代表智能中型足球机器人当前运行状态的数据，因此对传输的要求很高。这里用 FT245RL 通信芯片解决 FPGA 和移动计算机之间的通信。

FT245RL 是由 FTDI 公司提供的 USB 通信接口解决芯片，无须编写片内固件程序，决策上位机可使用 FTDI 公司提供的驱动程序。FT245RL 的主要功能是在内部硬件逻辑的控制下实现 USB 串行数据格式与并行数据格式的双向转换，决策上位机通过 USB 接口与 FT245RL 传输数据，而 FT245RL 通过并行方式与微控制器或处理器进行通信。处理器通过 8 位数据接口和 4 个控制信号接口与 FT245RL 完成信号握手和数据交换。

FT245RL 外围电路如图 4-49 所示，在 USB 接口的电源端连接了一个磁珠，以减少设备的噪声和 USB 电缆辐射对主机产生的电磁干扰。电源端增加了去耦和旁路电容，以提高电路的抗干扰性能。

（3）电动机驱动模块

电动机驱动采用 IR2110 作为全桥电路的驱动芯片。IR2110 是 IR 公司的桥式驱动集成电路芯片，该芯片是一种双通道、栅极驱动、高压高速功率器件的单片式集成驱动模块。尤其是上管采用外部自举电容上电，使得驱动电源数目较其他驱动大大减少。采用 CMOS 工艺制作，逻辑电源电压范围为 5 ~ 20 V，适应 TTL 或 CMOS 逻辑信号输入，具有独立的高端和低端 2 个输出通道。由于逻辑信号均通过电平耦合电路连接到各自的通道上，容许逻辑电路参考地（V_{SS}）与功率电路参考地（COM）之间有 +5 V 和 -5 V 的偏移量，并且能屏蔽小于 50ns 的脉冲，这样有较理想的抗噪声效果。其内部功能框图和典型连接图如图 4-50 所示。

国际整流器公司的 MOS 门驱动器族（MGD）集成了大部分所要求的功能，将绝大部分用来驱动高压侧和低压侧的 MOSFET 或 IGBT 的功能都集成在一个紧凑、高性能封装里。IRS2110 的结构图阐述了大多数 MGD 的典型结构，它包含了一个用于参考的功率晶体管的

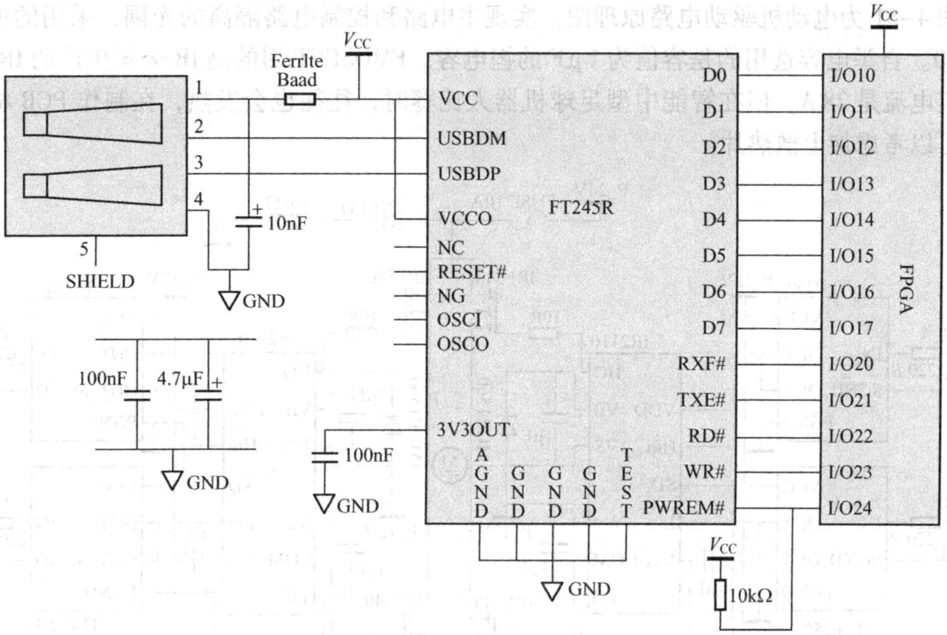

图 4-49　FT245 外围原理图

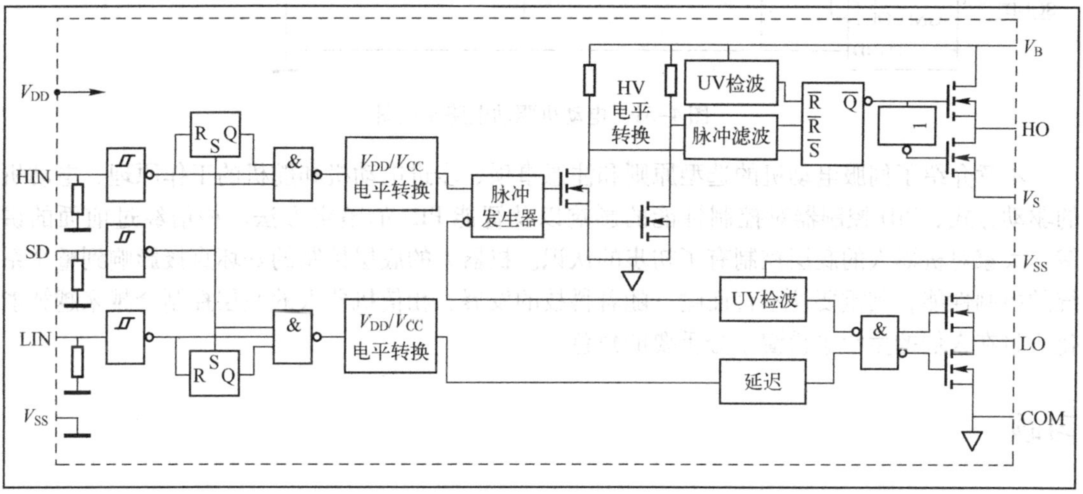

图 4-50　IR2110 结构图

驱动电路、一个用于高端晶体管的驱动电路、电平转换器和输入逻辑电路。对 IR2110 来说，只要提供少数几个元件，就可以达到高速的开关频率，同时损耗很低。它们可以通过自举或者悬浮电源的方式工作。在这种自举模式下使用，它们能工作于从数十赫兹到几百 kHz 范围的大多数应用。

这里介绍的电动机驱动采用单极性 PWM 调速。单片 IR2110 可以控制半桥电路中的上下两个 MOSFET 开关，同时使用两片 IR2110 就可以控制 4 个 MOSFET 构成的全桥驱动电路。IR2110 的开关速度很快，输入和输出电压几乎没有相位滞后，功耗较低。PWM 信号与全桥驱动电路之间用光耦隔离，以避免全桥电路产生的瞬时大电流冲击对 FPGA 造成的影响。

图 4-51 为电动机驱动电路原理图，实现主电路和控制电路隔离的光耦，采用的型号是 TLP250。自举电容选用的是容值为 1 μF 的钽电容。FMOSFET 用的是 IR 公司生产的 IRF540，其额定电流是 28 A，但在智能中型足球机器人比赛时，往往也会发热，在制作 PCB 板的时候，可以考虑加上散热片。

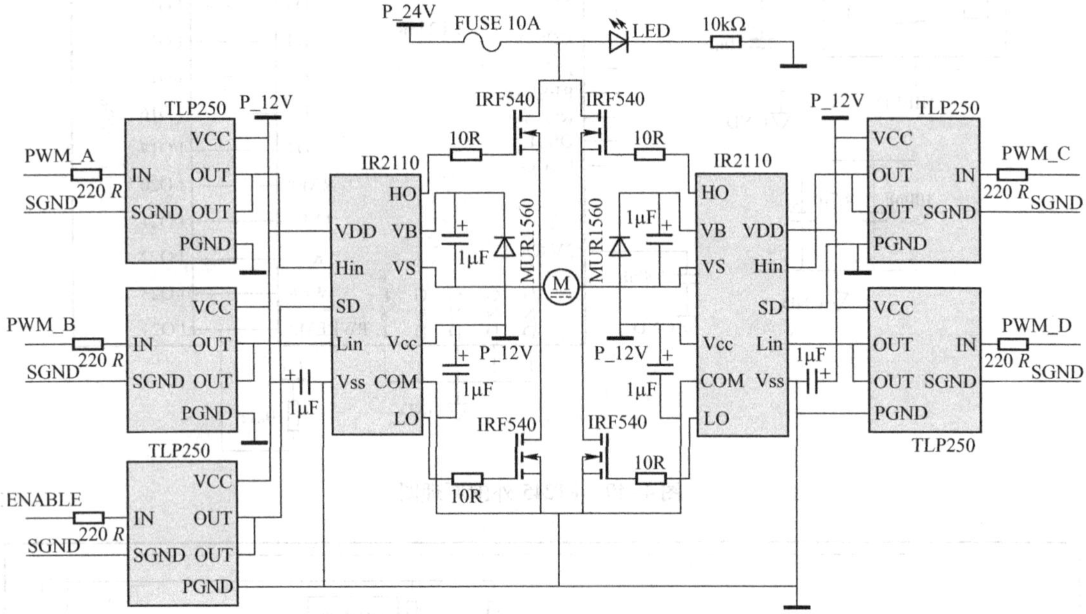

图 4-51　电动机驱动电路原理图

本章介绍了伺服电动机的选型原则和注意事项、步进电动机和舵机的工作原理、电动机的驱动方式、PID 控制器对控制性能的影响以及智能 PID 的整定方法。相信经过前面的讲解，大家对机器人的底层控制有了初步的认识。机器人的底层控制的好坏直接影响到整个系统的控制性能，其重要性不言而喻。随着科技的发展，相信机器人的底层控制会越来越智能化，将在人们的生活中扮演十分重要的角色。

习题

1. 伺服电动机的选型原则和注意事项有哪些？
2. 步进电动机的特征参数有哪些？简单叙述一下三相单三拍步进电动机的工作原理。
3. 介绍一下舵机的工作原理，舵机主要应用在哪些场合？
4. 电动机的驱动方式有哪几种？各有什么特点？
5. PID 控制器对控制性能有哪些影响？
6. 智能 PID 整定有哪些方法？各有什么特点？

第5章　机器人的运动分析

前4章为机器人的底层控制，本章开始为机器人的上层控制。要实现机器人的控制，必先掌握机器人的运动分析，包括机器人的空间描述与坐标变换，机器人的建模，机器人的运动学分析、动力学分析等。在形式多样的机器人中，本章选择常见的轮式机器人与工业机器人进行分析，主要是考虑到轮式机器人相比于足式机器人的运动具有更好的分析效果。

5.1　轮式机器人的空间描述和坐标变换

在轮式机器人（或称自主移动机器人）的运动过程中，需要准确地描述出机器人所处的环境中各个实体的几何关系，这些关系可以通过坐标系或者框架之间的变换来实现，例如，通过建立的参考坐标系和附在机器人杆件上的附体坐标系之间的关系来描述杆件、操作手末端相对于参考坐标系的关系。

5.1.1　位置方位表示与坐标系描述

矢量$^{A}\boldsymbol{P}$表示箭头指向点的位置矢量，其中左上角标“A”表示该点是用{A}坐标系描述的。

$$^{A}\boldsymbol{P}=\begin{pmatrix}p_x\\p_y\\p_z\end{pmatrix}\tag{5-1}$$

位置表示如图5-1所示。

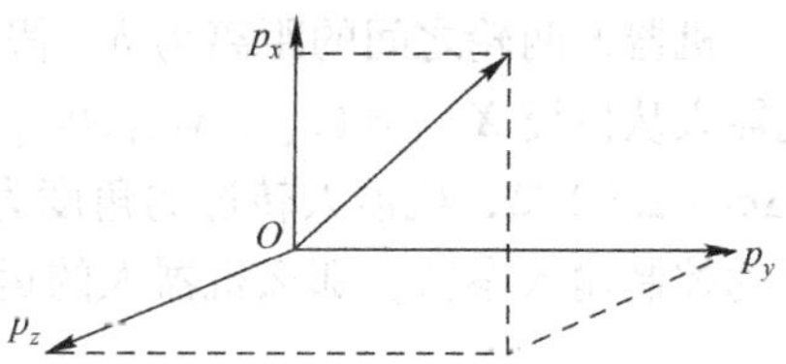

图5-1　机器人的位置表示

自主移动机器人在运动过程中为了获得自己的位置，则应对其自身的位置进行估计，也就是要确定在全局坐标系中机器人的位置和方向。X_wY_w坐标系是机器人所在的世界坐标系也就是全局坐标系，X_rY_r坐标系是机器人移动时底盘的坐标系，X_sY_s坐标系是机器人传感器所使用的坐标系。机器人的位置可用全局坐标系中的坐标(x,y)表示，这里仅仅考虑了二维平面的坐标，未考虑空间竖直坐标的变化，机器人方向可用机器人偏离全局坐标系Y_w轴方向的夹角θ来表示，θ的方向定义为：设Y_w轴为0°，逆时针方向为正，顺时针方向为负，且夹角的范围为$(-\pi,\pi)$。

假定机器人所在的室内环境是平整的，此时机器人的位姿可以表示为一个三维状态向量$\boldsymbol{X}_k=(x_k,y_k,\theta_k)$，其中，$x_k,y_k$表示机器人的位置，$\theta_k$表示机器人的方向，如图5-2所示。

自主移动机器人用内部传感器对本身运动进行感知，这种类型的传感器有陀螺仪、惯导、速度计和里程计等。陀螺仪检测角速度，惯导和加速度计检测加速度信息，速度计检测速度（但是相当多的情况下是由位移做差分来估计的），里程计测量距离。内部传感器对机器人的位姿进行预测估计，通常用于跟踪机器人的运动轨迹。由于里程计具有采样速率高、价格低廉、短距离内能够保证精确的定位精度的优势，这里以里程计作为机器人的内部传感器。

在自主移动机器人定位中，里程计是相对定位的传感器，根据驱动轮电动机上的光电编码器的检测开关数来计算轮子在一定时间内转过的弧度，计算出机器人位姿的变化。由于两轮（主动轮）式自主移动机器人的结构简单明晰，且应用较为广泛，这里以两轮式自主移动机器人作为研究对象，其他如三轮和四轮机器人可以通过矢量分解的方式等价为两轮式自主移动机器人。

如图5-3所示，设两轮式自主移动机器人的车轮半径为 r，光电码盘为 n 线/转，在 Δt 时间里光电码盘输出 N 个脉冲，则机器人车轮走过的距离 Δd（弧度）为

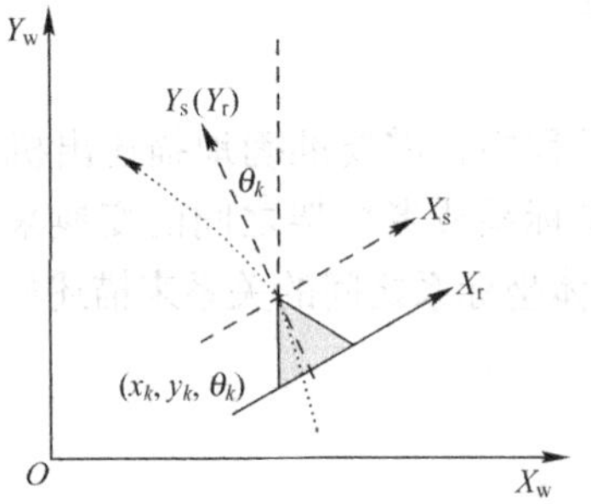

图5-2　自主移动机器人坐标系统图

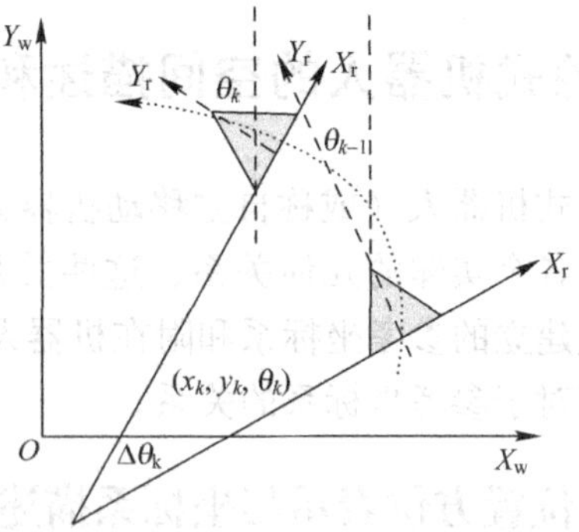

图5-3　两轮式自主移动机器人运动控制模型图

$$\Delta d = 2\pi r \cdot (N/n) \tag{5-2}$$

机器人两轮之间的距离为 b，假定检测出机器人左右轮的移动距离分别为 Δdl 和 Δdr，机器人从位姿 $\boldsymbol{X}_{k-1} = (x_{k-1}, y_{k-1}, \theta_{k-1})$ 移动到 $\boldsymbol{X}_k = (x_k, y_k, \theta_k)$，则机器人的移动距离为 $\Delta d_k = (\Delta dl + \Delta dr)/2$，机器人转过的角度为 $\Delta\theta_k = (\Delta dl - \Delta dr)/b$。用 $\boldsymbol{u}(k) = (\Delta d_k, \Delta\theta_k)$ 作为里程计的控制输入参数，那么机器人的运动半径可表示为

$$R_t = \frac{\Delta d_k}{\Delta\theta_k} \tag{5-3}$$

则自主移动机器人的里程计模型可以表示为

$$\boldsymbol{X}(k) = f(\boldsymbol{X}(k-1), \boldsymbol{u}(k)) + \boldsymbol{w}(k) \tag{5-4}$$

式中，$\boldsymbol{w}(k)$ 为零均值高斯白噪声。

5.1.2　平移和旋转坐标系

1. 平移坐标转换

${}^{B}\boldsymbol{P}$ 为坐标系{B}描述的某一空间位置，也可以用 ${}^{A}\boldsymbol{P}$（坐标系{A}）描述同一空间位置。因为两个坐标系具有相同的姿态，同一个点在不同坐标系下的描述满足以下关系：

$${}^{A}\boldsymbol{P} = {}^{B}\boldsymbol{P} + {}^{A}\boldsymbol{P}_{BO} \tag{5-5}$$

则平移坐标转换如图5-4所示。

2. 旋转坐标变换

旋转坐标变换的任务是已知坐标系{B}描述的一个点的位置矢量 ${}^{B}\boldsymbol{P}$ 和旋转矩阵，则在

坐标系{A}下描述同一个点的位置矢量${}^{A}\boldsymbol{P}$：

$$
\begin{aligned}
{}^{A}p_x &= {}^{B}\boldsymbol{X}_A^{T}\,{}^{B}\boldsymbol{P}\\
{}^{A}p_y &= {}^{B}\boldsymbol{Y}_A^{T}\,{}^{B}\boldsymbol{P}\\
{}^{A}p_z &= {}^{B}\boldsymbol{Z}_A^{T}\,{}^{B}\boldsymbol{P}
\end{aligned}
\tag{5-6}
$$

将式（5-6）写成矩阵形式得

$$
{}^{A}\boldsymbol{P} = \begin{pmatrix} {}^{B}\boldsymbol{X}_A^{T} \\ {}^{B}\boldsymbol{Y}_A^{T} \\ {}^{B}\boldsymbol{Z}_A^{T} \end{pmatrix} {}^{B}\boldsymbol{P} = {}_{B}^{A}\boldsymbol{R}\,{}^{B}\boldsymbol{P} \tag{5-7}
$$

式（5-7）即为旋转变换关系，该变换是通过两个坐标系之间的旋转变换实现的。

3. 复合坐标变换

如果两个坐标系之间既存在平移又存在旋转，如何计算同一个空间点在两个坐标系下描述的变换关系？为了得到位置矢量${}^{B}\boldsymbol{P}$和${}^{A}\boldsymbol{P}$之间的变换关系，可以建立一个中间坐标系{C}，如图5-5所示。

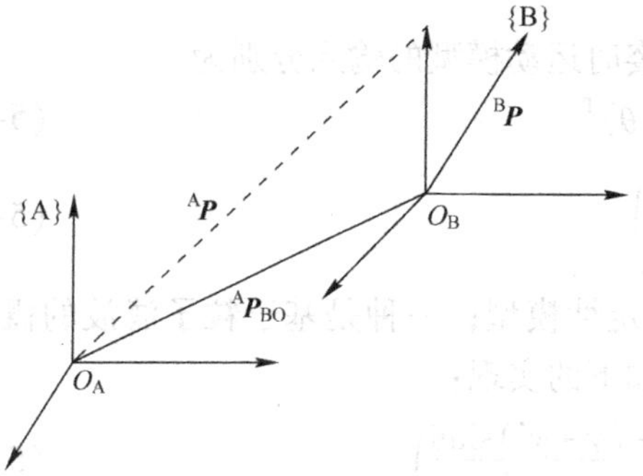

图5-4　平移坐标转换

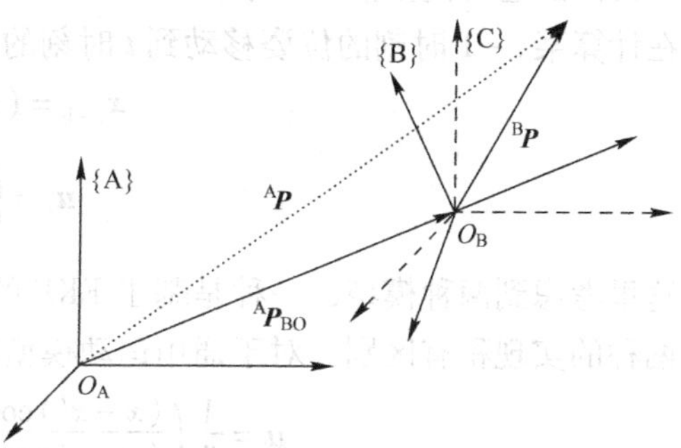

图5-5　复合坐标变换

$$
{}^{C}\boldsymbol{P} = {}_{B}^{C}\boldsymbol{R}\,{}^{B}\boldsymbol{P} = {}_{B}^{A}\boldsymbol{R}\,{}^{B}\boldsymbol{P} \tag{5-8}
$$

$$
{}^{A}\boldsymbol{P} = {}^{C}\boldsymbol{P} + {}^{A}\boldsymbol{P}_{CO} = {}_{B}^{A}\boldsymbol{R}\,{}^{B}\boldsymbol{P} + {}^{A}\boldsymbol{P}_{BO} \tag{5-9}
$$

为了得到位置矢量${}^{B}\boldsymbol{P}$和${}^{A}\boldsymbol{P}$之间的变换关系，只需坐标系{B}在坐标系{A}下的描述。

5.1.3　机器人运动模型

机器人运动模型可划分为两类模型：直线模型和圆弧模型。

（1）直线模型

直线模型把极短时间里机器人的运动轨迹看作为直线（$\Delta\theta_k=0$），直线模型方程可以表示为

$$
\boldsymbol{X}(k) = f(\boldsymbol{X}(k-1),\boldsymbol{u}(k)) = \begin{pmatrix} x_{k-1} - \Delta d_k \sin\theta_k \\ y_{k-1} + \Delta d_k \cos\theta_k \\ \theta_k \end{pmatrix} \tag{5-10}
$$

（2）圆弧模型

圆弧模型是由Jensfelt和Christensen提出的，为了能更好地逼近实际轨迹，该模型假设机器人是沿弧线运动的。圆弧模型在考虑机器人运动中的位移变化的同时，还考虑到了机器

人在运动过程中方向角的变化，所以机器人的运动实际轨迹用圆弧逼近效果会更好。可推算出圆弧模型的方程为

$$\boldsymbol{X}(k)=f(\boldsymbol{X}(k-1),\boldsymbol{u}(k))=\begin{pmatrix} x_{k-1}-\dfrac{\Delta d_k}{\Delta\theta_k}(\cos(\theta_{k-1}+\Delta\theta_k)-\cos\theta_{k-1}) \\ y_{k-1}+\dfrac{\Delta d_k}{\Delta\theta_k}(\sin(\theta_{k-1}+\Delta\theta_k)-\sin\theta_{k-1}) \\ \theta_{k-1}+\Delta\theta_k \end{pmatrix} \tag{5-11}$$

式中，Δd_k表示机器人在 Δt 时间内所经过的弧长；$\Delta\theta_k$表示机器人在前进方向发生的偏转角度，$\Delta\theta_k$的符号以逆时针方向为正，顺时针方向为负。而自主移动机器人运动模型定义为，在某 t 时刻的机器人的运动矢量为

$$\boldsymbol{u}_t=\begin{pmatrix} v_t \\ w_t \end{pmatrix} \tag{5-12}$$

式中，v_t是线速度，机器人正面朝向作为线速度的正方向；w_t是以逆时针方向为正方向的角速度。具体的运动模型推导如下：

在计算某 $t-1$ 时刻的位姿移动到 t 时刻的位姿时运动模型的输入分别为

$$\boldsymbol{x}_{t-1}=(x\ y\ \theta)^{\mathrm{T}} \tag{5-13}$$

$$\boldsymbol{u}_t=\begin{pmatrix} v_t \\ w_t \end{pmatrix} \tag{5-14}$$

这里考虑到两种模型，一种是基于 EKF 的确定性模型；一种是基于粒子滤波的概率模型。两种的实现稍有区别。对于通用运动模型有如下的实现：

$$\mu=\frac{1}{2}\left(\frac{(x-x')\cos\theta+(y-y')\sin\theta}{(y-y')\cos\theta-(x-x')\sin\theta}\right) \tag{5-15}$$

可以得到两点之间的参考点：

$$x^*=\frac{x+x'}{2}+\mu(y-y') \tag{5-16}$$

$$y^*=\frac{y+y'}{2}+\mu(x-x') \tag{5-17}$$

角速度对应的半径，曲率半径为

$$r^*=\sqrt{(x-x^*)^2+(y-y^*)^2} \tag{5-18}$$

机器人转过的角度为

$$\Delta\theta=\arctan2(y'-y^*,x'-x^*)-\arctan2(y-y^*,x-x^*) \tag{5-19}$$

最终能够得到线速度的估计值$\hat{v}$、角速度的估计值$\hat{w}$及角速度的扰动量$\hat{\gamma}$：

$$\begin{aligned} \hat{v}&=\frac{\Delta\theta}{\Delta t}r^* \\ \hat{w}&=\frac{\Delta\theta}{\Delta t} \\ \hat{\gamma}&=\frac{\theta'-\theta}{\Delta t}-\hat{w} \end{aligned} \tag{5-20}$$

最终返回三个值的正态分布估计：

$$\text{prob}(v-\hat{v},a_1v^2+a_2w^2),\text{prob}(w-\hat{w},a_3v^2+a_4w^2),\text{prob}(\hat{\gamma},a_5v^2+a_6w^2)$$

其中的六个参数分别为误差估计参数，并加入扰动量$\hat{\gamma}$以描述最终的取向，且有

$$\text{prob}(a,b^2)=\frac{1}{\sqrt{2\pi b^2}}\exp\left(-\frac{1}{2}\frac{a^2}{b^2}\right) \tag{5-21}$$

但是对于粒子滤波，需要把每个粒子都代入抽样及运动函数，再经新的重采样环节就能得到新粒子滤波的权值，首先对抽象机器人的线速度和角速度以及初始偏移角度进行初始化：

$$\begin{aligned}\hat{v}&=v+\text{sample}(a_1v^2+a_2w^2)\\ \hat{w}&=w+\text{sample}(a_3v^2+a_4w^2)\\ \hat{\gamma}&=\text{sample}(a_5v^2+a_6w^2)\end{aligned} \tag{5-22}$$

其中的采样函数形式为

$$\text{sample}(b^2)=\frac{1}{2}\sum_{i=1}^{12}\text{rand}(-b,b) \tag{5-23}$$

在原来的基础上加上了误差系数，得到正确的估计值，通过更新模型的参数：

$$\begin{aligned}x'&=x+\frac{\hat{v}}{\hat{w}}\cos\theta-\frac{\hat{v}}{\hat{w}}\cos(\theta+\hat{w}\Delta t)\\ y'&=y-\frac{\hat{v}}{\hat{w}}\sin\theta+\frac{\hat{v}}{\hat{w}}\sin(\theta+\hat{w}\Delta t)\\ \theta'&=\theta+\hat{w}\Delta t+\hat{\gamma}\Delta t\end{aligned} \tag{5-24}$$

最终得到运动模型的输出为

$$\begin{pmatrix}x'\\y'\\\theta'\end{pmatrix}=\begin{pmatrix}x\\y\\\theta\end{pmatrix}+\begin{pmatrix}-\frac{\hat{v}}{\hat{w}}(\cos(\theta_{k-1}+\hat{w}\Delta t)-\cos\theta_{k-1})\\ \frac{\hat{v}}{\hat{w}}(\sin(\theta_{k-1}+\hat{w}\Delta t)-\sin\theta_{k-1})\\ \hat{w}\Delta t+\hat{\gamma}\Delta t\end{pmatrix} \tag{5-25}$$

5.1.4 齐次变换及运算

1. 齐次坐标的定义

坐标变换可以写成以下形式：

$$\begin{pmatrix}{}^{A}\boldsymbol{P}\\1\end{pmatrix}=\begin{pmatrix}{}^{A}_{B}\boldsymbol{R} & {}^{A}\boldsymbol{P}_{BO}\\0 & 1\end{pmatrix}\begin{pmatrix}{}^{B}\boldsymbol{P}\\1\end{pmatrix} \tag{5-26}$$

将位置矢量用4×1矢量表示，增加1维的数值恒为1，仍然用原来的符号表示4维位置矢量并采用以下符号表示坐标变换矩阵：

$${}^{A}_{B}\boldsymbol{T}=\begin{pmatrix}{}^{A}_{B}\boldsymbol{R} & {}^{A}\boldsymbol{P}_{BO}\\0 & 1\end{pmatrix} \tag{5-27}$$

$${}^{A}\boldsymbol{P}={}^{A}_{B}\boldsymbol{T}\,{}^{B}\boldsymbol{P} \tag{5-28}$$

${}^{A}_{B}\boldsymbol{T}$为4×4的矩阵，称为齐次坐标变换矩阵。可以理解为坐标系{B}在固定坐标系{A}中的描述。齐次坐标变换的主要作用是表达简洁，同时在表示多个坐标变换的时候比较

方便。

2. 齐次变换算子

在机器人学中还经常用到下面的变换，如图 5-6 所示，矢量${}^{A}\boldsymbol{P}_1$沿矢量${}^{A}\boldsymbol{Q}$平移至${}^{A}\boldsymbol{Q}$终点，得一矢量${}^{A}\boldsymbol{P}_2$。已知${}^{A}\boldsymbol{P}_1$和${}^{A}\boldsymbol{Q}$求${}^{A}\boldsymbol{P}_2$的过程称为平移变换，与前面不同，这里只涉及单一坐标系。

$$ {}^{A}\boldsymbol{P}_2 = {}^{A}\boldsymbol{P}_1 + {}^{A}\boldsymbol{Q} \tag{5-29} $$

可以采用齐次变换矩阵表示平移变换

$$ {}^{A}\boldsymbol{P}_2 = \mathrm{Trans}({}^{A}\boldsymbol{Q})\,{}^{A}\boldsymbol{P}_1 \tag{5-30} $$

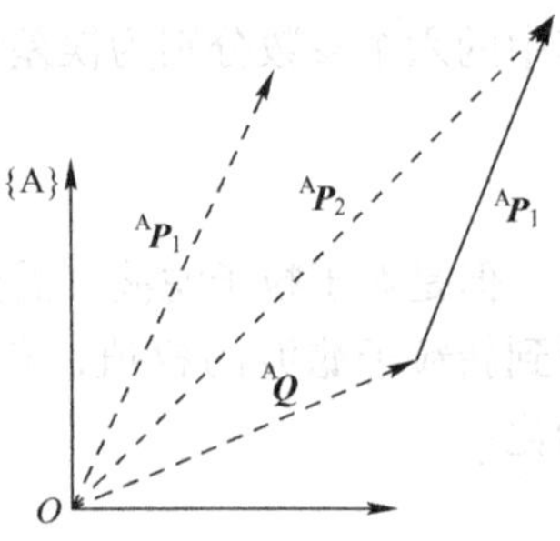

图 5-6　齐次变换

$\mathrm{Trans}({}^{A}\boldsymbol{Q})$称为平移算子，其表达式为

$$ \mathrm{Trans}({}^{A}\boldsymbol{Q}) = \begin{pmatrix} \boldsymbol{I} & {}^{A}\boldsymbol{Q} \\ 0 & 1 \end{pmatrix} \tag{5-31} $$

其中$\boldsymbol{I}$是 3×3 单位矩阵。例如，若${}^{A}\boldsymbol{Q} = a\boldsymbol{i} + b\boldsymbol{j} + c\boldsymbol{k}$，$\boldsymbol{i}$、$\boldsymbol{j}$和$\boldsymbol{k}$分别表示坐标系{A}三个坐标轴的单位矢量，则平移算子表示为

$$ \mathrm{Trans}(a,b,c) = \begin{pmatrix} 1 & 0 & 0 & a \\ 0 & 1 & 0 & b \\ 0 & 0 & 1 & c \\ 0 & 0 & 0 & 1 \end{pmatrix} \tag{5-32} $$

同样，可以研究矢量在同一坐标系下的旋转变换。${}^{A}\boldsymbol{P}_1$绕 Z 轴转 θ 角得到${}^{A}\boldsymbol{P}_2$，则

$$ {}^{A}\boldsymbol{P}_2 = \mathrm{Rot}(z,\theta)\,{}^{A}\boldsymbol{P}_1 \tag{5-33} $$

$\mathrm{Rot}(z,\theta)$称为旋转算子，其表达式为

$$ \mathrm{Rot}(z,\theta) = \begin{pmatrix} c\theta & -s\theta & 0 & 0 \\ s\theta & c\theta & 0 & 0 \\ 0 & 0 & 1 & 0 \\ 0 & 0 & 0 & 1 \end{pmatrix} \tag{5-34} $$

同理，可以得到绕 X 轴和 Y 轴的旋转算子分别为

$$ \mathrm{Rot}(x,\theta) = \begin{pmatrix} 1 & 0 & 0 & 0 \\ 0 & c\theta & -s\theta & 0 \\ 0 & s\theta & c\theta & 0 \\ 0 & 0 & 0 & 1 \end{pmatrix},\quad \mathrm{Rot}(y,\theta) = \begin{pmatrix} c\theta & 0 & s\theta & 0 \\ 0 & 1 & 0 & 0 \\ -s\theta & 0 & c\theta & 0 \\ 0 & 0 & 0 & 1 \end{pmatrix} \tag{5-35} $$

5.1.5　机器人传感器的观测模型

自主移动机器人利用对环境的感知信息，进行地图构建和自主导航。而机器人对外界环境信息的感知需要用到测距传感器，地图创建和导航的准确度会受到测距传感器性能好坏的影响。常用的测距传感器有三种，即立体视觉、声呐传感器和激光测距仪。本书中重点介绍最常见的激光传感器的观测模型。

激光传感器属于主动式传感器，它是通过二极管向被检测目标发射激光，经目标反射后的激光向各个方向散射，激光传感器接收器会接收一部分返回散射光，通过激光传感器发射光与接收到的返回光的时间间隔 t 来计算物体与激光测距仪之间的距离，即

$$r=\frac{ct}{2} \tag{5-36}$$

其中 c 为光的速度，相比于声呐传感器，激光测距仪的测量速度快，测量精度高，散射角比较小，由于光波的反射性可测得可靠的数据，测得的数据能直接表示真实距离。但是相比于摄像机而言，大部分激光传感器价格较为昂贵，而且其检测到目标的信息只能是二维信息，相比于视觉传感器提供的丰富目标信息而言过于简单。另外，激光对物体表面的透射率和反射率较为敏感，很难感知某些透明的物体。由于激光测距仪具有测量精度高、测量速度快以及对室内环境光线和噪声不敏感等优点，利用激光测距仪创建的环境地图具有很高的准确度和鲁棒性。对周围环境的距离测量是自主移动机器人对环境进行描述的最基本手段，观测量 $\boldsymbol{z}$ 是测距传感器相对于某个环境特征的距离和方向，在笛卡儿坐标系和极坐标系中分别可表示为 $\boldsymbol{z}=(x,y)^{\mathrm{T}}$ 和 $\boldsymbol{z}=(\rho,\theta)^{\mathrm{T}}$，如图 5-7 所示。

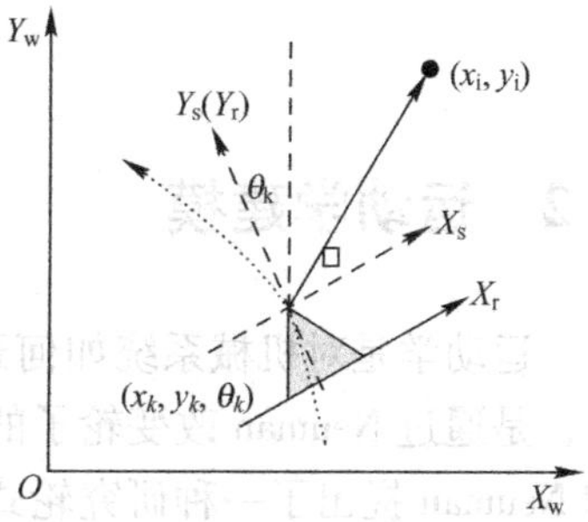

图 5-7　传感器观测模型图

观测模型是传感器观测量与自主移动机器人位置之间的相互关系的函数，观测方程为

$$\boldsymbol{z}(k)=h(\boldsymbol{X}(k))+\boldsymbol{v}(k) \tag{5-37}$$

式中，$\boldsymbol{z}(k)$ 是 k 时刻观测量；$h(\boldsymbol{X}(k))$ 是观测系统的数学函数；$\boldsymbol{v}(k)$ 是观测噪声，通常指测量中的干扰噪声和模型本身的误差。

通常有三种观测方程用于自主移动机器人的研究中。

（1）以相对于环境特征的距离和方向作为观测量的观测方程

对测距传感器来说，通常用环境路标特征相对于传感器的距离 $\rho(k)$ 和方向 $\varphi(k)$ 来表示观测量。假定当前的传感器位置为 $\boldsymbol{X}_s(k)=(x_s,y_s,\theta_s)^{\mathrm{T}}$，机器人位置为 $\boldsymbol{X}(k)=(x_k,y_k,\theta_s)^{\mathrm{T}}$，某个环境路标特征的位置为 $\boldsymbol{X}_i=(x_i,y_i)^{\mathrm{T}}$，则当前机器人的系统观测模型为

$$\boldsymbol{z}(k)=\begin{pmatrix}\rho(k)\\ \varphi(k)\end{pmatrix}=\begin{pmatrix}\sqrt{(x_i-x_s(k))^2+(y_i-y_s(k))^2}\\ \arctan\left(\dfrac{y_i-y_s(k)}{x_i-x_s(k)}\right)-\theta_s(k)\end{pmatrix}+\boldsymbol{v}(k) \tag{5-38}$$

（2）以环境特征的局部坐标作为观测量的观测方程

对于测距传感器而言，观测信息通常是用极坐标表示的，但可以通过坐标变换实现从极坐标到笛卡儿坐标的变换。假设当前机器人的位置为 $\boldsymbol{X}(k)$，某个环境特征在全局坐标系中的位置为 $\boldsymbol{X}_i=(x_i,y_i)^{\mathrm{T}}$，在机器人坐标系中观测量的坐标为 $\boldsymbol{X}_l=(x_l,y_l)^{\mathrm{T}}$，那么系统的观测模型在机器人坐标系中表示为

$$\boldsymbol{z}(k)=\begin{pmatrix}x_l(k)\\ y_l(k)\end{pmatrix}=\begin{pmatrix}(y_i-y(k))\sin(\theta(k))+(x_i-x(k))\cos(\theta(k))\\ (y_i-y(k))\cos(\theta(k))+(x_i-x(k))\sin(\theta(k))\end{pmatrix}+\boldsymbol{v}(k) \tag{5-39}$$

（3）以环境特征的全局坐标作为观测量的观测方程。

对于测距传感器而言，用极坐标来表示观测信息，坐标变换将其变换成笛卡儿坐标。如果当前机器人的位置为 $\boldsymbol{X}(k)$，在机器人坐标系中某个环境特征的坐标为 $\boldsymbol{X}_l=(x_l,y_l)^{\mathrm{T}}$，在全局坐标系中观测量的坐标为 $\boldsymbol{X}_w(k)=(x_w,y_w)^{\mathrm{T}}$，则在全局系统中的观测模型为

$$z(k)=\begin{pmatrix}x_w\\y_w\end{pmatrix}=\begin{pmatrix}x(k)+x_l\cos(\theta(k))-y_l\sin(\theta(k))\\y(k)+x_l\sin(\theta(k))-y_l\cos(\theta(k))\end{pmatrix}+\boldsymbol{v}(k) \tag{5-40}$$

在自主移动机器人 SLAM 算法中会用到环境特征的模型，在通常情况下，假定环境的特征是静止不动的，将其特征建模为点，其在全局坐标系中的位置表示为 $\boldsymbol{X}_i=(x_i,y_i)^{\mathrm{T}}$，其中，$i=1,2,\cdots,m$；$m$ 为环境特征的数量。环境特征的模型可表示为

$$\begin{pmatrix}x_i(k+1)\\y_i(k+1)\end{pmatrix}=\begin{pmatrix}x_i(k)\\y_i(k)\end{pmatrix} \tag{5-41}$$

5.2 运动学建模

运动学是对机械系统如何运行的最基本的研究。研究轮式移动机器人运动学的目的之一，是通过 Neuman 改变轮子的运动速度或运动方向来实现调整机器人姿态。1987 年，Muir 和 Neuman 提出了一种研究轮式移动机器人（WMR）运动学问题的方法：先对每个轮子的运动建模，再合并这些信息去描述整个 WMR 的运动。到 1989 年 Alexander 与 Maddocks 在上述研究的基础上，对 WMR 的运动学问题进行了较详尽的阐述。

轮式机械臂机器人（WAR）的运动学分析，应从描述各轮对运动所做的贡献开始。在整个机器人的运动中，各轮都有作用，相似地，各轮也在机器人的运动中被加上约束，例如拒绝横向刹车。在以下章节中，将介绍用全局参考坐标系和机器人局部参考坐标系来描述机器人的运动，然后用此概念，分别介绍双轮差速移动机器人和全方位移动机器人的前向运动的运动学模型，为后文的分析打下基础。

5.2.1 机器人坐标系

为整个机器人运动建立一个模型，是一个由底向上的过程。移动机器人中各个轮子对机器人的运动做贡献，同时又对机器人运动施加约束。根据机器人底盘的几何特性，多个轮子是通过一定的机械结构连在一起的。所以它们的约束将联合起来，形成对机器人底盘整个运动的约束。这里，需要用相对清晰和一致的参考坐标系来表达各轮的力和约束。在移动机器人学中，由于它独立和移动的本质，需要在全局和局部参考坐标系之间有一个清楚的映射。我们从定义这些参考坐标系开始，阐述单独轮子和整个机器人的运动学之间的关系。

在整个分析过程中，把机器人建模成轮子上的一个刚体，运行在水平面上。

在平面上，该机器人底盘的总的维数是 3 个；2 个为平面中的位置；1 个为沿垂直轴方向的转动，它与平面正交。当然，由于存在轮轴、轮的操纵关节和小脚轮关节，还会有附加的自由度和灵活性。然而就机器人底盘而言，我们只把它看作是刚体，忽略机器人和它的轮子间的关联和自由度。

为了确定机器人在平面中的位置，如图 5-8 所示，建立了平面全局参考坐标系和机器人局部参考坐标系之间的关系。将平面上任意一点选为原点 O，相互正交的 x 轴和 y 轴建立全局参考坐标系。为了确定机器人的位置，选择机器人底盘上一个

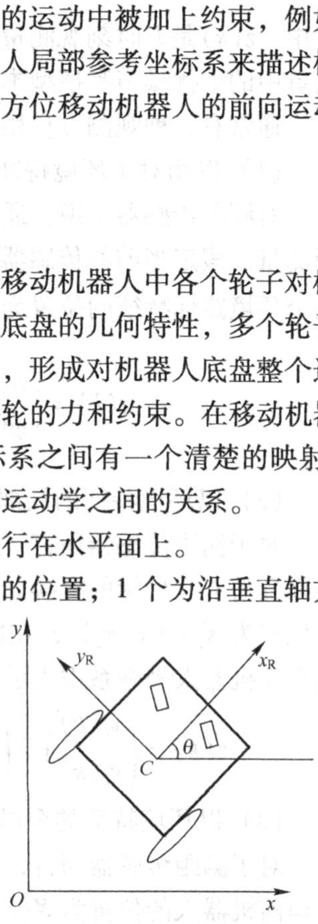

图 5-8　机器人坐标框架

点 C 作为它的位置参考点。通常 C 点与机器人的重心重合。基于$\{x_R, y_R\}$定义机器人底盘上相对于 C 的两个轴，从而定义了机器人的局部参考坐标系。在全局参考坐标系上，C 的位置由坐标 x 和 y 确定，全局和局部参考坐标系之间的角度差由 θ 给定。可以将机器人的姿态描述为具有这 3 个元素的矢量：

$$\boldsymbol{\xi}_1 = \begin{pmatrix} x \\ y \\ \theta \end{pmatrix} \tag{5-42}$$

为了根据分量的移动描述机器人的移动，就需要把沿全局参考坐标系的运动映射成沿机器人局部参考坐标系轴的运动。该映射用以下正交旋转矩阵完成：

$$\boldsymbol{R}(\theta) = \begin{pmatrix} \sin\theta & \sin\theta & 0 \\ -\sin\theta & \sin\theta & 0 \\ 0 & 0 & 1 \end{pmatrix} \tag{5-43}$$

可以用该矩阵将全局参考坐标系$\{x, y\}$中的运动映射到局部参考坐标系$\{x_R, y_R\}$中的运动。其中 $\boldsymbol{\varepsilon}_1$ 表示全局坐标系下机器人的运动状态矢量，$\boldsymbol{\varepsilon}_R$ 表示局部坐标系下机器人的运动状态矢量：

$$\boldsymbol{\xi}_R = \boldsymbol{R}(\theta)\boldsymbol{\xi}_1 \tag{5-44}$$

反之可得

$$\boldsymbol{\xi}_1 = \boldsymbol{R}(\theta)^{-1}\boldsymbol{\xi}_R \tag{5-45}$$

例如图 5-9 中的机器人，对该机器人，因为 $\theta = \frac{\pi}{2}$，可以容易地计算出瞬时的旋转矩阵 $\boldsymbol{R}\left(\frac{\pi}{2}\right) = \begin{pmatrix} 0 & 1 & 0 \\ -1 & 0 & 0 \\ 0 & 0 & 1 \end{pmatrix}$。

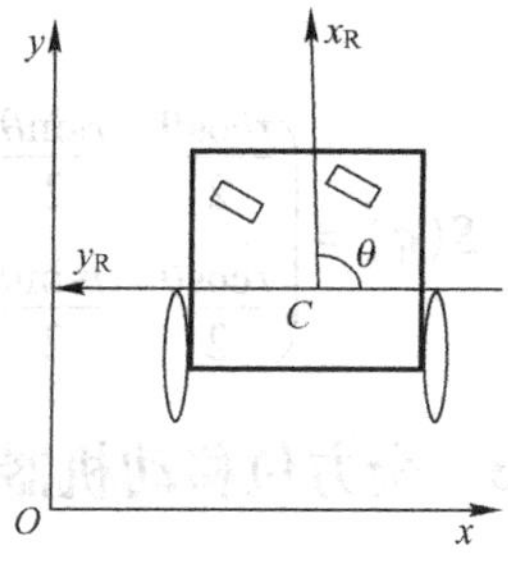

图 5-9　与全局轴并排的机器人

在这种情况下由于机器人的特定角度，沿 x_R 的运动速度等于 y 求导，沿 y_R 的运动速度等于 $-x$ 求导，得

$$\boldsymbol{\xi}_R = \boldsymbol{R}\left(\frac{\pi}{2}\right)\boldsymbol{\xi}_1 = \begin{pmatrix} 0 & 1 & 0 \\ -1 & 0 & 0 \\ 0 & 0 & 1 \end{pmatrix}\begin{pmatrix} \dot{x} \\ \dot{y} \\ \dot{\theta} \end{pmatrix} = \begin{pmatrix} \dot{y} \\ -\dot{x} \\ \dot{\theta} \end{pmatrix} \tag{5-46}$$

5.2.2　双轮差速移动机器人运动学建模实例

图 5-10 所示是典型的双轮差速驱动的移动机器人，其运动学模型可以转化为给定机器人的几何特征和它的轮子速度，从而得出机器人的运动方程。

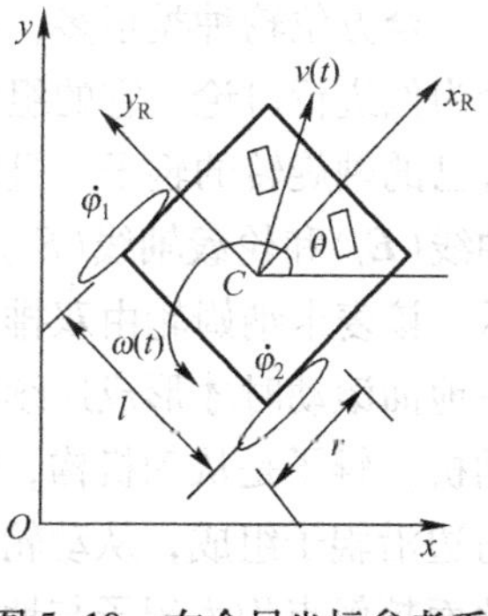

图 5-10　在全局坐标参考系中的差速驱动机器人

如图 5-10 所示，假设该差动驱动的机器人局部坐标系原点 C 位于两轮中心，并且 C 点与机器人重心重合，局部坐标系中 y_R 轴与机器人两轮轴线平行，与车体正前方垂直：x_R 轴与全局坐标系 x 轴夹角为 θ。机器人有 2 个主动轮子，各具直径 r，两轮间距为 l。假定机器人在运动中质心的线速度为 $v(t)$，角速度为 $\omega(t)$，左右两轮的转速分别为 $\dot{\varphi}_1$ 和 φ_2，机器人左右两轮的运动

速度分别为 V_L、V_R。给定 r、l、θ，以及根据图 5-10 所示的几何关系，考虑到移动机器人满足刚体运动规律，下面的运动学方程成立：

$$
\begin{aligned}
V_L = \dot{\varphi}_1 \frac{r}{2}, \quad V_R = \dot{\varphi}_2 \frac{r}{2} \\
\omega(t) = \frac{V_R - V_L}{l}, \quad v(t) = \frac{V_R - V_L}{2}
\end{aligned}
\tag{5-47}
$$

根据式（5-47）可得

$$
\boldsymbol{\xi}_1 = \begin{pmatrix} \dot{x} \\ \dot{y} \\ \dot{\theta} \end{pmatrix} = \boldsymbol{R}(\theta)^{-1} \boldsymbol{\xi}_R = \begin{pmatrix} \cos\theta & -\sin\theta & 0 \\ \sin\theta & \cos\theta & 0 \\ 0 & 0 & 1 \end{pmatrix} \begin{pmatrix} v(t) \\ \omega(t) \end{pmatrix}
\tag{5-48}
$$

联合这两个方程，得到差动驱动移动机器人的运动学模型

$$
\boldsymbol{\xi}_1 = \boldsymbol{R}(\theta)^{-1} \begin{pmatrix} \dfrac{r\dot{\varphi}_1}{2} + \dfrac{r\dot{\varphi}_2}{2} \\ 0 \\ -\dfrac{r\dot{\varphi}_1}{l} + \dfrac{r\dot{\varphi}_2}{2} \end{pmatrix} = \boldsymbol{R}(\theta)^{-1} \begin{pmatrix} \dfrac{r}{2} & \dfrac{r}{2} \\ 0 & 0 \\ -\dfrac{r}{l} & \dfrac{r}{l} \end{pmatrix} \begin{pmatrix} \dot{\varphi}_1 \\ \dot{\varphi}_2 \end{pmatrix}
\tag{5-49}
$$

定义机器人广义位置矢量为 $\boldsymbol{\theta} = (x, y, \theta, \varphi_1, \varphi_2)^{\mathrm{T}}$，速度矢量为 $\boldsymbol{v} = (\dot{\varphi}_1, \dot{\varphi}_2)^{\mathrm{T}}$。

则机器人的运动学模型可表述为

$$
\dot{\boldsymbol{q}} = \boldsymbol{S}(\boldsymbol{q})\boldsymbol{v}
\tag{5-50}
$$

式中，$\boldsymbol{S}(\boldsymbol{q}) = \begin{pmatrix} \dfrac{r\cos\theta}{2} & \dfrac{r\sin\theta}{2} & -\dfrac{r}{2l} & 1 & 0 \\ \dfrac{r\cos\theta}{2} & \dfrac{r\sin\theta}{2} & \dfrac{r}{2l} & 0 & 1 \end{pmatrix}$。

5.2.3　全方位移动机器人运动学建模实例

具有传统车轮的机器人只能有两个自由度的运动，所以在运动学上，它等价于传统的陆地车辆。然而，具有全方位轮的机器人有 3 个自由度运动的能力，即沿着平面上 x 轴、y 轴以及绕自身中心旋转的运动能力，这充分增加了机器人的机动性。本节将给出这种全方位移动机器人的运动学模型。

全方位轮种类很多，本节以图 5-11 中所示的全方位轮为例进行讨论，它的组成是在轮毂的外缘上设置有可绕自己的轴旋转的辊子，且均匀分布于轮毂周围，这些辊子轴线($\boldsymbol{E}_i$)和轮毂轴线($\boldsymbol{S}_i$)的夹角 α 为 90°，如图 5-12 所示。该麦卡纳姆轮由双排自由滚动的辊子组成，使得轮子在地面滚动时才形成连续的接触点。而在运动时轮毂是驱动机，辊子是从动机构，因此在本节中主动轮由年轮轮毂与边沿辊子组成，从动轮为车轮辊子，主动轮、从动轮与地面接触点均为辊子与地面的接触点。

图 5-11　全方位轮

由于全方位轮的结构特殊性，全方位移动机器人可以

由不同数量的全方位轮组成，理论上说可以由大于 2 的任意个轮子组成，但从可控性以及经济性方面考虑常见的有 3 轮、4 轮组成。由不同数量(K)个全方位轮组成的全方位移动机器人有着不同的运动性能，$K(K\geqslant3)$越大，振动越小；但同时带来了许多机构上的问题，比如在不平地面上运动，当 $K\geqslant4$ 时需要加弹性悬架机构来保证每个轮子都与地面接触。如何选取合适的 K 值以获得需要的运动性能，必须对机器人进行运动学建模。

设全方位移动机器人由 K 个全方位轮以一定的角度安装于本体上，如图 5-12a 所示为机器人第 i 个轮子的相关参数，其中 $\boldsymbol{S}_i$和 $\boldsymbol{E}_i$分别表示轮毂和辊子转速的负方向；$\boldsymbol{T}_i$和 $\boldsymbol{F}_i$分别表示轮毂和辊子中心的线速度正方向；$\boldsymbol{K}_i$表示经过轮子中心垂直于地面的方向；$\boldsymbol{O}_i$为第 i 个轮子的中心；$\boldsymbol{P}_i$为辊子的中心；$\boldsymbol{Q}_i$为辊子（或车轮）与地面的接触点；$\dot{\boldsymbol{\theta}}_1$和$\dot{\boldsymbol{\theta}}_i$分别表示主动轮和从动轮的转速；$R$ 表示轮子轴心到接触地面的距离，也即全方位轮的半径；r 为从动轮的半径。

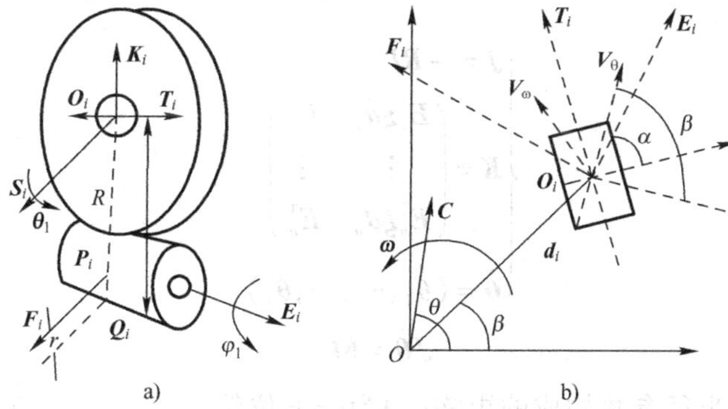

图 5-12　第 i 个轮子参数

a）第 i 个轮子的相关参数　b）第 i 个轮子在机器人系统中的参数

在不考虑运动性能的情况下，全方位轮可以以任意角度安装在机器人本体上，如图 5-12b 所示。其中，机器人中心 $\boldsymbol{C}$ 至轮子中心 $\boldsymbol{O}_i$的矢量为 $\boldsymbol{d}_i$，$\boldsymbol{d}_i$与 x 轴的夹角为β，轮毂转速负方向 $\boldsymbol{S}_i$与 x 轴夹角为 $\boldsymbol{\gamma}$。以上各参数确定后，全方位轮的安装方式便可以确定。

由主动轮与从动轮的运动关系，可以得到

$$\dot{\boldsymbol{o}}_i=\dot{\boldsymbol{p}}_i+\boldsymbol{v}_i \tag{5-51}$$

式中，$\dot{o}_i$为第 i 个全方位轮中心的速度；$\dot{p}_i$为与地面相接触的从动轮的轴心速度；v_i为点 $\boldsymbol{O}_i$与 $\boldsymbol{P}_i$的相对速度。

设主动轮与从动轮的角速度矢量分别为 $\boldsymbol{\omega}_{\mathrm{d}}$、$\boldsymbol{\omega}_{\mathrm{p}}$，它们有如下关系：

$$\omega_{\mathrm{d}i}=\boldsymbol{\omega}k+\dot{\boldsymbol{\theta}}_i\boldsymbol{S}_i,\quad \boldsymbol{\omega}_{\mathrm{p}}=\boldsymbol{\omega}_{\mathrm{d}}+\dot{\boldsymbol{\varphi}}_i\boldsymbol{E}_i \tag{5-52}$$

式中，k 为系数。由式（5-51）、式（5-52）可推得

$$\dot{\boldsymbol{p}}_i=\boldsymbol{\omega}_{\mathrm{p}}\times\boldsymbol{Q}_i\boldsymbol{P}_i=-r(\dot{\boldsymbol{\theta}}_i\boldsymbol{T}_i+\dot{\boldsymbol{\varphi}}_i\boldsymbol{F}_i) \tag{5-53}$$

由式（5-53）和已知关系式（5-54）可最终推得式（5-55），获得主动轮中心的速度公式。

$$\boldsymbol{v}_i=\boldsymbol{\omega}_{\mathrm{d}}\times\boldsymbol{P}_i\boldsymbol{Q}_i=-\dot{\boldsymbol{\theta}}_i(R-r)\boldsymbol{T}_i \tag{5-54}$$

$$\boldsymbol{o}_i=-R\dot{\boldsymbol{\theta}}_i-r\dot{\boldsymbol{\varphi}}_i\boldsymbol{F}_i \tag{5-55}$$

同时由于主动轮中心速度可以由机器人中心速度矢量$\dot{\boldsymbol{c}}$和机器人角速度$\boldsymbol{\omega}$表示，如下所示：

$$\dot{\boldsymbol{o}}_i=\dot{\boldsymbol{c}}+\boldsymbol{\omega}\boldsymbol{\xi}\boldsymbol{d}_i \tag{5-56}$$

式中，$\boldsymbol{\xi}=[0\quad -1]$。

由于辊子是随动的，并不由驱动器驱动，故是非控制运动。

分析时不考虑该速度$\boldsymbol{\varphi}$，因此将式（5-55）、式（5-56）等式两边点乘$\boldsymbol{E}_i$，并将两式联立从而最终可导出

$$-R\dot{\boldsymbol{\theta}}_i=\boldsymbol{k}_i\boldsymbol{t},\quad i=1,2,\cdots,n \tag{5-57}$$

式中，$\boldsymbol{k}_i=(\boldsymbol{E}_i^{\mathrm{T}}\boldsymbol{\xi}\boldsymbol{d}_i\boldsymbol{E}_i^{\mathrm{T}})$；$\boldsymbol{t}=\begin{pmatrix}\boldsymbol{\omega}\\ \dot{\boldsymbol{c}}\end{pmatrix}$为运动旋量。

取式（5-58）所示的定义，则可将全方位机器人的运动学模型表示式（5-59）所示的矩阵形式。

$$\begin{cases}\boldsymbol{J}=-R\boldsymbol{I}\\ \boldsymbol{K}=\begin{pmatrix}\boldsymbol{E}_1^{\mathrm{T}}\boldsymbol{\xi}\boldsymbol{d}_1 & \boldsymbol{E}_1^{\mathrm{T}}\\ \vdots & \vdots\\ \boldsymbol{E}_n^{\mathrm{T}}\boldsymbol{\xi}\boldsymbol{d}_n & \boldsymbol{E}_n^{\mathrm{T}}\end{pmatrix}\\ \dot{\boldsymbol{\theta}}=(\dot{\theta}_1,\dot{\theta}_2,\cdots,\dot{\theta}_n)\end{cases} \tag{5-58}$$

$$\boldsymbol{J}\dot{\boldsymbol{\theta}}=\boldsymbol{K}\boldsymbol{t} \tag{5-59}$$

式中，$\boldsymbol{J}$为全方位轮半径参数构成的矩阵；$\dot{\boldsymbol{\theta}}$为全方位轮的转速矩阵；$\boldsymbol{K}$为全方位移动机器人运动学方程的雅可比矩阵；$\boldsymbol{t}$为运动旋量矩阵；$\boldsymbol{I}$为单位矩阵。

对于如图5-13所示4轮全方位移动机器人的运动学模型可以按照上述方法作进一步的描述。为清楚表示机器人的各运动参数，将机器人的线速度$\dot{\boldsymbol{c}}$表示为(V_x,V_y)，各轮子速度表示为$V_i(i=1,2,\cdots,K)$。则3轮、4轮全方位移动机器人的逆运动学方程可表示为

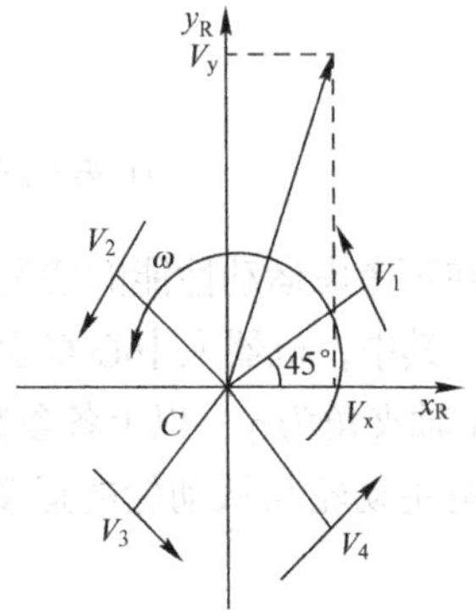

图5-13　四轮全方位移动机器人

$$\begin{pmatrix}V_1\\ V_2\\ V_3\end{pmatrix}=\begin{pmatrix}-1/2 & \sqrt{3}/2 & R\\ -1/2 & -\sqrt{3}/2 & R\\ 1 & 0 & R\end{pmatrix}\begin{pmatrix}V_x\\ V_y\\ \dot{\varphi}\end{pmatrix} \tag{5-60}$$

$$\begin{pmatrix}V_1\\ V_2\\ V_3\\ V_4\end{pmatrix}=\begin{pmatrix}-\sqrt{2}/2 & \sqrt{2}/2 & R\\ -\sqrt{2}/2 & -\sqrt{2}/2 & R\\ \sqrt{2}/2 & -\sqrt{2}/2 & R\\ \sqrt{2}/2 & \sqrt{2}/2 & R\end{pmatrix}\begin{pmatrix}V_x\\ V_y\\ \dot{\varphi}\end{pmatrix} \tag{5-61}$$

5.3　动力学建模

轮式机器人的动力学类似于其他机器人机械系统的动力学，包括两方面的问题，逆向和

前向动力学。在这里，我们对这两方面的问题将使用同一个数学模型。轮式机器人通常可分为非完整约束系统和完整约束系统两类。完整系统和非完整系统的主要区别在于，完整系统独立驱动的个数等于定义系统的一个位姿（位形）需要的变量（拉格朗日力学中的独立广义坐标）的个数。而非完整系统，定义系统一个位姿需要的变量数多于独立的驱动数。本节分别对这两类问题进行讨论，对于前者，以传统双轮差速移动机器人为例进行研究；对于后者，则以全方位轮式机器人为例进行讨论。对全方位轮，这里仅研究麦卡纳姆轮。

5.3.1 双轮差速移动机器人动力学模型

动力学模型与运动学模型不同，它主要是为了确定物体在受到外力作用时的运动结果。假设机器人整体的质量为 m，绕 C 点的转动惯量为 J。设左右两轮输出轴的转动惯量为 J_1 和 J_2，左右电动机驱动力矩分别为 T_1 和 T_2，左右两轮的转速为 φ_1 和 φ_2。左右两轮受到的 x_R 方向的约束反力分别为 F_{xR1} 和 F_{xR2}，两轮沿 y_R 轴方向受到的约束反力之和为 F_{yR}。

分别在 x_R、y_R、z 方向及电动机轴方向对移动机器人进行受力分析，机器人满足 x_R、y_R 方向力平衡以及 z 方向力矩平衡，在电动机轴上满足力矩平衡三大平衡条件，于是得到动力学方程为

$$\begin{cases} m\ddot{x} - (F_{xR1} + F_{xR2})\cos\theta + F_{yR}\sin\theta = 0 \\ m\ddot{y} - (F_{xR1} + F_{xR2})\sin\theta - F_{yR}\cos\theta = 0 \\ J\ddot{\theta} + \dfrac{l}{2}(F_{xR1} - F_{xR2}) = 0 \\ J_1\ddot{\varphi}_1 + \dfrac{r}{2}F_{xR1} = T_1 \\ J_2\ddot{\varphi}_2 + \dfrac{r}{2}F_{xR2} = T_2 \end{cases} \tag{5-62}$$

采用机器人广义位姿的位置矢量 $\boldsymbol{q} = (x, y, \theta, \varphi_1, \varphi_2)^{\mathrm{T}}$，式（5-62）可整理成拉格朗日标准形式为

$$\boldsymbol{M}\ddot{\boldsymbol{q}} = \boldsymbol{E}\boldsymbol{\tau} - \boldsymbol{A}^{\mathrm{T}}(\boldsymbol{q})\boldsymbol{\lambda} \tag{5-63}$$

式中，$\begin{cases} \boldsymbol{M} = \mathrm{diag}\{m, m, J, J_1, J_2\} \\ \boldsymbol{E} = \begin{pmatrix} 0 & 0 & 0 & 1 & 0 \\ 0 & 0 & 0 & 0 & 1 \end{pmatrix} \\ \boldsymbol{\lambda} = (F_{yR}, F_{yR1}, F_{yR2})^{\mathrm{T}} \\ \boldsymbol{\tau} = (T_1, T_2)^{\mathrm{T}} \end{cases}$，$\boldsymbol{M}$ 为惯量矩阵；$\boldsymbol{E}$ 为转换矩阵；$\boldsymbol{\lambda}$ 为对应于约束力的拉格朗日乘数因子矩阵；$\boldsymbol{\tau}$ 为输入力矩矢量。

易验证广义位姿的速度矢量 $\dot{\boldsymbol{q}}$ 满足非完整约束方程：

$$\boldsymbol{A}(\boldsymbol{q})\dot{\boldsymbol{q}} = 0$$

式中，$\boldsymbol{A}(\boldsymbol{q}) = \begin{pmatrix} \sin\theta & -\cos\theta & 0 & 0 & 0 \\ -\cos\theta & -\sin\theta & \dfrac{l}{2} & \dfrac{r}{2} & 1 \\ -\cos\theta & -\sin\theta & -\dfrac{l}{2} & 0 & \dfrac{r}{2} \end{pmatrix}$。

由双轮差速移动机器人的运动学模型可知，$\boldsymbol{A}(\boldsymbol{q})$、$\boldsymbol{S}(\boldsymbol{q})$满足等式$\boldsymbol{A}(\boldsymbol{q})\boldsymbol{S}(\boldsymbol{q})=0$。整合上述方程，可得到简化后的运动学方程为

$$\boldsymbol{\tau}=\boldsymbol{S}^{\mathrm{T}}(\boldsymbol{q})\boldsymbol{M}\ddot{\boldsymbol{q}} \tag{5-64}$$

由此，得到了被控量电动机驱动力矩$\boldsymbol{\tau}$与机器人广义位姿的加速度矢量$\ddot{\boldsymbol{q}}$之间的表达式，为之后实现自动控制打下基础。

5.3.2 全方位移动机器人动力学模型

1. 单个轮子动力学模型

将轮子设定为刚体、不可变形的圆盘，并将轮子与地面的相互作用认作是点接触。实际中，大部分轮子是由可变形材料（如橡胶）制成，所以相互作用是接触面。在本节中，假设全方位移动机器人重心不高，因此当机器人加速运动时由重心偏高产生的各轮对地压力的变化忽略不计。

基于车辆动力学理论，当全方位移动机器人加速运动时，驱动轮与地面的接触变形所产生的切向力是车辆或移动机器人运动的牵引驱动力。只要轮子和地面间的接触区域，即轮子接地印迹上承受切向力，就会出现不同程度的打滑，因此严格来讲理想纯滚动假设条件并不符合实际情况。将加速过程中的车轮的打滑减到最小是机器人运动控制的目标，而对单个轮子进行动力学分析是前提。

当轮子在地面上滚动时，轮子与地面在接触区域内产生的各种相互作用力和相应的变形都伴随着能量损失，这种能量损失是产生滚动阻力的根本原因。为了提高机器人的加速性能，很多轮子都采用橡胶轮或其他具有塑性变形的材料制成，而且一些家用机器人或娱乐机器人（足球机器人）都会在地毯上运动，从而使机器人运动时更容易产生滚动阻力。正是这种弹性变形产生的弹性迟滞损失形成了阻碍轮子滚动的一种阻力偶矩，当轮子只受径向载荷而不滚动时，地面对轮子的反作用力的分布是前后对称的，其合力F_z与法向载荷P重合于法线$n-n'$方向，如图5-14a所示。当轮子滚动时，在法线$n-n'$前后相对应点变形虽然相同，但由于弹性迟滞现象，处于加载压缩过程的前部的地面法向反作用力就会大于处于卸载恢复过程的后部的地面法向反作用力。这样就使地面法向反作用力前后的分布并不对称，而使它们的合力F_z相对于法线$n-n'$向前移了一个距离e（见图5-14b），它随弹性迟滞损失的增大而变大。法向反作用合力F_z与法向载荷P大小相等，方向相反。

如果将法向反作用力F_z向后平移至通过轮子中心，与其垂线重合，则轮子在地面上滚动时的受力情况如图5-15所示，出现一个附加的力偶矩$T_f=F_ze$，这个阻碍车轮滚动的力偶矩称为滚动阻力偶矩。由图5-15可知，欲使轮子在地面上保持匀速滚动，必须在轮轴上加一驱动力矩$\boldsymbol{\tau}$或者加一推力F_p，从而克服上述滚动阻力偶矩。相关数学关系如下：

$$\boldsymbol{\tau}=T_i=F_ze \tag{5-65}$$

$$F_pr=T_f=F_ze \tag{5-66}$$

$$F_p=F_z\frac{e}{r}=P\frac{e}{r} \tag{5-67}$$

$$\mu_R=\frac{e}{r} \tag{5-68}$$

$$F_f=P\mu_R \tag{5-69}$$

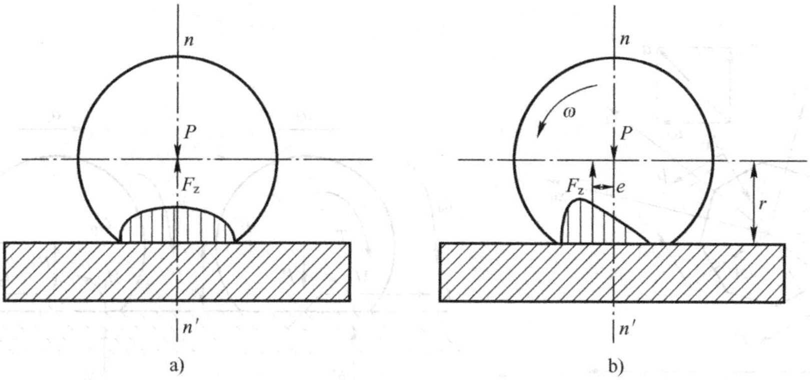

图 5-14　轮子受力情况

a）轮子静止时受力情况　b）轮子滚动时受力情况

式中，μ_R称为滚动阻力系数。由上式可知，滚动阻力系数是指在一定条件下，轮子滚动所需的推力与车轮所受径向载荷之比，即要使轮子滚动，单位车重所需的推力。所以轮子的滚动阻力等于轮子径向垂直载荷与滚动阻力系数之乘积，如式（5-69）所示。真正作用在轮子上驱动机器人运动的力为地面对轮子的切向反作用力，该值为驱动力减去轮子上的滚动阻力。

图 5-15 中分别是驱动轮、从动轮在加速过程中的受力图。各参数说明如下：R、r 分别为驱动轮和从动轮的半径；P、P_p 为全方位轮、从动轮上的载荷；N_d、N_p 为地面对驱动轮、从动轮的法向反作用力；f_{di}、f_{pi} 表示作用在驱动轮、从动轮上的地面切向反作用力；F'、Q_p 是驱动轴、从动轴作用于驱动轮、从动轮的平行于地面的力；M_d、M_p 是驱动轮、从动轮滚动阻力偶矩，在机器人载荷一定的情况下，其值近似不变；ξ_{di}、ξ_{pi} 为驱动轮、从动轮的角加速度；a_{di}、a_{pi} 为驱动轮、从动轮轴心平行于地面的加速度；J_d、J_p 分别为主动轮与从动轮的转动惯量；T 为电动机作用于驱动轮的转矩；e_d、e_p 是由于轮子与地面之间的印迹表面上存在着压力分布问题，而使得地面对轮子法向反作用力偏移的距离。

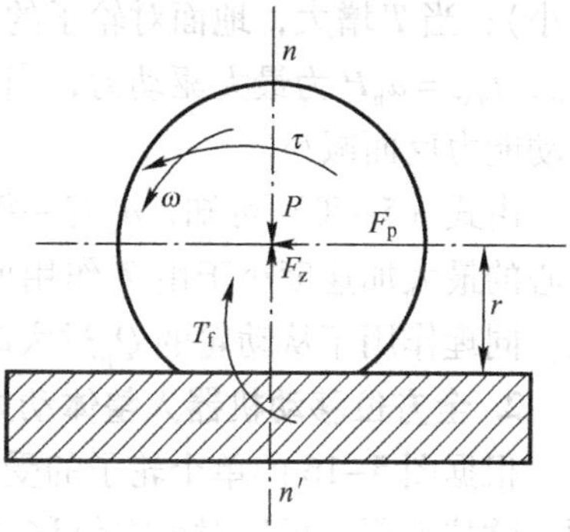

图 5-15　滚动阻力偶的形成

根据图 5-16 所示受力情况，驱动轮与从动轮的动力学模型分别如式（5-70）、式（5-71）所示。其中 m_d 是驱动轮质量，m_p 是从动轮质量。

$$m_d\alpha_{di} = f_{di} - F' \tag{5-70}$$

$$J_p\xi_{di} = T - f_{di}R - M_d$$

$$m_p\alpha_{pi} = Q_p - f_{pi} \tag{5-71}$$

$$J_d\xi_{di} = f_{di}r - M_p$$

$$f_h = u_hP \tag{5-72}$$

$$f_g = u_gP \tag{5-73}$$

地面对轮子切向反作用力的极限值f_{max}称为附着力f_h，其大小如式（5-72）所示，其中u_h为附着系数，它是由地面与轮子决定的，所以地面切向反作用力不可能大于附着力，附着

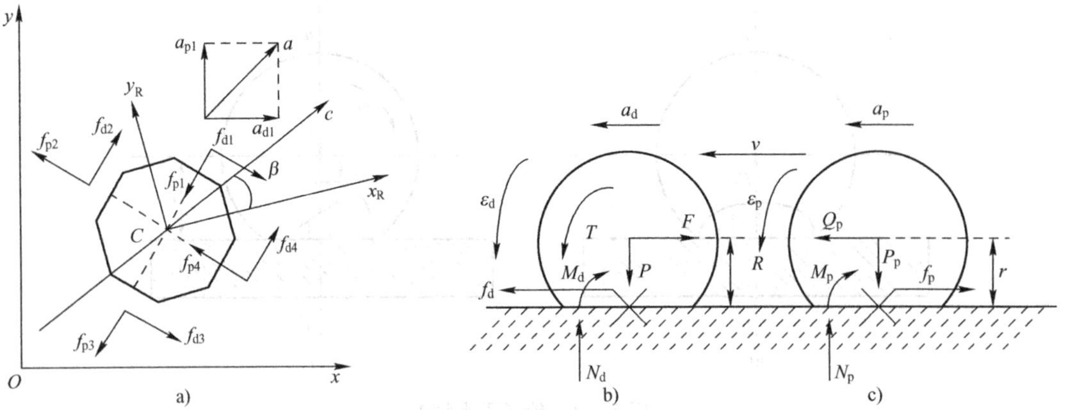

图 5-16　轮子受力分析

a）受力分析　b）驱动轮的受力　c）从动轮的受力

系数是产生加速度的关键值。当轮子与地面产生滑动时，地面对轮子切向反作用力便由轮子的滑动系数决定，设滑动系数为 u_g，则滑动时的切向反作用力 f_g 有式（5-73）所示关系。且 $u_h > u_g$，因此 f_{max} 为一有限大的值，当 T 过大时，轮子产生滑动，此时 f_{max} 变为 f_g。只要 $T \geqslant M_p$ 成立，就能驱动轮子，即 $a > 0$，但 T 小，地面对轮子的切向反作用力也小（即驱动力小）；当 T 增大，地面对轮子的切向反作用力也增大，a 不断增大，直到 $f \to f_{max}$，此时 $a \to a_{max}$，$f_{max} = u_h P$ 为最大驱动力，当 T 继续增大时，轮子将产生滑动，此时 $f = f_g = u_g P$，所以驱动能力反而减小。

由式（5-70）可知，a_d 有一极限值，当电动机转矩 T 过大时，使得附着力提供的轮子中心的最大加速度小于由 T 作用而产生的加速度，即 $a_{dmax} < \xi_{dmax}$ 时，将发生驱动轮打滑现象；同理作用于从动轮的 Q_p 过大时，从动轮同样将发生打滑。

2. 全方位移动机器人整体动力学建模

根据图 5-16 的单个轮子的受力模型和图 5-17 的全方位移动机器人运动平台，使用牛顿 - 欧拉方程，可以对全方位移动机器人建立动力学模型，整个动力学模型为式（5-70）、式（5-71）、式（5-74）。其中 m_R 为机器人质量，(x_c, y_c) 为机器人中心位置坐标。

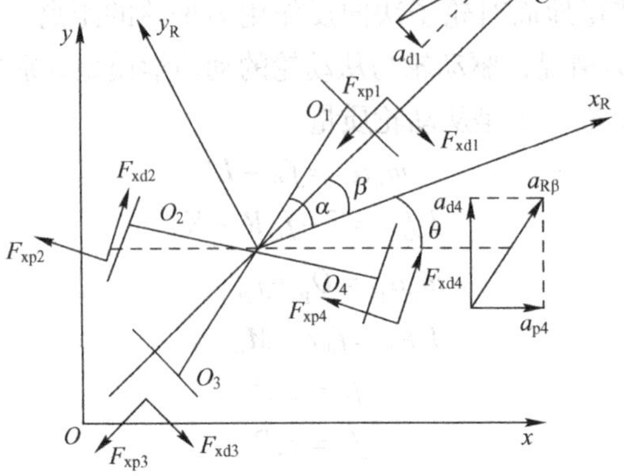

图 5-17　全方位移动机器人运动坐标系统

$$m_R\ddot{x}_c=(F_{xd2}+F_{xd4})\sin(\alpha-\theta)+(F_{xd1}+F_{xd3})\sin(\alpha+\theta)$$
$$-(F_{xp2}+F_{xp4})\cos(\alpha-\theta)-(F_{xp1}+F_{xp3})\cos(\alpha+\theta)$$
$$m_R\ddot{y}_c=(F_{xd2}+F_{xd4})\cos(\alpha-\theta)-(F_{xd1}+F_{xd3})\cos(\alpha+\theta)$$
$$+(F_{xp2}+F_{xp4})\sin(\alpha-\theta)-(F_{xp1}+F_{xp3})\sin(\alpha+\theta) \tag{5-74}$$

由以上对运动学、动力学建模分析可知，全方位移动机器人沿不同方向的最大速度、最大加速度和运动效率各不相同，运动时存在着各向相异性，因此机器人沿各个方向运动的效果将存在很大差异。为了更好地对机器人进行控制以及获得更优的运动规划，必须在控制算法中引入该特性的影响。

5.4 舞动的机器臂——工业机器人

5.4.1 刚体的描述

一个物体通常都是这样在空间表示出来的：先将一个坐标系与该物体固连在一起，然后在三维空间里将此坐标系表示出来。默认这个坐标系和物体是一直联系在一起，物体相对于这个坐标系的关系是确定的。这样，只要在空间表示出这个固连的坐标系，这个物体在基坐标系下也就能表示出来。用矩阵不仅可以表示三维空间坐标系，还可以表示相对于坐标原点的位置和相对于参考坐标系的表示该坐标系姿态的三个向量。一个刚体可用如下矩阵形式表示：

$$\boldsymbol{F}_{object}=\begin{pmatrix} n_x & o_x & a_x & p_x \\ n_y & o_y & a_y & p_y \\ n_z & o_z & a_z & p_z \\ 0 & 0 & 0 & 1 \end{pmatrix} \tag{5-75}$$

三维空间内的一个点通常只能沿着 3 个坐标轴移动，只有 3 个自由度。而一个刚体不仅可以沿着三个坐标轴移动，还能以这几个轴为中心，绕着它转动，拥有 6 个自由度，如图 5-18 所示。这样至少需要 6 条信息来表示该物体在参考坐标系中的位置和该物体相对于三个坐标轴的姿态。在式（5-75）中的矩阵总共有 12 个元素，左上角 9 个元素表示物体的姿态，右上角 3 个元素表示该物体相对于基坐标系的位置，最后一行为方便矩阵求逆、相乘而附加的比例因子。明显该式中存在一定的限制条件将方程信息限定为 6。这样需要 6 个方程将 12 个元素减少到 6 个。我们需根据已知坐标系的固有性质来获得这些限制条件。即：

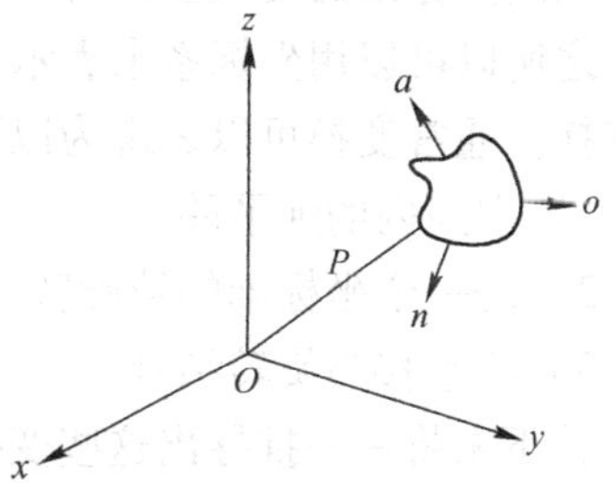

图 5-18　空间物体的表示

1）三个表示位姿的向量 $\boldsymbol{n}$、$\boldsymbol{o}$、$\boldsymbol{a}$ 相互垂直。

2）每个单位向量的长度必须为 1。

将上述约束条件转换为以下 6 个方程：

$$\boldsymbol{n}\cdot\boldsymbol{o}=0$$
$$\boldsymbol{n}\cdot\boldsymbol{a}=0$$

$$\boldsymbol{a} \cdot \boldsymbol{o} = 0 \tag{5-76}$$
$$|\boldsymbol{n}| = 1$$
$$|\boldsymbol{o}| = 1$$
$$|\boldsymbol{a}| = 1$$

因此，只有式（5-76）中方程成立的条件下，才能用矩阵表示坐标系的值；否则，坐标系将不正确。式（5-76）中前三个方程可以换用以下三个向量的向量积来代替：

$$\boldsymbol{n} \times \boldsymbol{o} = \boldsymbol{a} \tag{5-77}$$

5.4.2 坐标变换

出于多种原因，一般用于变换的矩阵都会凑成方阵来表示，比如 3×3 或 4×4。一般矩阵是方阵则求逆矩阵比较方便，而且矩阵相乘时，前面矩阵的列数必须等于后面矩阵的行数，这样方阵就不需考虑这些要求，且表示机械臂运动方程时需要连乘多个矩阵且可能按不同顺序。综合以上，只有方阵才满足这些要求。

一般情况下，为了将一个矩阵凑成方阵，如果一个矩阵中既包含了描述姿态的信息，又包含了描述位置的信息，则在最后一行加入比例因子凑成 4×4 矩阵。如果矩阵里只包含姿态信息，可以将第四列全置为 0 或者去掉比例因子成为一个 3×3 矩阵。这种形式的矩阵称为齐次矩阵。矩阵形式如下：

$$\boldsymbol{F} = \begin{pmatrix} n_x & o_x & a_x & p_x \\ n_y & o_y & a_y & p_y \\ n_z & o_z & a_z & p_z \\ 0 & 0 & 0 & 1 \end{pmatrix} \tag{5-78}$$

空间里物体的运动叫作变换。可以用表示坐标系的方式来表示空间里一个坐标系相对于一个固定坐标系的变换。同样，一个向量、一个刚体或者一个运动坐标系都可以这样来表示。之所以可以用坐标系来表示变换，是因为变换自身就是其状态的转变，即位姿或者位置的变换。通常变换可以表现为以下几种形式：

1）空间内的纯平移。

2）绕一个坐标轴的纯旋转。

3）将平移与旋转结合。

接下来将一一推导出这些变换如何用数学方法表示出来。

1. 纯平移变换的表示

变换中的纯平移指空间内一刚体或者一坐标系以恒定的姿态运动。坐标系纯平移时变化的只有坐标系原点相对于参考坐标系的位置，各坐标轴的姿态没有任何变化，如图 5-19 所示。可以用变换前坐标系的原点坐标加上表示变换的位移向量来描述变换后的坐标系的新坐标。在用矩阵表示坐标系时，通常用原来坐标矩阵左乘变换矩阵得到。介于纯平移中方向向量恒定不变，可以用式（5-79）中表示的矩阵表示变换矩阵 $\boldsymbol{T}$。

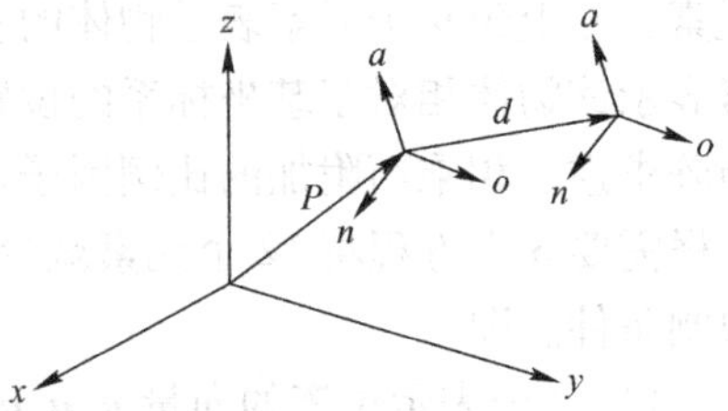

图 5-19 空间纯平移变换的表示

$$
\boldsymbol{T}=\begin{pmatrix}1 & 0 & 0 & d_x\\ 0 & 1 & 0 & d_y\\ 0 & 0 & 1 & d_z\\ 0 & 0 & 0 & 1\end{pmatrix} \tag{5-79}
$$

其中 d_x、d_y、d_z是纯平移向量 $\boldsymbol{d}$ 相对于参考坐标系 x、y、z 轴的三个分量。可以看到，矩阵的前三列为单位矩阵，表示没有旋转运动，而最后一列表示纯平移运动，新的坐标系位置可以表示为

$$
\boldsymbol{F}_{new}=\begin{pmatrix}1 & 0 & 0 & d_x\\ 0 & 1 & 0 & d_y\\ 0 & 0 & 1 & d_z\\ 0 & 0 & 0 & 1\end{pmatrix}\begin{pmatrix}n_x & o_x & a_x & p_x\\ n_y & o_y & a_y & p_y\\ n_z & o_z & a_z & p_z\\ 0 & 0 & 0 & 1\end{pmatrix}=\begin{pmatrix}n_x & o_x & a_x & p_x+d_x\\ n_y & o_y & a_y & p_y+d_y\\ n_z & o_z & a_z & p_z+d_z\\ 0 & 0 & 0 & 1\end{pmatrix} \tag{5-80}
$$

这个变换方程也可表示为以下形式：

$$
\boldsymbol{F}_{new}=\mathrm{Trans}(d_x,d_y,d_z)\cdot\boldsymbol{F}_{old} \tag{5-81}
$$

这里可以看到三点：

1）将坐标系左乘变换矩阵得到新坐标系的位置，这种处理方法适应于任何形式的变换。

2）纯平移后，新坐标系的位置分量由原来分量加上位移分量得到，而坐标系的位姿分量保持不变。

3）齐次变换矩阵相乘后，矩阵的维数保持不变。

2. 绕轴纯旋转变换的表示

为了方便推导绕轴旋转的表达式，假设该坐标系与参考坐标系原点重合，并且三坐标轴两两平行，将推导出的表达式推广到其他旋转或者旋转组合。

绕轴旋转的过程可描述为：假设待旋转坐标系(n,o,a)位于参考坐标系(x,y,z)原点位置，该坐标系绕参考坐标系的 x 轴旋转一定角度 θ，现假设有一点 P 在旋转坐标系上，它相对于参考坐标系的坐标为 P_x,P_y,P_z，相对于运动坐标系的三维坐标为 P_n,P_o,P_a。P 点会随着坐标系绕参考坐标系 x 轴旋转而旋转。旋转之前，在参考坐标系和运动坐标系中 P 点的坐标是相同的，本身两个坐标系的轴也是平行的。旋转后，P 点坐标在参考坐标系中改变了，在旋转坐标系中却没有改变，如图 5-20 所示。本小节需求出 P 点在旋转后相对于固定参考坐标系的新坐标。

可以在图 5-20 中观察到 P 点在旋转前后坐标的变化情况。点 P 相对于参考坐标系的坐标是 P_x,P_y,P_z，而相对于旋转坐标系（点 P 所固连的坐标系）的坐标仍为 P_n,P_o,P_a。

由图 5-21 可以看出，P_y和 P_z随坐标系统 x 轴的转动而改变，而 P_x却没有改变，可以证明：

$$
\begin{aligned}
P_x&=P_n\\
P_y&=l_1-l_2=P_o\cos\theta-P_a\sin\theta\\
P_z&=l_3+l_4=P_o\sin\theta+P_a\cos\theta
\end{aligned} \tag{5-82}
$$

用矩阵表示为

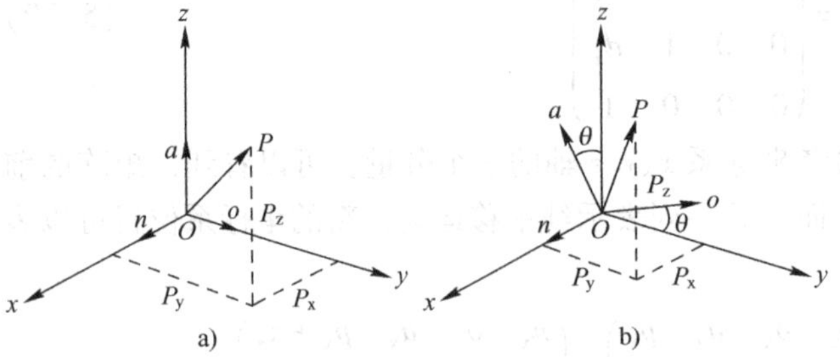

图 5-20　坐标系旋转前后的点的坐标
a）旋转前　b）旋转后

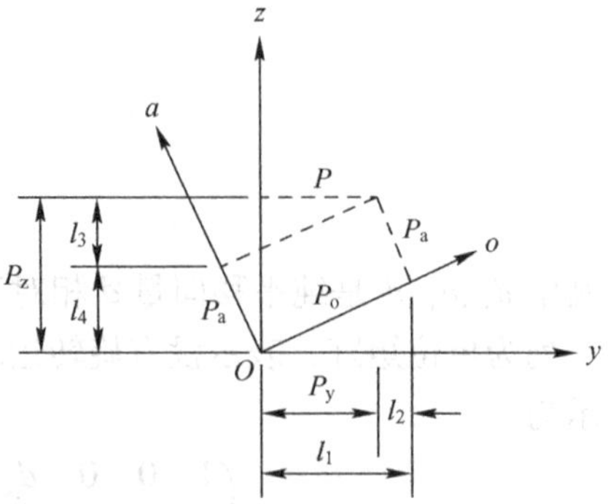

图 5-21　相对于参考坐标系的点的坐标和从 x 轴上观察旋转坐标系

$$\begin{pmatrix} P_x \\ P_y \\ P_z \end{pmatrix} = \begin{pmatrix} 1 & 0 & 0 \\ 0 & \cos\theta & -\sin\theta \\ 0 & \sin\theta & \cos\theta \end{pmatrix} \begin{pmatrix} P_n \\ P_o \\ P_a \end{pmatrix} \tag{5-83}$$

由上可得：为了获得旋转变换后的坐标值，需将旋转前的矩阵左乘旋转矩阵，这也同样适用于所有绕参考坐标系 x 轴做纯旋转的变换，可以简洁地表示为

$$\boldsymbol{P}_{xyz} = \mathrm{Rot}(x,\theta) \cdot \boldsymbol{P}_{noa} \tag{5-84}$$

注意在式（5-83）中，旋转矩阵的第一列表示相对于 x 轴的位置，其值为(1,0,0)，它表示沿 x 轴的坐标没有改变。

为简化书写，习惯用符号 $C\theta$ 表示 $\cos\theta$ 以及用 $S\theta$ 表示 $\sin\theta$。因此，旋转矩阵也可写为

$$\mathrm{Rot}(x,\theta) = \begin{pmatrix} 1 & 0 & 0 \\ 0 & C\theta & -S\theta \\ 0 & S\theta & C\theta \end{pmatrix} \tag{5-85}$$

可用类似的方法来分析坐标系绕参考坐标系 y 轴和 z 轴旋转的情况，推导结果为

$$\mathrm{Rot}(y,\theta) = \begin{pmatrix} \cos\theta & 0 & \sin\theta \\ 0 & 1 & 0 \\ -\sin\theta & 0 & \cos\theta \end{pmatrix},\quad \mathrm{Rot}(z,\theta) = \begin{pmatrix} \cos\theta & -\sin\theta & 0 \\ \sin\theta & \cos\theta & 0 \\ 0 & 0 & 1 \end{pmatrix} \tag{5-86}$$

式（5-86）也可写为习惯的形式，以便于理解不同坐标系间的关系，为此，可将该变换表示为 ${}^{U}\boldsymbol{T}_{R}$（读作坐标系 R 相对于坐标系 U（Universe）的变换），将 $\boldsymbol{P}_{noa}$ 表示为 ${}^{R}\boldsymbol{P}$（P 相对于坐标系 R），将 P_{xyz} 表示为 ${}^{U}\boldsymbol{P}$（P 相对于坐标系 U），式（5-84）可简化为

$${}^{U}\boldsymbol{P} = {}^{U}\boldsymbol{T}_{R} \cdot {}^{R}\boldsymbol{P} \tag{5-87}$$

由式（5-87）可见，去掉 R 便得到了 P 相对于坐标系 U 的坐标。

3. 复合变换的表示

复合变换是指一系列纯平移与绕轴旋转按照一定次序变换的组合。空间的任何运动或者变换都可以分解为一组旋转与平移变换的顺序组合。例如，为了进行某项运动，可以将坐标系或者刚体先沿 x 轴平移，再绕 y、z 轴旋转，最后再绕某轴平移。复合变换重要的是一个个基本变换的顺序，如果顺序错了，变换的总体效果就会不同。

为了推导复合变换的表示方法，假定坐标系(n,o,a)相对于参考坐标系(x,y,z)依次进行了下面三个变换：

1）绕x轴旋转α角度。

2）接着平移$[l_1 \quad l_2 \quad l_3]$（分别相对于$x,y,z$轴）。

3）最后绕y轴旋转β角度。

比如点P_{noa}固定在旋转坐标系，开始时旋转坐标系的原点与参考坐标系的原点重合。随着坐标系(n,o,a)相对于参考坐标系旋转或者平移，坐标系中的P点相对于参考坐标系也跟着改变。第一次变换后，P点相对于参考坐标系的坐标可用下式表示出来：

$$P_{1,xyz}=\text{Rot}(x,\alpha)\cdot P_{noa} \tag{5-88}$$

式中，$P_{1,xyz}$是经过旋转变换后相对于参考坐标系的坐标。经过平移变换后，该点相对于参考坐标系的坐标可表示为

$$P_{2,xyz}=\text{Trans}(l_1,l_2,l_3)\cdot P_{1,xyz}=\text{Trans}(l_1,l_2,l_3)\cdot\text{Rot}(x,\alpha)\cdot P_{noa} \tag{5-89}$$

最后，经过最后一次旋转变换后，该点的坐标为

$$P_{xyz}=P_{3,xyz}=\text{Rot}(y,\beta)\cdot P_{2,xyz}=\text{Rot}(y,\beta)\cdot\text{Trans}(l_1,l_2,l_3)\cdot\text{Rot}(x,\alpha)\cdot R_{noa} \tag{5-90}$$

可见，通过用变换矩阵左乘变换前的坐标可以获得变换后的该点相对于参考坐标系的新坐标。这里不能搞错变换顺序，即矩阵变换的顺序刚好和矩阵书写的顺序是倒过来的。

4. 相对于旋转坐标系的变换

综合前几小节，可以发现前面所研究的变换都是用原来坐标矩阵左乘变换矩阵，即都是相对于空间内一个固定坐标系做旋转或者平移变换，但是在实际运动中，机械臂也有可能相对于当前坐标系或者运动坐标系做变换。例如，机械臂可以相对于运动坐标系o轴而不是参考坐标系y轴旋转一定的角度。为了计算这种变换给当前坐标系带来的影响，通过证明推导可得，右乘变换矩阵而不是左乘就可以求得相对于旋转坐标系变换后的坐标。

5.5 机器人运动学方程的建立

本节由D－H表示法推导出机械臂的运动学方程。D－H表示法是1955年Denavit和Hartenberg在一篇论文中提出的一种对机器人建模的方法。这种方法简单、适用于各种机械臂的构型，对于结构顺序复杂的机械臂构型也无影响。D－H模型可以表示诸如直角坐标、球坐标、圆柱坐标、欧拉角坐标及RPY坐标的变换，也可以表示SCARA类型机器人、各种链式机器人的数学建模。D－H表示法在当今机器人建模中已经越来越普遍，所以本节的六自由度机械臂采用D－H表示法建立其运动学方程。

5.5.1 连杆参数和连杆坐标系

一般机器人是由多个关节和连杆构成的，关节既有呈线性滑动的，也有旋转的，关节与关节之间可能处于任意的位置或者不同平面内。连杆长度可以是任意的，可能存在直线与弯曲状态，各连杆可能不在同一平面上。这里需要能够对任意一组连杆和关节构成的机器人建模分析。

按照前述方法，将每个关节当作一个刚体处理，为每个关节指定一个参考坐标系，然后应用复合变换思想，确定从一个关节姿态变换到下一个关节姿态所需要的一系列基本变换。

当确定了从第一个关节到下一个关节，一直到最后一个关节的变换步骤，并将这些变换结合起来，就能得到机械臂总变换矩阵。根据 D－H 表示法先为每个关节指定一个参考坐标系，然后推导出从一个坐标系到另一个坐标系的变换方程，将这些方程结合，推导出机器人的总变换方程。

为了推导出适用于任意构型机器人的总变换方程，假定一个机器人由任意多个连杆和关节以任意的形式组成。如图 5-22a 所示，由不在同一平面的三个关节和不在同一平面的两个连杆构成机器人的一部分。这一小部分可能不会与实际中的机器人相似，但是它具有代表性，可以表示任何机器人的关节，无论是滑动的还是旋转的。

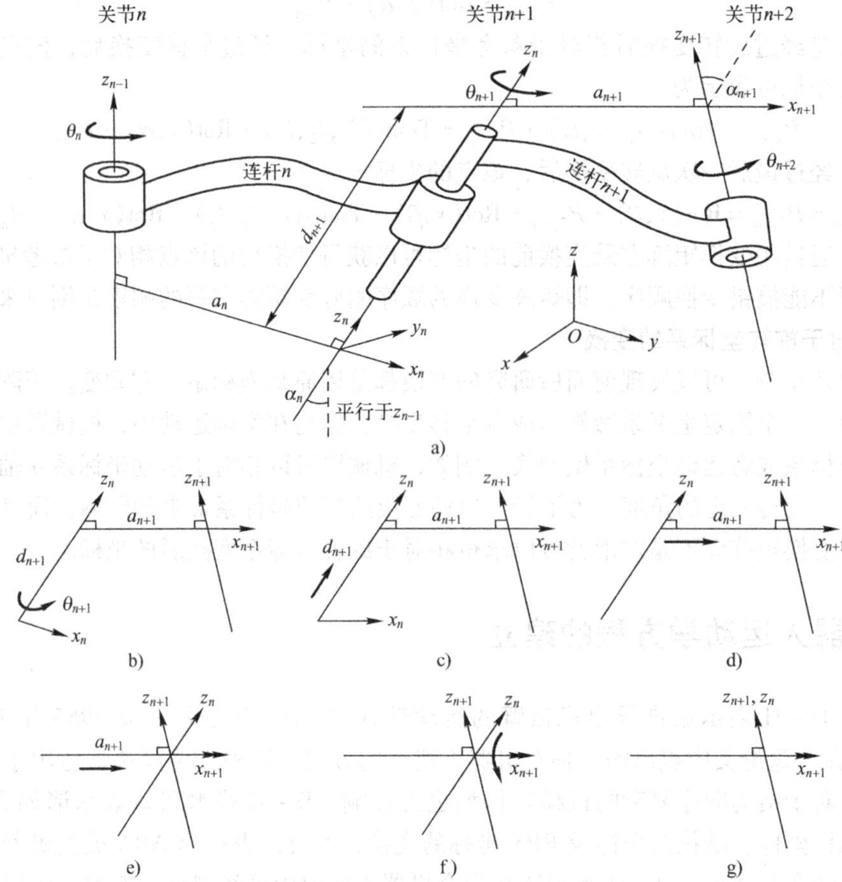

图 5-22　通用关节－连杆组合的 D－H 表示

图 5-22a 中的 3 关节既可以转动也可以平移。为了方便描述，将第一个关节指定为关节 n，中间的指定为关节 $n+1$，最后一个指定为关节 $n+2$。这三个关节只是从机器人关节中截取部分类似的，在关节 n 与关节 $n+1$ 之间的连杆用 n 指代，关节 $n+1$ 与关节 $n+2$ 之间的连杆用 $n+1$ 指代。

对机器人建模的第一步是为每个关节指定一个本地的参考坐标系。D－H 表示法，只需要为每个关节的坐标系指定 z 轴和 x 轴，不需要指定 y 轴，因为 y 轴一直是垂直于 x 轴和 z 轴组成的平面。下面给出了 D－H 表示法中指定每个关节参考坐标系的一般步骤：

1）任何关节都用 z 轴表示，如果是滑动关节，则 z 轴沿关节滑动的直线方向。如果关节是旋转的，则 z 轴为按右手定则旋转的方向。不管是滑动还是旋转，关节 n 处的 z 轴下标为 $n-1$。比如，关节 $n+1$ 处的 z 轴表示为 z_n。根据这些规则，可以定出所有关节的 z 轴。滑动关节的关节变量是沿 z 轴的连杆长度 d。对于旋转关节的关节变量是绕 z 轴旋转的角度（θ 角）。

2）如图 5-22a 所示，几个关节并不平行或者相交，属于异面直线。这样，z 轴是斜线，但在空间中总能找到一条距离最短的公垂线正交于这两条异面直线，即正交于相邻的两个 z 轴。把 x 轴的方向定义在该公垂线的方向上。所以如果 a_n 表示 z_{n-1} 与 z_n 之间的公垂线，则 x_n 的方向将沿 a_n。同样，在 z_n 与 z_{n+1} 之间的公垂线为 a_{n+1}，x_{n+1} 的方向将沿 a_{n+1}。由于相邻关节可能不在同一平面上，这样相邻关节的公垂线也有可能不相交或者共线，原点也就可能不会重合。综合以上的规则，就可以为每个关节定义参考坐标系了。

3）如果相邻关节的 z 轴平行，就可以找到无数条公垂线，为了简化模型，可以挑选与前一关节的公垂线共线的一条公垂线。

4）如果两个相邻关节的 z 轴是相交的，那么它们之间不存在公垂线。这时可以取一条垂直于这两个 z 轴构成的平面的直线作为 x 轴。即在两条 z 轴的向量积方向选取一条直线 x 轴，模型同样得到了简化。

在图 5-22a 中，θ 角表示绕 z 轴的旋转角，即旋转变量；d 表示在 z 轴上两条相邻的公垂线之间的距离，一般当相邻 z 轴平行时，d 的值为 0；a 表示每一条公垂线的长度；角 α 表示两个相邻的 z 轴之间的角度。通常，只有 θ 和 d 是关节变量。

5.5.2 连杆变换

本节将推导连杆变换的表达式，需要进行几个连续的变换，将一个参考坐标系变换到另一个参考坐标系。假定现在处于坐标系 $x_n - z_n$，下面通过四步变换转换到下一个坐标系 $x_{n+1} - z_{n+1}$：

1）绕 z_n 轴旋转角度 θ_{n+1}（见图 5-22a 和 b），让 x_n 平行于 x_{n+1}，介于 a_n 和 $a_{n+\theta}$同时垂直于 z_n 轴，这样绕 z_n 轴旋转 θ_{n+1}就可以使它们平行。

2）接着沿 z_n 轴平移 d_{n+1}距离，让 x_n 和 x_{n+1}共线（见图 5-22c）。因为 x_n 和 x_{n+1}在前一步已经平行并且垂直于 z_n，沿着 z_n 平移就可使它们重叠。

3）再沿 x_n 轴平移 a_{n+1}的距离，让 x_n 和 x_{n+1}的原点重合（见图 5-22d 和 e）。这时两个参考坐标系的原点重合。

4）最后将 z_n 轴绕 x_{n+1}轴旋转 α_{n+1}，使得 z_n 轴与 z_{n+1}轴重合（见图 5-22f）。这时坐标系 n 和 $n+1$ 已经重合了（见图 5-22g）。至此，经过这四步，我们从一个坐标系变换到了下一个坐标系。

仿照上面四个标准步骤，可以同样地将 $n+1$ 坐标系变换到 $n+2$ 坐标系中。按照相同步骤，可以将所有相邻坐标系这样变换。从参考坐标系转换到机械臂基座所在的坐标系，之后到第一个关节，第二个，直至到最后。上面的四个步骤具有通用性，所有坐标系之间的变换都可以采用同样的步骤。

机器人的变换矩阵 $\boldsymbol{A}$ 可以通过右乘表示上面四个变换的矩阵来得到，矩阵 $\boldsymbol{A}$ 表示四个变换的复合变换。之所以四个矩阵用右乘是因为所有变换都是相对于当前坐标系变换。具体的表达式如下：

$$
\begin{aligned}
{}^{n}\boldsymbol{T}_{n+1} &= \boldsymbol{A}_{n+1} = \mathrm{Rot}(z,\theta_{n+1}) \cdot \mathrm{Trans}(0,0,d_{n+1}) \cdot \mathrm{Trans}(a_{n+1},0,0) \cdot \mathrm{Rot}(x,a_{n+1}) \\
&= \begin{pmatrix} C\theta_{n+1} & -S\theta_{n+1} & 0 & 0 \\ S\theta_{n+1} & C\theta_{n+1} & 0 & 0 \\ 0 & 0 & 1 & 0 \\ 0 & 0 & 0 & 1 \end{pmatrix} \begin{pmatrix} 1 & 0 & 0 & 0 \\ 0 & 1 & 0 & 0 \\ 0 & 0 & 1 & d_{n+1} \\ 0 & 0 & 0 & 1 \end{pmatrix} \\
&\quad \cdot \begin{pmatrix} 1 & 0 & 0 & a_{n+1} \\ 0 & 1 & 0 & 0 \\ 0 & 0 & 1 & 0 \\ 0 & 0 & 0 & 1 \end{pmatrix} \begin{pmatrix} 1 & 0 & 0 & 0 \\ 0 & C\alpha_{n+1} & -S\alpha_{n+1} & 0 \\ 0 & S\alpha_{n+1} & C\alpha_{n+1} & 0 \\ 0 & 0 & 0 & 1 \end{pmatrix}
\end{aligned} \tag{5-91}
$$

$$
\boldsymbol{A}_{n+1} = \begin{pmatrix} C\theta_{n+1} & -S\theta_{n+1}C\alpha_{n+1} & S\theta_{n+1}S\alpha_{n+1} & a_{n+1}C\theta_{n+1} \\ S\theta_{n+1} & C\theta_{n+1}C\alpha_{n+1} & -C\theta_{n+1}S\alpha_{n+1} & a_{n+1}S\theta_{n+1} \\ 0 & S\alpha_{n+1} & C\alpha_{n+1} & d_{n+1} \\ 0 & 0 & 0 & 1 \end{pmatrix} \tag{5-92}
$$

举个例子，表示机器人关节 2 与关节 3 之间的变换可以表示为

$$
{}^{2}\boldsymbol{T}_{3} = \boldsymbol{A}_{3} = \begin{pmatrix} C\theta_3 & -S\theta_3 C\alpha_3 & S\theta_3 S\alpha_3 & a_3 C\theta_3 \\ S\theta_3 & C\theta_3 C\alpha_3 & -C\theta_3 S\alpha_3 & a_3 S\theta_3 \\ 0 & S\alpha_3 & C\alpha_3 & d_3 \\ 0 & 0 & 0 & 1 \end{pmatrix} \tag{5-93}
$$

从机器人的基座开始，可以从第一个关节开始一个个往下变换，直到机器人的手，最终到末端执行器。若把每个变换定义为一个矩阵，则可以得到许多表示变换的矩阵。在机器人的基座与手之间的总变换可以用各个分变换矩阵依次相乘得到：

$$
{}^{\mathrm{R}}\boldsymbol{T}_{\mathrm{H}} = {}^{\mathrm{R}}\boldsymbol{T}_{1}\,{}^{1}\boldsymbol{T}_{2}\,{}^{2}\boldsymbol{T}_{3}\cdots{}^{n-1}\boldsymbol{T}_{n} = \boldsymbol{A}_1\boldsymbol{A}_2\boldsymbol{A}_3\cdots\boldsymbol{A}_n \tag{5-94}
$$

其中 n 是关节数。对于一个具有六个自由度的机器人而言，有 6 个 $\boldsymbol{A}$ 矩阵。

如果一个机械臂结构是已知的，即知道各连杆长度和关节角度，由这些已知信息去计算手臂末端可以到达的位姿，叫作运动学分析。为了方便求解末端位姿，一般根据机器手臂的特定构型，推导一个总变换方程，已知机器手臂的关节和连杆变量，可以代入方程求出机器人位姿，再求出逆运动学方程。

由前文可知，表示一个刚体在空间的姿态，须在该刚体上连着一个坐标系，用该坐标系到原点的位置和三个轴的位姿来表示刚体，至少需要 6 条信息来表示一个坐标系。同理，为了确定机器人手的姿态，可以将机器人手当作一个刚体处理，在机器人手上固连一个坐标系，这就是机器人正运动学方程所要完成的任务。换言之，已知机器人的构型，就可以根据总变换方程建立机器人末端坐标系与参考坐标系的联系。

5.6 六自由度机械臂运动分析实例

本节以上海大学自强机器人竞赛队开发的服务机器人的机械臂为例，来说明六自由度工业机械臂的控制技术。如图 5-23 所示，就是通过研究机器人活动来达到在家庭环境中为人类服务的目的，如识别主人、跟随主人行走、自主导航、给主人端茶送水、陪主人聊天和清

扫地面等目的。通过近几年机器人比赛情况来看，机器人实现准确、快速抓取物体对家庭服务来说起着举足轻重的作用。

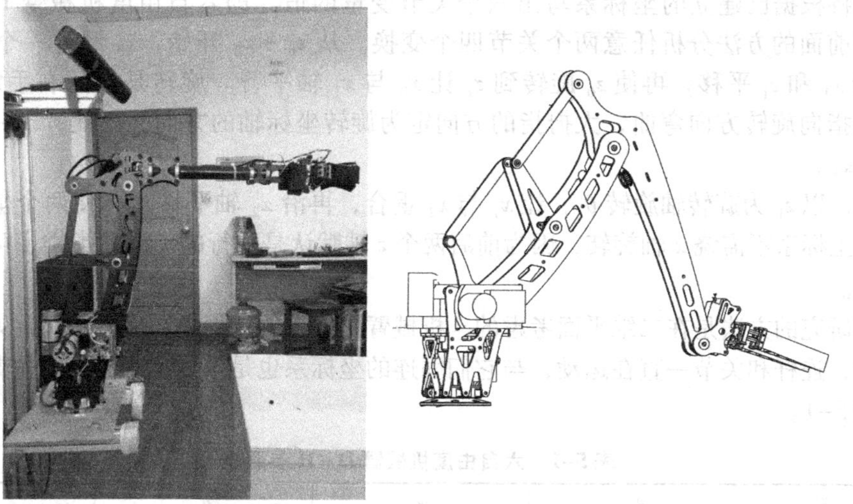

图 5-23　上海大学机器人竞赛队家庭服务机器人实物图与模型图

由于机械臂末端的三个自由度的转轴共点，因此本节将机械臂模型简化，即将末端三个自由度转轴相交的一点作为机械臂的末端端点。通过下面的位姿描述唯一表示机械臂状态：

$$\text{Manipulators\_State}(P(x,y,z),O(o_x,o_y,o_z,\omega)) \tag{5-95}$$

式中，$P(x,y,z)$表示机械臂末端坐标系原点相对于基座坐标系原点的位置；四元数$O(o_x,o_y,o_z,\omega)$表示机械臂末端的坐标系相对于基座坐标系的姿态。

根据 D－H 建模法，为每个关节指定 x 轴和 z 轴。指定的坐标系如图 5-24 所示。

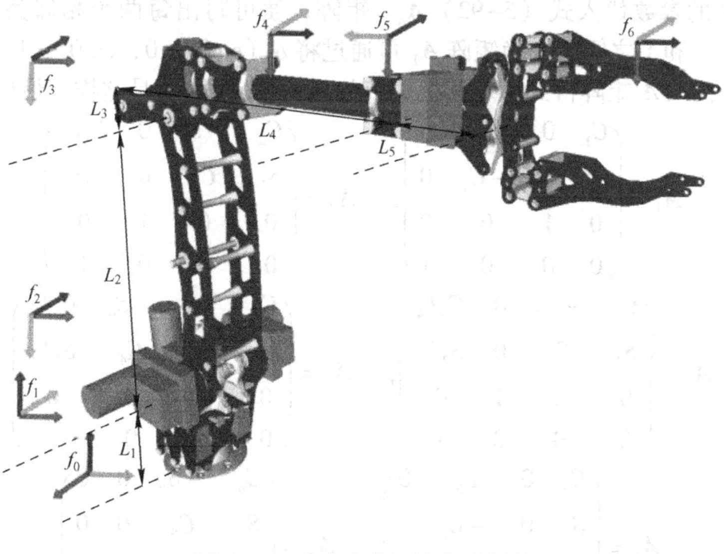

图 5-24　六自由度机械臂示意图

5.6.1 机械臂运动方程的建立

本节将根据已建立的坐标系写出六个关节变量的值，即六自由度机械臂 D－H 参照表。根据前面的方法分析任意两个关节四个变换。从 z_0-x_0 开始，x_0 经过一个旋转运动到 x_1，沿 x_1 和 z_1 平移，再使 z_0 旋转到 z_1 让 x_0 与 x_1 轴平行。旋转是按照右手定则旋转，即将手指指向旋转方向弯曲，大拇指的方向定为旋转坐标轴的方向。至此，z_0-x_0 就变换到了 z_1-x_1。

接着，以 z_1 为旋转轴旋转 θ_2，让 x_1 与 x_2 重合，再沿 x_2 轴平移 a_2，使两个坐标系原点重合。本坐标系不需绕 x 轴旋转，因为前后两个 z 轴默认是平行的。以此类推，可以算出所有的结果。

前面研究的方法是在二维平面考虑的，机械臂是静态的。但是，实际中机器人手臂是时刻运动着，连杆和关节一直在运动，与它们固连的坐标系也是随之运动的。机械臂 D－H 参照表见表 5-1。

表 5-1　六自由度机械臂 D－H 参照表

序　号	θ_i	α_i	a_i	d_i
1	θ_1	90	0	0
2	θ_2	0	L_2	0
3	θ_3	0	L_4	0
4	θ_4	－90	L_5	0
5	θ_5	90	L_2	0
6	θ_6	0	0	0

d 表示滑动关节的关节变量，本节所研究机械臂的六个关节全为旋转关节，故 d 为 0；θ 表示旋转关节的关节变量，关节变量都是角度。

把表 5-1 中的参数代入式（5-92）$\boldsymbol{A}_{n+1}$ 矩阵，便可写出每两个相邻关节之间的变换。例如，在坐标系 0 和 1 之间的变换矩阵 $\boldsymbol{A}_1$ 可通过将 α（$\sin0°=0$，$\cos0°=1$，$\alpha=90°$）以及指定 C_1 为 θ_1 等代入 $\boldsymbol{A}$ 矩阵得到，对其他关节的 $\boldsymbol{A}_2\sim\boldsymbol{A}_4$ 矩阵也是这样，最后得

$$\boldsymbol{A}_1=\begin{pmatrix}C_1 & 0 & S_1 & 0\\ S_1 & 0 & -C_1 & 0\\ 0 & 1 & 0 & 0\\ 0 & 0 & 0 & 1\end{pmatrix},\quad \boldsymbol{A}_2=\begin{pmatrix}C_2 & -S_2 & 0 & C_2L_2\\ S_2 & C_2 & 0 & S_2L_2\\ 0 & 0 & 1 & 0\\ 0 & 0 & 0 & 1\end{pmatrix}$$

$$\boldsymbol{A}_3=\begin{pmatrix}C_3 & -S_3 & 0 & C_3L_4\\ S_3 & C_3 & 0 & S_2L_4\\ 0 & 0 & 1 & 0\\ 0 & 0 & 0 & 1\end{pmatrix},\quad \boldsymbol{A}_4=\begin{pmatrix}C_4 & 0 & -S_4 & C_4L_4\\ S_4 & 0 & C_4 & S_4L_5\\ 0 & -1 & 0 & 0\\ 0 & 0 & 0 & 1\end{pmatrix} \tag{5-96}$$

$$\boldsymbol{A}_5=\begin{pmatrix}C_5 & 0 & S_5 & 0\\ S_5 & 0 & -C_5 & 0\\ 0 & 1 & 0 & 0\\ 0 & 0 & 0 & 1\end{pmatrix},\quad \boldsymbol{A}_6=\begin{pmatrix}C_6 & -S_6 & 0 & 0\\ S_6 & C_6 & 0 & 0\\ 0 & 0 & 1 & 0\\ 0 & 0 & 0 & 1\end{pmatrix}$$

注意：为了书写且阅读方便，将用到下列三角函数关系式简化：

$$S\theta_1 C\theta_2 + C\theta_1 S\theta_2 = S(\theta_1 + \theta_2) = S_{12}$$
$$C\theta_1 C\theta_2 - S\theta_1 S\theta_2 = C(\theta_1 + \theta_2 = C_{12} \tag{5-97}$$

从而，在机器人的基座到手臂末端之间的总变换可表示为

$$^{\mathrm{R}}\boldsymbol{T}_{\mathrm{H}} = \boldsymbol{A}_1\boldsymbol{A}_2\boldsymbol{A}_3\boldsymbol{A}_4\boldsymbol{A}_5\boldsymbol{A}_6 =$$
$$\begin{pmatrix} C_1(C_{234}C_5C_6 - S_{234}S_6) - S_1S_5C_6 & C_1(-C_{234}C_5C_6 - S_{234}C_6) - S_1S_5S_6 & C_1(C_{234}S_5) + S_1C_5 & C_1(C_{234}L_5 + C_{23}L_4 + C_2L_2) \\ S_1(C_{234}C_5C_6 - S_{234}S_6) + C_1S_5C_6 & S_1(-C_{234}C_5C_6 - S_{234}C_6) - C_1S_5S_6 & S_1(C_{234}S_5) - C_1C_5 & S_1(C_{234}L_5 + C_{23}L_4 + C_2L_2) \\ S_{234}C_5C_6 + C_{234}S_6 & -S_{234}C_5C_6 + C_{234}C_6 & S_{234}S_5 & S_{234}L_5 + S_{23}L_4 + S_2L_2 \\ 0 & 0 & 0 & 1 \end{pmatrix} \tag{5-98}$$

式（5-98）即为该六自由度机械臂的正运动学方程，已知各关节角度可以算出手臂可达到的位姿。

如前所述，已知机器人构型如连杆长度和关节角度，可以根据总变换方程求出机器人手的末端位姿，这是机器人正运动学分析。给出机器人的所有关节变量值，就能根据总变换方程算出机器人任何时候位姿。在实际工作中，往往希望机器手臂末端到达一个期望位置去执行某项动作，这时就得根据已知位姿，算出机器人各关节需要旋转的角度，这就是机器人逆运动学。即这里不会将各关节变量代入总变换方程求出某一位姿，而是找到这些方程的逆，从而求得所需要的关节角度值。实际中，逆运动学比正运动学更重要，机器人控制器根据逆运动学解算出各关节值，以此让手臂到达期望位置。

5.6.2 运动学逆解的求解方法

为了使机器人手臂处于期望位姿，如果有了逆运动学解就能确定每个关节的值。在这一部分，将给出用数值法求解逆运动方程的一般步骤，根据目标物体已知位姿，即手臂抓取需要到的位置，解出各关节需要旋转的角度。

从之前的变换方程中可以看见许多关节角是耦合的，这给从矩阵中提取信息来求解角度提高了难度。为了给各关节角度解耦，通常都是用$^{\mathrm{R}}\boldsymbol{T}_{\mathrm{H}}$矩阵左乘$\boldsymbol{A}_n^{-1}$矩阵，让方程中去掉某个角度，这样可以凑到一个角的正弦或者余弦，从而求出相应的角度。

5.6.1 节中得到机器臂的总变换方程为

$$^{\mathrm{R}}\boldsymbol{T}_{\mathrm{H}} = \boldsymbol{A}_1\boldsymbol{A}_2\boldsymbol{A}_3\boldsymbol{A}_4\boldsymbol{A}_5\boldsymbol{A}_6 =$$
$$\begin{pmatrix} C_1(C_{234}C_5C_6 - S_{234}S_6) - S_1S_5C_6 & C_1(-C_{234}C_5C_6 - S_{234}C_6) + S_1S_5S_6 & C_1(C_{234}S_5) + S_1C_1 & C_1(C_{234}L_5 + C_{23}L_4 + C_2L_2) \\ S_1(C_{234}C_5C_6 - S_{234}S_6) + C_1S_5C_6 & S_1(-C_{234}C_5C_6 - S_{234}C_6) - C_1S_5S_6 & S_1(C_{234}S_5) - C_1C_5 & S_1(C_{234}L_5 + C_{23}L_4 + C_2L_2) \\ S_{234}C_5C_6 + C_{234}S_6 & -S_{234}C_5C_6 + C_{234}C_6 & S_{234}S_5 & S_{234}L_5 + S_{23}L_4 + S_2L_2 \\ 0 & 0 & 0 & 1 \end{pmatrix} \tag{5-99}$$

为了简便，将式（5-99）中的矩阵表示为［RHS］。这样可令机器人期望位姿为

$$
{}^{R}\boldsymbol{T}_{H}=\begin{pmatrix} n_x & o_x & a_x & p_x \\ n_y & o_y & a_y & p_y \\ n_z & o_z & a_z & p_z \\ 0 & 0 & 0 & 1 \end{pmatrix} \tag{5-100}
$$

为了解耦，从 $\boldsymbol{A}_n^{-1}$ 开始，用 $\boldsymbol{A}_1^{-1}$ 左乘上述两个矩阵，得到

$$
\boldsymbol{A}_1^{-1}\begin{pmatrix} n_x & o_x & a_x & p_x \\ n_y & o_y & a_y & p_y \\ n_z & o_z & a_z & p_z \\ 0 & 0 & 0 & 1 \end{pmatrix}=\boldsymbol{A}_1^{-1}[\mathrm{RHS}]=\boldsymbol{A}_2\boldsymbol{A}_3\boldsymbol{A}_4\boldsymbol{A}_5\boldsymbol{A}_6 \tag{5-101}
$$

$$
\begin{pmatrix} C_1 & S_1 & 0 & 0 \\ 0 & 0 & 1 & 0 \\ S_1 & -C_1 & 0 & 0 \\ 0 & 0 & 0 & 1 \end{pmatrix}\begin{pmatrix} n_x & o_x & a_x & p_x \\ n_y & o_y & a_y & p_y \end{pmatrix}=\boldsymbol{A}_2\boldsymbol{A}_3\boldsymbol{A}_4\boldsymbol{A}_5\boldsymbol{A}_6 \tag{5-102}
$$

$$
\begin{pmatrix} n_xC_1+n_yS_1 & o_xC_1+o_yS_1 & a_xC_1+a_yS_1 & p_xC_1+p_yS_1 \\ n_z & o_z & a_z & p_z \\ n_xS_1-n_yC_1 & o_xS_1-o_yC_1 & a_xS_1-a_yC_1 & p_xS_1-p_yC_1 \\ 0 & 0 & 0 & 1 \end{pmatrix}=
$$

$$
\begin{pmatrix} C_{234}C_5C_6-S_{234}S_6 & -C_{234}C_5C_6-S_{234}C_6 & C_{234}S_5 & C_{234}L_5+C_{23}L_4+C_2L_2 \\ S_{234}C_5C_6+C_{234}S_6 & -S_{234}C_5C_6+C_{234}C_6 & S_{234}S_5 & S_{234}L_5+S_{23}L_4+S_2L_2 \\ -S_5C_6 & S_5S_6 & C_5 & 0 \\ 0 & 0 & 0 & 1 \end{pmatrix} \tag{5-103}
$$

根据方程的（3，4）元素，有

$$
p_xS_1-p_yC_1=0\rightarrow\theta_1=\arctan\left(\frac{p_y}{p_x}\right)\text{和 }\theta_1=\theta_1+180° \tag{5-104}
$$

根据（1，4）元素和（2，4）元素，可得

$$
\begin{aligned} p_xC_1+p_yS_1&=C_{234}L_5+C_{23}L_4+C_2L_2 \\ p_z&=S_{234}L_5+S_{23}L_4+S_2L_2 \end{aligned} \tag{5-105}
$$

整理上面两个方程并对两边平方，然后将平方值相加，得

$$
\begin{gathered} (p_xC_1+p_yS_1-C_{234}L_5)^2=(C_{23}L_4+C_2L_2)^2 \\ (p_z-S_{234}L_5)^2=(S_{23}L_4+S_2L_2)^2 \\ (p_xC_1+p_yS_1-C_{234}L_5)^2+(p_z-S_{234}L_5)^2=L_2^2+L_4^2+2L_2L_4(S_2S_{23}+C_2C_{23}) \end{gathered} \tag{5-106}
$$

根据三角函数方程，可得

$$
S_2S_{23}+C_2C_{23}=\cos[(\theta_2+\theta_3)-\theta_2]=\cos\theta_3 \tag{5-107}
$$

于是

$$
C_3=\frac{(p_xC_1+p_yS_1-C_{234}L_5)^2+(p_z-S_{234}L_5)^2-L_2^2-L_4^2}{2L_2L_4} \tag{5-108}
$$

已知

$$S_3 = \pm\sqrt{1-C_3^2} \tag{5-109}$$

于是可得

$$\theta_3 = \arctan\frac{S_3}{C_3} \tag{5-110}$$

从而可得

$$-S_{234}(C_1a_x+S_1a_y)+C_{234}a_z=0\rightarrow$$

$$\theta_{234}=\arctan\left(\frac{a_z}{C_1a_x+S_1a_y}\right)\text{和}\ \theta_{234}=\theta_{234}+180° \tag{5-111}$$

由此可计算 S_{234}和 C_{234}，如前面所讨论过的，它们可用来计算 θ_3。

现在再参照式（5-111），并在这里重复使用它就可计算角 θ_2 的正弦和余弦值。具体步骤如下：

$$p_xC_1+p_yS_1=C_{234}L_5+C_{23}L_4+C_2L_2$$

$$p_z=S_{234}L_5+S_{23}L_4+S_2L_2 \tag{5-112}$$

由于 $C_{12}=C_1C_2-S_1S_2$ 以及 $S_{12}=S_1C_2+C_1S_2$，可得

$$\begin{cases}p_xC_1+p_yS_1-C_{234}L_5=(C_2C_3-S_2S_3)L_4+C_2L_2\\ p_z-S_{234}L_5=(S_2C_2+C_2S_2)L_4+S_2L_2\end{cases} \tag{5-113}$$

上面两个方程中包含两个未知数，求解 C_2 和 S_2，可得

$$\begin{cases}S_2=\dfrac{(C_3L_4+L_2)(p_z-S_{234}L_5)-S_3L_4(p_xC_1+p_yS_1-C_{234}L_5)}{(C_3L_4+L_2)^2+S_3^2L_4^2}\\ C_2=\dfrac{(C_3L_4+L_2)(p_xC_1+p_yS_1-C_{234}L_5)+S_3L_4(p_z-S_{234}L_5)}{(C_3L_4+L_2)^2+S_3^2L_4^2}\end{cases} \tag{5-114}$$

这个方程的所有元素都是已知的，计算得到

$$\theta_2=\arctan\frac{(C_34_4+L_2)(p_z-S_{234}L_5)-S_3L_4(p_xC_1p_yS_1-C_{234}L_5)}{(C_3L_4+L_2)(p_xC_1+p_yS_1-C_{234}L_5)+S_3L_4(p_z-S_{234}L_5)} \tag{5-115}$$

可得

$$\theta_{234}=\arctan\left(-\frac{a_xC_1+a_yS_1}{a_z}\right)\text{和}\ \theta_{234}=\theta_{234}+\pi \tag{5-116}$$

既然 θ_2 和 θ_3 已知，进而可得

$$\theta_4=\theta_{234}-\theta_2-\theta_3 \tag{5-117}$$

因为式（5-117）中的 θ_{234}有两个解，所以 θ_4 也有两个解。

由方程（5-99）的（1，3）和（2，3）元素可得

$$\begin{cases}S_5=C_{234}(C_1a_x+S_1a_y)+S_{234}a_z\\ C_5=-C_1a_y+S_1a_x\end{cases} \tag{5-118}$$

$$\theta_5=\arctan\frac{C_{234}(C_1a_x+S_1a_y)+S_{234}a_z}{S_1a_x-C_1a_y} \tag{5-119}$$

用 $\boldsymbol{A}_5$ 逆左乘式（5-119）对它解耦，得到

$$\theta_6=\arctan\frac{-S_{234}(C_1n_x+S_1n_y)+C_{234}n_z}{-S_{234}(C_1o_x+S_1o_y)+C_{234}o_z} \tag{5-120}$$

至此找到了 6 个方程，根据它们可以解出将机器人放于任何位姿时各关节需要旋转的角度。这种方法不仅适用于本节所研究的机器人，也可采取类似的方法来分析处理其他机器人。

5.6.3 运动学逆解的实验验证

六自由度机械臂正逆运动学程序流程图如图 5–25 所示。

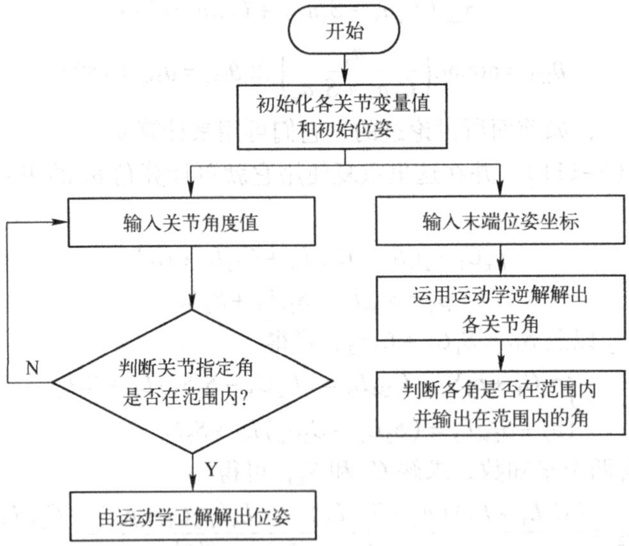

图 5–25 机械臂正逆运动学程序流程图

图 5–25 为一个验证机械臂逆运动学的流程，预先设定一组机械臂需要到达的一个三维位置数据，将给定数据输入到控制器，实测手臂末端实际运动到的位置。

本章讲述了机器人的坐标变换、机器人建模、运动学与动力学分析、六自由度（工业）机械臂的控制，为后续的上层控制提供理论基础。

习题

1. 简述机器人的动力学。
2. 简述机器人的运动学。
3. 工业机器人对臂部的设计有什么要求?
4. 机器人力雅可比矩阵和速度雅可比矩阵有什么联系?
5. 有一旋转变换，先绕固定坐标系 z_0 轴旋转 45°，再绕其 x_0 轴旋转 30°，最后绕 y_0 旋转 60°，试求其齐次坐标变换矩阵。

第6章　机器人的路径规划

路径规划是机器人研究领域的一个重要的分支，它指的是在存在障碍物的环境中，机器人根据自身的任务，能够按照一定的评价标准（时间最短、路径最短、耗能最少等），寻找出一条从起始状态（包括位置及姿态）到目标状态（包括位置及姿态）的无碰撞最优或次优路径。

路径规划问题定义如下：设B为一机器人系统，这一系统共具有K个自由度，并假设B在一个二维或三维空间V中，在一组几何性质已为该机器人系统所知的障碍物中，可以无碰撞运动。这样，对于B的路径规划问题即为：在空间V中，给定B的一个初始位姿Z_1和一个目标位姿Z_2，以及一组障碍物，寻找一条从Z_1到Z_2的连续的避碰的最优路径，若该路径存在，则规划出这样一条运动路径。路径规划需待解决以下三个问题：

1）使机器人能够从初始点运动到目标点。

2）用一定的算法使机器人能够绕开障碍物并且经过某些必须经过的点。

3）在完成上述任务的前提下尽量优化机器人运行轨迹。

机器人的路径规划问题可以看作为一个带约束条件的优化问题。当机器人处于简单或复杂、静态或动态、已知或未知的环境中时，其路径规划问题的研究内容包括环境信息的建模、路径规划、定位和避障等具体任务。路径规划是为机器人完成长期目标而服务的，因此路径规划是机器人的一种战略性问题求解能力。同时，作为自主移动机器人导航的基本环节之一，路径规划是完成复杂任务的基础，规划结果的优劣直接影响到机器人动作的实时性和准确性，规划算法的运算复杂度、稳定性也间接影响机器人的工作效率。因此，路径规划是机器人高效完成作业的前提和保障，对路径规划进行研究，将有助于提高智能机器人的感知、规划以及控制等高层次能力。

6.1　机器人路径规划方法

机器人路径规划的分类有很多，主要包括：

1）根据外界环境中障碍物是否移动，可以分为环境静止不变的静态规划以及障碍物运动的动态规划。

2）根据目标是否已知，可以分为空间搜索以及路径搜索。

3）根据机器人所处环境的不同，可以分为室内规划以及室外规划。

4）根据规划方法的不同，可以分为精确式以及启发式。

5）根据机器人系统中可控制的变量的数目是否少于其姿态空间维数，可以分为非完整系统的运动规划以及完整系统的路径规划。

6）根据对外界信息的已知程度，可以分为环境信息已知的全局路径规划（又称静态或离线路径规划）以及环境信息位置或部分已知的局部路径规划（又称动态或在线路径规划）。

6.1.1 离线路径规划

当机器人对外界环境全部已知时，机器人将可以进行全局的路径规划。由于外界环境全部已知，故机器人的路径规划可以在完全离线的状态下进行。在执行任务之前，机器人可以根据已知的环境信息规划出一条从起始点到终点的最优运动路径，路径规划的精确程度取决于所获取的信息的准确程度。离线路径规划包括环境建模以及路径搜索两个子问题，该路径规划方法过程主要分为以下三个环节：

1）利用相关环境建模技术划分环境空间。

2）形成包含环境空间信息的搜索空间。

3）搜索空间上应用各种搜索策略进行搜索。

在预先知道准确的全局环境信息的前提下，离线路径规划可以寻找最优解，但其计算量大、实时性差，不能较好地适用于动态非确定环境。其主要方法包括栅格法、自由空间法和可视图法等。

（1）栅格法

栅格法的基本思想是将机器人的工作空间分解成一系列具有二值信息的网格单元，该网格单元即被称为栅格。每个栅格都由固定的值1或者0来表示，不同的数值用以表明该栅格是否存在障碍物。完成环境建模以后，可以利用搜索算法在地图上搜索一条从起始栅格到目标栅格的路径。该方法将在6.2.1节中进行详细阐述。

（2）自由空间法

该方法采用结构空间描述机器人所处的环境，将机器人缩小成点，将其周围的障碍物及边界按照比例相应地扩大，使得机器人能够在自由空间中移动到任意一点，并且不会与障碍物及其边界发生碰撞。采用自由空间法进行路径规划，需使用预先定义的广义锥形或凸多边形等基本形状构建自由空间，具体方法为从障碍物的一个顶点开始，依次做与其他顶点的连接线，使得连接折线与障碍物边界所围成的空间为面积最大的凸多边形。取各连接线段的中点，用折线依次连接到的网络即为机器人的可行路径。最后，通过一定的搜索策略得到最终的规划路径。自由空间法比较灵活，起始点和目标点的改变不会对连通图造成重构，可以实现对网络图的维护，但其缺点为障碍物密集的环境中，该方法可能会失效，且有时不能保证得到最短路径。该方法适用于精度要求不高、机器人移动速度较慢的场合。

（3）可视图法

该方法是一种基于几何建模的路径规划方法，其将机器人视为一点，并利用机器人的起始点、终点以及各障碍物的顶点构造可视图。具体方法为：将这些点进行连接，使某点与周围的某可视点相连，这样可保证相连的两点间不存在障碍物和边界，也即直线是可视的。此时，机器人的路径变为点之间的不与障碍物相交的连接线段，再利用某种搜索算法从中寻求最优路径。由于可视图中的路线都是无碰撞路径，因此可确保机器人能够躲避障碍，搜索最优路径的问题即转化为从起始点到目标点经过这些可视直线的最短距离问题。该方法可以寻求最短路径，但是缺乏灵活性，当机器人的起始点和目标点发生改变时，需重新构造可视图。

6.1.2 在线路径规划

当机器人对自身所处的环境信息部分已知或完全未知时，就无法采用离线的方法。此时机器人需利用自身所携带的传感器对环境进行探索，并对传感器反馈得到的信息进行进一步的处理分析以便进行实时的路径规划，即为在线路径规划。未知环境下的机器人路径规划问题包括了机器探索、机器发现和机器学习的智能行为过程，在硬件设备（包括移动机器人平台、传感器设备和定位系统等）充分保证的情况下，机器人被赋予在没有预先环境信息的状况下从环境中给定的出发点出发，最终到达目标点的任务。在这一任务中，机器人的探索、发现是由传感器设备完成的，机器人对环境信息的学习和掌握是依靠指导其行为的算法过程实现的。考虑到大多数情况下，人类无法到达机器人的工作区域，由机器人利用传感器自主创建地图并进行在线的路径规划无疑将更具有广阔的应用前景。

在线规划也即局部路径规划，局部路径规划侧重考虑机器人探知的当前局部环境信息，这使机器人具有良好的避障能力。此外，与离线规划方法相比，在线路径规划具有实时性和实用性，对动态环境有较强的适应能力，克服了离线规划的不足之处；但其缺点在于其仅依靠局部信息进行判断，因此有时会产生局部极值点或振荡，使得机器人陷于某范围而无法顺利地到达目标点或者造成大量的路径冗余和计算浪费。在线路径规划的方法主要包括人工势场法、模糊逻辑算法、神经网络法和遗传算法等。

（1）人工势场法

该方法的基本思想将机器人在环境中的运动看作为在虚拟人工力场中的运动。其中目标点产生引力势场，障碍物产生斥力势场，机器人在该虚拟势场中沿着合势场的负梯度方向进行运动即可得到一规划路径。具体内容将在6.2.2节中进行阐述。

（2）模糊逻辑算法

该方法是在美国加州大学伯克利分校的Zadeh教授于1965年创立模糊集合理论的数学基础上发展起来的。其必须先要对传感器反馈得到的信息进行模糊化处理并输入模糊控制器，在先验知识的指导下，模糊控制器根据模糊规则控制机器人的运动。其中，模糊规则是根据现实生活中司机的驾驶经验所得出的。模糊逻辑算法实时性较好，适用于未知环境下的路径规划，并且其能够处理对定量要求高、具有很多不确定数据的情况，因此具有很强的适应性。其缺点在于模糊规则难以获得，需根据先验知识，故灵活性较差。并且当输入量较多时，会造成推理规则的急剧膨胀和推理结果的极大不确定。

（3）神经网络法

神经网络是一门新兴的交叉学科，兴起于20世纪40年代，它是一种应用类似于大脑神经突触联接的结构进行信息处理的数学模型，目前已经应用到了各领域中。具体到机器人的路径规划问题，其基本思想是将传感器系统反馈得到的信息作为网络的输入量，经过神经网络控制器处理之后进一步控制机器人的运动，即为神经网络的输出。神经网络需要大量的原始数据样本集，然后需对其中重复的、冲突的和错误的样本进行剔除得到最终样本，对神经网络不断训练以得到满意的控制器。由于神经网络是一个高度并行的分布式系统，因此适用于实时性要求较高的机器人系统，其缺点在于难以确定合适的权值。

（4）遗传算法

该方法是根据达尔文进化论以及孟德尔、摩根的遗传学理论，通过模拟生物进化的机制构造的人工系统。其基本思想是：首先初始化种群内的所有个体，然后进行选择、交叉、变异等遗传操作，经过若干代进化之后，输出当前最优的个体。具体内容将在6.2.3节中进行阐述。

在实际的应用中，面对不同的工作环境、不同的规划任务、不同性能的机器人，不同的路径规划方法取得的效果也不一样。目前尚无一种规划方法能适用于所有的外界环境，往往是结合多种规划方法实现最优的路径规划。通常，可以综合使用离线路径规划与在线路径规划的方法，在正式执行任务之前，机器人根据可得到的环境信息进行全局的离线规划，而在行进过程中，机器人再根据传感器反馈得到的信息进行局部的实时在线规划。

6.2 智能规划

经过科研人员几十年的研究，已经提出了很多种路径规划的方法。目前应用较广的包括以几何法、栅格建模法、人工势场法为主的传统算法以及以遗传算法、神经网络算法为主的智能算法。本节将对栅格建模法、人工势场法以及遗传算法做出详细的介绍。

6.2.1 栅格建模法

栅格建模法是一种广泛应用于各种移动机器人的全局路径规划方法，由Howden于1986年提出，他在进行路径规划时采用了利用栅格建立的地图。实际上，栅格建模法是一种针对机器人所处的活动空间的环境建模的方法。机器人在进行规划之前，必须先将环境的描述由外部的原始形式通过一系列的处理后转化成为适合规划的内部世界模型。由此可见，仅使用栅格建模法进行机器人的路径规划是不够的，还需通过优化算法完成路径搜索。

栅格建模法是使用相同尺寸的栅格对机器人的二维工作空间进行划分，栅格的大小以机器人的自身尺寸为准。若在某个栅格范围内不存在障碍物，则称此栅格为自由栅格；若在某个栅格范围内存在障碍物，则称此栅格为障碍栅格。并且在机器人运动的过程中，障碍物的大小和位置不会发生改变。该方法利用栅格记录环境信息，环境被量化成具有一定分辨率的栅格。由此，机器人的工作环境被分解成一系列具有二值信息的网格单元。

应用栅格建模法进行机器人的路径规划主要分为两步，分别为栅格模型设计以及路径搜索。

（1）栅格模型设计

设机器人所处环境的最大长度为L，宽度为W，栅格的长宽均为b，则栅格数为$(L/b)\times(W/b)$，环境Map由栅格map_i构成：

$$Map=\{map_i, map_i=0 \text{ 或 } 1, i \text{ 为整数}\}$$

其中$map_i=0$表示此为自由区域，栅格内无障碍物，机器人可通行；$map_i=1$表示此为障碍区域，栅格内存在障碍物，机器人不可通行。栅格的大小会直接影响到环境信息存储量的大小和规划时间的长短。若栅格划分过大，环境信息存储量较小，规划时间较短，但是分辨率会下降，在密集环境中发现路径的能力减弱；若栅格划分过小，环境分辨率会提高，在密集环境中发现路径的能力增强，但是环境信息的存储量变大，规划时间较长。

根据栅格与不可行区域的交集，可将栅格分为三种类型：

1）完全可行栅格：栅格内所有的区域都是安全可行的。

2）完全不可行栅格：栅格内的区域都不是安全可行的。

3）不完全可行栅格：栅格内的一部分是安全可行的，一部分不是安全可行的。

为了减少搜索路径的复杂度，可将不完全可行栅格归于完全不可行栅格。在进行路径搜索之前，应先将完全可行栅格用空白方格表示，完全不可行栅格用黑色方格表示，则机器人的活动环境如图 6–1 所示。

然后需对环境进行编号。如图 6–2 所示，栅格的标识方法主要有以下两种：

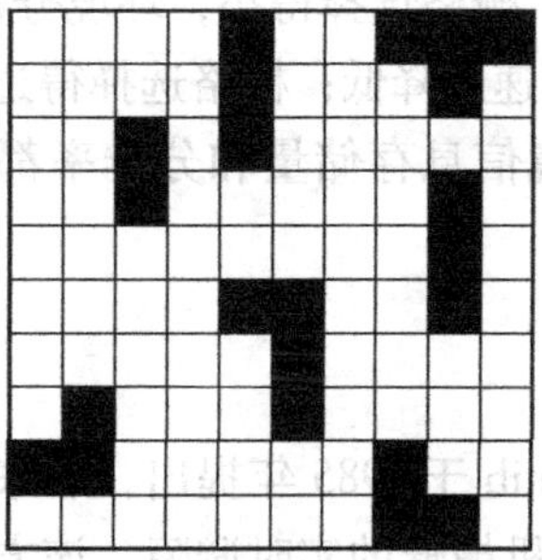

图 6–1　栅格法环境建模

y \ x	0	1	2	3	4	5	6	7	8	9
0	0	1	2	3	4	5	6	7	8	9
1	10	11	12	13	14	15	16	17	18	19
2	20	21	22	23	24	25	26	27	28	29
3	30	31	32	33	34	35	36	37	38	39
4	40	41	42	43	44	45	46	47	48	49
5	50	51	52	53	54	55	56	57	58	59
6	60	61	62	63	64	65	66	67	68	69
7	70	71	72	73	74	75	76	77	78	79
8	80	81	82	83	84	85	86	87	88	89

图 6–2　坐标系法表示的栅格地图

1）坐标系法：利用图 6–2 所示的坐标系进行建模，每个栅格区间对应坐标轴上的长度区间，每个栅格都可以利用直角坐标的（x,y）唯一地进行表示。

2）编号法：按照从左到右、从下到上的顺序从 1 开始对每个栅格进行编号。每个栅格都有唯一对应的编号。

本书对栅格编号采用的是编号法，则机器人活动环境的编号图如图 6–3 所示。

每个栅格内都有一个表征值，表示障碍物对机器人的危险程度。对于较高表征值的栅格，机器人将优先躲避。表征值会按栅格与机器人的距离被事先划分为若干等级，每个等级对机器人的躲避方向会产生不同的影响。如图 6–4 所示，障碍物所在栅格的表征值为 1000；障碍物只对周围相邻 8 个方向的栅格有影响，可设东、南、西、北四个方向栅格的表征值为 8；东北、东南、西北、西南方向的表征值为 6。

99	100	101	102	103	104	105	106	107	108	109	110	111	112
85	86	87	88	89	90	91	92	93	94	95	96	97	98
71	72	73	74	75	76	77	78	79	80	81	82	83	84
57	58	59	60	61	62	63	64	65	66	67	68	69	70
43	44	45	46	47	48	49	50	51	52	53	54	55	56
29	30	31	32	33	34	35	36	37	38	39	40	41	42
15	16	17	18	19	20	21	22	23	24	25	26	27	28
1	2	3	4	5	6	7	8	9	10	11	12	13	14

图 6–3　编号法表示的栅格地图

西北（6）	北（8）	东北（6）
西（8）	障碍物（1000）	东（8）
西南（6）	南（8）	东南（6）

图 6–4　障碍物及周围栅格的赋值

(2) 路径搜索

传统的路径搜索方法将起点处的栅格视为参考栅格，从该栅格相邻的栅格中选取表征值最小的栅格作为机器人的行进方向，并将该栅格作为新的参考栅格。重复该过程直到机器人抵达目标点所处的栅格。

除了传统的路径搜索方法之外，目前最常用的路径搜索方法还包括启发式算法 A^* 算法、遗传算法等。

栅格建模法具有简单、实用、操作方便等优点。同时在路径规划的过程中，该方法无须考虑障碍物是否为规则物体，也无须考虑运动对象的运动轨迹、数目和形状。从理论上分析，只要在起点和终点之间存在通路，栅格法就一定能搜寻到一条从起点到终点的路径。但是，栅格建模法的不足之处就在于栅格的大小对路径规划的影响极大。栅格选择得小，环境分辨率大、环境信息存储量大，但是会使机器人的抗干扰能力下降、决策速度降低；栅格选择得过大，虽然会提高机器人的抗干扰能力以及决策速度，但相应的环境信息存储量和分辨率都会随之降低。

6.2.2 人工势场法

人工势场法（Artificial Potential Field，APF）最初由 Khatib 于 1985 年提出，后来成功地应用到了他的博士论文中机械臂的避障运动规划上，实现了机械臂的实时避障。该方法同样适用于移动机器人的路径规划，并常用于多个变量下的移动机器人领域。

人工势场法引入了物理学中场论的概念，其把移动机器人在环境中的运动视为一种在人工虚拟力场中的运动。其基本思想是目标物产生吸引势对机器人产生引力作用，而障碍物产生排斥势对机器人产生斥力作用。吸引势和排斥势叠加构成机器人运动的虚拟势场，势场的负梯度作为作用在机器人上的虚拟力，也即机器人在引力和斥力的合力下运动，该思想类似于电子在正负电荷产生的电场中的运动。势场力分析示意图如图 6-5 所示。

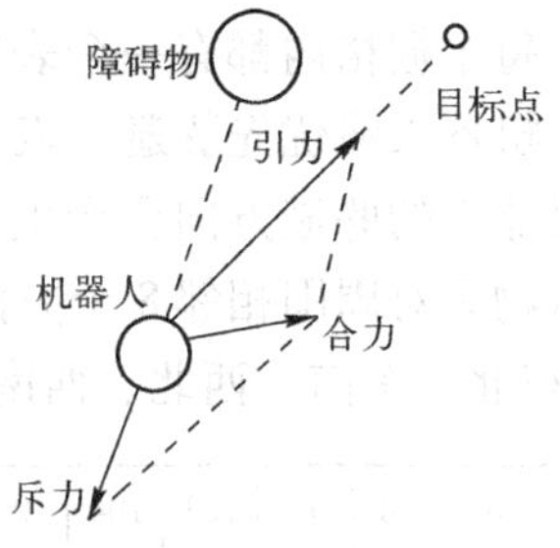

图 6-5 势场力分析示意图

采用人工势场法来解决机器人的路径规划问题，需要首先建立势场函数解决势场力，再由势场力驱动机器人向目标点移动。势场函数包括多种类型，主要有虚拟力场、牛顿型势场、圆形对称势场、超四次方势场以及调和场等。无论采取何种类型的势场函数，其都是试图使障碍物的分布情况及其形状等信息反映在环境每一点的势场值中。势场函数由引力势函数和斥力势函数组成。

假设机器人为一个点，则所得的势场是二维的 (x,y)。并假定一个势场函数 $U(q)$ 是可微的，则可得到作用于位置 $q=(x,y)$ 的人工力 $F(q)$ 为

$$F(q) = -\nabla U(q) \tag{6-1}$$

式中，$\nabla U(q)$ 表示在位置点 q 处的梯度向量，其方向为 q 处势场变化率最大的方向。则对于二维空间中的 $q(x,y)$ 有

$$\nabla U(q) = \begin{bmatrix} \dfrac{\partial U}{\partial x} \\ \dfrac{\partial U}{\partial y} \end{bmatrix} \tag{6-2}$$

(1) 斥力势场函数的选取

在势场中，障碍物产生的势场对机器人产生排斥作用。当机器人距障碍物越近时，排斥力越大，机器人具有的势能越大；当机器人距离障碍物越远时，排斥力越小，机器人具有的势能越小。并且这种排斥力在障碍物与机器人之间距离大于一定范围时应该等于0。该势场与电势场相似，即势能的大小与距离成反比关系，因此可取斥力势场函数：

$$U_{rep}(q)=\begin{cases}\dfrac{1}{2}K_{rep}\left(\dfrac{1}{\rho(q)}-\dfrac{1}{\rho_0}\right)^2, & \rho(q)\leqslant\rho_0\\ 0, & \rho(q)>\rho_0\end{cases} \tag{6-3}$$

式中，$U_{rep}(q)$为排斥势位；K_{rep}为正比例因子；$\rho(q)$为 q 点到物体的最短距离；ρ_0为物体的影响距离。当 q 点越接近障碍物时，排斥势位趋于无穷大。因此可得排斥力 F_{rep}：

$$\begin{aligned}F_{rep}(q)&=-\nabla U_{rep}(q)\\&=\begin{cases}K_{rep}\left(\dfrac{1}{\rho(q)}-\dfrac{1}{\rho_0}\right)\dfrac{1}{\rho^2(q)}\dfrac{q-q_{obstacle}}{\rho(q)}, & \rho(q)\leqslant\rho_0\\ 0, & \rho(q)>\rho_0\end{cases}\end{aligned} \tag{6-4}$$

(2) 引力势场函数的选取

在势场中，目标物产生的势场对机器人产生引力作用。当机器人距离目标物越远时，吸引力作用越大；当距离越小时，吸引力就越小，而当距离为零时，机器人的势能为0，此时机器人抵达终点。该性质与弹性势能相似，弹性势能与距离的二次方成正比，因此可取引力势场函数：

$$U_{att}(q)=\frac{1}{2}K_{att}\rho_{goal}^2(q) \tag{6-5}$$

式中，$U_{att}(q)$为吸引势位；K_{att}为正比例系数；$\rho_{goal}(q)$为 q 点到目标物的距离。因此，可得吸引力 F_{att}：

$$\begin{aligned}F_{att}(q)&=-\nabla U_{att}(q)\\&=-K_{att}\rho_{goal}(q)\nabla\rho_{goal}(q)\\&=-K_{att}(q-q_{goal})\end{aligned} \tag{6-6}$$

(3) 全局势场的生成

全局势场可由斥力势场和引力势场的和得到，应用叠加原理可得全局势场 $U(q)$为

$$U(q)=U_{att}(q)+U_{rep}(q) \tag{6-7}$$

合力的计算公式为

$$F(q)=-\nabla U(q)=-\nabla U_{att}(q)-\nabla U_{rep}(q)=F_{att}(q)+F_{rep}(q) \tag{6-8}$$

人工势场法的优点在于其结构简单、易于实现，便于底层的实时控制。在理想条件下，通过设置一个正比于场力向量的机器人速度向量，与球绕过障碍物向山下滚动一样，可得到平滑的运动路径。并且由于斥力场的作用，机器人总是会远离障碍物的势场范围，因此其路径也是安全的。同时，系统的路径生成和控制直接与环境实现了闭环，从而大大加强了系统的适应性和避障性能。

但是人工势场法也具有其局限性。在实际的应用中，其主要问题在于当环境信息相对复杂时，机器人以某种特殊的运动状态位于目标物与障碍物所形成的特殊位置时，机器人将不能顺利抵达目标点。这些问题主要描述如下：

1）全局最小值问题。如图 6-6 所示，在目标点周围存在障碍物，当机器人逐渐向目标点靠近时，会进入到障碍物影响的范围之内。此时，机器人距离目标点越近，其受到的引力越大，而机器人距离障碍物越近时，其受到的排斥力也会急剧增大。在该情形下，目标点不是全局的总势场的最低点，机器人也将无法抵达目标点，此为人工势场法的目标不可达问题。

2）局部极小值问题。如图 6-7 所示，当目标点对机器人产生的吸引力以及障碍物对机器人的排斥力正好大小相等、方向相反时，也即引力与斥力所形成的合力为零时，机器人会误以为已经抵达目标点，就此停滞不前或徘徊，最终不能抵达目标点。

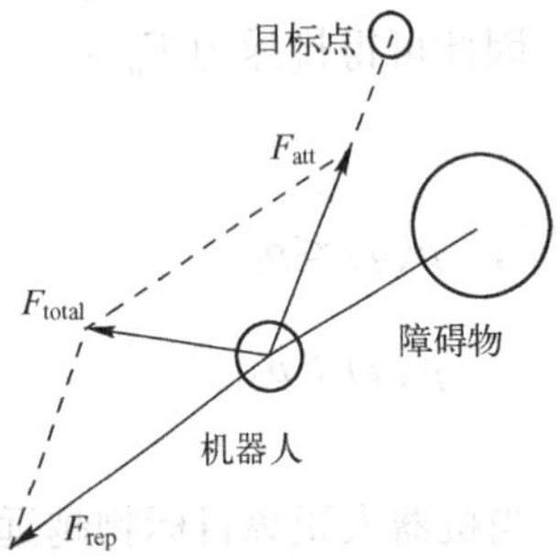

图 6-6　全局最小值问题分析示意图

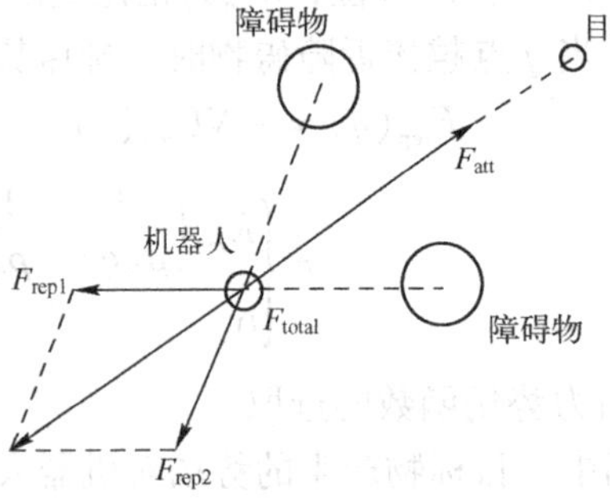

图 6-7　局部极小值问题分析示意图

3）路径振荡问题。同样是在机器人所受合力为零的情况下，但此时机器人的速度没有减速到零，因此机器人在惯性的作用下会继续向前移动。离开合力为零点之后，机器人受到排斥力的作用，速度逐渐减小为零后开始向后运动。如此循环往复，机器人会在障碍物面前产生振荡现象，将不能抵达目标点。

6.2.3　遗传算法

遗传算法是一类借鉴生物界自然选择和自然遗传机制的随机搜索算法，达尔文的自然选择学说是遗传算法发展的基础，其最初是在 20 世纪 60 年代末期到 70 年代初期由美国 Michigan 大学的 John Holland 提出的。该方法是 John Holland 与其同事、学生在细胞自动机研究过程中，从自然系统中生物的复杂适应过程入手，模拟生物进化机制而构造的人工系统模型。20 世纪 70 年代 De Jong 基于遗传算法的思想在计算机上进行了大量的纯数值函数优化计算实验。20 世纪 80 年代由 Goldberg 进行归纳总结，形成了遗传算法的基本框架。在随后的几十年中，遗传算法得到了极大的发展，特别是自进入 20 世纪 90 年代以来，遗传算法迎来了兴盛发展时期，无论是理论研究还是应用研究都成了十分热门的课题。目前其已经被广泛地应用于机器人系统、神经网络学习过程、模式识别、图像处理、工业优化控制、自适应控制、遗传学以及社会科学等领域。

由于遗传算法是由进化论和遗传学机理而发展起来的搜索算法，所以该算法会涉及一些生物遗传学中的术语，现简要介绍如下：

1）染色体：细胞内具有遗传性质的遗传物质深度压缩形成的聚合体，是遗传信息的主要载体。

2）遗传因子：即基因，是具有遗传效应的 DNA 片段，也是控制生物形状的基本遗传单位。

3）个体：染色体带有特征的实体。

4）种群：染色体带有特征的个体的集合，是进化的基本单位。

5）进化：生物以种群的形式，逐渐适应其生存环境，使其品质不断得到改良的生命现象，其实质是种群基因频率的改变。

6）适应度：表示个体对环境的适应程度，对生存环境适应程度比较高的物种将获得更多的繁衍机会，而对生存环境适应程度比较低的物种将获得较少的繁衍机会，甚至会逐渐灭绝。

7）选择：生物在生存斗争中适者生存、不适者被淘汰的现象。

8）复制：由亲代 DNA 合成两个相同子代 DNA 的过程。

9）交叉：有性生殖生物在繁殖下一代时两个同源染色体之间通过交叉而重组，亦即在两个染色体的某一个相同位置处 DNA 被切断，其前后两串分别交叉组合形成两个新的染色体，该过程又被称为基因重组。

10）变异：亲子之间以及子代个体之间性状表现存在差异的现象，可分为基因重组、基因突变和染色体畸变。

11）编码：DNA 中遗传信息在一个长链上按照一定的模式排列，也即进行了遗传编码。遗传编码可看作为从表现型到遗传子型的映射。

12）解码：从遗传子型到表现型的映射。

遗传算法的基本操作包括选择、交叉和变异，该算法利用这些遗传操作来编写控制机构的计算程序，用数学方式对生物进化的过程进行模拟。遗传算法的运行过程是一个不断迭代的过程，它从一个具有潜在解集的初始种群开始，利用自然遗传学的遗传算子进行交叉、变异不断繁殖下一代种群。对于每一代新繁殖的种群，将根据个体的适应度，按照优胜劣汰以及适者生存的原则对种群个体进行筛选，这样逐代演化便可产生更好的近似解。该过程通过模拟自然进化过程得到的后生种群将会比前代种群更加适应于环境，将末代种群中的最优个体进行解码即可以得到问题近似的最优解。基本遗传算法的主要操作步骤如下：

第一步：指定编码、解码策略。

第二步：随机产生 M 个个体以构成初始种群。

第三步：根据适应度函数确定个体的适应度。

第四步：判断是否满足算法的终止条件，若满足则转至第六步。

第五步：对种群的个体进行选择、交叉和变异操作，产生新一代种群并转至第三步。

第六步：输出搜索结果并终止算法。

基本遗传算法的程序流程图如图 6-8 所示。

根据遗传算法的基本流程图可知，遗传算法主要由编码方式、初始群体的产生方法、适应度函数、遗传操作、算法终止条件以及算法的参数设置六个部分组成。

1. 编码

编码是应用遗传算法首要解决的问题。编码即是将一个问题的可行解从其物理空间转换到遗传算法所能处理的搜索空间的转换方法，形象的解释就是将个体的信息变换转化成计算机能够识别的机器语言以供计算机进行计算。编码方法不仅决定了个体从搜索空间的基因型变换到物理空间的表现型的解码方法，也关系到了交叉、变异等运算方法。同时，编码的长度也是影响计算时间的主要因素之一。由此可见，编码方法是应用遗传算法的关键步骤。De Jong 曾经提出了两条操作性较强的实用编码原则，第一条是积木块编码原则，指的是应使用易于产生与所求问题相关的低阶、短长度的编码方案；第二条是最小字符集编码原则，指的是应使用使问题得到自然表示的、具有最小编码字符集的编码方案。

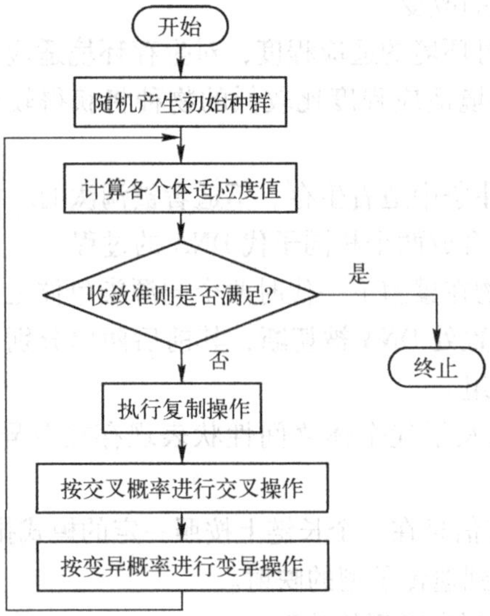

图 6-8　遗传算法流程图

常用的编码方法包括二进制编码方法、格雷码编码方法、浮点数编码方法、符号编码方法、多参数级联编码方法以及多参数交叉编码方法。

2. 初始种群的产生

初始种群的选择一般采用随机产生的方法，一般来讲，可以采用以下两条策略：第一是根据问题的固有知识，设法把握最优解所占空间在整个问题空间中的分布范围，然后在此范围内设定初始种群；第二是先随机生成一定数目的个体，然后从中挑出最好的个体加到初始种群中，重复该过程，直到初始种群中的个体数目达到预先确定的规模。

采用随机的方法获取初始种群不依赖于问题本身，因此随机产生的初始种群可以更清楚地考查算法的行为和性能。对于存在具有约束的非线性规划问题，随机产生的初始种群可能存在着不满足约束条件的不可行解，但是对于一个优良的算法并不会影响其得到最后的优化结果，而对于优化的速度则可能带来一定的影响。若初始群体都是可行解，则可以加快收敛速度。

3. 适应度函数

在进化论中，适应度用以表示个体对环境的适应能力。个体对生存环境的适应程度越高将会有更多的繁殖机会。在遗传算法中同样采用了适应度的概念，用以衡量种群中各个个体在优化计算中接近最优解的程度。从数学的角度分析可知，遗传算法是一种概率性搜索算法，种群中的每一个个体被遗传到下一代中的概率是由该个体的适应度确定的。因此，在该算法中种群的进化过程是以种群中每个个体的适应度的大小为依据的，通过反复迭代并不断寻求适应度较大的个体以便最终获取问题的最优解。

遗传算法中个体适应度的度量可利用适应度函数完成。由于遗传算法在进行搜索的过程中基本不需要借助外界的信息，仅仅以适应度函数为依据，因此适应度函数设计的合理与否直接影响到算法整体的性能。若是过分追求当前适应度较优的个体，则这些相对较优的个体将在下一代种群中占有较高的比例，从而会降低种群的多样性，导致算法出现早熟的现象，反之则会使算法的收敛过程延长。

适应度函数的设计主要满足以下条件：

1）单指、连续、非负、最大化。

2）合理、一致性，即要求适应度值能够反映对应解的优劣程度。

3）计算量小，以便节约存储空间和减少计算时间。

4）通用性强，对同类的具体的问题应具有普遍的适用性。

4. 遗传操作

遗传算法中的遗传操作一般包括三个基本的遗传算子，分别为选择算子、交叉算子以及变异算子。

（1）选择算子

在遗传算法中利用选择操作来确定从父代种群遗传到子代的个体，选择算子依据优胜劣汰的原则对种群中的个体进行筛选操作。选择策略对算法的性能也有着一定的影响，不同的选择策略将会导致不同的选择压力。一般来说，常用的选择算子的方法包括轮盘赌选择法、繁殖池选择法和竞标赛选择方法等。

（2）交叉算子

进行选择操作只是从种群中挑选优秀的个体，并没有产生新的个体。要想产生新的个体就必须进行交叉操作和变异操作。交叉操作是模拟生物进化的交配重组环节，在生物的自然进化过程中，两个相互配对的染色体按某种方式相互交换部分基因从而产生新的物种。由此可见，在进行交叉运算之前需要对种群中的个体进行配对，配对的方法常采用随机配对的方法。此外，交叉算子的设计和实现与所研究的问题密切相关，一般要求它既不要太多地破坏个体编码串中表示优良性状的优良模式，又要能够有效地产生出一些较好的新个体模式，交叉算子的设计要和个体编码设计进行统一地考虑。基本的交叉算子包括单点交叉、双点交叉以及多点交叉。

（3）变异算子

仅仅利用交叉操作会使种群失去多样性，其得到的结果可能只是局部最优解。为了保证种群物种的多样性，可采取变异操作。变异操作是以较小的概率将个体染色体编码串中的某些基因座上的基因值用该基因座的其他等位基因来替换，从而可以产生一个新的个体。变异操作主要有两个步骤，第一步是在种群所有个体的码串范围内随机地确定基因位置；第二步是以事先设定的变异概率 P_m 对这些基因座的基因值进行变异。常用的变异操作方法包括基本位变异法、均匀变异法、正态性变异法以及自适应性变异法等。

5. 算法终止条件

当最优个体的适应度达到给定的阈值，或者最优个体的适应度和种群适应度不再上升时，或迭代次数达到预设的代数时，算法即可终止。

6. 算法的参数设置

遗传算法中各个参数的选取是很重要的，不同的参数会对遗传算法的性能产生不同的影响。遗传算法中主要的参数包括种群规模、染色体长度、交叉概率及变异概率等。种群规模较大容易找到全局最优解，但是其缺点是增加了每次迭代的时间。染色体的长度主要是由问题求解的精度所决定的，精度越高则搜索空间越大，相应地要求种群大小设置大一些。交叉概率的选择决定了交叉操作的频率，交叉频率越高可使各代能够充分交叉，能较快地收敛到最有希望的最优解的区域，但是过高的交叉概率又可能会导致早熟现象；同时若是交叉概率过低，则会使种群中更多的个体会被直接复制到下一代，导致遗传搜索可能会陷入停滞状态。变异概率的选择决定了变异操作的频率，变异概率较大时可以增加种群的多样性，但是可能会破坏掉好的个体；同时，若变异概率选取较小则会导致产生新个体和抑制早熟现象的能力下降。

本节中将要介绍的是一种基本的基于遗传算法的移动机器人路径规划的方法。在应用遗传算法进行路径规划之前，需要对机器人所处的环境信息进行处理，所采用的环境建模方法即为前面所提及的栅格建模法，然后用一串网格序号的有序排列表示一条机器人的运动路径，采用多条路径组成初始种群作为优化搜索基础，最后利用遗传算子对种群进行遗传操作从而得到最优的路径。下面基于遗传算法的机器人路径规划方法进行详细介绍。

(1) 环境建模

机器人的环境建模采用栅格建模法。假设机器人的工作空间为二维结构化空间，并且工作空间中障碍物的位置及大小已知，并且在机器人运动的过程中，障碍物的位置与大小均不会发生变化。用尺寸相同的栅格对机器人的工作空间进行划分，网格的大小以机器人自身的尺寸为依据。若在某一栅格内不存在障碍物，则该栅格为自由栅格；若在某一栅格内存在障碍物，则该栅格为障碍栅格。而栅格的标识方法则采用序号法。经过划分后的机器人工作空间示意图如图 6-9 所示。

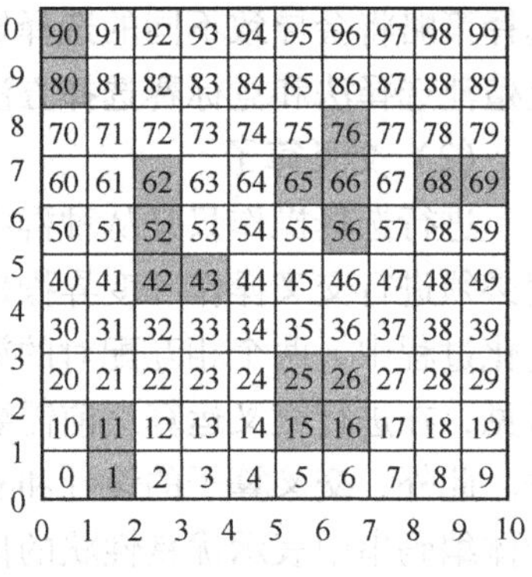

图 6-9 机器人工作空间示意图

(2) 路径个体编码

所谓编码，即是将一个问题的可行解从其解空间转换到遗传算法所能处理的搜索空间的转化过程。机器人路径规划的一个个体是机器人从出发点抵达目标点的一条路径。假设 0 点是机器人的出发点，99 是机器人应当抵达的目标点，则一条路径可以表示为 [0, 11, 12, 13, 14, 15, 26, 37, 48, 59, 69, 79, 89, 99]，即每条染色体都是由一组栅格的序号所组成，并且每条路径中不能出现重复的栅格序号。图 6-10 所示为一条路径与其对应的染色体。

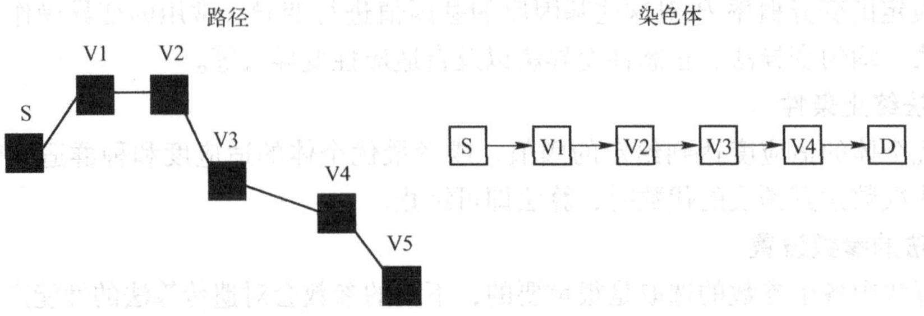

图 6-10 路径和对应的染色体

(3) 种群初始化

种群初始化的目的是为了提供一群个体作为遗传算法开始迭代的起点。初始种群的产生要具备随机性，可采用随机产生染色体的方法，初始路径的产生过程如下：从起始栅格出发，随机选取与起始栅格相邻的自由栅格作为下一路径点，如此往复，直到抵达终止栅格为止。

在一条路径的产生过程中，为避免产生重复路径，当一个栅格被选中之后，随后的随机选择都会将该栅格忽略。若选择一个栅格后发现该栅格不是终止栅格并且该栅格所有相邻栅格均在前面的步骤中被选中，则视该栅格为无效点，应当退回到前一个栅格处进行重新选择。

(4) 适应度函数

每一条染色体的优劣程度是通过适应度函数来判定的。在一般情况下将路径最短作为优化目标，因此适应度函数可以取路径长度的倒数，即当路径越长时，适应度越小，当路径越大时，适应度就越大。所采用的适应度评价函数如下：

$$f=\frac{1}{(1+1/\sqrt{n+1})d} \tag{6-9}$$

式中，n 为个体路径中所包含的栅格的数目；d 为个体路径的长度。

(5) 遗传算子的设计

1) 选择算子。随机从种群中选出一部分个体并根据适应度函数计算出每个个体的适应度，将其中适应度最好的一部分个体遗传到下一代。

2) 交叉算子。随机从种群中选出两个个体，对其栅格序号相同的点进行交叉。若重合的点不止一个，则随机选择一个重合点进行交叉操作。若无重合点则不进行交叉操作。

3) 变异算子。变异方式主要有三种，第一种是随机删除除起始点序号和终止点序号外的一个栅格序号；第二种是在个体中随机选取一点并插入新序号；第三种是在个体中随机选取一个序号并用另一个随机产生的序号进行替代。

遗传算法直接以适应度值作为搜索信息，并不要求适应度函数是可导的或者连续的。因此对于多目标函数、难以求导的函数或者导数不存在的函数的优化问题，采取遗传算法较为方便。同时，遗传算法从初始种群出发，经过一系列的遗传操作产生新的种群，它每次对种群的所有个体同时进行操作，而并非只针对种群中的某一个个体。因此遗传算法是一种全局的并行搜索算法，搜索速度较快并且陷入局部极小的可能性也可大为降低。但是，遗传算法在实际应用过程中也存在着许多局限性，比如会出现迭代次数多、收敛速度慢、易陷入局部极值和过早收敛等现象。

6.2.4 神经网络算法

人工神经网络是由大量的处理单元（神经元）广泛连接组成的人工网络，其反映了人脑的基本特性，但是并非是人脑神经系统的真实写照，而只是对人脑的抽象、简化和模拟。它是一门根植于神经科学、数学、统计学、物理学、计算机科学及工程等学科的技术。

关于人工神经网络的研究始于 20 世纪 40 年代，此后经历了兴起、萧条与兴盛三个阶段。1943 年，精神病学家和神经解剖学家 McCulloch 与数学家 Pitts 在总结了生物神经元的一些基本生理特征的基础上提出了神经元的数学模型。而在 20 世纪 70 年代时期，由于种种原因导致对人工神经网络的研究陷入了低谷。但是在 20 世纪 80 年代初期，美国加州理工学院生物物理学家 Hopfield 先后在美国科学院院刊上发表了两篇关于人工神经网络研究的论文并引起了巨大的反响，掀起了一轮神经网络的研究热潮。目前，有关神经网络的理论已经比较成熟，人工神经网络已经被广泛应用于模式识别、信号处理和人工智能等领域。

在人的大脑皮层中大约存在 100 亿个神经元，人工神经网络也是由大量的处理单元广泛互相连接而成的。人工神经元是人工神经网络的基本组成单位，其模仿的是人类大脑中的生物神经元，神经元是构成生物神经系统结构和功能的基本单位，也是信息处理的基本单位。为建立人工神经元模型，就要了解一下生物神经元传递信息的过程，生物神经元是一个多输入、单输出单元，其是大脑处理信息的基本单元。它主要由细胞体、树突、轴突以及突触组成。

其中细胞体是神经元新陈代谢的中心，也是接收和处理信息的部件。树突围绕细胞体形成树状结构，通过突触接收其他神经元的输入信号。轴突是细胞体向外延伸得最长、最粗的一条树枝纤维体，它是神经元的输出通道。神经元的输出信号通过此通道，从细胞体长距离地传达到神经系统的其他部分。突触是一个神经元的轴突与另一个神经元的树突之间的功能性接触点。在突触处，两个神经元并不相通，仅仅是彼此发生功能联系的界面。关于突触传递，已知的有电学传递和化学传递两种。

神经元之间相互作用的机理至今仍未完全弄清楚，一般来说突触可分为兴奋性和抑制性两种。若突触后膜的电位超过引起神经激发的阈值即为兴奋，否则为抑制型。一个神经元将所有与其输入通道相连的突触上的兴奋电流收集起来，若兴奋电流占主导地位，则该神经元被激活，并将这个信息通过与其输出通道相连的突触传送给其他的神经元。在人脑中，有的神经元只与相邻很少几个神经元通行，而有的神经元却与几千个神经元相连。突触的另一个特点是具有可塑性，即神经元的神经键随着动作电位的脉冲激励方式与强度的变化，其电位传递作用可增强和减弱，这是人工神经网络权值学习的生物学基础。图 6-11 为信息在神经元中的传递示意图。

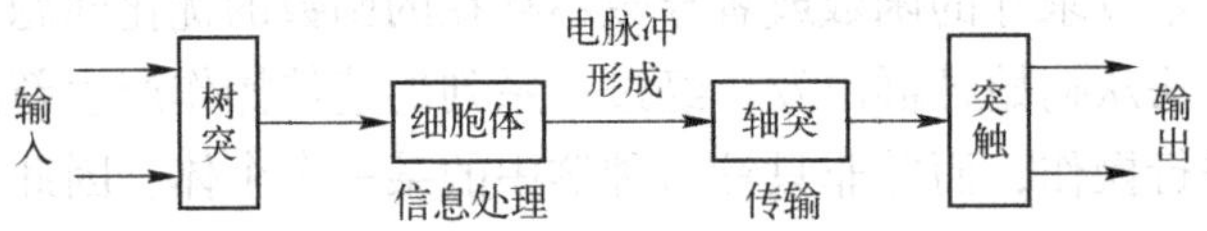

图 6-11　信息在神经元中的传递

一个典型的人工神经元模型如图 6-12 所示。

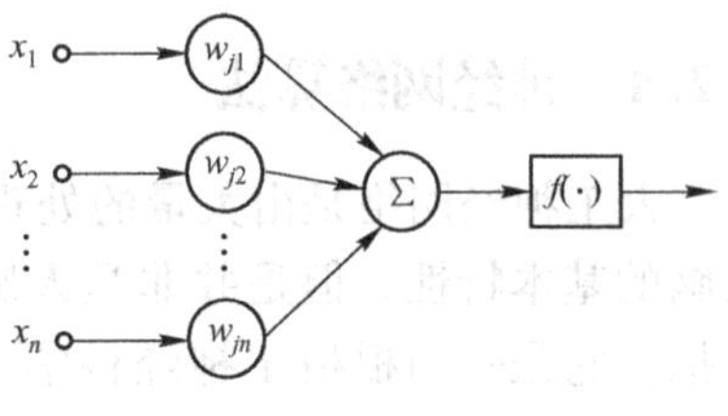

图 6-12　人工神经元模型

此模型的数学表达式为

$$y_j = f\left(\sum_{i=1}^{n} w_{ji}x_i - b_j\right) \tag{6-10}$$

式中，$x_i(i=1,2,\cdots,N)$ 为神经元 i 的输入信号；w_{ji} 为连接权系数；b_j 为神经元的偏移量；n 为输入信号数目；y_j 是第 j 个神经元的输出；$f(\cdot)$ 为激励函数。

激励函数 $f(\cdot)$ 可以取不同的函数，常见的类型介绍如下：

(1) 阈值函数

$$f(s)=\begin{cases}1, & s\geqslant 0\\ 0, & s<0\end{cases} \tag{6-11}$$

其响应函数如图 6-13 所示。

(2) 符号函数

$$f(s)=\begin{cases}1, & s\geqslant 0\\ -1, & s<0\end{cases} \tag{6-12}$$

其响应函数如图 6-14 所示。

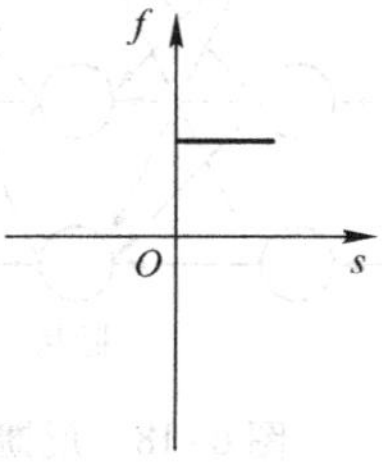

图 6-13 阈值函数

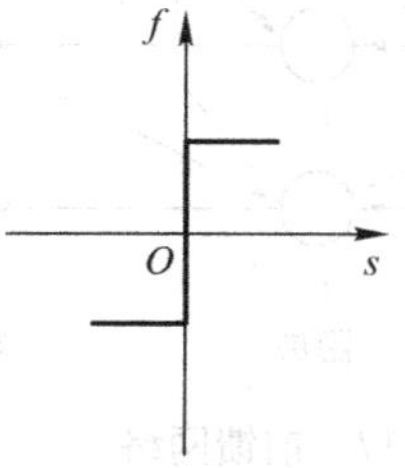

图 6-14 符号函数

(3) 分段线性函数

$$f(s)=\begin{cases}1, & s\geqslant s_1\\ k(s-s_0), & s_0\leqslant s<s_1\\ 0, & s<s_0\end{cases} \tag{6-13}$$

其响应函数如图 6-15 所示。

(4) S 型函数

$$f(s)=\frac{1}{1+e^{-\mu s}} \tag{6-14}$$

其响应函数如图 6-16 所示。

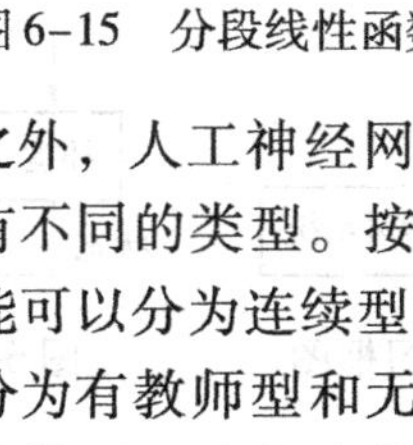

图 6-15 分段线性函数

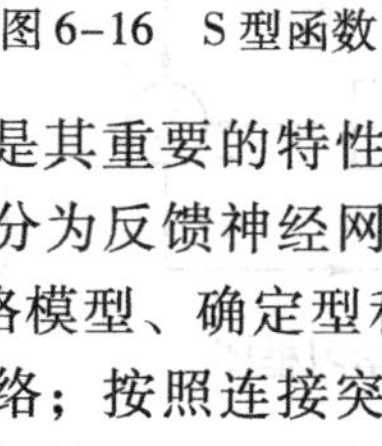

图 6-16 S 型函数

除了单元特性之外，人工神经网络的拓扑结构也是其重要的特性。人工神经网络按照不同的分类方式有不同的类型。按照拓扑结构可以分为反馈神经网络模型和前向神经网络模型；按照性能可以分为连续型和离散型神经网络模型、确定型和随机型网络模型；按照学习方式可以分为有教师型和无教师学习神经网络；按照连接突触性质可以分为一阶线性关联神经网络模型以及高阶非线性关联神经网络模型。下面简要介绍几种常见的网络结构：

1）前馈网络。前馈网络的第一层称为输入层，最后一层称为输出层，其余的被称为隐层。每个神经元只会接收上一层的输入并传输给下一层，也即信息只会从输入层到输出层进行单向传递，中间并不存在反馈。前馈网络的示意图如图 6–17 所示。

2）反馈型网络。反馈型网络中部分神经元的输出不仅会传输到下一层，而且也会被反馈到前层的神经元。因此信号不仅有正向的流通还有反向的流通。反馈网络的示意图如图 6–18 所示。

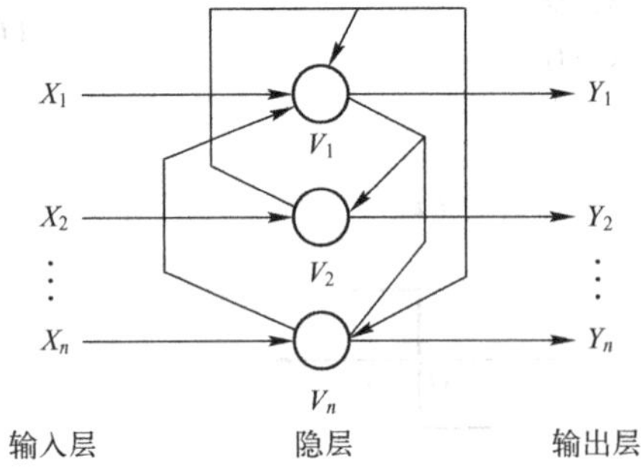

图 6–17　前馈网络

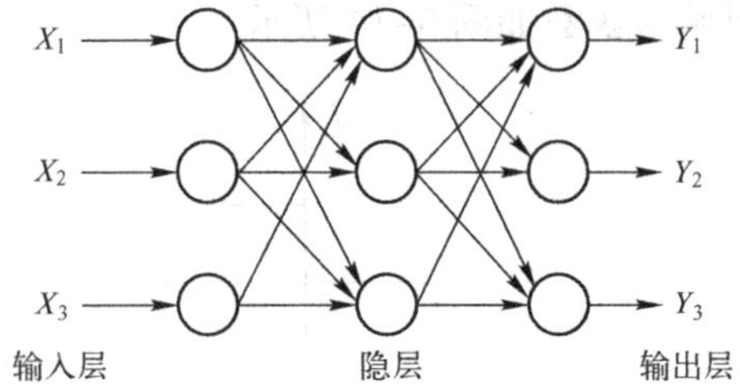

图 6–18　反馈网络

影响人工神经网络性质的因素不仅包括其拓扑结构，还包括神经网络的学习规则。当神经网络的拓扑结构确定之后，必须采用相应的学习方法与之配合。神经网络的学习也被称为训练，指的是通过神经网络所在环境的刺激作用调整神经网络的自由参数，使神经网络能够以一种新的方式对外部环境做出反应的一个过程。

人工神经网络学习的方式主要分为三类，分别为有导师学习、无导师学习和强化学习。

1）有导师学习也被称为有监督学习。在该学习方式中会给出导师信号，其可对一组给定输入提供正确的输出结果，该组已知的输入 – 输出数据被称为训练样本集。学习系统将会根据已知输出与实际输出的差值即误差信号来调节系统的参数。有导师学习框图如图 6–19 所示。

2）无导师学习也被称为非监督学习。在该学习方式下无外部导师，其学习是靠神经系统本身来自行完成的。学习系统会完全按照环境所提供数据的某些统计规律来调节自身参数或者结构，以表示外部输入的某种固有特征。无导师学习框图如图 6–20 所示。

3）强化学习也被称为再激励学习。该学习方式介于上述两种学习方法之间，外界环境对系统的输出并不会给出正确的答案，而只是会给出评价。学习系统则会通过这些评价来选择能达到目标的最优动作以改善自身的性能。强化学习框图如图 6–21 所示。

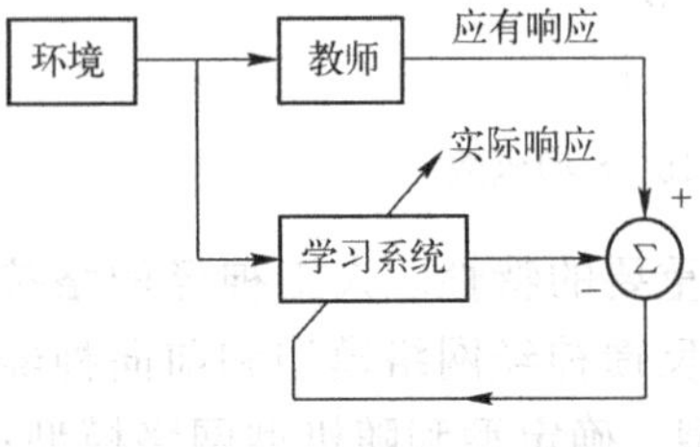

图 6–19　有导师学习框图

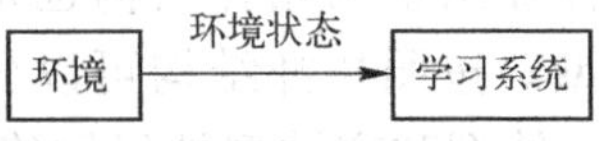

图 6–20　无导师学习框图

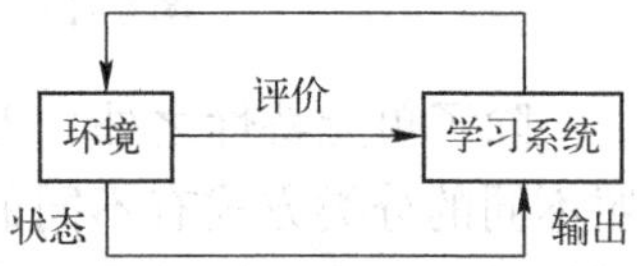

图 6–21　强化学习框图

下面简要介绍一下神经网络一些基本的、通用的学习规则。

1）Hebb 学习。该学习规则是心理学家 Donall Hebb 根据生理学中条件反射机理于 1949 年提出的神经元连接强度变化的规则。Hebb 学习规则用于调节神经网络的突触权值，学习规则可以概括为：当一个突触两边的两个神经元被同时激活时，则连接的强度应增强；当一个突触两边的神经元被异步激活时，则连接的强度应该减弱。利用数学方式描述 Hebb 学习规则可为

$$\Delta\omega_{kj}(n) = \eta y_k(n)x_j(n) \tag{6-15}$$

式中，$y_k(n)$与$x_j(n)$分别为ω_{kj}两端神经元的状态；η 为学习速率。

2）误差纠正学习。设$y_k(n)$为输入$x(n)$时神经元 k 在 n 时刻的实际输出，$d_k(n)$为该神经网络的期望输出值，则误差信号可以表示为

$$e_k(n) = d_k(n) - y_k(n) \tag{6-16}$$

此学习规则的基本思想就是利用该误差信号作为连接权值调整的依据。可以引入一基于$e(n)$的目标函数：

$$E(n) = \frac{1}{2}e^2(n) \tag{6-17}$$

反复对连接权值进行调整使得目标函数达到最小或使系统到达一个稳定的状态。

3）竞争学习。在该学习方式中，神经网络的输出神经元之间存在着相互竞争，最终只会有一个输出神经元是活性的。该赢得竞争的神经元被称为全胜神经元。如图 6-22 所示，从源节点到神经元之间是兴奋性连接，而输出神经元之间则存在着横向抑制，也即竞争取胜的神经元抑制了竞争失败的神经元，同时竞争取胜的神经元的权值将得到修正。

使用人工神经网络对机器人进行路径规划，可以采用碰撞罚函数的方法，利用神经网络对障碍物环境进行描述，然后通过求取最优解得出无碰撞最优路径。

人工神经网络的工作过程主要分为两个阶段，分别为学习期和工作期。在学习期各神经元的权值将会通过学习被修改；在工作期各神经元的权值固定，神经网络经过计算得到稳定的输出值。

在进行路径规划之前，首先应该对机器人的工作环境进行描述。在机器人的工作环境中，障碍物均可假设为由一组线性不等式表示的多面体，并且障碍中的点均满足所有不等式的限制。假设机器人的某一时刻工作环境的障碍物信息如图 6-23 所示。

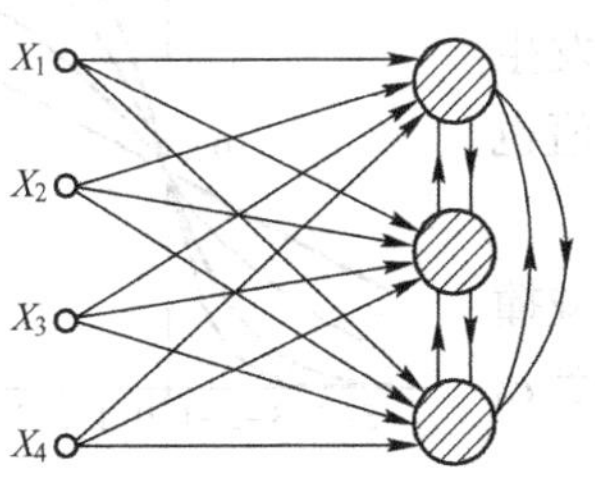

图 6-22　竞争学习网络

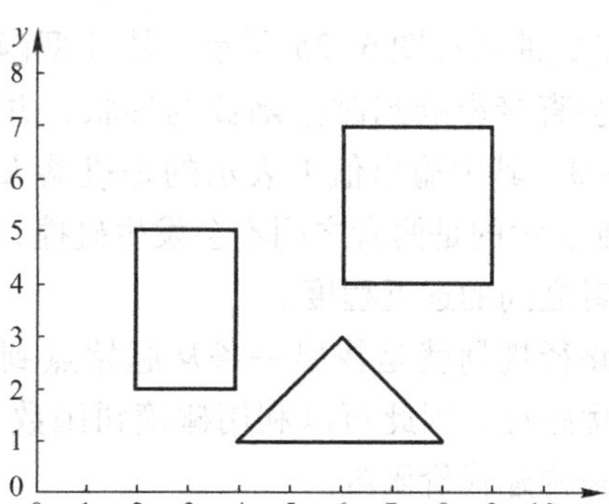

图 6-23　机器人工作空间及障碍物

则障碍物的不等式条件为

$$\begin{cases} x-1>0 \\ -x-y+9>0 \\ x-y-3>0 \end{cases} \tag{6-18}$$

$$
\begin{cases}
x-6>0\\
-x-y+9>0\\
y-4>0\\
-y+7>0
\end{cases}
\tag{6-19}
$$

$$
\begin{cases}
x-2>0\\
-x+4>0\\
y-2>0\\
-y+5>0
\end{cases}
\tag{6-20}
$$

图 6-24 表示的是与上图相对应的一个路径点到这三个障碍物的罚函数的神经网络结构。其中神经网络底层的两个结点表示路径点的坐标 x 与 y；中间层的每个结点对应于障碍物的一个不等式限制条件，每个结点的阈值等于相应不等式中的常数项；底层与中间层的连接权系数等于不等式中 x、y 前面的系数；中间层到顶层的连接权系数均为 1；顶层结点的阈值为不等式的个数减去 0.5 之后的负数。中间层和顶层结点的激发函数为 S 型函数，即

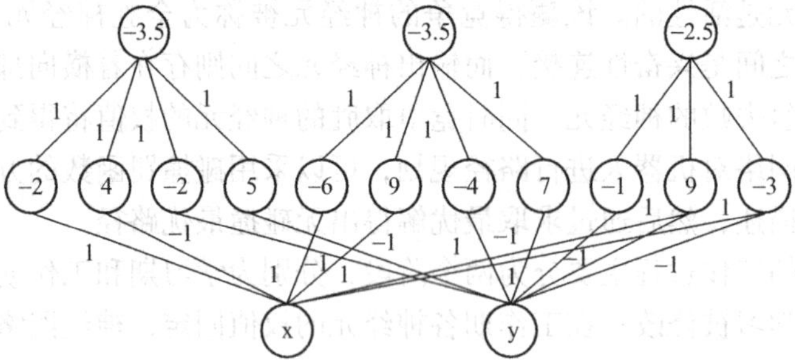

图 6-24　工作空间中路径点的罚函数神经网络

$$
f(x)=\frac{1}{1+e^{-x/T}}
\tag{6-21}
$$

S 型函数曲线如图 6-25 所示。从 S 型函数曲线图可以看到参数 T 会直接影响到碰撞函数的形状，并且函数的输出值范围为 1 ~0。其中输出值 1 表示的是机器人与障碍物会发生碰撞；0 则表示的是两者之间不会发生碰撞，同时该输出值也可反映两者之间的远近程度。

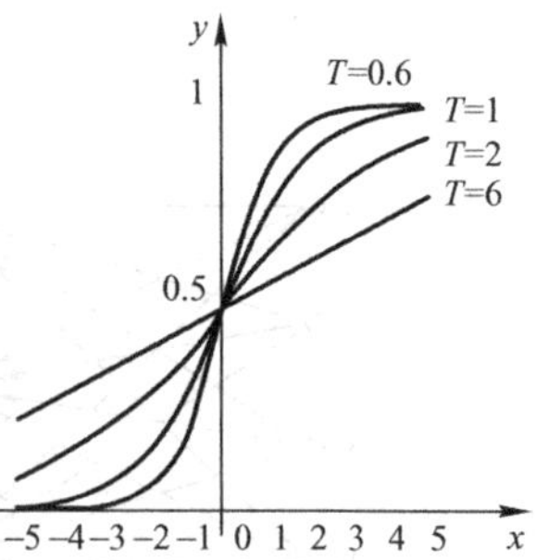

图 6-25　S 型函数

所谓路径规划就是找出一条从起始点到目标点的无碰撞最优或次优路径，因此可以利用碰撞罚函数 E_c 和路径长度 E_l 的加权和来构建代价函数。

其中 E_l 定义为所有线段长度的平方和，其具体的表达形式为

$$
E_l=\sum_{i=1}^{N-1}L_i^2=\sum_{i=1}^{N-1}\left[(x_{i+1}-x_i)^2+(y_{i+1}-y_i)^2\right]
\tag{6-22}
$$

E_c 为所有路径点的碰撞函数能量和，具体表达式为

$$E_c = \sum_{i=1}^{N} \sum_{k=1}^{K} C_i^k \tag{6-23}$$

式中，N 为路径点的个数；K 为障碍物的个数；C_i^k 为第 i 个路径点对于第 k 个障碍物的碰撞罚函数。

则可得到整条路径的函数表达式为

$$E = \mu_l E_l + \mu_c E_c \tag{6-24}$$

式中，μ_l和 μ_c为加权系数。

由上述分析可知，当能量函数 E 取值越小时，所规划的路径会越短，而且机器人与障碍物碰撞的概率也越小。

能量函数 E 对时间求导可得

$$E' = \sum_l (\nabla_p)^{\mathrm{T}} p_l' = -\frac{1}{\eta} \sum_l (x_i'^2 + y_i'^2 + z_i'^2) < 0 \tag{6-25}$$

由式（6-25）可知，只有当 $x_i' = y_i' = z_i' = 0$ 时有 $E' = 0$，此时能量函数 E 可以取得最小值。则路径上任一点的动态运动方程为

$$x_i' = -\eta[2\mu_l(2x_i - x_{i-1} - x_{i+1})] + \mu_c \sum_k f'[(T_1)_i^k] f'[(I_{\mathrm{Mm}})_i^k \omega_{\mathrm{xm}}^k] \tag{6-26}$$

$$y'_i = -\eta[2\mu_l(2x_i - x_{i-1} - x_{i+1})] + \mu_c \sum_k f'[(T_1)_i^k] f'[(I_{\mathrm{Mm}})_i^k \omega_{\mathrm{ym}}^k] \tag{6-27}$$

其中 η 为正数，并有

$$f'(\cdot) = \frac{1}{T} f(\cdot)(1-(\cdot)) \tag{6-28}$$

由于整个能量是各个路径点的函数，因此通过移动每个路径点使其朝着能量较小的方向运动，便可以最终获得能量最小的路径，即可获得一条路径较短的无碰撞路径。

神经网络是一个具有高度非线性超大规模的连续时间动力学系统，其最主要的特征为连续时间非线性动力学、网络的全局作用、大规模并行分布处理及高度的鲁棒性和学习联想能力，同时它又具有一般非线性动力系统的共性：不可预测性、吸引性、耗散性、非平衡性、不可逆性、高维性、广泛连接性和自适应性等。因此其实际上是一个超大规模非线性连续时间的自适应处理系统，在更高层次上体现了人脑的智能行为。它的优越性体现在具有并行性，同时易于从二维空间推广到三维空间。此外，除了可以使用障碍物是多边形围成的图形外，还适用于障碍物是圆形的情形。但是，神经网络同样存在着一定的局限性，例如不能保证收敛到全局最小点，因此会出现局部极小值现象。

6.3 机器人路径规划改进与实例

在 6.2 节中详细介绍了几种移动机器人常用的路径规划的基本方法，它们适用于不同的场合，但是它们在具体规划时存在着一些明显的不足之处。下面将对上述方法进行改进，以便其更好地应用于移动机器人的路径规划中。

6.3.1 人工势场法的改进与实例

在诸多机器人的路径规划方法中，人工势场法是一种较为成熟的方法，目前已经得到了广泛应用。人工势场法是一种虚拟力的方法，目标点对机器人产生引力而障碍物点对机器人产生

排斥力，机器人在目标点和障碍物点的合力下前进。其数学表达式简洁、计算量小、实时性高、反应速度快、规划路径平滑。但是传统的人工势场法存在着局部极小值等问题，这些问题都限制了人工势场法在路径规划中的应用。下面将对传统的人工势场法提出改进方法。

（1）势场函数改进法

对人工势场法中的势能函数进行改造可以有效解决其全局最小值（目标不可达）问题。产生全局最小值问题的原因是在目标点周围存在着障碍物，当机器人向目标点逼近的时候，同时也进入了障碍物的影响范围，造成的结果是目标点不是全局范围内的最小点，导致机器人无法正常抵达目标点。

可以对斥力场函数进行改造，当机器人靠近目标点的时候，使斥力场趋近于零，这样就可以让目标点成为全局势能的最低点。改造后的斥力场函数表达式如下：

$$U_{\text{rep}}(q)=\begin{cases}\dfrac{1}{2}K_{\text{rep}}\left(\dfrac{1}{\rho(q)}-\dfrac{1}{\rho_0}\right)^2(\boldsymbol{X}-\boldsymbol{X}_{\text{g}})^n, & \rho(q)\leqslant\rho_0\\0, & \rho(q)>\rho_0\end{cases}\tag{6-29}$$

与原有的排斥函数相比较，改进后的函数增加了因子$(\boldsymbol{X}-\boldsymbol{X}_{\text{g}})^n$，该因子被称为距离因子，表示的是机器人与目标点之间的距离，$\boldsymbol{X}$是机器人的位置向量，$\boldsymbol{X}_{\text{g}}$是目标点在势场中的位置向量，$n$为一个大于零的任意实数。

此时可得排斥力F_{rep}：

$$\begin{aligned}F_{\text{rep}}(q)&=-\nabla U_{\text{rep}}(q)\\&=\begin{cases}F_{\text{rep1}}(q)+F_{\text{rep2}}(q), & \rho(q)\leqslant\rho_0\\0, & \rho(q)>\rho_0\end{cases}\end{aligned}\tag{6-30}$$

式中

$$F_{\text{rep1}}(q)=K_{\text{rep}}\left(\frac{1}{\rho(q)}-\frac{1}{\rho_0}\right)\frac{1}{\rho^2(q)}\cdot(\boldsymbol{X}-\boldsymbol{X}_{\text{g}})^n\frac{\partial\rho(q)}{\partial\boldsymbol{X}}\tag{6-31}$$

$$F_{\text{rep2}}(q)=-\frac{n}{2}K_{\text{rep}}\left(\frac{1}{\rho(q)}-\frac{1}{\rho_0}\right)^2(\boldsymbol{X}-\boldsymbol{X}_{\text{g}})^{n-1}\cdot\frac{\partial(\boldsymbol{X}-\boldsymbol{X}_{\text{g}})}{\partial\boldsymbol{X}}\tag{6-32}$$

改进后的排斥函数引入了距离因子，将机器人与目标点的距离纳入了考虑范围，从而保证了目标点是整个势场的全局最小点。

（2）虚拟目标点法

采用势场函数改进的方法虽然可以解决目标不可达问题，但是在机器人的行进过程中，若在抵达目标点前的某一点受到的合力为零时，机器人将误以为抵达目标处，从而会停止前进或者在该点处来回振荡，导致路径规划失败，这个问题被称为局部极小点问题。

解决局部极小点问题的方法可以采用虚拟目标点法。该方法的基本思想是当机器人检测到自身已经陷入局部极小点之后，系统会在原有目标点附近增设一个虚拟的目标点。由于增设了虚拟目标点，会使机器人在局部极小值位置点受到的合力不为零。正是在该虚拟目标点产生的虚拟力的作用之下，可以使机器人摆脱局部极小值点继续前进。当机器人摆脱了局部极小值点之后撤销该虚拟目标点即可。该方法下机器人的受力分析图如图 6-26

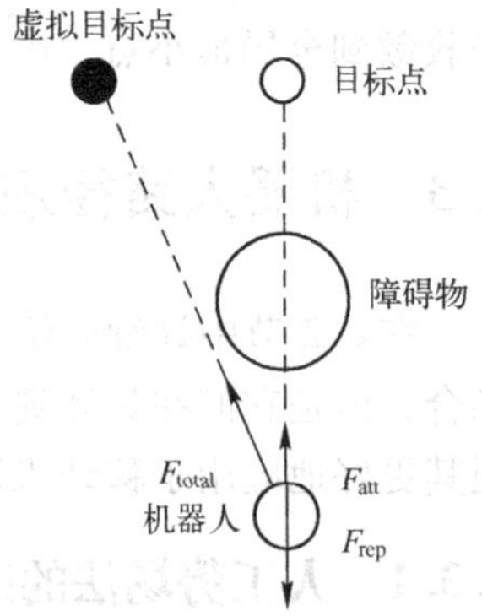

图 6-26 改进人工势场法受力分析

所示。

(3) 混沌优化算法

前文所提及的势场函数改进法以及虚拟目标点法只能分别解决目标不可达和局部极小点问题，也即上述方法不能同时解决上述两种问题。基于此点，这里提出一种对人工势场法的改进方法——混沌人工势场法，其结合了传统的人工势场法和混沌优化算法，不仅可以解决目标不可达问题以及局部极小点问题，同时还可以解决机器人在相近障碍物间不能发现路径、障碍物前振荡和狭窄通道中摆动等问题。

混沌现象是自然界中的普遍现象，指的是一种在确定性系统中出现的介于规则和随机之间的现象。美国气象学家洛伦兹曾经使用过一个形象的例子来形容混沌现象：南美洲一只蝴蝶扇一扇翅膀，就会在北美洲的佛罗里达州引起一场飓风，这就是所谓的“蝴蝶效应”。混沌理论认为在混沌系统中，初始条件即便只是发生了微妙的变化，经过不断的放大之后，也会对未来的状态造成极大的影响。混沌现象与混乱现象、无规律现象相比具有一定的区别，其存在于绝大多数的非线性系统中，看似是随机现象但并非是真正的随机现象。

混沌现象具有以下三种显著的特征：

1）随机性。混沌现象表现出来的是一种类似于随机现象的杂乱无章的现象。

2）遍历性。混沌可以不重复地遍历一定范围内的所有状态。

3）规律性。混沌现象可以由确定性的迭代式产生。

正是由于混沌现象的遍历特性，使之成为人工势场法的改进方法成为可能。

著名的 Logistic 映射

$$x_{n+1}=\mu x_n(1-x_{n-1}),\quad n=1,2,\cdots \tag{6-33}$$

是混沌优化算法的基础。可以证明，当 $\mu=4$ 时，该映射为 $[0,1]$ 区间上的满射，因此利用该映射得到的混沌优化算法具有摆脱局部极小值的能力。

在混沌人工势场法中，是将势函数作为目标函数，控制变量为机器人行走的步长以及运动方向相对于世界坐标的夹角。其中引力势场函数为前面所提到的函数式（6-5），斥力势函数修改如下：

$$U_{\mathrm{rep}i}(q)=\begin{cases}\dfrac{1}{2}K_{\mathrm{rep}i}\left(\dfrac{1}{\rho(q)}-\dfrac{1}{\rho_0}\right)^2, & \rho(q)\leqslant\rho_0\\ 0, & \rho(q)>\rho_0\end{cases}\qquad i=1,2,\cdots,n \tag{6-34}$$

式中，i 为第 i 个障碍物；$K_{\mathrm{rep}i}$ 为正比例因子，其数值由障碍物的形状决定。则总的势场函数为

$$U(q)=U_{\mathrm{att}}(q)+\sum_{i=1}^{n}U_{\mathrm{rep}i}(q) \tag{6-35}$$

其中 n 表示工作环境中障碍物的数量，其包括了静止的障碍物以及移动的障碍物。

机器人在采用混沌人工势场法进行路径规划时，通过传感器获取外界的障碍物信息，每次采样之后即可通过混沌优化算法计算出最优步长和方向角，从而使机器人准确抵达下一位置。如此反复，直到机器人抵达目标点为止。

由于在实际应用中，机器人是通过传感器传递的障碍物信息进行实时规划的，因此会导

致产生的路径出现突变点，从而导致规划出来的路径不平滑。因此，当势场函数 $U(q)$ 的值较小时，可以引入平滑因子：

$$U_s = \beta \frac{U_{att}(q) - U_{rep}(q)}{U_{rep}(q)} \tag{6-36}$$

其中 β 是由实际情况决定的正常数。此时，混沌优化算法应将 $U(q) + U_s$ 作为目标函数，采用相似的方法即可得到相应的步长以及方向角。由于考虑了实时因素，因此机器人规划得到的路径是平滑的。

为了验证混沌算法的有效性，需进行仿真验证。机器人的工作空间是平面上 10×10 区域，机器人的形状与大小忽略不计，机器人起始位置和最终需抵达的位置为（0，0）和（10，10）。设环境中存在两个障碍物，且以圆形表示，圆心坐标分别为（4.6，5.1）和（5.1，4.8）。

在这种情况下，机器人可能会陷入局部最小值点或出现振荡现象，从而不能顺利抵达目标位置。图 6-27 是机器人采用传统的人工势场法规划出的路径。从图中可以发现，在采用传统的人工势场法时，机器人最终是绕过了障碍物后抵达了目标点。图 6-28 是机器人采用基于混沌算法的人工势场法规划出的路径。从图中可知，采用了混沌优化算法后，虽然在两障碍物之间存在局部极小值点，机器人仍然可以直接通过两障碍物之间的狭窄空间，径直抵达目标点。从两图对比可知，混沌人工势场法规划出的路径明显优于传统方法。

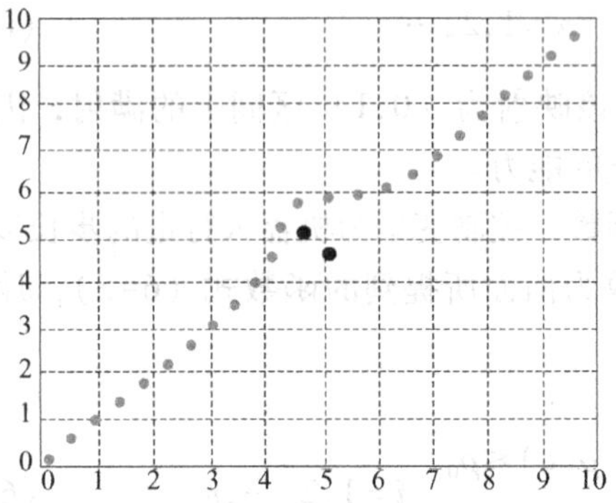

图 6-27　传统人工势场法规划出的路径 1

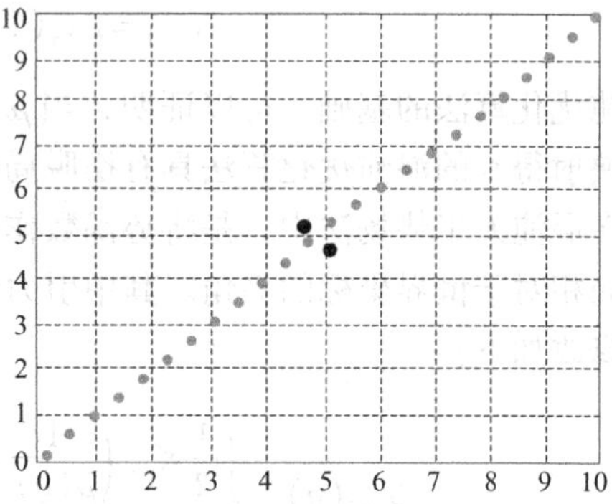

图 6-28　混沌人工势场法规划出的路径 1

设机器人的起始点和目标点的位置分别为（0，0）和（10，10），但是在目标点位置处存在一障碍物，障碍物的圆心坐标为（8.8，9.6）。在这样的情况下，由于机器人在接近目标点的同时也在接近障碍物，会逐渐进入到障碍物的影响范围内，机器人所受到的引力越来越小而受到的斥力却越来越大，从而会使机器人可能不能顺利抵达目标点。图 6-29 所示的路径是采用传统的人工势场法生成的。可以看到当机器人逐渐接近目标点时，由于受到障碍物的影响，机器人突然转向并最终没有抵达目标点位置，此时的目标点并非是全局的最小值点。图 6-30 所示的是采用混沌人工势场法后机器人规划出的路径，从图中可以看出机器人可以绕过邻近目标点的障碍物并可最终抵达目标位置。通过对比可知，图 6-30 所示的混沌人工势场法可以有效克服传统势场法的目标不可达问题。

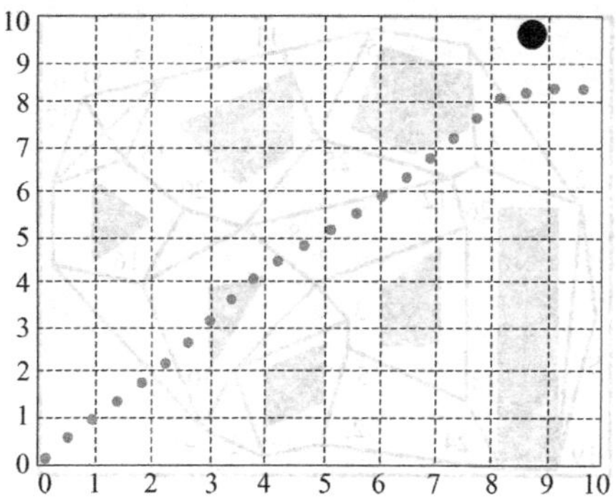

图 6-29　传统人工势场法规划出的路径 2

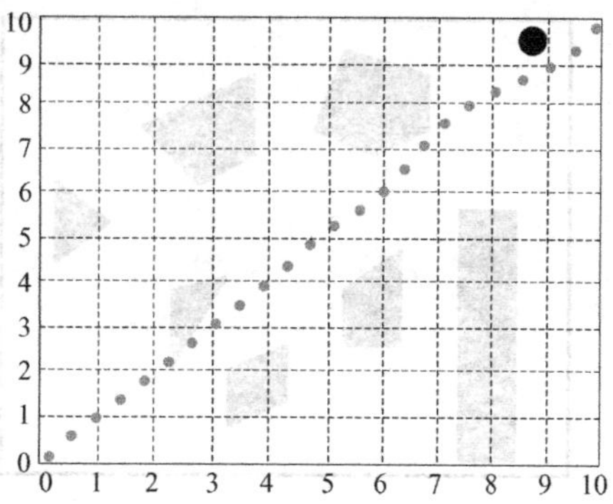

图 6-30　混沌人工势场法规划出的路径 2

基于混沌理论的人工势场法由于综合了人工势场法以及混沌优化算法，因此其具备了两者的优点：

1）在传感器的协助下，机器人可以在未知环境中快速移动并且不陷入局部极小点。

2）在动态环境中，机器人可以有效地实时避开障碍物并躲避局部极小点。

3）在相近障碍物间能发现路径。

4）当机器人面对可能产生局部极小点的位置时，能利用混沌优化算法寻找避障路径。

6.3.2　遗传算法的改进

遗传算法作为一种优秀的搜索算法，在机器人的路径规划方面受到了广泛的重视和研究。其采用了生物进化论中适者生存的思想，在搜索过程中不借助于外部条件，具备较强的全局搜索能力和较高的搜索效率。但是，基本的遗传算法在应用过程中会出现“收敛速度慢”和“早熟收敛”等问题，下面对基本的遗传算法提出改进方案。

（1）采用简单图搜索法的改进遗传算法

在介绍基本的遗传算法时，环境建模的方法采用的是栅格建模法。栅格建模法虽简单易行，但是当环境范围较大时，会加大计算量，从而出现收敛速度慢的问题，降低规划的实时性。此处采用链接图法对机器人的工作环境进行建模，当环境中的障碍物不太复杂时，采用链接图法可以大大降低环境建模的复杂性。

采用链接图法建立环境模型需要使用以下假设：

1）规划环境的边界及障碍物用凸多边形描述。

2）将规划环境投影为二维环境，即先不考虑高度信息。

3）机器人在运动过程中可以被视为一点。

利用链接图法对环境建模的过程为：

1）利用直线将环境自由空间划分为凸多边形。

2）设置各链接线中点为可能的路径点。

3）相互连接各突变型区域所有可能的路径点。

图 6-31 所示为规划空间以及规划空间的链接图表示。其中 P_1 为机器人的起点，P_T 为机器人应该抵达的目标点。所有路径点之间的连线所构成的网络图为机器人可以行走的路线。可以使用图论中的最短路径算法求出上述网络图的最短路径作为初始路径。

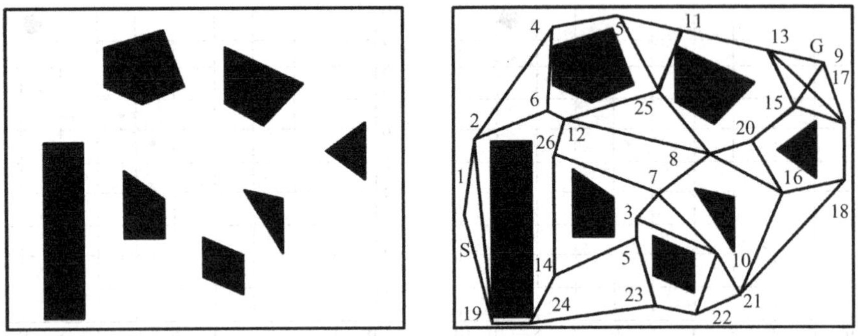

图 6-31　障碍物环境空间及其链接图

最短路径法又被称为狄克斯特拉算法，是由荷兰计算机科学家狄克斯特拉于 1959 年提出的。其解决的是有向图中最短路径的问题，主要特点是以起始点为中心向外层扩展，直到扩展到终点为止。

假设通过最短路径法已经获得了最短路径 $P_1P_2P_3P_4\cdots P_T$，其中 P_1 为起点，P_T 为终点。由于链接图法连接的只是凸多边形的中点，最短路径法所得的路径并非是最优的路径，因此需继续使用遗传算法对其进行优化，具体的优化过程就是对起始点和终点之间的各点位置进行调整。

对第 P_i 个路径点（$i=2,3,\cdots,T-1$），假设该点所在的直线段两端点的坐标为 P_{i1} 和 P_{i2}，则 P_i 的坐标可以由下式表示：

$$P_i = P_{i1} + t_i(P_{i2} - P_{i1}),\quad t_i \in [0,1], i = 1,2,\cdots,n \tag{6-37}$$

求出 t_i 的值即可确定 P_i 的值，将 P_i 定义为新的路径点，依次连接即可得到最优的路径。需要注意的是，机器人运行过程中的起点和终点不参与调整，此时个体的编码样式可为

$$P = t_2t_3t_4\cdots t_i\cdots t_{n-1} \tag{6-38}$$

编码方式可采取二进制的方式，利用遗传算法对其进行操作。此处可采取新的目标函数，取起点到终点之间的路径长度为目标函数值，目标函数可定义为

$$f(T) = \sum_{i=1}^{T-1} |P_{i+1} - P_i| \tag{6-39}$$

其中 $|P_{i+1} - P_i|$ 表示的是 P_{i+1} 到 P_i 的距离。则适应度函数可取为

$$F(f(T)) = \frac{1}{f(T)} \tag{6-40}$$

在采用简单图搜索法进行改进的遗传算法中，选择、交叉、变异等遗传操作均可以采用通用化的参数优化遗传操作算子。

（2）精英保留遗传算法

由于在基本的遗传算法中选择算子存在选择误差，交叉、变异算子对高阶长距模式具有破坏作用，会造成当前群体的最佳个体在下一代种群中发生丢失，当进化世代趋于无穷时，这种最优个体丢失的现象就会周而复始地出现在进化过程中。因此基本的遗传算法并不是全局收敛的。

为了避免上述现象的发生，使遗传算法能够收敛到全局的最优解，可在基本的遗传算法中添加精英保留策略。所谓精英保留策略就是将当前种群中的最优个体以概率 1 复制到下一

代种群中。这种将精英保留策略与基本的遗传算法结合形成的遗传算法被称为精英保留遗传算法。精英保留遗传算法流程图如图 6-32 所示。

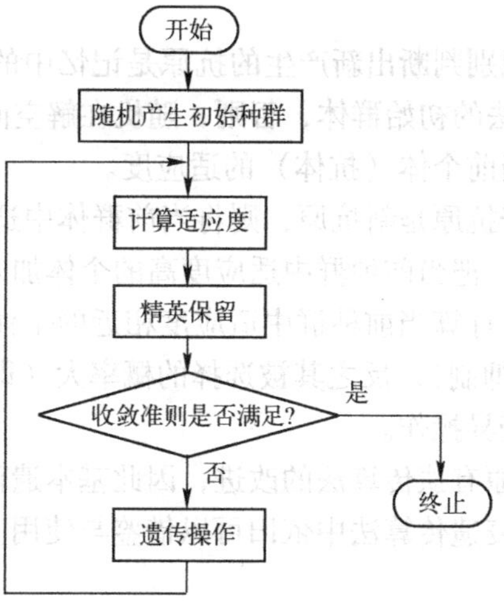

图 6-32　精英保留遗传算法流程图

(3) 免疫遗传算法

遗传算法是一种借鉴生物界自然选择和自然遗传机制的随机的搜索算法，免疫算法是模拟免疫系统对病菌的多样性识别能力而设计出来的多峰值搜索算法。免疫遗传算法即结合了以上两种算法的特点。免疫遗传算法具备基本遗传算法的全局性与并行性，同时其借鉴了人工免疫中抗体的多样性和保持策略，通过免疫记忆库的设计以及抗体之间浓度的促进和抑制机制，可以实现解的多样性，避免出现基本遗传算法的过早收敛和易于陷入局部最优点的缺陷。此外，该改进算法还可以防止在进化过程中丢失最优解，可以快速得到最优路径。

免疫遗传算法与基本的遗传算法的结构基本一致，区别在于在基本的遗传算法中，个体的评价指标只有适应度值。而在免疫遗传算法中，个体的评价指标除了适应度值外还包括浓度值。此外，免疫遗传算法在传统遗传算法的基础上添加了抗体概率浓度计算、抗击的促进和抑制两个模块以进一步提高解的多样性。抗体的浓度指的是与某一个抗体相同或相近的个体在解种群中所占的比例，适应度相同的个体也可看作为相同个体。抗体受到促进指的是该个体被选择的概率增加，抗体受到抑制则是指该个体被选择的概率减少。具有高适应度值和低浓度值的个体被选择的概率相对较高。

免疫是生物机体的一种生理性保护功能，其包括机体对抗原性异物的识别、排除或消灭等一系列过程。在免疫学中，抗原为任何可诱发免疫反应的物质，而抗体则是由抗原刺激免疫系统后产生能与抗原发生特异性结合的一种物质。在免疫遗传算法中，抗原被认为是实际求解问题的目标函数，在路径规划中对应于寻求一条最优路径，而抗体指的就是所产生的路径。则生物免疫系统产生大量抗体以排除抗原的过程就十分类似遗传算法搜索优化问题最优解的过程。生物免疫系统中的大量抗体就对应于遗传算法的种群中的大量个体。正是由于两者的这种相似性，可以从生物的复杂的免疫系统中抽取一种具有多样性抗体的产生机制及自适应调节机制的人工免疫模型，并将这一模型与遗传算法进行有机结合，以克服遗传算法的早熟问题，从而提高算法的全局搜索能力和算法的进化性能。该算法主要包括六大模块，现简要介绍如下：

1）抗原识别：主要功能是判别新产生的抗原是否是记忆中的抗原，即新产生的最优路径是否为记忆中的最优路径。

2）初始抗体：若抗原识别判断出新产生的抗原是记忆中的抗原，则从记忆细胞中取出相应的抗体组成免疫遗传算法的初始群体，否则，随机在解空间产生初始种群。

3）适应度计算：计算当前个体（抗体）的适应度。

4）记忆细胞的分化：若抗原是新抗原，则将当前群体中适应度高的个体替换掉记忆细胞中适应度低的个体；否则，把当前种群中适应度高的个体加入到记忆细胞中。

5）抗体的促进和抑制：计算当前种群中适应度相近的个体的浓度，若某个体的浓度高则其被选择的概率小（即被抑制），反之其被选择的概率大（即促进）。

6）抗体产生：交叉和变异操作。

由于免疫遗传算法是对原有遗传算法的改进，因此基本遗传算法中的遗传操作、适应度函数以及地图建模方法在免疫遗传算法中依旧可以借鉴与使用。现在只对免疫遗传算法中新引入的概念进行详细介绍。

1）亲和度计算。

在人工免疫算法中，群体的平均信息熵用以表征群体的多样性。群体的平均信息熵越大，则表明群体的多样性越大。设抗体的种群规模为 N，抗体的基因数为 M，等位基因数目为 S，如图 6-33 所示。

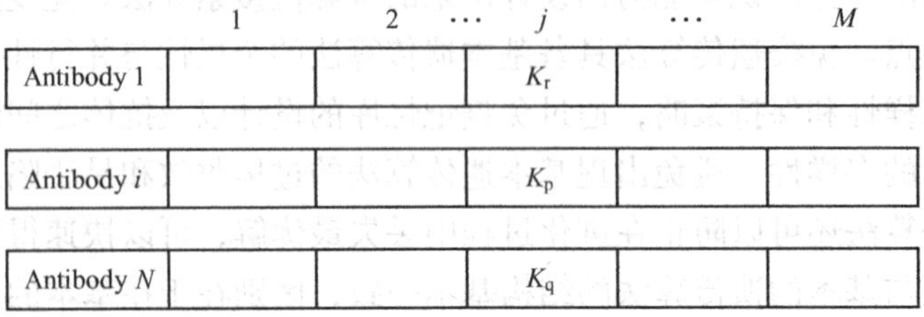

图 6-33　抗体群的信息熵的定义

抗体群在第 j 个基因座上的信息熵为

$$H_j(N)=\sum_{i=1}^{S}-p_{i,j}\log p_{i,j} \tag{6-41}$$

式中，$p_{i,j}$是 N 个抗体中第 j 位为第 i 个等位基因的概率。此时，抗体群的平均信息熵为

$$H(N)=\frac{1}{M}\sum_{j=1}^{M}H_j(N) \tag{6-42}$$

则可定义两个抗体 U、V 之间的亲和力为

$$A_{\mathrm{U,V}}=\frac{1}{1+H(2)} \tag{6-43}$$

可见 $A_{\mathrm{U,V}}$取值范围在 0 ~ 1 之间，$A_{\mathrm{U,V}}$值越大则表明 U、V 两个个体越亲或越相似。若 $A_{\mathrm{U,V}}=1$，则表示 U、V 两个个体基因完全一致。

2）抗体浓度计算。

为保持种群中个体的多样性，需要对浓度进行调节，并且可将亲和力相同或相近的抗体看作为相同的抗体。则抗体 U 的浓度可由下式求得：

$$C_{\mathrm{U}}=\frac{1}{N}\sum_{w=1}^{N}A_{\mathrm{U,V}} \tag{6-44}$$

其中 $A_{\mathrm{U,V}}$ 取值范围是 $D\cdot\max(A_{\mathrm{U,V}})\leqslant A_{\mathrm{U,V}}\leqslant\max(A_{\mathrm{U,V}})$，$D$ 为浓度计算系数，且 $0<D<1$。

3）抗体的促进和抑制。

计算出抗体的浓度之后，可找出其中浓度最大的个体，并设为个体 1，2，…，t，则该 t 个个体的浓度概率可定义为

$$p_{\mathrm{d1}}=\frac{\left(1-\dfrac{t}{N}\right)}{N},\quad 1<t<N \tag{6-45}$$

其余 $N-t$ 个个体的浓度概率定义为

$$p_{\mathrm{d2}}=\frac{\left(1+\dfrac{t^2}{N^2-Nt}\right)}{N} \tag{6-46}$$

则个体的选择概率 p 由适应度概率 P_{f} 以及浓度概率 P_{d} 共同确定：

$$p=\theta P_{\mathrm{f}}+(1-\theta)P_{\mathrm{d}},\quad 0\leqslant\theta\leqslant1 \tag{6-47}$$

其中 P_{f} 是群体中个体的适应值与群体中所有个体适应值的比值之和。综上，免疫遗传算法的程序流程图如图 6-34 所示。

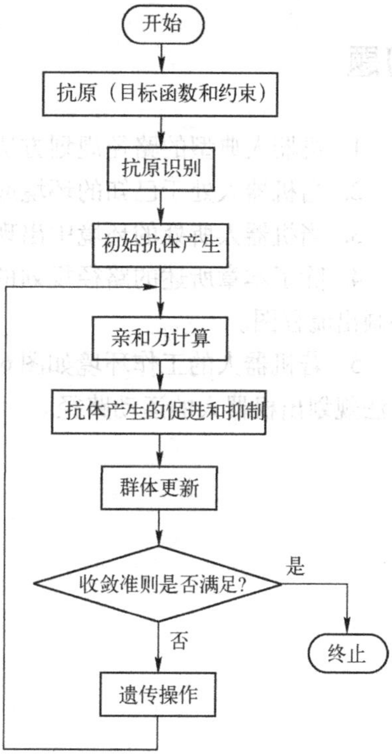

图 6-34　免疫遗传算法流程图

为验证免疫遗传算法的有效性，现在对免疫遗传算法进行仿真验证。设机器人的工作空间由 15×15 个栅格组成，其中 S 和 E 分别表示机器人的起点位置和目标点的位置。其中图 6-35 是利用传统的遗传算法规划出来的路径，图 6-36 是利用免疫遗传算法规划出来的路径。对比两图可以发现，免疫遗传算法比传统的遗传算法的收敛速度要快而且搜索到的路径更短。

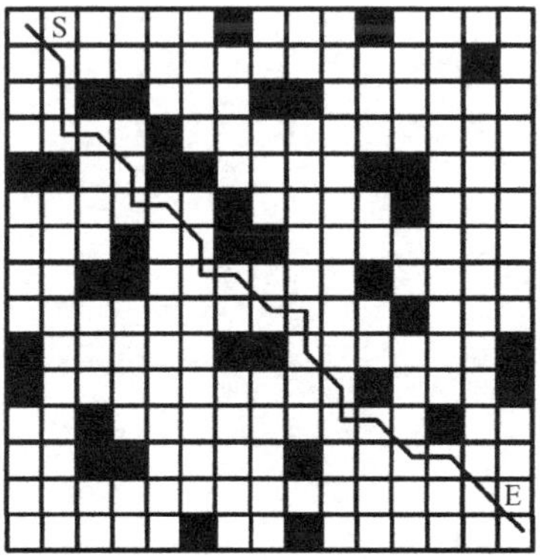

图 6-35　传统遗传算法规划出的路径

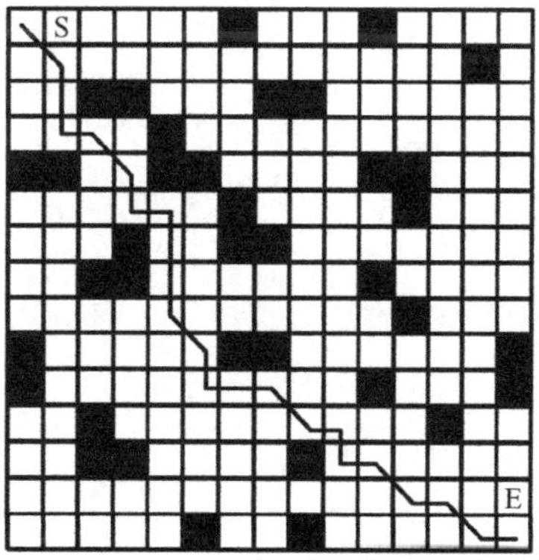

图 6-36　免疫遗传算法规划出的路径

本章对轮式移动机器人的路径规划技术进行了介绍。首先对路径规划的定义进行了概述，并按不同的方式对路径规划进行了分类与简介。本章重点介绍了传统的路径规划方法栅

格建模法和人工势场法，以及智能规划方法遗传算法和人工神经网络算法。同时，针对人工势场法和遗传算法的局限性，本章提出了多种改进的方案并用仿真实例进行了验证。每一种路径规划的方法都有其优缺点，并且在实际应用中，现实环境是多变复杂的，因此应该根据具体的应用环境并结合移动机器人自身的处理能力选择合适的规划方法。

习题

1. 机器人典型的路径规划方法有哪些？请分别论述它们各自的优缺点。

2. 当机器人处于已知的环境或者未知的环境中时，应当分别采取何种路径规划方法？

3. 当机器人所处的环境中出现动态障碍物时，机器人应当采取怎样的路径规划策略？

4. 除了本章所述的路径规划的改进方法外，你是否还有其他的改进策略？请简要论述并画出流程图。

5. 若机器人的工作环境如图 6-9 所示。机器人的起始点在 0，目标点在 99，试用遗传算法规划出机器人的运动路径。

第7章 机器人的上层控制

机器人控制的中心问题是解决机器人为各类人们服务，为迎合不同人群需要的不同服务功能，则需要不同的上层软件，或上层控制，本章即介绍机器人的上层控制问题。

机器人上层控制可用上位机作为硬件平台，各操作系统作为软件平台。其中较为突出的软件平台是开源机器人操作系统。

开源机器人操作系统（Robot Operating System，ROS）集成了全世界机器人领域顶级科研机构，包括斯坦福大学、麻省理工学院、慕尼黑工业大学、加州大学伯克利分校、佐治亚理工大学、弗莱堡大学、东京大学等多年研究成果，一经问世便受到了科研人员的广泛关注。随后，ROS又借助其开源的魅力吸引了世界各地机器人领域的仁人志士群策群力，推动其不断进步。

ROS是一个先进的机器人操作系统框架，现今已有数百个研究团体和公司将其应用在机器人技术产业中。2013年麻省理工学院科技评论（MIT Technology Review）中更指出："从2010年发布1.0版本以来，ROS已经成为机器人软件的事实标准"。

ROS的官方定义为面向机器人的开源的元操作系统（Meta - Operating System）。它能够提供类似传统操作系统的诸多功能，如硬件抽象、底层设备控制、常用功能实现、进程间消息传递和程序包管理等。此外，它还提供相关工具和库，用于获取、编译、编辑代码以及在多个计算机之间运行程序完成分布式计算。

本章概括性地介绍了ROS系统的基本原理，以及运动、语音、视觉层面的主流应用。通过本章的学习，读者将对ROS有一个相对系统性的了解。

7.1 机器人操作系统概述

7.1.1 ROS的基本介绍

1. ROS起源

随着机器人领域的快速发展和复杂化，代码的复用性和模块化的需求越来越强烈，而已有的开源机器人系统又不能很好地适应需求。于是，在2010年Willow Garage公司发布的开源机器人操作系统ROS，一经问世便在机器人研究领域展开了学习和使用热潮。

ROS系统源于2007年斯坦福大学人工智能实验室的项目与机器人技术公司Willow Garage的个人机器人项目（Personal Robots Program）之间的合作，2008年之后就由Willow Garage进行推动。随着PR2那些不可思议的表现，譬如叠衣服、插插座、做早饭等行为，ROS得到越来越多的关注。Willow Garage公司也表示希望借助开源的力量使PR2变成"全能"机器人。

PR2价格高昂，2011年零售价高达40万美元。PR2现主要应用于科研。PR2有两条手臂，每条手臂七个关节，手臂末端是一个可以张合的钳子。PR2 依靠底部的四个轮子移动。在 PR2 的头部、胸部、肘部和钳子上分别安装有高分辨率摄像头、激光测距仪、惯性测量单元和触觉传感器等丰富的传感设备。在 PR2 的底部有两台 8 核的计算机作为机器人各硬件的控制和通信中枢。两台计算机安装有 Ubuntu 和 ROS，图 7-1 是 PR2 正在执行抓取任务。

图 7-1　PR2 机器人

2. ROS 定义

ROS 是面向机器人的开源的元操作系统。它能够提供类似传统操作系统的诸多功能，如硬件抽象、底层设备控制、常用功能实现、进程间消息传递和程序包管理等。此外，它还提供相关工具和库，用于获取、编译、编辑代码以及在多个计算机之间运行程序完成分布式计算。

3. 设计目标

ROS 是开源并用于机器人的一种后操作系统，部分学者称其为次级操作系统。它提供类似操作系统所提供的功能，包含硬件抽象描述、底层驱动程序管理、共用功能的执行、程序间的消息传递、程序发行包管理，它也提供一些工具程序和库，用于获取、建立、编写和运行多机整合的程序。

ROS 的首要设计目标是在机器人研发领域提高代码复用率。ROS 是一种分布式处理框架（又名 Nodes）。这使可执行文件能被单独设计，并且在运行时松散耦合。这些过程可以封装到数据包（Packages）和堆栈（Stacks）中，以便于共享和分发。ROS 还支持代码库的联合系统，使得协作亦能被分发。这种从文件系统级别到社区一级的设计让独立地决定发展和实施工作成为可能。上述所有功能都能由 ROS 的基础工具实现。

4. 主要特点

ROS 的运行架构是一种使用 ROS 通信模块实现模块间 P2P 的松耦合的网络连接的处理架构，它执行若干种类型的通信，包括基于服务的同步 RPC（远程过程调用）通信、基于 Topic 的异步数据流通信，还有参数服务器上的数据存储。但是 ROS 本身并没有实时性。

ROS 主要优势可以归为以下几条：

(1) 点对点设计

点对点设计如图 7-2 所示。

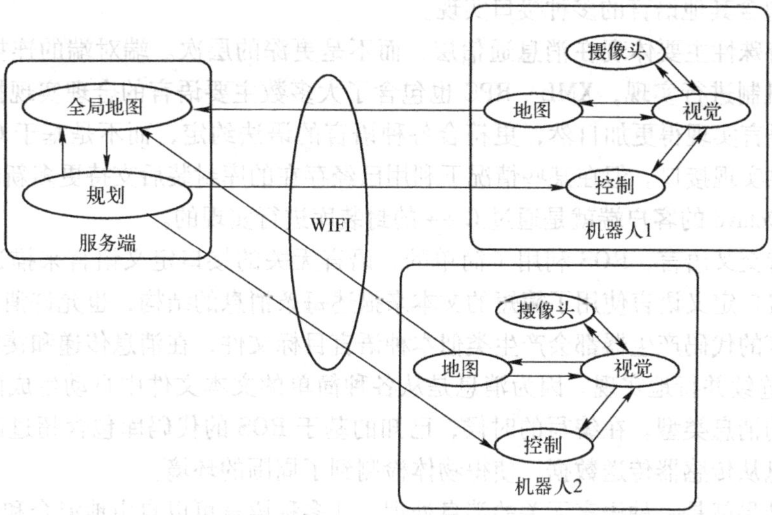

图 7-2　点对点设计

一个使用 ROS 的系统包括一系列进程，这些进程存在于多个不同的主机并且在运行过程中通过端对端的拓扑结构进行联系。基于中心服务器的那些软件框架也可以实现多进程和多主机的优势，但是在这些框架中，当各计算机通过不同的网络进行连接时，中心数据服务器就会发生问题。

ROS 的点对点设计以及服务和节点管理器等机制可以分散由计算机视觉和语音识别等功能带来的实时计算压力，能够适应多机器人遇到的挑战。

(2) 分布式计算

现代机器人系统往往需要多个计算机同时运行多个进程，单计算机或者多计算机不同进程间的通信问题是解决分布式计算问题的主要挑战，ROS 为实现上述通信，提供了一个通信中间件来实现分布式系统的构建。

(3) 软件复用

随着机器人研究的快速推进，诞生了一批应对导航、路径规划、建图等通用任务的算法。任何一个算法实用的前提是其能够应用于新的领域，且不必重复实现。事实上，如何将现有算法快速移植到不同系统一直是一个挑战，ROS 通过以下两种方法解决这个问题。

1) ROS 标准包(Standard Packages)提供稳定、可调式的各类重要机器人算法实现。

2) ROS 通信接口正在成为机器人软件互操作的事实标准，也就是说，绝大部分最新的硬件驱动和最前沿的算法实现都可以在 ROS 中找到。例如，在 ROS 的官方网页上有着大量的开源软件库，这些软件使用 ROS 通用接口，从而避免为了集成它们而重新开发新的接口程序。

综上所述，开发人员如果使用 ROS 可以将更多的时间用于新思想和新算法的设计与实现，尽量避免重复实现已有的研究结果。

(4) 多语言支持

由于编程者会偏向某一些编程语言，这些偏好是个人在每种语言的编程时间、调试效果、语法、执行效率以及各种技术和文化的原因导致的结果。为了解决这些问题，ROS 被设计成了语言中立性的框架结构。ROS 支持许多种不同的语言，例如 C ++、Python、Octave 和 LISP，也包含其他语言的多种接口实现。

ROS 的特殊性主要体现在消息通信层，而不是更深的层次。端对端的连接和配置利用 XML - RPC 机制进行实现，XML - RPC 也包含了大多数主要语言的合理实现描述。ROS 能够利用各种语言实现得更加自然，更符合各种语言的语法约定，而不是基于 C 语言给各种其他语言提供实现接口。但在某些情况下利用已经存在的库封装后支持更多新的语言会更加方便，比如 Octave 的客户端就是通过 C ++ 的封装库进行实现的。

为了支持交叉语言，ROS 利用了简单的、语言无关的接口定义语言来描述模块之间的消息传送。接口定义语言使用了简短的文本来描述每条消息的结构，也允许消息的合成。

每种语言的代码产生器都会产生类似本种语言目标文件，在消息传递和接收的过程中通过 ROS 自动连续并行地实现。因为消息是从各种简单的文本文件中自动生成的，所以很容易列举出新的消息类型。在编写的时候，已知的基于 ROS 的代码库包含超过四百种消息类型，这些消息从传感器传送数据，使得物体检测到了周围的环境。

最后的结果就是一种语言无关的消息处理，让多种语言可以自由地混合和匹配使用。

（5）精简与集成

大多数已经存在的机器人软件工程都包含了可以在工程外重复使用的驱动和算法，由于多方面的原因，大部分代码的中间层都过于混乱，以至于很困难提取出它的功能，也很难把它们从原型中提取出来应用到其他方面。

为了应对这种趋势，所有的驱动和算法逐渐被发展成为和 ROS 没有依赖性单独的库。ROS 建立的系统具有模块化的特点，各模块中的代码可以单独编译，而且编译使用的 CMake 工具使它很容易实现精简的理念。ROS 基本将复杂的代码封装在库里，只是创建了一些小的应用程序为 ROS 显示库的功能，就允许了对简单的代码超越原型进行移植和重新使用。作为一种新加入的优势，当代码在库中分散后单元测试也变得非常容易，一个单独的测试程序可以测试库中很多的特点。

ROS 利用了很多现在已经存在的开源项目的代码，比如从 Player 项目中借鉴了驱动、运动控制和仿真方面的代码，从 OpenCV 中借鉴了视觉算法方面的代码，从 OpenRAVE 借鉴了规划算法的内容，还有很多其他的项目。在每一个实例中，ROS 都用来显示多种多样的配置选项以及和各软件之间进行数据通信，也同时对它们进行微小的包装和改动。ROS 可以不断地从社区维护中进行升级，包括从其他的软件库、应用补丁中升级 ROS 的源代码。

（6）工具包丰富

为了管理复杂的 ROS 软件框架，大量的小工具被利用去编译和运行多种多样的 ROS 组建，从而设计成了内核，而不是构建一个庞大的开发和运行环境。

这些工具担任了各种各样的任务，例如，组织源代码的结构、获取和设置配置参数、形象化端对端的拓扑连接、测量频带使用宽度、生动地描绘信息数据和自动生成文档等。尽管已经测试通过像全局时钟和控制器模块的记录器的核心服务，但还是希望能把所有的代码模块化。事实上在效率上的损失远远是稳定性和管理的复杂性上无法弥补的。

（7）免费并且开源

ROS 所有的源代码都是公开发布的。这将必定促进 ROS 软件各层次的调试，不断地改正错误。虽然像 Microsoft Robotics Studio 和 Webots 这样的非开源软件也有很多值得赞美的属性，但是一个开源的平台也是无可为替代的。当硬件和各层次的软件同时设计和调试的时候这一点是尤其真实的。

ROS 以分布式的关系遵循着 BSD 许可，也就是说允许各种商业和非商业的工程进行开发。ROS 通过内部处理的通信系统进行数据的传递，不要求各模块在同样的可执行功能上连接在一起。如此，利用 ROS 构建的系统可以很好地使用它们丰富的组件：个别的模块可以包含被各种协议保护的软件，这些协议从 GPL 到 BSD，但是许可的一些“污染物”将在模块的分解上就被完全消灭掉。

(8) 快速测试

为机器人开发软件比其他软件开发更具挑战性，主要是因为调试准备时间长，且调试过程复杂。况且，因为硬件维修和经费有限等因素，不一定随时有机器人可供使用。ROS 提供两种策略来解决上述问题。

精心设计的 ROS 系统框架将底层硬件控制模块和顶层数据处理与决策模块分离，从而可以使用模拟器替代底层硬件模块，独立测试顶层部分，提高测试效率。

ROS 另外提供了一种简单的方法可以在调试过程中记录传感器数据及其他类型的消息数据，并在试验后按时间戳回放。通过这种方式，每次运行机器人可以获得更多的测试机会。例如，可以记录传感器的数据，并通过多次回放测试不同的数据处理算法。在 ROS 术语中，这类记录的数据叫作包（Bag），一个被称为 Rosbag 的工具可以用于记录和回放包数据。

采用上述方案的一个最大优势是实现代码的“无缝连接”，因为实体机器人、仿真器和回放的包可以提供同样（至少是非常类似）的接口，上层软件不需要修改就可以与它们进行交互，实际上甚至不需要知道操作的对象是否是实体机器人。

当然，ROS 操作系统并不是唯一具备上述能力的机器人软件平台。ROS 的最大不同在于来自机器人领域诸多开发人员的认可和支持，这种支持将促使 ROS 的未来不断发展、进步和完善。

7.1.2 ROS 系统架构

1. 工作空间

(1) 工作空间简介

ROS 执行命令都在一个工作空间中进行，ROS 也需要一个区域来供操作代码，这个区域就是工作空间。workspace 是 ROS 里面最小环境配置单位，可以把 workspace 看成是一个有结构的文件夹，它包含多个 package 以及一些结构性质文件。一次将一个 workspace 配置写进环境变量里面，才能使用 ROS 命令执行与这个 workspace 里面的 package 相关的操作。

(2) 工作空间的结构

package 和 workspace 都是有结构的，接下来将介绍该结构的规定：

这些结构，就是由 build system（编译系统）规定的。当运行 workspace 相关的命令，它会在一个指定的空文件夹下面放很多功能性质的文件，并将这个空文件夹变成一个 workspace。当运行 package 相关的命令，它会在指定的路径下面创建出 package。

ROS 的 build system 有两种，一种叫作 catkin，另外一种叫作 rosbuild。利用不同的 build system 创建出来的 workspace 和 package 因此也分为两种。

（3）工作空间的使用

在使用工作空间之前必须要 source setup bash，也就是让 terminal 知道当前需要使用的工作空间。具体涉及工作空间的初始化和工作空间覆盖的内容，本书不做介绍，读者可在 ROS 官网找到具体的操作方法。

2. 总体结构

根据 ROS 系统代码的维护者和分布来标示，主要有两大部分：

（1）main

核心部分，主要由 Willow Garage 公司和一些开发者设计、提供以及维护。它提供了一些分布式计算的基本工具，以及整个 ROS 的核心部分的程序编写。

（2）universe

全球范围的代码，由不同国家的 ROS 社区组织开发和维护。一种是库的代码，如 OpenCV、PCL 等；库的上一层是从功能角度提供的代码，如人脸识别，该代码调用下层的库；最上层的代码是应用级的代码，让机器人完成某一确定的功能。

一般是从另一个角度对 ROS 分级的，主要分为三个级别：计算图级、文件系统级和社区级，如图 7-3 所示。

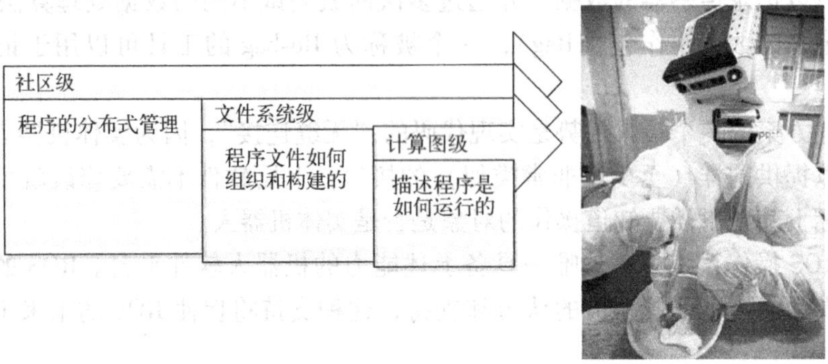

图 7-3　ROS 层级

3. 计算图集

计算图是 ROS 处理数据的一种点对点的网络形式。程序运行时，所有进程以及所进行的数据处理，将会通过一种点对点的网络形式表现出来。这一级主要包括几个重要概念：节点（Node）、消息（Message）、主题（Topic）和服务（Service）。

（1）节点

节点是一些执行运算任务的进程。ROS 利用规模可增长的方式是代码模块化：一个系统就是典型的由多个节点组成的。在这里，节点也可以被称为“软件模块”。使用“节点”使得基于 ROS 的系统在运行的时候更加形象化。

（2）消息

节点之间是通过传送消息进行通信的。每一个消息都是一个严格的数据结构。原来标准的数据类型（整型、浮点型、布尔型等）都可被支持，同时也支持原始数组类型。消息可以包含任意的嵌套结构和数组（很类似于 C 语言的结构 structs）。

(3) 主题

消息以一种发布/订阅的方式传递。一个节点可以在一个给定的主题中发布消息，并针对某个主题关注与订阅特定类型的数据。可能同时有多个节点发布或者订阅同一个主题的消息。总体上，发布者和订阅者不了解彼此的存在，如图 7-4 所示。

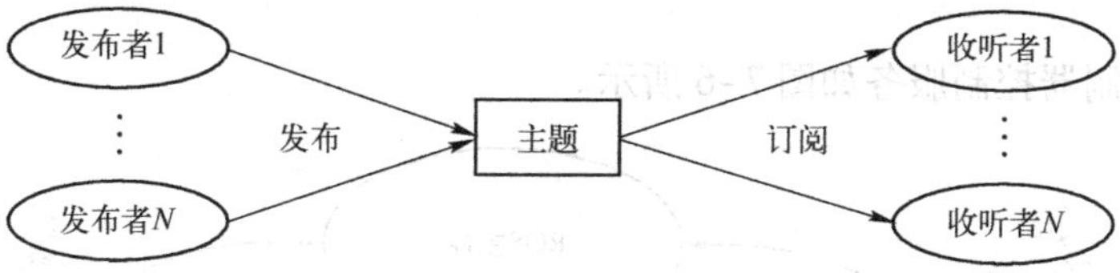

图 7-4 主题通信关系

(4) 服务

虽然基于话题的发布/订阅模型是很灵活的通信模式，但是它广播式的路径规划对于可以简化节点设计的同步传输模式并不适合。在 ROS 中，称之为一个服务，用一个字符串和一对严格规范的消息定义：一个用于请求，一个用于回应。这类似于 Web 服务器，Web 服务器是由 URIs 定义的，同时带有完整定义类型的请求和回复文档。

在上面概念的基础上，需要有一个控制器可以使所有节点有条不紊地执行，这就是一个 ROS 的控制器（ROS Master）。

ROS Master 通过 RPC（Remote Procedure Call Protocol，远程过程调用）提供了登记列表和对其他计算图表的查找。没有控制器，节点将无法找到其他节点，交换消息或调用服务。

控制节点订阅和发布消息的模型如图 7-5 所示。

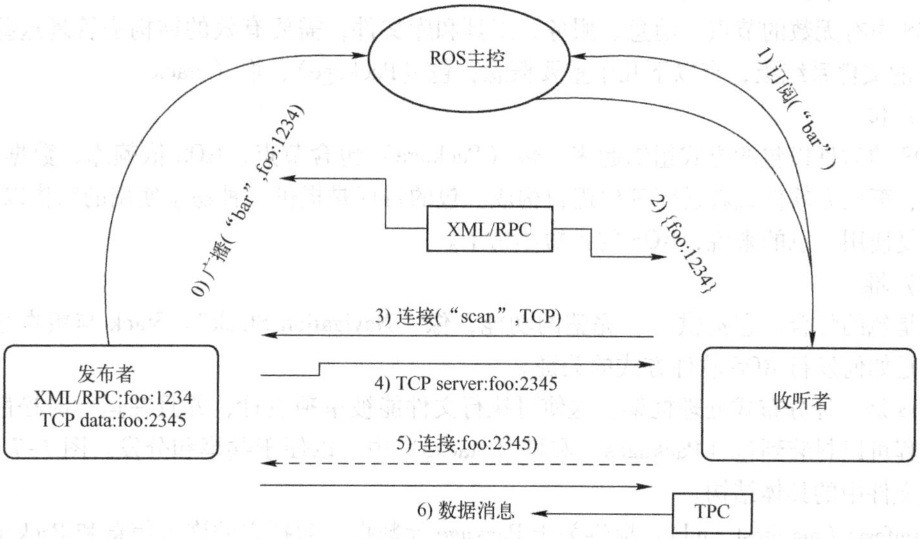

图 7-5 节点订阅和发布消息模型

ROS 的控制器给 ROS 的节点存储了主题和服务的注册信息。节点与控制器通信从而报告它们的注册信息。当这些节点与控制器通信的时候，它们可以接收关于其他已注册节点的信息并且建立与其他已注册节点之间的联系。当这些注册信息改变时控制器也会回馈这些节点，同时允许节点动态创建与新节点之间的连接。

节点与节点之间的连接是直接的，控制器仅仅提供了查询信息。节点订阅一个主题将会要求建立一个与出版该主题的节点的连接，并且将会在同意连接协议的基础上建立该连接。

另：ROS 控制器控制服务如图 7-6 所示。

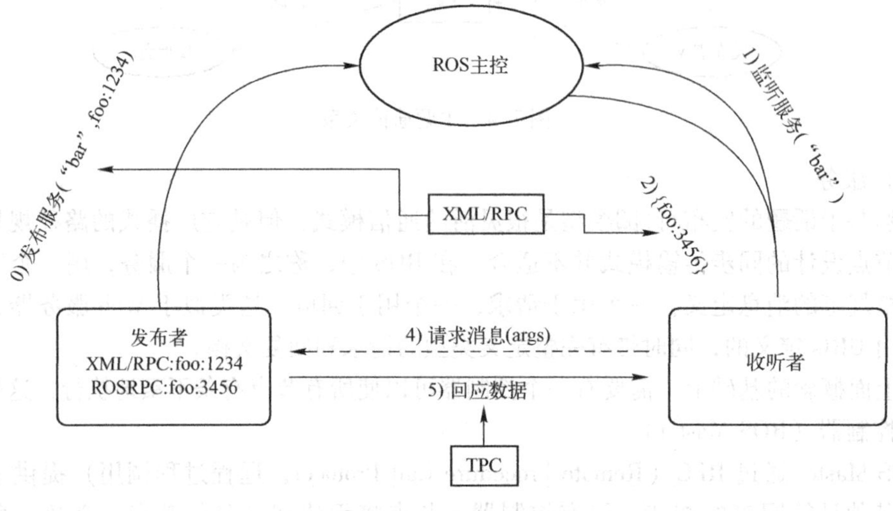

图 7-6　控制器控制服务模型

4. 文件系统级

ROS 文件系统级指的是在硬盘上面查看的 ROS 源代码的组织形式。

ROS 中有无数的节点、消息、服务、工具和库文件，需要有效的结构去管理这些代码。在 ROS 的文件系统级，有以下几个重要概念：包（Package）、堆（Stack）

（1）包

ROS 的软件以包的方式组织起来。包（Package）包含节点、ROS 依赖库、数据套、配置文件、第三方软件或者任何其他逻辑构成。包的目标是提供一种易于使用的结构以便于软件的重复使用。总的来说，ROS 的包短小精干。

（2）堆

堆是包的集合，它提供一个完整的功能，像“Navigation Stack”。Stack 与版本号关联，同时也是如何发行 ROS 软件方式的关键。

ROS 是一种分布式处理框架。这使可执行文件能被单独设计，并且在运行时松散耦合。这些过程可以封装到包（Packages）和堆（Stacks）中，以便于共享和分发。图 7-7 是在包和堆在文件中的具体结构。

Manifests（manifest. xml）：提供关于 Package 元数据，包括它的许可信息和 Package 之间依赖关系，以及语言特性信息如编译旗帜（编译优化参数）。

Stack manifests（stack. xml）：提供关于 Stack 元数据，包括它的许可信息和 Stack 之间依赖关系。

图 7-7　包和堆在文件中的具体结构

5. 开源社区级

ROS 的社区级概念是 ROS 网络上进行代码发布的一种表现形式，结构如图 7-8 所示。

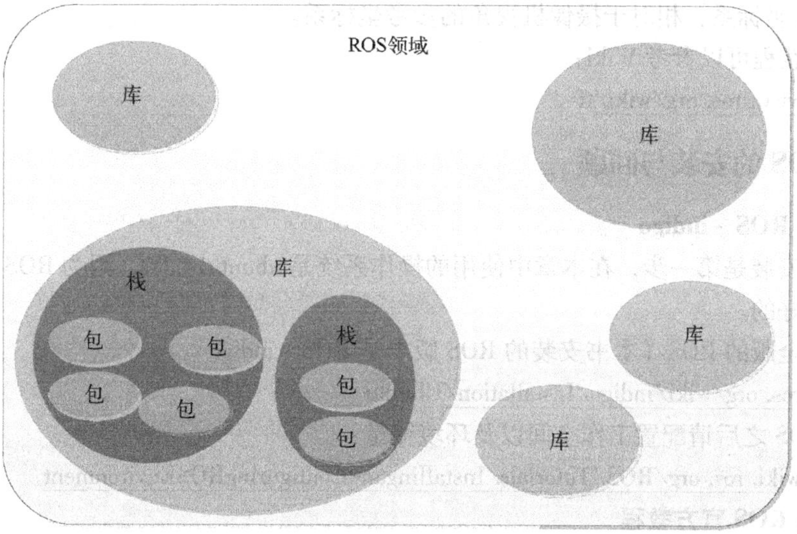

图 7-8　ROS 开源社区级结构

代码库的联合系统，使得协作亦能被分发。这种从文件系统级别到社区一级的设计让独立地发展和实施工作成为可能。正是因为这种分布式的结构，使得 ROS 迅速发展，软件仓库中包的数量呈现指数级增加。

7.1.3 ROS 系统工具

1. RViz

RViz 是 ROS 中一款强大的 3D 可视化工具，机器人可以在该可视化工具中被创建，并让机器人完成指定的任务，还可以创建地图、显示 3D 点云等。总之，RViz 可以在 ROS 中显示所有的实物，通过消息的订阅可以完成实物的显示，机器人通过 ROS 发布数据，RViz 订阅消息接收数据，然后显示。

详细的教程可以参考 Wiki：

http://www.ros.org/wiki/rviz

2. gazebo

这个工具是 ROS 中的物理仿真环境，gazebo 本身就是一款机器人的仿真软件，基于 ODE 的物理引擎，可以模拟机器人以及环境中的很多物理特性。

详细的教程可以参考 Wiki：

http://www.ros.org/wiki/simulator_gazebo/Tutorials

3. Tf

Tf 是 ROS 中的坐标变换系统，在机器人的建模仿真中经常用到。Tf 库的目的是实现系统中任一个点在所有坐标系之间的坐标变换，也就是说，只要给定一个坐标系下的一个点的坐标，就能获得这个点在其他坐标系的坐标。

ROS 中主要有两种坐标系：

1）固定坐标系：用于表示世界的参考坐标系。

2）目标坐标系：相对于摄像机视角的参考坐标系。

详细的教程可以参考 Wiki：

http://www.ros.org/wiki/tf

7.1.4 ROS 的安装与回顾

1. 安装 ROS - indigo

ROS 的安装是第一步，在本章中使用的操作系统是 ubuntu14.04，因为 ROS 在 ubuntu 上的支持是最好的。

安装完全版的 ROS（本书安装的 ROS 版本是 ROS - indigo）：

http://ros.org/wiki/indigo/Installation/Ubuntu

安装 ROS 之后请配置工作空间以及环境变量：

http://wiki.ros.org/ROS/Tutorials/InstallingandConfiguringROSEnvironment

2. 学习 ROS 官方教程

在阅读下一节内容之前，建议读者首先阅读 ROS 入门指南：

http://wiki.ros.org/ROS/StartGuide

在这里可以找到 ROS 的整体介绍，以及对关键概念、库和技术设计的解释。

官方的 ROS 初学者教程是一部编写完善的教程，并且已经通过了许多 ROS 新用户的测试：

http://wiki.ros.org/ROS/Tutorials

当完成了初学者教程之后，阅读 Tf 概述和 Tf 教程也是很有必要的，这会帮助理解 ROS 如何处理不同的参考标架：

http://wiki.ros.org/tf

最后，当进入导航堆栈部分时，需要理解 ROS 动作的基础知识。读者可以在 actionlib 教程中找到相关的介绍：

http://wiki.ros.org/actionlib

许多独立的 ROS 数据包都在 ROS Wiki 页面上提供自带的教程。本章在进行过程中会根据需要引用它们，但对于现在来说，初学者教程、Tf 教程和 actionlib 教程就已经足够了。

3. ROS 回顾

ROS 中的核心实体叫作节点。节点通常是一个用 Python 或 C++ 编写的小型程序，用来执行一些相对简单的任务或进程。节点可以彼此独立地启动或停止，它们之间通过传递消息来通信。节点可以在某个话题上发布消息，或者向其他节点提供服务。

任何节点如果想了解传感器的读数，只需要订阅/head_sonar 话题即可。订阅节点会定义一个回调函数，该函数将在有新消息发布到被订阅的话题时执行，这样订阅节点就可以使用这些数值。这种情况发生频率取决于发布节点更新消息的频率。

节点也可以定义一个或多个服务。ROS 服务会在接收到其他节点的请求时产生某种行为或发生回复。一个简单的例子是控制 LED 开/关的服务。

高级 ROS 节点可以订阅多个话题和服务，以有用的方式将得到的结果结合，或许还可以发布消息或者提供自己的服务。

4. ROS 常用机器人

（1）PR2

关于 ROS 的应用，最常见到的机器人就是 PR2。该机器人是 ROS 的主要维护者（Willow Garage）针对 ROS 量身定做的机器人，有两个运行 ubuntu 和 ROS 的计算机，和两个机器臂以及各类功能强大的传感器，但是售价相当的昂贵，国内很少见到。这款机器人的 ROS 包比较多，从仿真到导航，所以代码具有比较高的参考价值。

Wiki：http://www.ros.org/wiki/Robots/PR2

（2）TurtleBot

TurtleBot 机器人是应用 ROS 小型移动机器人的典型代表，主要在建立模型和导航定位方面，可以作为新手参考的最佳机器人。

Wiki：http://www.ros.org/wiki/Robots/TurtleBot

5. 更多信息

（1）发行版本

ROS 的主要版本称为发行版，其版本号以顺序字母作为版本名的首字母来命名（这种方式与其他大型工程的版本命名方式类似，如 Ubuntu、Android）。本章节所使用的版本号为 indigo，其后续版本被命名为 jade。ROS 的旧版本号包括 hydro、groovy、feurte、electric、diamondback、C Turtle 和 box turtle。

（2）编译系统

从 groovy 版本开始，ROS 对软件的编译进行了重大改动。在 groovy 及之前的版本中，ROS 采用 rosbuild 系统来完成软件的编译，而在之后的版本中，则改用 catkin 编译系统。了解这一点非常重要，编译系统的改变导致很多教程分为 rosbuild 和 catkin 两个版本。版本的选择可以通过操作教程页面顶端的按钮完成。目前使用较多的是 catkin，但在有些情况下，rosbuild 是更好的选择。

7.2 ROS 的应用举例

在对 ROS 基本框架有了初步的认识后，本节将介绍 ROS 的一些基本的操作。具体代码不会出现在本节中，读者可通过以下参考链接获得相关代码：https://github.com/pirobot/rbx1/tree/indigo-devel/rbx1_nav/nodes。

该链接包含本节所有代码，读者可通过具体节点（Node）的名称找到所需要的代码文件。本节大多数的代码文件和例程都可参考《ROS by Example》，也可从 ROS 官网学习和下载相关 ROS 文件：

Wiki：http://www.ros.org

在阅读本节之前请先确保已经安装 Ubuntu 操作系统以及 ROS，本节使用的是 indigo 版本。首先安装三种主流的版本控制系统：SVN、Git 和 Mercurial。

```
$ sudo apt-get install git subversionmercurial
```

接下来安装本节必备的包（Package）：

```
$ sudo apt-get install ros-indigo-turtlebot-bringup\
ros-indigo-turtlebot-create-desktop ros-indigo-openni-*\
    ros-indigo-openni2-* ros-indigo-freenect-* ros-indigo-usb-cam\
    ros-indigo-laser-* ros-indigo-hokuyo-node\
    ros-indigo-audio-common gstreamer0.10-pocketsphinx\
    ros-indigo-pocketsphinx ros-indigo-slam-gmapping\
    ros-indigo-joystick-drivers python-rosinstall\
    ros-indigo-orocos-kdl ros-indigo-python-orocos-kdl\
    python-setuptools ros-indigo-dynamixel-motor-*\
    libopencv-dev python-opencv ros-indigo-vision-opencv\
    ros-indigo-depthimage-to-laserscan ros-indigo-arbotix-*\
    ros-indigo-turtlebot-teleop ros-indigo-move-base\
    ros-indigo-map-server ros-indigo-fake-localization\
    ros-indigo-amcl git subversion mercurial
```

再执行如下命令：

```
$ cd ~
$ wgethttps://raw.githubusercontent.com/pirobot/rbx1/indigo-devel/\rbx1-prereq.sh
$ shrbx1-prereq.sh
```

接下来安装 rbx1 的代码资源：

```
$ cd ~/catkin_ws/src
$ git clone https://github.com/pirobot/rbx1.git
```

```
$ cd rbx1
$ git checkout indigo - devel
$ cd ~/catkin_ws
$ catkin_make
$ source ~/catkin_ws/devel/setup. bash
$ rospack profile
```

如果 ROS - By - Example 的代码更新了，可以使用以下命令合并：

```
$ cd ~/catkin_ws/src/rbx1
$ git pull
$ cd ~/catkin_ws
$ catkin_make
$ source ~/catkin_ws/devel/setup. bash
```

最后在 ROS 目录下安装模拟器，运行以下命令：

```
$ sudo apt - get install ros - indigo - arbotix - *
$ rospack profile
```

7.2.1 控制移动底座

1. 运动控制的分层

控制一个机器人运动可以在运动控制系统中许多不同的层中实现，ROS 在不同的层中都有提供相应的方法。从对发动机的直接控制，到路径规划和 SLAM（Simultaneous Localization and Mapping，实时定位和地图绘制），不同的层代表不同程度的抽象。

（1）发动机、轮子和编码器

该部分为机器人运动的执行机构以及传感器，直接受控于最底层的运动控制。

（2）发动机控制器和驱动程序

在最底层的运动控制，需要为发动机控制器提供一个驱动程序。

然而，有许多来自第三方的 ROS 开发者发布了一些面向其他更热门的发动机控制器和机器人的驱动程序，比如 Arduino、ArbotiX、Serializer、Element、LEGO® NXT 和 Rovio（可以查询 Robots Using ROS 获得关于平台兼容性的完整列表）。

（3）ROS 基控制器

在进入下一层进行了更多的抽象后，机器人的目标速度可以使用与现实世界一样的计量单位来表示，如 m/s 或 rad/s。

驱动程序的 PID 控制器通常都会被整合在同一个叫基控制器（Base Controller）的 ROS 节点中。

基控制器通常在/odom 话题下发布测量数据，并在/cmd_vel 话题下监听运动指令。

当拥有了一个基控制器，ROS 提供了基于命令行或者使用 ROS 节点的工具时，一些具有更高抽象层次的指令就可以被发布。

（4）使用 ROS 中 move_base 包的基于框架的运动

在本层的抽象中，ROS 提供了 move_base 包，它使用户可以为某一个机器人对应某一参照框架设定目标位置和方向。最后 move_base 包会尝试让机器人避开障碍物并移动到目标位置。

(5) 使用 ROS 的 gmapping 包和 amcl 包的 SLAM

在更高的抽象层次中，ROS 使机器人可以使用 SLAM 的 gmapping 包绘制一张它所在环境的地图。

当地图绘制完成时，ROS 中的 amcl 包（自适应蒙特卡罗定位，Adaptive Monte Carlo Localization）就可以通过机器人当前的扫描和测量数据来自动定位。

(6) 语义目标

最后，在最高层次的抽象中，运动目标是用有语义的句子表达的，如“帮我去厨房拿点啤酒过来”，或者简单地表达为“拿点啤酒过来”。

(7) 总结

总而言之，运动控制的层次如图 7-9 所示。

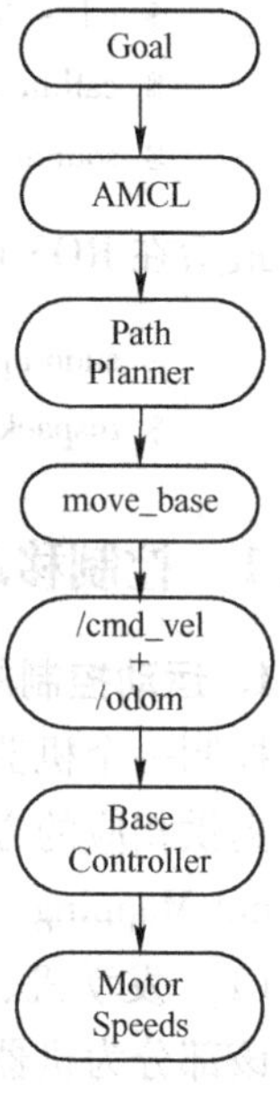

图 7-9　运动控制层级

在后续内容中，读者会学习如何运用不同层次的运动控制。

2. ROS 中 Twist 消息和轮子转动

ROS 使用 Twist 消息类型发布运动指令给基控制器。虽然，一个话题可以被随意地命名，但通常会把这个话题命名为/cmd_vel，作为“command velocities”的缩写。基控制器节点订阅/emdz_vel 话题，然后把 Twist 消息翻译转换成发动机信号，从而使轮子转动。

运行以下命令来看一个 Twist 消息的组成：

```
$ rosmsg showgeometry_msgs/Twist
```

执行命令后会得到以下输出：

```
geometry_msgs/Vector3 linear
float64 x
float64 y
float64 z
geometry_msgs/Vector3 angular
float64 x
float64 y
float64 z
```

如上所示，一个 Twist 消息由两个类型为 Vector3 的子消息组成，其中一个子消息是用 x、y、z 来描述线速度，而另外一个子消息则用 x、y、z 来描述角速度。线速度使用 m/s 作为单位，而角速度则用 rad/s（1rad 约等于 57°）作为单位。

对于一个在二维平面（比如地面）上运动的差速驱动机器人，只需要用到线速度的 x 部分和角速度的 z 部分。这是因为这种机器人只能前进和后退，并只能绕垂直于平面的坐标轴旋转。换句话说，线速度的 y 和 z 部分恒为零（机器人不能横着走或者上下走），而角速度的 x 和 y 部分也恒为零，因为机器人不能绕着这些轴旋转。全方位移动的机器人就会用到线速度的 y 部分，而飞行机器人或者水下机器人就有可能用到上述全部六个变量。

3. 从 ROS 节点发布 Twist 消息

之前已经尝试了从命令行控制机器人运动，但是在大多数时间，读者会依靠 ROS 节点来发布恰当的 Twist 消息。举个简单的例子，设想编程使机器人向前移动 1.0 m，旋转 180°，然后返回开始的位置。不同的方法可以被用来完成这个任务，这些方法很好地表现了 ROS 不同层次的运动控制。

（1）通过定时和定速估计距离和角度

第一个尝试是用定时的 Twist 命令让机器人花一定的时间向前移动一定的距离，旋转 180°后，然后以相同的速度进行相同时长的向前移动，不出意外的话它会回到开始的位置。最后机器人会旋转 180°回到最初的方向。

这段脚本可以在子目录 rbxl_nav/nodes 下的 timed_out_and_back. py 中找到。可以在 ArbotiX 模拟器上尝试运行一下。

（2）在 ArbotiX 模拟器上进行计时前进并返回运动

为了保证模拟的 TurtleBot 会回到开始的位置，按下“Ctrl - C”让模拟的 TurtleBot 中正在运行的启动文件停止运行，然后用以下命令让它重新运行：

```
$ roslaunch rbx1_bringupfake_turtlebot. launch
```

（可以用对应 Pi Robot 或者自己的机器人的文件替换掉 fake_turtlebot. launch，这并不会使结果有差别。）

输入以下指令运行 RViz：

```
$ rosrun rviz rviz  - d `rospack findrbx1_nav`/sim. rviz
```

按下 Reset 按钮删除掉在上一部分留下的 Odometry 箭头。

最后，运行 timed_out_and_back. py 节点：

```
$ rosrun rbx1_navtimed_out_and_back. py
```

不出意外的话，RViz 会显示机器人执行前进并返回策略，最后的结果将会如图 7-10 所示。

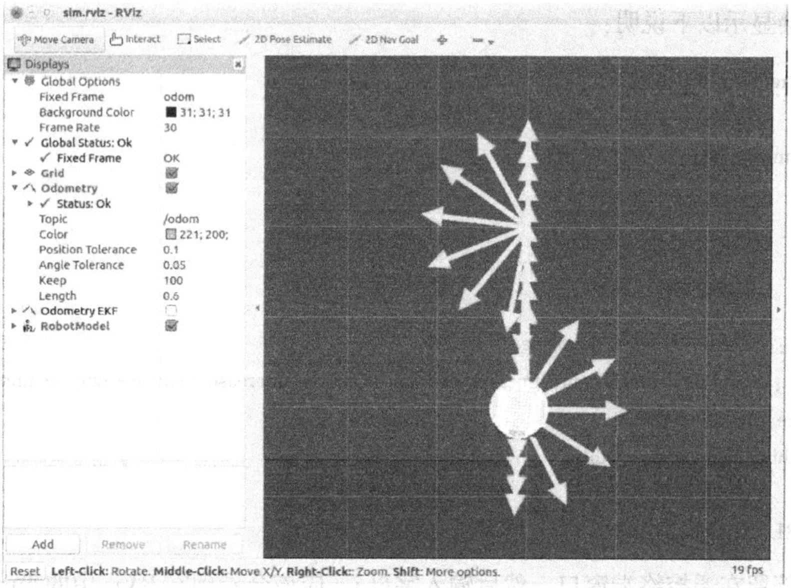

图 7-10　仿真结果

大箭头表示的是，机器人（模拟的）本身的测量数据反映的在运行轨迹上每一点机器人的位置和方向。

4. 遥控机器人

让机器人可以被手动控制总是一个好的想法，特别是在测试新的代码的时候。可以明显地看到，机器人的基控制器订阅了/cmd_vel 话题并把所有的 Twist 消息映射成了发动机信号。如果可以用一些遥控设备，诸如操纵杆或者游戏手柄来发布 Twist 消息到/cmd_vel 话题，就可以遥控机器人了（这也是另外一个说明 ROS 可以对抽象底层硬件进行操作的好例子）。

幸运的是，turtlebot_teleop 包已经包含了遥控节点帮助使用键盘、操纵杆或者 PS3 手柄。首先，确认上位机已经安装了需要用到的 ROS 包：

```
$ sudo apt - get install ros - indigo - joystick - drivers \ros - indigo - turtlebot - teleop
```

在遥控一个现实中的机器人之前，先在 ArbotiX 模拟器上尝试一下。启动一个模拟器的 Turtle - Bot：

```
$ roslaunch rbx1_bringupfake_turtlebot. launch
```

运行以下指令启动 RViz：

```
$ rosrun rviz rviz  - d `rospack findrbx1_nav`/sim. rviz
```

现在尝试用键盘或者操纵杆来遥控模拟的机器人。

（1）使用键盘

在 turtle_teleop 包中有一个名为 keyboard_teleop. launch 的文件，它已经被复制到了 rbxl_nav/ launch 目录中，可以修改其中几个参数，用以下命令来运行复制的启动文件：

```
$ roslaunch rbx1_navkeyboard_teleop. launch
```

屏幕将会显示以下说明：

```
ControlYourTurtlebot!
---------------------------
Movingaround:
uio
jkl
m,.

q/z : increase/decrease max speeds by10%
w/x : increase/decrease only linear speed by10% e/c : increase/decrease only angular speed by10%
space key, k :forcestop
anything else :stopsmoothly

CTRL - C toquit
```

让光标停留在遥控终端窗口，然后输入字母 i。应该会看到在 RViz 中的 TurtleBot 向前移动了。尝试一下其他键，确保每个键都能运行。

阅读一下 rbxl_nav/launch 目录下的 keyboard_teleop. launch 文件，会发现键盘遥控节点有两个参数：scale_linear 和 scale_angular。这两个参数分别决定了机器人默认的线速度和角速度。首次在现实的机器人中进行遥控测试时，最好把这些值都设置成比默认值小，这样可以使机器人移动的慢一些。

(2) 使用 Logitech 游戏摇杆

如果有一个操纵杆或者游戏摇杆，ROS 可以使用在 turtlebot_teleop 包中的 joystick_teleop. launch 文件。在本地目录 rbxl_nav/launch 下已保留一份本地副本，这样就可以编辑各种参数来满足特殊的需要。接下来的描述专门针对 Logitech 的无线游戏摇杆。

执行以下命令来启动一个遥控摇杆节点：

```
$ roslaunch rbx1_navjoystick_teleop. launch
```

如果得到一个如下的错误：

```
[ERROR][1332893303. 227744871]:Couldn't  open joystick /dev/input/js0. will retry every second.
```

则说明操纵杆或者摇杆没有连接到 USB 上，或者是它没有被 Ubuntu 识别出来。如果屏幕没有显示任何错误信息，则按下 “dead man” 按钮（见注意）并尝试移动操纵杆或者摇杆左边的切换键。

注意：如果使用的是 Logitech 的游戏摇杆，在机器人对左切换键作出反应前，必须先按着食指对应的按钮不放（这个按钮被称作 “dead man” 按钮），因为一旦放开它机器人就会停止移动。

通过编辑 joystick_teleop. launch 文件可以来改变线速度和角速度的单位比例大小。想知道每个按钮所对应的数字，可以尝试运行 jstest 程序：

```
$ sudo apt - get installjoystick
$ jstest/dev/input/js0
```

然后按下不同的按钮，通过看屏幕底端的对应不同按钮的数字从 “off” 状态转换成 “on” 状态。按下 “Ctrl C” 来退出测试屏幕。

7.2.2 导航、路径规划和 SLAM

前面已经讲解过如何控制一个差速驱动机器人的基础，现在可以开始尝试 ROS 的一个更强大的特性，那就是实时定位与绘制地图（Simultaneous Localization and Mapping, SLAM）。

一个支持 SLAM 的机器人可以为一个未知的环境绘制地图，并实时地定位自己在地图上的位置。直至最近，唯一可靠的 SLAM 方法就是用相当昂贵的激光扫描仪来收集数据。但在 Microsoft Kinect 和 Asus Xtion 摄像头面世后，通过摄像头获得的三维点云（Point Cloud）来生成模拟激光扫描仪是更经济的 SLAM 实现方法（请查阅 depthimage_to_laserscan 包和 kinect_2d_scanner 包中的两种方法）。而 TurtleBot 是已经配置好去完成这个任务的。如果有一个 TurtleBot，读者可以考虑直接参考 ROS 的 Wiki 上关于 TurtleBot SLAM 的指南。

本章内容将会涉及三个基本的 ROS 包，它们组成了导航栈的核心：

1）用于让机器人在指定的框架内移动到目标位置的 move_base 包。

2）用于根据从激光扫描仪获得的数据（或从深度摄像头获得的模拟激光数据）来绘制地图的 gmapping 包。

3）用于在现在的地图中定位的 amcl 包。

在进行更深入的探讨前，建议读者去阅读 ROS 的 Wiki 上的导航机器人起步指南（Navigation Robot Setup）。这个指南很好地提供了对 ROS 导航栈的概述。完整地阅读导航指南（Navigation Tutorials）有助于更好地理解导航。而对于 SLAM 底下运用到的数学知识，Sebastian Thrun 在 Udacity 的人工智能（Artificial Intelligence）在线课程提供了很好的介绍。

1. 使用 move_base 包进行路径规划和障碍物躲避

move_base 包实现了一个完成指定导航目标的 ROS 行为。读者应该通过阅读 ROS 的 Wiki 上的 actionlib 指南，熟悉 ROS 行为的基础知识。在机器人实现目标的过程中，行为是有反馈机制的。这意味着不再需要自己去通过 odometry 话题来判断是否已经达到目的地了。

move_base 包（Package）包含了 base_local_planner，在为机器人寻路的时候，base_local_planner 结合了从全局和本地地图得到的距离测量数据。基于全局地图的路径规划是在机器人向下一个目的地出发前开始的，这个过程会考虑到已知的障碍物和被标记成“未知”的区域。要使机器人实际动起来，本地路径规划模块会监听着传回来的传感器数据，并选择合适的线速度和角速度让机器人走完全局路径规划上的当前段。上位机将会显示本地的路径规划模块是如何随着时间推移而不断做出调整的。

（1）用 move_base 包指定导航目标

用 move_base 包指定导航目标前，机器人要被提供在指定的框架下的目标方位（位置和方向）。move_base 包是使用 MoveBaseActionGoal 消息类型来指定目标的。执行以下命令来看这个消息的定义：

```
$ rosmsg showMoveBaseActionGoal
```

上位机将会显示以下输出：

```
Header header
    uint32 seq
    time stamp
    string frame_id
actionlib_msgs/GoalID goal_id
    time stamp
    string id
move_base_msgs/MoveBaseGoal goal
    geometry_msgs/PoseStamped target_pose
    Header header
    uint32 seq
    time stamp
    string frame_id
geometry_msgs/Pose pose
```

```
    geometry_msgs/Point position
        float64 x
        float64y
        float64 z
    geometry_msgs/Quaternion orientation
        float64 x
        float64 y
        float64 z
        float64 w
```

如上所见，目标由一个包含一个 frame_id 的 ROS 标准 header、一个 goal_id 和一个 PoseStamped 消息类型的 goal 组成。而 PoseStamped 消息类型是由一个 header 和一个包含了一个 position 和一个 orientation 的 pose 组成。

（2）为路径规划设定参数

在 move_base 节点运行前需要四个配置文件。这些文件定义了一系列相关参数，包括越过障碍物的代价、机器人的半径、路径规划时要考虑未来多长的路、想让机器人以多快的速度移动等。这四个配置文件可以在 rbxl_nav 包的 config 子目录下找到，分别是：

```
base_local_planner_params. yaml
costmap_common_params. yaml
global_costmap_params. yaml
local_costmap_params. yaml
```

如果要学会所有参数的设置，请查阅 ROS Wiki 页面上导航机器人起步（Navigation Robot Setup）以及关于 costmap_2d 和 base_local_planner 参数部分的 Wiki 页面。

http://wiki. ros. org/navigation/Tutorials/RobotSetup

2. 用 gmapping 包创建地图

在 ROS 中，地图只是一张位图，用来表示网络被占据的情况，其中白色像素点代表没有被占据的网格，黑色像素点代表障碍物，而灰色像素点代表“未知”，因此可以用任意的图像处理程序，自己画一张地图，或者使用别人创建好的地图。然而，如果机器人配有激光扫描仪和深度摄像头，那么它可以在目标的范围行动时创建自己的地图。如果机器人没有这些硬件，读者可以用在 rbxl_nav/maps 中的测试地图。

ROS 的 gmapping 包包含了 slam_gmapping 节点，这个节点会把从激光扫描仪和测量中得到的数据整合到一张 occupancy map 中。常用的策略是首先通过遥控让机器人在一个区域内活动，同时让它记录激光和测量数据到 rosbag 文件中。然后运行 slam_gmapping 节点，利用记录的数据生成一张地图。首先记录数据的好处是，可以生成任意拥有相同数据的测试地图供以后不同参数的 gmapping 使用。

3. 用一张地图和 amcl 来导航和定位

如果没有硬件来让机器人创建一张地图，则可以用 rbxl_nav/maps 中的测试地图。

ROS 使用 amcl 包来让机器人在已有的地图里利用当前从机器人的激光或深度扫描仪中得到的数据进行定位。

在现实的机器人上使用 amcl：如果机器人有一个激光扫描仪或者一个如 Kinect 或 Xtion

的 RGB - D 摄像头，可以尝试在现实世界中使用 amcl。假设已经在目录 rbxl_nac/maps 下创建一幅名为 my_map. yaml 的地图，用以下步骤来开始机器人定位。

如果有一个 TurtleBot，读者可以参照 ROS Wiki 上官方的 TurtleBot SLAM 指南（TurtleBot SLAM Tutorial）来使用 amcl。

首先要启动机器人的启动文件。对于原版的 TurtleBot ，运行以下命令：

```
$ roslaunch rbx1_bringup turtlebot_minimal_create. launch
```

如果使用的是 Kinect 接着启动模拟激光扫描仪：

```
$ roslaunch rbx1_bringup turtlebot_fake_laser_freenect. launch
```

假如现在已有名为 my_map 的地图，运行 tb_demo_amcl. launch 文件：

```
$ roslaunch rbx1_nav tb_demo_amcl. launch map: = my_map. yaml
```

最后启动 RViz：

```
$ rosrun rviz rviz  - d`rospack find rbx1_nav`/nav_test. rviz
```

当 amcl 第一次启动时，机器人需要被设置一个初始方位（位置与方向），这是 amcl 不能靠自己确定的信息。为了设定初始方位，首先点击 RViz 中的 2D Pose Estimate 按钮。接着在地图上单击机器人的位置。当按着鼠标的按键时，会出现一个巨大的绿色箭头。移动鼠标来使箭头的方向和机器人的方向一致，然后松开鼠标。

机器人初始方位设定好后，可以用 RViz 中的 2D Nav Goal 按钮为机器人在地图上指出不同的导航目标。必要时用鼠标滚轮放大或缩小。当机器人在附近运动时，应该就可以看到激光扫描仪指出的墙和障碍物的边界。

在 RViz 中首先会注意到的很可能是一堆浅绿色箭头围绕着机器人。这些箭头代表着 amcl 返回的方位的范围，显示它们的原因是在 RViz 中使用的 nav_test 配置文件包含了一个 Pose Array 类型（可以看一下 RViz 窗口左方面板中的 GlobalPlan 的下面）。话题 Pose Array 被设置在/particlecloud 话题，这个话题是 amcl 用来发布机器人的方位估算信息的默认话题［在 amcl 的 Wiki 页面（amcl Wiki page）查看相关细节］。当机器人在这个环境周围活动时，这堆箭头可以缩小，并作为额外的扫描数据，让 amcl 修正它对机器人位置和方向的估算。

图 7-11、图 7-12 是一些现实测试中的截图，这两幅图都是在测试开始后截图的，图 7-11 是在机器人环境周围运动了几分钟后截图的，在图 7-11 中的方位都很分散，而在图 7-12中就收缩到机器人周围了。在这个测试中，机器人是相当确定自己在地图中的位置的。

为了测试障碍物躲避能力，在离目标一定距离外启动机器人，接着在机器人运动时，人可以在它面前走动。在底座的本地路径规划会控制机器人绕过人，然后继续向目标走去。

如果上位机已经运行了键盘或者操纵杆的节点，还可以在 amcl 运行时的任何时候遥控机器人。

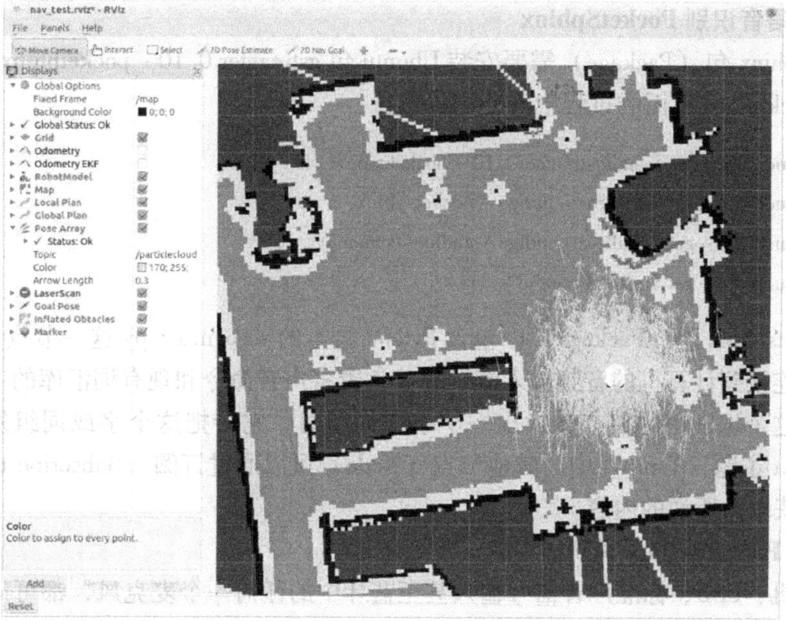

图 7-11　测试截图 1

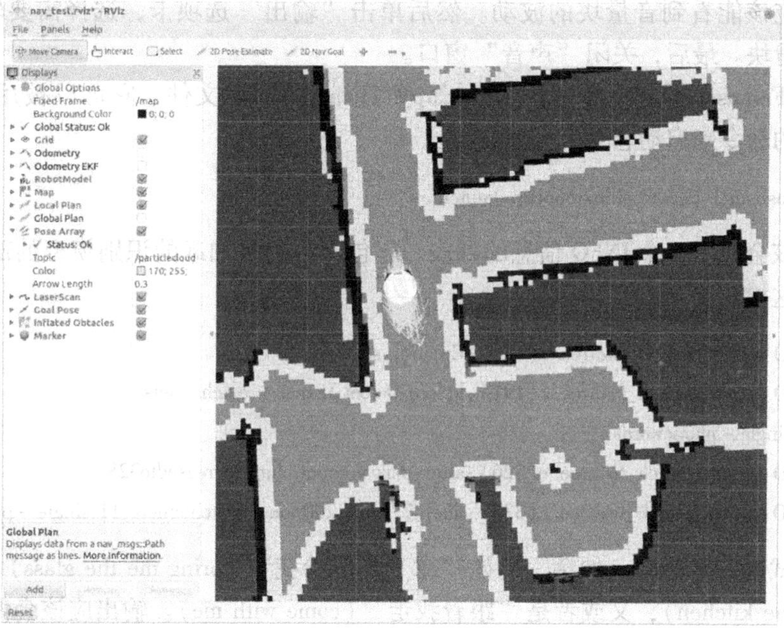

图 7-12　测试截图 2

7.2.3　语音识别及语音合成

语音识别已经和 Linux 一起走过了相当长一段路，这要归功于 CMU Sphinx 和 Festival 项目，同样也能从现有的 ROS 包（Package）语音识别和文字转换语音中获益。有了这些，要为机器人添加语音控制及语音反馈是件非常容易的事情。

1. 安装语音识别 PocketSphinx

PocketSphinx 包（Package）需要安装 Ubuntu 包 gstreamer 0. 10 – pocketphinx 和 ROS 音频驱动堆（Stack）。在下面的过程中安装相关包：

```
$ sudo apt – get installgstreamer0. 10 – pocketsphinx
$ sudo apt – get installros – indigo – pocketsphinx
$ sudo apt – get installros – indigo – audio – common
$ sudo apt – get installlibasound2
```

在 pocketsphinx 包（Package）中包含 Python 脚本的 recognizer. py 这一节点（Node）。这个脚本负责连接到计算机的音频输入流，并且负责将声音命令和现有词汇库的文字和词组匹配起来。当这个识别用的节点转换出一个字或词组时，它会把这个字或词组发布在/recognizer/out – put 主题（Topic）中。其他节点（Node）可以通过订阅（Subscribe to）这个主题（Topic）来获取人所说的内容。

2. 测试 PocketSphinx 识别器

通过耳机、USB、标准声音信号输入甚至蓝牙中的任何一个麦克风，都可以获取很好的语音识别结果。麦克风被接入计算机时，确保它被选中为输入音频信号的设备。在声音属性窗口打开之后，单击“输入”选项卡，然后在列表中选择麦克风设备。尝试对麦克风说点什么，然后应该能看到音量块的波动。然后单击“输出”选项卡，选择需要输出的设备，并调整音量滑块。最后，关闭“声音”窗口。

Michael Ferguson 包含一个适配 RoboCup@ Home 的词汇文件，它可以被用来测试识别器。用下面的命令来启动它：

```
$ roslaunch pocketsphinxrobocup. launch
```

屏幕应该会显示一个 INFO 信息的列表，它包含各种被加载的识别模型的部分，最后几行信息会是这样：

```
INFO:ngram_search_fwdtree. c(186):Creating searchtree
INFO:ngram_search_fwdtree. c(191):before:0 root,0 non – rootchannels,
12 single – phonewords
INFO:ngram_search_fwdtree. c(326):after:max nonroot chan increasedto328
INFO:ngram_search_fwdtree. c(338):after:77 root,200non – rootchannels,11 single – phonewords
```

现在尝试说些 RoboCup 的话，比如“拿个杯子给我”（bring me the glass）、“到厨房里去”（go to the kitchen），又或者是“跟着我走”（come with me）。输出应该会像下面这样：

```
[INFO][WallTime:1387548761. 587537]bring me the glass[INFO]
[WallTime:1387548765. 296757]go to the kitchen[INFO]
[WallTime:1387548769. 417876]come with me
```

被识别出的语句也发布（Publish）在/recognizer/output 主题（Topic）中，想要看到结果，打开其他的终端并且运行：

```
$ rostopic echo/recognizer/output
```

现在，将上面三句话再试一遍，将会看到：

```
data:bring me the glass
---
data:go to the kitchen
---
data:come with me
---
```

识别器可以非常快和准确地识别人用蓝牙连接的头戴式耳机麦克风说的话。

在演示 RoboCup 词汇中，所有可以用来让机器识别的词汇将被看到。运行下列命令：

```
$ roscd pocketsphinx/demo
$ more robocup. corpus
```

现在尝试着说一些不在词汇范围内的句子，比如“天空是蓝色的”（the sky is blue）。在测试的时候，/recognize/output 主题（Topic）的输出结果是“这么走是房间”（this go is room），不管人说什么，识别器都会对其做出反应。这意味着，如果不想让杂音扰乱语音命令，则必须在适当的时候关闭一下识别器。

3. 创建词汇库

要创建一个新的词汇库或者语料库并不是件难事，就像在 PocketSphinx 中提及的那样。首先，创建一个简单的文档，将文字或词组按每行一个的格式写好。这就成为能够驱动机器人的那些语音指令语料库。这个文档将被存放在一个名叫“nav_commands. txt”的文件中，该文件在 rbx1_speech 包（Package）的子目录 config 下。要查看其中的内容，运行以下命令：

```
$ roscdrbx1_speech/config
$ morenav_commands. txt
```

接下来会显示下面这样的语句：

Pause speech	Come forward	Stop
Continue speech	Come backward	Stop now
Move forward	Come left	Halt
Move backward	Come right	Abort
Move back	Turn left	Kill
Move left	Turn right	Panic
Move right	Rotate left	Help
Go forward	Rotate right	Help me
Go backward	Faster	Freeze
Go back	Speed up	Turn off
Go left	Slower	Shut down
Go right	Slow down	Cancel
Go straight	Quarter speed	
	Half speed	
	Full speed	

个人文字编辑器可以对该文件及其内容进行增添/删改。必须对语料库执行编译操作将其转化为特殊的字典和发音文件，PocketSphinx 才能被使用。在线语言模型 CMU 工具可以被用来编译。

4. 安装及测试文字转语音系统 Festival

CMU Festival 系统与 ROS sound_play 包（Package）配合使用可完成文字转语音（Test - to - speech，TTS）。输入以下指令安装 Festival 包：

```
$ sudo apt - get installros - indigo - audio - common
$ sudo apt - get installlibasound2
```

sound_play 包（Package）使用 CMU Festival TTS library 生成混合的语音。

使用以下指令测试默认语音：

首先启动基本的 sound_play 节点（Node）：

```
$ rosrun sound_playsoundplay_node. py
```

在另一个终端里输入一些想要转化成语音的文字：

```
$ rosrun sound_play say. py" Greetings Humans. Take me to yourleader. "
```

默认的声音样式叫作 kal_diphone。下面命令查看所有系统已安装的英语语音样式：

```
$ ls /usr/share/festival/voices/english
```

查看所有基本可用的 Festival voice，运行以下命令：

```
$ sudo apt - cache search - - names - only festvox - *
```

若要安装 festvox - don 声音样式，运行：

```
$ sudo apt - get install festvox - don
```

以下是使用两个声音样式的步骤，一个女声一个男声：

```
$ sudo apt - get install festlex - cmu
$ cd /usr/share/festival/voices/english/
$ sudo wget - c \ http://www. speech. cs. cmu. edu/cmu_arctic/packed/cmu_us_clb_arctic\
- 0. 95 - release. tar. bz2
$ sudo wget - c \ http://www. speech. cs. cmu. edu/cmu_arctic/packed/cmu_us_bdl_arctic\
- 0. 95 - release. tar. bz2
$ sudo tar jxfv cmu_us_clb_arctic - 0. 95 - release. tar. bz2
$ sudo tar jxfv cmu_us_bdl_arctic - 0. 95 - release. tar. bz2
$ sudo rm cmu_us_clb_arctic - 0. 95 - release. tar. bz2
$ sudo rm cmu_us_bdl_arctic - 0. 95 - release. tar. bz2
$ sudo ln - s cmu_us_clb_arctic cmu_us_clb_arctic_clunits
$ sudo ln - s cmu_us_bdl_arctic cmu_us_bdl_arctic_clunits
```

可以使用如下指令测试两个声音：

```
$ rosrun sound_play say. py" I am speaking with a female C M U voice" \voice_cmu_us_clb_arctic_clunits
$ rosrun sound_play say. py" I am speaking with a male C M U voice" \voice_cmu_us_bdl_arctic_clunits
```

7.2.4 机器人的视觉系统

当今正处于计算机视觉系统的黄金时代，像微软 Kinect 和 Asus Xtion 这样的廉价高性能网络摄像机能够为机器人爱好者们提供3D立体视觉而又不必花费一大笔钱去购买立体摄像机。但是，仅仅让计算机获取大量的像素单元和值是不够的，使用这些数据去提取有用的视觉信息才是比较有挑战性的计算问题。幸运的是，科学家们经过几十年的努力研究出了一套强大的视觉算法，它能把简单的颜色转换成方便使用的数据，而不用从零开始。

机器视觉的总体目标是识别隐藏在像素组成的世界中物体的结构。每个像素都是一个有连续状态变换的流，能够影响它变化的因素取决于投在这一像素上的光线亮度、视觉角度、目标动作、规则和不规则的噪声，所以，计算机视觉算法是为了从这些变化的值中提取更加稳定的特征而设计的。特征可能是某个角落、某个边界、某个特定区域、某块颜色或者动作碎片等。当从一张图片或一个视频中获取到稳定特征的集合时，便可以通过对它们的追踪，或将某些合并在一起，来支持对象的侦测和识别。

1. OpenCV、OpenNI 和 PCL

OpenCV、OpenNI 和 PCL 是 ROS 机器人视觉系统的三大支柱。OpenCV 被用于2D图像处理和机器学习。OpenNI 提供当深度相机（如 Kinect 和 Xtion）被使用时的驱动以及"Natural Interaction"库，来实现骨架追踪。PCL 又叫"Point Cloud Library"，是处理3D点云的一个选择。在本书中，将主要关注 OpenCV，但同时也会为 OpenNI 和 PCL 提供一些简短的介绍（已经熟悉 OpenCV 和 PCL 的读者可能会对 Ecto 感兴趣，它是 Willow Garage 新写的视觉框架，允许通过一个接口同时使用 OpenCV 和 PCL 两个库）。

2. 安装和测试 ROS 摄像头驱动

用下面的指令为摄像头安装必需的驱动。

（1）安装 OpenNI 驱动

要为微软 Kinect 或 Asus Xtion 安装 ROS OpenNI 驱动，使用以下命令：

```
$ sudo apt - get install ros - indigo - openni - * ros - indigo - openni2 - * \ros - indigo - freenect - *
$ rospack profile
```

（2）测试 kinect 摄像头

在安装好了 OpenNI 驱动之后，确定可以通过调用 ROS 中的 image_view 从摄像头中看到视频流。对 Kinect，首先将它插入一个可用的 USB 接口，然后运行以下启动文件（Launch File）：

```
$ roslaunch freenect_launchfreenect - registered - xyzrgb. launch
```

如果与摄像头的连接成功，将看到如下一系列诊断消息：

```
process[camera/camera_nodelet_manager - 1]:started with pid[18070]
[INFO] [1420555647.969035762]:Initializingnodelet with 4workerthreads.
process[camera/driver - 2]:started with pid[18078]
Warning:USB events thread  -  failed to set priority. Thismightcauseloss ofdata...
process[camera/rectify_color - 3]:started with pid[18112]process[camera/depth_rectify_depth - 4]:
started with pid[18126]etc.
```

接下来，用 ROS image_view 来查看 RGB 视频流。由于已经设置好了摄像头的启动文件，所以彩色视频流将被发布到 ROS Topic 上（/camera/rgb/image_color）。若要查看视频，运行：

```
$ rosrun image_view image_viewimage：=/camera/rgb/image_raw
```

片刻后，一个小视频窗口将会弹出，应该能够看到从摄像头传来的现场画面。在摄像头前移动一些物体来确保图像能够成功地更新。完成要做的事情后，关闭 image_view 窗口或在开启视频的终端中按“Ctrl－C”来退出。

可以试试使用 ROS disparity_view 节点查看从摄像头传来的深度图像：

```
$ rosrun image_viewimage_viewimage：=/camera/depth_registered/image_rect
```

这样，显示的颜色将用于区分距离摄像头远近的不同物体（红黄表示距离更近的点，蓝紫表示距离更远的点，而绿色则表示中间距离的点）。如果物体离摄像机距离小于最小限制（约为 50cm），那么物体将呈现灰色，表示深度值不再适用。

3. 在 Ubuntu Linux 上安装 OpenCV

Ubuntu 环境下安装 OpenCV，最简单的方式是用 Debian Packages。用以下命令进行安装：

```
$ sudo apt－get install ros－indigo－vision－opencv libopencv－dev\python－opencv
$ rospack profile
```

4. ROS 和 OpenCV：cv_bridge 程序包

在摄像头驱动设置好并开始工作后，现在需要做的是用 OpenCV 来处理 ROS 中的视频流。ROS 提供 cv_bridge 工具在 ROS、OpenCV 和图像格式之间切换。基于 Python 的脚本 cv_bridge. demo. py（位于 rbxl_vision/nodes 目录下）解释了怎样使用 cv_bridge。

如果是 Kinect，确保 ROS 首先运行了 OpenNI 驱动：

```
$ roslaunch freenect_launchfreenect－registered－xyzrgb. launch
```

（需要变更视频设备）

现在运行 cv_bridge_demo. py 节点：

```
$ rosrun rbx1_visioncv_bridge_demo. py
```

短暂的延迟之后，两个视频窗口将会跳出。上面的视频显示被 OpenCV 过滤器转换成灰度图的实况图像。下面的窗口则显示灰度深度图，在图中白色的像素点距离更远而深灰色的点距离更近（若使用普通网络摄像头，这个窗口呈现一片空白）。要退出演示程序，可在鼠标位于其中一个窗口上的情况下，按下字母“q”或在打开程序的终端中使用“Ctrl－C”。

5. OpenCV：计算机视觉的开源库

1999 年，OpenCV 被 Intel 开发出来，用于测试 CPU 高利用率应用。2000 年，OpenCV 被公之于众。2008 年，OpenCV 主要的开发工作被 Willow Garage 接管。OpenCV 并不像基于 GUI 的视觉包（Package）（如 Windows 下的 RoboRealm）那样容易使用。但是，OpenCV 中可用的函数代表了很多最新水平的视觉算法和机器学习方法，比如支持向量机、人工智能神经网络和随机树。

OpenCV 可以在 Linux、Windows、MacOS X 和 Android 上作为一个独立的库运行。要得到完整的介绍和它的特点，可通过 Gary Bradski 和 Kaehler 去学习 OpenCV。可以用网上的在线手册来学习，其中包含若干初级教程。

（1）人脸侦测

OpenCV 使在图片或视频流中侦测人脸变得相对简单。介于对那些感兴趣于机器人视觉的人来说这是一个很受欢迎的功能。

OpenCV 的人脸侦测使用一个带有 Haar - like 特点的 Cascade Classifier。可以在提供的超链接中学习更多关于 Cascade Classifiers 和 Haar Features 的知识。现在，需要理解的就是 OpenCV Cascade Classifier 可以由定义着不同侦测对象的 XML 初始化。这些文件中的两个将被使用来侦测一个正面的人脸。另一个文件将允许侦测到侧面的人脸。这些文件是被机器学习的算法在成百上千的含与不含人脸的图片训练后得到的。这样学习算法可以将人脸的特征提取出来并存放在 XML 文件中（更加额外的 Cascade File 还能够被训练于侦测眼睛或者甚至整个人）。

ROS 人脸检测点位于 rbxl_vision/src/rbxl_vision 目录的文件 face_detector. py 中。

要运行侦测程序，首先要运行相应的视频驱动程序。对于 Kinect：

```
$ roslaunch freenect_launchfreenect - registered - xyzrgb. launch
```

（如果有必要，可改变视频设备）

现在运行人脸侦测节点（Node）：

```
$ roslaunch rbx1_visionface_detector. launch
```

如果将脸放在摄像头前，会看到一个绿色的框在脸上，说明 Cascade 探测器发现了它。当探测器找不到目标的脸时，框消失，会看到消息“LOST FACE!”显示在屏幕上。试着把脸上、下、左、右移动，也可以尝试将手放在面前。“命中率（Hit Rate）”也显示在屏幕上的框架中，它表示脸被检测到帧的总数除以到目前为止所有帧的数量。

综上所述，侦测的结果是相当不错的，当然它也有局限性，即当人从正面或侧面把头放得太远时，探测器就会找不到脸。然而，因为人（以及机器人）趋向于面对着彼此互动，所以侦测程序在大多数情况下是能够胜任的。

（2）用 GoodFeaturesToTrack 进行特征点检测

Haar 人脸侦测器在图像中扫描特定的对象。实现这一过程有不同的策略，包括寻找从上一帧到下一帧相对容易跟踪的较小的图像特征。这些特征被称为特征点，特征点往往是在多个方向上亮度变化强的区域。如图 7-13 所示。

图 7-13　检测样图

图 7-13 中左边的图像放大显示了右边图像的有眼区域像素。左边图像中的矩形框表示，这其中的像素在所有方向上的亮度变化最强。如果不考虑尺寸和旋转的因素，这样的区域的中心就是该图像的特征点，这是很有可能被再次检测到在面部位置不变的点。

OpenCV 包含了大量的特征点侦测器，包括 goodFeaturesToTrack( )、cornerHarris( ) 和 SURF( )。使用 goodFeaturesToTrack( )为例，图 7-14 展示了 goodFeaturesToTrack( )返回的特征点。

正如图 7-13 所示，特征点都集中在亮度梯度最大的区域。相反，颜色相当均匀的区域很少或没有特征点。该 ROS 节点被称为 good_features. py，可以在 rbx1_vision/src/rbx1_vision 子目录中被找到。

图 7-14　特征点返回图

相应的启动文件是 Good_features. launch，在启动文件的子目录中。启动文件包括了一些能够影响由 goodFeatures - ToTrack( )返回的特征点的变量：

maxCorners：设置最多返回多少个特征点。

qualityLevel：反映了一个像角落的点要有多强才能成为特征点。将本变量设置低可以得到更多的关键点。

minDistance：特征点之间的最少像素数。

blockSize：在计算一个像素点是否为特征点时所取的区域大小。

useHarrisDetector：使用原生的 Harris 角点侦测器（Harris Corner Detector）或最小特征值标准。

K：一个用在 Harris 检测器中的自由变量。

good_features. launch 文件为这些变量设置合理的默认值，试着改变它们的值进行试验，看看它们的效果。

要运行侦测程序首先确保相机驱动程序如前所述运行，然后再运行下面的命令：

```
$ roslaunch rbx1_visiongood_features. launch
```

当视频出现时，通过鼠标画矩形将图像中的某个对象框住。这个矩形表示所选择的区域，会出现一些绿色的小圆点，它们表示由 goodFeatures - ToTrack( )在该区域发现的特征点。

（3）利用光学流跟踪特征点

现在，在可以检测到图像中的特征点的前提下，通过 OpenCV 中 Lucas - Kanade 的光学流函数 calcOpticalFlowPyrLK( )，特征点可以被一帧一帧地跟踪对象使用。Lucas - Kanade 方法的详细解释可以在维基百科上找到。它的基本思想如下所述：

从当前图像帧和已经提取的特征点开始，每个特征点有一个位置（x 和 y 坐标）和周边图像的像素的领域。在下一图像帧，Lucas - Kanade 法使用最小二乘法来求一个恒速的变换，这个变换将上一图像帧中的选定领域映射到下一图像帧。如果最小二乘误差对于给定的领域不超过某个阈值，则假定它与第一帧中的领域相同，相同特征点将被分配到该位置；否则特征点被丢弃。请注意，后续的帧将不会提取新的特征点。而是 calcOpticalFlowPyrLK( ) 只计算原始特征点的位置。以这种方式，函数可以只提取第一帧中的关键点，然后当对象在镜头前移动的时候，一帧一帧地跟随这些特征点。

在进行一定数量的帧之后，这样的操作会导致跟踪的效果降低，原因有两个：①当跟踪误差帧之间太高时，特征点会被丢弃；②附近的特征点会取代原有的特征点，因为算法预判了误差。

新的节点，lk_tracker. py 可以在 rbx_vision/src/rbx1_vision 目录中找到，它将前面的特征点检测器（使用 goodFeatures - ToTrack( )）与此光流跟踪结合。确保 good feature 启动文件不运行的前提下，运行以下指令：

```
$ roslaunch rbx1_visionlk_tracker. launch
```

当视频窗口出现时，用鼠标在感兴趣对象的周围画出一个矩形。特征点将会以绿色圆点的形式出现在图像上。现在尝试移动物体或相机，那么特征点应该会跟随对象。尝试在脸上绘制一个框，应该可以看到特征点会跟着脸部的不同部分运动。相较于之前运行的哈尔（Haar）脸部侦测器，注意 CPS 值（帧率）有多快。采用 LK 方法跟踪特征点比使用哈尔人脸侦测器快得多，并且因为它在一个较大的活动范围来跟踪脸部的特征点，所以更加可靠。

6. OpenNI 和骨架追踪

骨架追踪是最早和最知名的机器人应用深度相机的案例之一。在 ROS openni_tracker 包（Package）可以使用 Kinect 或 Asus Xtion 深度图像数据来跟踪一个站在镜头前的人的关节部位。使用此数据，可以为一个机器人编程让其跟随由人发出的手势命令信号。可以在 pi_tracker 包（Package）中找到演示使用 ROS 和 Python 做到这一点的例子。

本书不对 OpenNI 做过多的讨论，读者可在 ROS 官网的 openni_tracker 部分查阅详细资料。

7. PCLNodelets 和三维点云

三维点云平台（PCL），是一个大型的开源项目，包括许多强大的点云处理算法。它在装备有一个 RGB - D 相机（如 Kinect 或 Xtion Pro）甚至更传统的立体摄像机的机器人上非常有用。Pcl_ros 包（Package）提供了一些 Nodelets 使用 PCL 处理点云。C ++ 是 PCL 主要的 API 之一，本书不对 PCL 做过多的讨论，读者可在 PCL 网站学习优秀教程。

本章介绍了 ROS 系统的基本架构和典型工作方式。在 7.1 节学习了一些基本概念、工具、系统架构以及 ROS 的安装。7.2 节概括性地介绍了 ROS 的应用，包括底盘运动的控制，导航、路径规划和 SLAM，语音识别及合成，视觉系统四个方面。

读者若想对 ROS 有一个进一步的了解，请通过以下链接访问 ROS 官方资源 http://www.ros.org，或通过访问 ROS 社区 http://answers.ros.org 提出问题。

习题

1. 若希望机器人以 50cm 为半径，0.8r/s 逆时针方向转圈运动，如何设置 Twist Message？

2. 如何使用 RViz 显示一个 Turtlebot，请写出输入指令。

3. Navigation Stack 中重要的 Package 有哪些？作用是什么？

4. 如何进行避障仿真，请写出具体的操作指令。

5. 如何理解 Tf，并写出如何查看变换 Tf tree 的指令。

6. 请画出文件系统级的 ROS 框架。

7. 一个 Package 最基本的文件组成部分是什么？

8. ROS 在对一个包的依赖关系定义上是使用什么文件去执行的？

9. 请简述 ~/. bashrc 文件的作用。

10. 请分析下列代码用途或者回答相应问题：

1）Ros::Subscriber sub = n. subscriber("message",550,chatterCallback)用途。

2）Ros::spin()用途。

3）在主目录（/home）下输入：sudo apt - get install XXX（功能包），请问该包装目录在哪里？

4）Catkin_init 用途。

5）Roscreate - pkg catkin_ws std_msgs rospy roscpp 用途。

6）在一个 <launch> 文件中，用什么标签关联另一个 launch 文件？

第8章　发展与展望

机器人的将来会往什么方向发展？机器人控制技术又会出现什么样的发展，这是很多机器人的研究人员、机器人的应用对象非常感兴趣的话题。根据目前掌握的资料，机器人在未来将有如下一些发展的方向。

8.1　机器人的发展与展望

机器人的发展离不开其在不同场合的应用，以下就近期能看到的机器人在不同方面的发展作一展望。

1. 无人驾驶汽车：解放你的双手

无人驾驶汽车是一种智能汽车，也可以称为轮式移动机器人，它主要依靠车内的以计算机系统为主的智能驾驶仪来实现无人驾驶。它是利用车载传感器来感知车辆周围环境，并根据感知所获得的道路、车辆位置和障碍物信息，控制车辆的转向和速度，从而使车辆能够安全、可靠地在道路上行驶。无人驾驶汽车集自动控制、体系结构、人工智能、视觉计算等众多技术于一体，是计算机科学、模式识别和智能控制技术高度发展的产物，也是衡量一个国家科研实力和工业水平的一个重要标志，在国防和国民经济领域具有广阔的应用前景。

2016 年 10 月，美国加利福尼亚州政府有关部门批准法雷奥北美公司和 Wheego 电动车在加州开展无人车测试。至此，有 17 家公司可在加州上路测试无人车。

根据许可要求，这两家公司在测试无人车时应使用一辆汽车和 4 个司机组成的团队。

法雷奥北美公司是法国汽车零部件供应商法雷奥公司旗下机构，目前已在巴黎开始测试自动驾驶汽车。Wheego 是一家致力于无人车设计和销售的公司，其测试车准备使用中国制造的汽车，并配备美国电池和发动机。

目前，特斯拉、通用汽车旗下的 Cruise、Drive. ai 以及百度等公司已被批准在加州测试无人车，图 8-1 为法雷奥无人车。

图 8-1　法雷奥无人车

2. 基于智能手机机器人：新的机器人智能

随着计算机嵌入式技术的发展，蓝牙和智能手机在人们日常生活中已经变得越来越常见，机器人也正逐渐走进人们的生活。在传统机器人控制领域，一般是采用无线遥控器的方式，没有可视化界面，互动性差，功能单一。随着近几年计算机技术的发展，控制机器人已可交由计算机来完成，实现了可视化，增强了人机互动，但计算机体积庞大，并不适合携带，可移动性差。直到各种轻巧智能设备的出现，控制机器人的方法和手段也越来越多样。现在无线遥控器或笨重的计算机控制机器人已经不能满足人们的要求，各种新的技术不断涌现。蓝牙技术使远程控制机器人成为可能，智能手机可以在可视化界面下控制机器人，而且使其控制的机器人增添了更多强大的功能应用，而不仅仅是简单地控制机器人。智能手机作为控制器也便于携带，易于将机器人控制融入日常生活的技术实现，随着服务性机器人进入千家万户，将极大地改变人们未来的生活模式。

图 8-2 为夏普推出的一款机器人形智能手机 RoBoHoN。

图 8-2　智能手机机器人

3. 云机器人：机器人共享技术

有些研究小组正在探索云计算基础设施上的机器人，依靠云计算机处理大量的数据。这种方法可以直接调用“云机器人”，将使机器人不需要做复杂的计算，如图像处理和语音识别，甚至可以立即下载新的技能。很多相关项目都在进行中。特别是谷歌有一个小团队，创建机器人云服务，如果这种技术流行起来，对该领域可能是结构性的转变（想象每个机器人使用“Google 地图”进行导航）。在欧洲，一个重大项目 RoboEarth，其目标是开发“机器人万维网”，即一个巨大的云数据库，机器人可以共享有关的对象、环境和任务的信息(见图 8-3)。许多项目正在形成，预计“云机器人”将成为一个时髦词。

云机器人就是云计算与机器人学的结合。就像其他网络终端一样，机器人本身不需要存储所有资料信息，或具备超强的计算能力，只是在需要的时候可以连接相关服务器并获得所需信息。

云机器人并不是指某一个机器人，也不是某一类机器人，而是指机器人信息存储和获取方式的一个学术概念。这种信息存取的方式的好处是显而易见的。比如，机器人通过摄像头可以获取一些周围环境的照片，上传到服务器端，服务器端可以检索出类似的照片，计算出机器人的行进路径来避开障碍物，还可以将这些信息存储起来，方便其他机器人检索。所有机器人可以共享数据库，从而减少开发人员的开发时间。当机器人处于陌生的、非结构化的

图 8-3　云机器人

环境时，就不能读懂环境并有效应对一些事情。面对人类生活环境的多样性，机器人能否自我学习，甚至从其他机器人那里学习经验呢？如今快速发展的传感器技术可以让研究者们收集大量的传感器信息，数据挖掘工具也能够提取更有效的模型，强大的互联网技术（如云计算）可以让开发者获取比机器自我学习更多的信息。

4. 协作机器人：机器人助手和伙伴

机器人控制通常有两种方式，直接遥控和充分自我控制，问题是遥控很麻烦，充分自我控制往往如科幻电影。可以从中找到一个平衡点，让人类和机器人协作完成任务，比如图 8-4中的 PR2 机器人与人的协作。美国国家机器人计划（NRI）提供7000 万美元发展协作机器人项目，目标是把机器人从工厂和实验室扩展到人们的日常生活，就像当年计算机由军用到民用。这些机器人必须是安全的，价格相对便宜且使用方便，机器人利用其长处配合人类完成工作。该项目的范围是广泛的，但机器人的一个关键方面是明确的：即与人的互动。所以希望看到将来协作类机器人有更大发展。为了评估协同技术，需要在合适的应用任务上进行验证，下面对常见的典型应用任务进行描述。

图 8-4　PR2 协作机器人

1）聚集、觅食和编队。在聚集任务中，机器人的目标是像羊群一样聚集起来。聚集行为可以增加动物找到食物的机会，提高生存概率等，所以在多机器人系统中实现该行为非常必要。觅食任务可以看作一种带约束的聚集任务，需要各个成员捡拾散布在环境中的目标物体并避免冲突，主要模拟废物清理、排雷等任务。编队任务也可以看作是聚集任务的一个特例，只是最终聚集的形式需要保持预定的几何配置形式，并要求在行进中保持多机器人系统的特定编队队形。

2）探索和覆盖。在探索任务中，机器人必须遍历环境以搜集尽可能多的环境信息，如常见的 SLAM，就要求机器人在环境中移动时，同时实现定位和建图工作。探索任务的一个具体实例是 RoboCup 的机器人团队营救任务，即在灾难后的废墟中寻找受害者。覆盖任务要求机器人遍历环境中的所有自由空间，其应用包括清雪、除草和汽车车身喷漆等。

3）多目标观测。多目标观测（Cooperative Multi - robot Observation of Multiple Moving Targets，CMOMMT）是较新的多机器人系统测试问题，其要求机器人团队检测和跟踪一组移动的目标，而每一个目标至少受到某一个机器人的监视，并最终通过优化控制策略来最大化正常监视的时间。多机器人的多目标观测与安保、监视和识别问题等都有密切联系。

4）推箱子和物体搬运任务。推箱子的任务要求机器人合作推箱子来达到期望的配置，基本上所有的推箱子任务都是固定在一个平面上进行的。但物体搬运任务则要完成抬起和运送物体这 2 个子任务，且多假定单个机器人无法独立抬起物体，从而大大增加了问题的复杂度，如工业环境中大型物体的搬运任务。

5）机器人足球。机器人足球是研究多机器人协作任务的常见平台，不确定的动态环境，加上对抗性的任务场景，使得机器人足球比赛极具挑战性。如何通过协同操作以提高机器人球队的整体性能，是多智能体研究的一个重要方面。

6）多机器人的动态追捕。未知环境下的多机器人动态追捕问题也是多机器人合作与协调的典型问题，这缘于该问题牵涉到多机器人合作与协调的多个方面，如环境探索、信息共享与融合、自适应与学习、动作决策和冲突消解等问题。

总的说来，近 30 年以来，多机器人系统研究已经取得长足进展，但是还面临诸多的技术挑战。

1）建立更为高效和紧凑的多机器人系统结构，开发更为合理的组织和协调策略，仍然是需要进一步研究的基础性问题；提高系统的适应性和鲁棒性，并使多机器人系统适合于大规模运行的情况，也是需要深入研究的问题。

2）利用多机器人系统和人的交互，可以充分结合人的高层决策智能和多机器人系统的底层协同能力，提高系统的性能。但是，如何设计合理的人机交互接口，加强人与多机器人系统的理解是将来的一个研究方向。

3）如何在软、硬件异构的机器人之间实现相互通信和相互协调，真正建立具备跨语言、跨平台的多机器人分布式系统。在现有 CORBA 基础上，进一步研究面向 Agent 设计的互操作技术，是将来研究的重要方向。

4）基于突现行为的集群机器人系统虽然控制简单，配置灵活，但是如何合理设计本地局部交互规则和控制规律，以可控的方式生成期望的高层突现行为，是非常值得研究的问题。

5）加强实物形式的多机器人系统研究。在积极开展仿真系统研究的基础上，重视利用实物系统验证提出的算法和理论是将来发展的必然方向。

5. 机器人佣工：制造业的未来

2012 年，富士康公布了惊人的机器人计划，打算在未来增加 100 万台机器人。虽然仍有许多不确定因素，包括他们是否可以保持产量。但可以肯定的是，市场对灵活、高效和安全的工业机器人存在巨大的需求，新一代工业机器人将更加灵巧和便宜。工业机器人大范围应用将开启一个新时代。如图 8–5 所示，机器人在制造业中。

图 8–5　机器人在制造业中

在制造工业中引入工业机器人是继动力机、计算机之后而出现的面向延伸人的体力和智力的新一代生产工具。根据最近一次我国人口普查数据显示，我国 10 ~ 14 岁人口数量减少约 5%，新一轮缺工潮已经到来，因此机器人技术的开发和实现人工替代将是大势所趋，是中国制造的必然之势。

据中国纺织工业联合会副会长兼秘书长、中国纺织机械器材工业协会名誉理事长高勇透露，中国纺织占据全球半壁江山，但随着经济结构的调整、棉花政策的变化以及成本上升的影响，纺纱工业进入调整期。在调整中，用工调整是重点，从总体来看，纺织产业万锭用工从计划经济时代 300 人到前几年的 100 人。随着新技术的推广，采用最先进的成套设备，现在用工已经减少到 16 人。东昌纺机机器人项目主要是针对并条机、粗纱机之间等难以降低用工的环节使用机器人，从自动化向智能化转型。目前，纺织企业均为人工操作，不仅精度不高，而且效率低下，操作工人紧缺。而东昌纺机机器人项目由几方合作，研发生产目标为纺织机械，在工艺流程等方面达到国际化水平。该项目的建设将进一步推广纺织行业先进工艺技术的应用，带动相关技术在同行业的发展和提高，对行业发展将起到引领作用，这对改变我国目前纺织行业自动化程度不高的现状具有巨大的推动作用。

6. 快速原型制作：3D 打印机

3D 打印机（见图 8–6），即快速成形技术的一种机器，它是一种以数字模型文件为基础，运用粉末状金属或塑料等可粘合材料，通过逐层打印的方式来构造物体的技术。过去其常在模具制造、工业设计等领域被用于制造模型，现正逐渐用于一些产品的直接制造，意味着这项技术正在普及。它的原理是：把数据和原料放进 3D 打印机中，机器会按照程序把产品一层层造出来。打印出的产品，可以即时使用。

图 8-6　3D 打印机

3D 打印机的应用对象可以是任何行业，只要这些行业需要模型和原型。3D 打印机需求量较大的行业包括政府、航空航天、国防、医疗设备、高科技、教育业以及制造业。

（1）航空业

GE 中国研发中心的工程师们仍在埋头研究 3D 打印技术。就在这之前，他们刚刚用 3D 打印机成功“打印”出了航空发动机的重要零部件。与传统制造相比，这一技术将使该零件成本缩减 30%、制造周期缩短 40%。来不及庆祝这一喜人成果，他们就又匆匆踏上了新的征程。鲜为人知的是，他们已经“秘密”研发 3D 打印技术十年之久了。

（2）音乐行业

为了探索 3D 打印机更多的应用，Rickard Dahlstrand 使用 Lulzbot 3D 打印机创造出独特的艺术。在 2013 斯德哥尔摩艺术黑客节上，Lulzbot 3D 打印机不仅为参加的艺术家和黑客们打印出艺术节的 LOGO，而且作为一个表演项目，它还一边播放古典音乐一边相应地打印出可视化的音乐作品。Lulzbot 3D 打印机打印可视化音乐的原理是：对步进电动机的运动进行控制，使其以不同的速度运行，声音的音调决定速度，从而音乐控制了打印过程。三台电动机分别代表一个音轨，它们使用独特的模式运动，两个电动机控制 z 轴移动。

（3）医疗行业（骨骼打印）

一位 83 岁的老人由于患有慢性的骨感染，因此换上了由 3D 打印机“打印”出来的下颚骨，这是世界上首位使用 3D 打印产品制造人体骨骼的案例。

据国外媒体报道，在不久的将来外科医生们或许就将可以在手术中现场利用打印设备打印出各种尺寸的骨骼用于临床使用。这种神奇的 3D 打印机已经被制造出来了，而用于替代真实人体骨骼的打印材料则正在紧锣密鼓地测试之中。

在实验室测试中，这种骨骼替代打印材料已经被证明可以支持人体骨骼细胞在其中生长，并且其有效性也已经在老鼠和兔子身上得到了验证。未来数年内，打印出的质量更好的骨骼替代品或将帮助外科手术医师进行骨骼损伤的修复，用于牙医诊所，甚至帮助骨质疏松症患者恢复健康。

3D 打印技术迅速兴起，成为炙手可热的新型产业，它可以打印的立体产品种类正迅速增加。为了打印骨骼材料，博斯和她的同事们使用了一台商业销售的 ProMetal 3D 打印机进行测试。这种3D打印机最初的设计目的是为了打印金属件。它会逐层喷洒塑料胶粒在一层粉末基底之上并逐层成型。每一层的厚度仅相当于人的头发丝宽度的一半。

这种骨骼支架的主要材料成分是磷酸钙，其中还额外添加了硅和锌以便增强其强度。当它被植入人体内之后可以暂时起到骨骼的支撑作用，并在此过程中帮助正常骨骼细胞生长发育并由此修复之前的损伤，随后这种材料可以在人体内自然溶解。

科学家们花费4年时间才找出这种材料的合适配方，其中涉及化学、材料学、生物学和工艺科学等诸多学科。

（4）文物行业

美国德雷塞尔大学的研究人员通过对化石进行3D扫描，利用3D打印技术做出了适合研究的3D模型，不但保留了原化石所有的外在特征，同时还做了比例缩减，更适合研究。

博物馆里常常会用很多复杂的替代品来保护原始作品不受环境或意外事件的伤害，同时复制品也能将艺术或文物的影响传递给更多更远的人。位于华盛顿的史密森尼博物馆就因为原始的托马斯·杰弗逊雕像要去弗吉尼亚州展览，所以博物馆用了一个巨大的3D打印替代品放在了原来雕塑的位置。

（5）建筑设计业

在建筑业里，工程师和设计师们已经接受了用3D打印机打印的建筑模型，这种方法快速、成本低、环保，同时制作精美。完全合乎设计者的要求，同时又能节省大量材料。

（6）制造业

制造业也需要很多3D打印产品，因为3D打印无论是在成本、速度和准确度上都要比传统制造好很多。而3D打印技术本身非常适合大规模生产，所以制造业利用3D技术能带来很多好处，甚至连质量控制都不再是个问题。

比如微软的3D模型打印车间，在产品设计出来之后，通过3D打印机打印出来模型，能够让设计制造部门更好地改良产品，打造出更出色的产品。不是说你的车是3D打印机打印出来的（当然或许有一天这也有可能），而是说汽车行业在进行安全性测试等工作时，会将一些非关键部件用3D打印的产品替代，在追求效率的同时降低成本。

（7）食品产业

没错，就是“打印”食品。研究人员已经开始尝试打印巧克力了。或许在不久的将来，很多看起来一模一样的食品就是用食品3D打印机“打印”出来的。

2013年5月22日，NASA已选中总部位于德克萨斯州的系统和材料研究公司，向其投资12.5万美元，研发能为宇航员制造“营养可口”食品的3D打印机。

3D食物打印机的概念设计方案中，打印机的“墨盒”——也就是装载食物的部分使用寿命长达30年。这款产品的实验版本已经可以成功“打印”巧克力，而比萨饼将是它的下一个目标。据透露，食物打印机制造比萨饼的步骤如下：首先，打印一层面饼，并在打印的同时烤好；然后机器会将使用装载番茄的“墨盒”和水、油混合，打印出番茄酱。最后将酱料和奶油打印在比萨饼的表面。

（8）生活时尚用品（配件、饰品，美容护肤）

这是最广阔的一个市场。在未来不管是你的个性笔筒，还是有你半身浮雕的手机外壳，抑或是你和爱人拥有的世界上独一无二的戒指，都有可能是通过3D打印机打印出来的。甚至不用等到未来，就可以实现。

3D 打印技术未来也可能会帮助爱美人士进行整容，说不定未来最有效果的青春痘治疗方法就是通过 3D 打印技术来实现呢！不仅青春痘，包括祛斑、美白等领域都有希望使用到 3D 打印技术！

7. 无人机：拥挤的天空

无人驾驶飞机（Unmanned Aerial Vehicle），如图 8-7 所示，是一种以无线电遥控或由自身程序控制为主的不载人飞机。它的研制成功和战场运用，揭开了以远距离攻击型智能化武器、信息化武器为主导的“非接触性战争”的新篇章。

图 8-7　无人机

可在无线电遥控下像普通飞机一样起飞或用助推火箭发射升空，也可由母机带到空中投放飞行。回收时，可用与普通飞机着陆过程一样的方式自动着陆，也可通过遥控用降落伞或拦网回收。可反复使用多次。广泛用于空中侦察、监视、通信、快递、反潜、电子干扰等。

与载人飞机相比，它具有体积小、造价低、使用方便、对作战环境要求低、战场生存能力较强等优点，备受世界各国军队的青睐。在几场局部战争中，无人驾驶飞机以其准确、高效和灵便的侦察、干扰、欺骗、搜索、校射及在非正规条件下作战等多种作战能力，发挥着显著的作用，并引发了层出不穷的军事学术、装备技术等相关问题的研究。它将与孕育中的武库舰、无人驾驶坦克、机器人士兵、计算机病毒武器、天基武器、激光武器等一道，成为 21 世纪陆战、海战、空战、太空战上的重要角色，对未来的军事斗争造成较为深远的影响。

一些专家预言：“未来的空战，将是具有隐身特性的无人驾驶飞行器与防空武器之间的作战。”但是，由于无人驾驶飞机还是军事研究领域的新生事物，实战经验少，各项技术不够完善，使其作战应用还只局限于高空电子及照相侦察等有限技术，并未完全发挥出应有的巨大战场影响力和战斗力。因此，世界各主要军事国家都在加紧进行无人驾驶飞机的研制工作。

8. 临场感机器人：你在现实世界中的化身

临场感技术是指通过多传感器子系统将机器人及其现场环境的信号（视觉、力觉、触觉、运动觉等）检测、处理并反馈到操作者处，在操作者周围生成关于远地环境映射的虚拟环境，从而使操作者产生身临其境的感觉。临场感机器人具有多自由度、力觉和触觉临场感的主从遥控机械手装置，该装置一方面通过操作者周围的多传感器系统将操作者的位置和运动信息（手臂和手等）实时检测并作为控制指令送到远地从机械手控制器中；另一方面将远地从机器手感知到的环境信息以及从机器手和环境的相互作用信息（视觉的、力觉的、触觉的）实时地反馈给本地操作者，使操作者产生身临其境的感受，从机器手仿佛是操作者肢体在远地的延伸，从而操作者能够真实地感受到从机器手和环境的交互状况，正确地决策，有效地控制从机器手完成复杂的任务。图 8-8 为临场感机器人。

图 8-8　临场感机器人

大多数专家认为智能机器人至少要具备以下三个要素：一是感觉要素，用来认识周围环境状态；二是运动要素，对外界做出反应性动作；三是思考要素，根据感觉要素所得到的信息，思考出采用什么样的动作。感觉要素包括能感知视觉、接近、距离等的非接触型传感器和能感知力、压觉、触觉等的接触型传感器。这些要素实质上就是相当于人的眼、鼻、耳等五官，它们的功能可以利用诸如摄像机、图像传感器、超声波传感器、激光器、导电橡胶、压电元件、气动元件、行程开关等机电元器件来实现。对运动要素来说，智能机器人需要有一个无轨道型的移动机构，以适应诸如平地、台阶、墙壁、楼梯、坡道等不同的地理环境。它们的功能可以借助轮子、履带、支脚、吸盘、气垫等移动机构来完成。在运动过程中要对移动机构进行实时控制，这种控制不仅要包括位置控制，而且还要有力度控制、位置与力度混合控制、伸缩率控制等。思考要素是三个要素中的关键，也是人们要赋予机器人必备的要素。思考要素包括判断、逻辑分析、理解等方面的智力活动。这些智力活动实质上是一个信息处理过程，而计算机则是完成这个处理过程的主要手段。

以上从 8 个方面对机器人的发展作了展望，可以预见，在以后的数十年中，机器人将会在其他多个领域中得到更大的发展。

8.2　机器人的应用举例与展望

“我最想要的是一个能干活的机器人”，在一次你心目中的机器人调查中，一位带有童真的小孩如是说，“因为我的爷爷、奶奶每天都为我做饭、打扫卫生、接送我上学，很辛苦，所以我想发明一个机器人，只要一按按钮，机器人就会自动做家务，如扫地、拖地、擦窗户，把家里打扫得干干净净、一尘不染；如果我想要吃东西，给机器人说句话，机器人就会为我做好吃的；那样的话，爷爷、奶奶就不会那么辛苦了；如果机器人在干活的时候，发现电池快没有电了，机器人就会自动充电，白天通过阳光充电，夜晚则通过电源充电；另外，机器人不但会干家务，还会给人按摩，当你累的时候机器人会帮你敲背揉腿，扫除一天的疲劳，除了这些，还可以与我们下棋、解闷、辅导我的学习等。”……这样美好的生活不只是孩子的梦想，也不只有在科幻电影里才能看到。未来的机器人一定会做到。以下列举工业、服务、医疗和家庭等典型的应用。

8.2.1 老牌制造业大国德国的“新兵”

作为制造业传统强国，德国近年提出“工业 4.0”战略，力图将信息技术与先进制造业结合，带动整个制造业新一轮的发展，保持制造业领军地位。在这一战略中，“智能制造”是核心内容，而抢占机器人技术和市场制高点，也是重要目标之一。

德国机械设备制造业联合会负责人赖纳·格拉茨表示，德国的机器人工业现阶段状况“非常好”，有许多制造业公司、许多国家都在使用德国的机器人技术，“可以说，德国的机器人技术应用已经较为广泛”。

根据国际通用的制造业机器人普及标准——每万名工人机器人拥有量，德国这一指标为约 300 台，处于国际领先水平，十倍于中国当前水平。

而在德国，机器人技术的使用早已不局限于汽车制造业。

德国中南部小城奥格斯堡，人口不到 30 万，却拥有全球工业机器人“四大家族”之一的库卡（KUKA）公司（近期被中国的美的公司收购）。这家公司于 20 世纪 90 年代开始涉足机器人制造领域，如今代表着德系工业机器人的最高水准，并作为德国“工业 4.0”的成功案例，被默克尔总理广为推崇。

库卡机器人活跃在各种生产线：物料搬运、加工、堆垛、点焊和弧焊，涉及自动化、金属加工、食品和塑料等诸多行业，用户包括诸多“大牌”。图 8-9 为库卡机器人在焊接中。

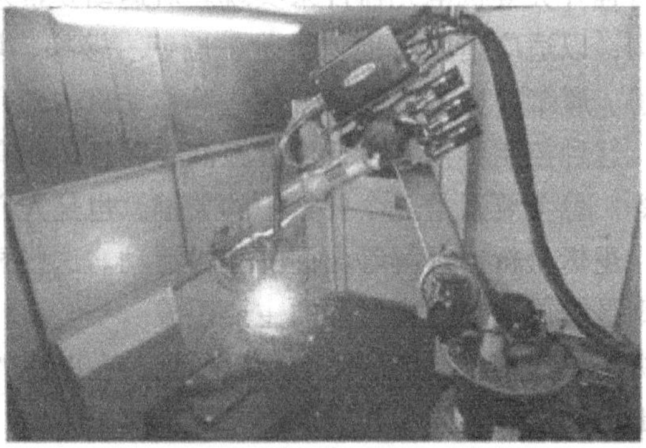

图 8-9　库卡机器人在焊接中

让机器人上生产线，优势十分明显：不仅可使自动化和智能化水平更高、降低用工成本，而且在一些特定工作岗位更能发挥效用，如危害健康和危险作业环境、重复繁重劳动岗位及智能采样分析岗位等。

坐拥这些巨大优势，称机器人技术为“制造业皇冠顶端的明珠”毫不为过。也正是认识到这一点，欧盟对这一领域愈发看重。据欧盟委员会机器人技术部门主管尤哈·海基拉介绍，欧盟目前大力支持机器人新研究项目，并与产业界和学术界达成战略合作，以保持欧盟在全球机器人领域的领导力。

他指出，这类合作项目从2014年开始，将持续至2020年，覆盖从技术研发到产品部署的完整价值链。其资助的VALERI项目将把机器人引入航空制造业，以代替某些高精度的单调人工操作。

“如果我们能解决阻碍飞机制造中大规模采用机器人的复杂技术障碍，就可以解放劳动力，让他们从事附加值更高的工作。”项目协调人、德国夫琅禾费工厂运营和自动化研究所工程师何塞·萨恩斯说。

目前，该项目研究人员正在研发能进入飞机架构内、在多个位置工作的“移动手臂机器人”。也许在不远的将来，你乘坐的飞机就将是由机器人制造的。

8.2.2 日本服务型机器人崭露头角

如果说机器人技术发展早期主要侧重其“机器”特性，那么由“机器”向“人”的智能化发展，可视为这一领域的新趋势。在这方面，具有商业推广、生活陪护甚至感情陪伴功能的服务型机器人正逐渐崭露头角。

日本在服务型机器人研发和应用方面处于世界领先。先进的技术和人性化、个性化设计，让你很难把这些机器人看成冷冰冰的工业产品，而更容易把它们当成活生生、有情感有思想的人。

2015年，东京日本桥三越总店一名身穿夏季和服的“迎宾小姐”上岗。她不断微笑着向走近的顾客点头并问候：“我的名字是‘地平Aiko’，你好吗?”，如图8-10所示。

图8-10　机器人Aiko

用机器人充当“门面”拉拢生意，在日本已经成为一种“时尚”。2015年夏天，日本鸟取县政府正式聘请日本软银公司开发的人形机器人“胡椒”担任“宣传部长”，在东京一家商店推销这个西部县的土特产。“胡椒”一身白色，身材短小精悍，高约1.2 m、重28 kg。据软银集团介绍，“胡椒”自带摄像头、触觉感应器、加速器，并且具备“类似内分泌系统的多层神经网络”。它可以识别人类的音调和面部表情，从而与人类交流。

按这家企业的说法，这款机器人还不同于以往的商用服务型机器人，“它是人类的情感伴侣”。“胡椒”可以根据与人的互动特点形成自己的“个性”，它的情绪受“人类的表情、言语和周边环境影响”，“当熟人靠近时，它会表现放松；受人夸奖时，它会高兴；当关灯时，它会怕黑”。

在日本，从事各种“职业”的机器人可谓无处不在。

2014 年，日本科学未来馆展出了 3 款能够与人进行简单对话沟通、外形完全能够“以假乱真”的“美女机器人”。这些机器人拥有用特殊硅树脂制作的柔软并富有弹性的皮肤，脸部采用纤细的人工肌肉，可使脸部表情根据对话的需要发生变化，还会根据对话需要眨眼、点头和微笑。

其中一款美女机器人担任展会播音工作，只要给她一份新闻稿，她就能用多国语言和多种语气朗读。

不仅有播音员，日本机器人甚至还“进军”了演艺界。2010 年东京艺术节上演的话剧《再见》，由大阪大学教授石黑浩团队研发的美女机器人“Geminoid F”和人类女演员联袂演出。

这位“演员”不仅能眨眼、微笑，还能展现出吃惊的表情，说话时胸脯会随着“呼吸”一起一伏。演戏的时候，一名女演员在幕后操纵机器人。女演员在舞台后方隔音室表演，表情通过摄像机传导给机器人，供她模仿，声音则通过麦克风由机器人“说”出来。

这部话剧久演不衰，还在泰国曼谷举行了公演。日本还打算将这部话剧翻拍成电影。而因《再见》“蹿红”的“Geminoid F”还于 2010 年情人节期间参加了高岛屋百货新宿店的橱窗展示。

8.2.3 在手术台上大显身手的英国“机器人医生”

别以为机器人只活跃在工厂车间的流水线和商场前台，在医疗健康界，它们也正大显身手。

英国是较早应用“机器人医生”（见图 8-11）的国家，而且对它们“委以重任”，操刀高难度、高精度手术。

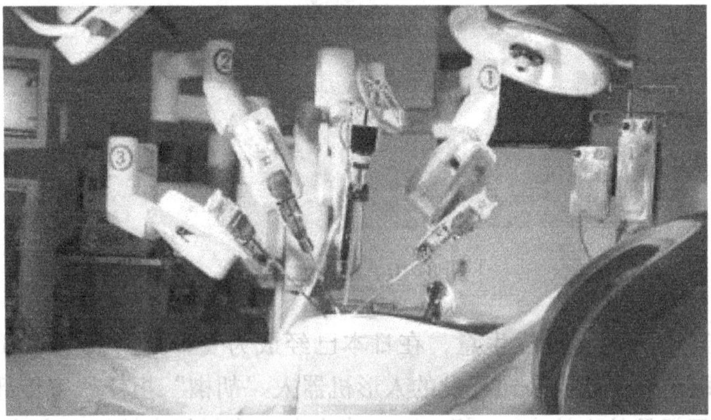

图 8-11 机器人医生

英国每年约有 5 万人患心房纤维颤动，但由于手术风险大，操作要求极其精准，长期以来，只有不到 10% 的患者能够及时接受手术治疗。为改善这种状况，英国科学家从 2007 年起开始尝试机器人操刀此类手术的可能。伦敦圣玛丽医院率先进行了尝试。这家医院拥有帝国理工学院强大的科研实力，并且是英国医学界“圣地”之一——改变人类命运的青霉素就是在这里发现。

据介绍，房颤的治疗方法包括药物治疗和手术治疗两类，而手术是医学界公认的有效治疗手段。但这一手术要求医生操作极为精细，稍有不慎就会导致心脏内壁穿孔。

圣玛丽医院采用名为“Sensei”的机器人操刀手术，使用导管消融术治疗房颤。严格地说，真正操刀的，是一只机械臂。它通过穿刺静脉插入导管直至患者心脏。导管尖端到达患处后，通过射频电流消融掉引起房颤发作的异常心肌组织，从而达到治疗目的。

这只机械臂由医生操控，在手术的同时，医生可通过显示屏实时观察患者心脏内部的情况。

圣玛丽医院的心脏病专家温·戴维斯医生说：“此前，我们操作这一手术时，必须非常谨慎地控制导管位置。我们不希望在病人心脏内不需要洞的地方弄出个洞来。现在使用机器人操作，可以使导管尖端在病人患处固定不动。”

戴维斯认为，机器人在心脏病治疗领域有巨大潜力。“随着进一步发展，这种机器人将来能够自动进行复杂的手术操作，增加病人治愈的机会，降低手术风险。”他说：“这种机器人能够精准控制导管运动。而此前，医生要达到这一水平，需要相当长的时间。”

除了心脏手术，欧洲科学界还在研究利用机器人完成其他外科手术。英国科学家与德国、意大利和以色列同行合作，于2011年开发出了一款神经外科手术机器人，以期减少手术过程中患者的创伤，提高手术的安全性。

“精细”是机器人在手术台上的最大优势。在神经外科的显微手术中，医生最多只能完成4种精细动作模式，而这种机器人可完成13种。这种机器人还可以感知手术部位的情况，及时调节动作的力度和方向。它动作幅度小，可完成非常精细的手术，适用于脑肿瘤、癫痫和帕金森氏症等手术。

8.2.4 机器人的未来面向家庭

2005年9月日本三菱重工制造的一款新机器人上市，这款名叫“Wakamaru”的机器人，其身高只有1 m，体重30 kg，能记忆10种不同长相，听得懂1万个字。

“Wakamaru”可以帮主人看家，有人闯入时会发出警告，也能对人进行护士级的看护，帮忙注意病人的状况。这个机器人还可以充当秘书，帮助记下备忘录和约会时间，设定好就能提醒主人什么时候该做什么事情。三菱重工有关人士说：“这开启了人类与机器人共同生活的新时代。”在这之前，各大公司推出的家庭机器人都是一些家庭娱乐性机器人、机器宠物等。

日本的松下电工、NEC、索尼、丰田、本田等公司都在每年投资上亿美元开发家庭机器人，以保持自己在世界上的领先地位。家庭机器人在为制造者带来滚滚财源的同时，也为社会带来了巨大的效益。目前各公司研制、开发并计划批量生产的机器人，已经把目标从推向工厂车间、大公司转为进入寻常百姓家庭。

当代机器人专家现已达成了共识：作为计算机技术及现代IT综合技术的一个必然延伸，家庭机器人技术将以前所未有的速度实现突破。到那时，以技术为保证的家庭机器人市场，将成为继家电、个人计算机之后，第三个以超规模速度走向家庭的产品。

日本经济产业省最近为10年到30年后的科技发展做了规划，并制作了“技术战略蓝图”。根据这个蓝图，家庭生活中将出现的最大变化，就是机器人的普及：机器人将成为家中“保姆”，照顾孩子学习玩乐，协助老人更衣洗澡，提醒病人按时吃药。家中的洗衣、吸尘等工作，当然更要交给它们来完成。这几年，日本各大企业为了抢得这个万亿美元市场的先机，争相在相关技术与设计方面努力，欲使自己的产品标准成为行业标准甚至是未来的国际标准。

可喜的是，家庭服务机器人之自动吸尘机器人已经走入了平常百姓家，为人们提供优质的服务。尽管该机器人长得小巧，但是由于该机器人集合了高新技术，购买价格也很贵。图 8-12为澳大利亚某网站上的 4 个吸尘机器人性能表述及售价（399 ~998 澳元之间）。

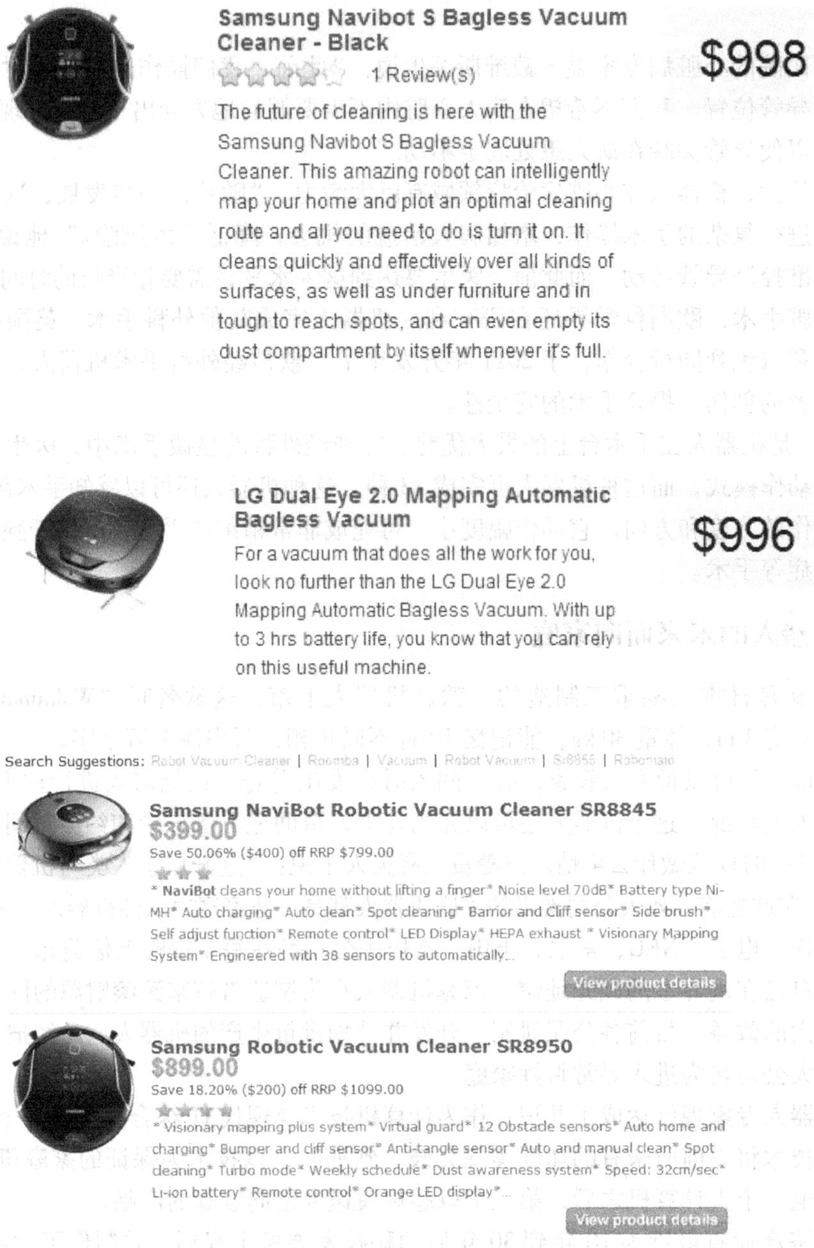

图 8-12　家电网站上的吸尘机器人报价

尽管家庭机器人尚未完全产业化，但据有关专家统计，截至2012年年底，全球投入使用的家庭机器人累计达到350万台。而随着家庭机器人产业化时代的到来，其价格也将不断下降，未来机器人会如个人计算机一样成为很多家庭的必备产品。到那时，拥有3.6亿个家庭的中国，家庭机器人的销量将如现在的手机一样，保守估计达到上亿台，而全世界总需求量达到几十亿台。这个以万亿美元计的未来大市场不仅会带动包括计算机、无线通信、网络、软件在内的种种上游资源，单是必然崛起的机器人维修与配套市场就难以想象其规模。

8.2.5 机器人实用化离我们还有多远

今天的机器人就像30年前的微型计算机一样，虽然是高科技的象征，但是价格较高。这将成为机器人推向市场初期遇到的问题。目前在家庭中使用的机器人主要是两类：陪护型机器人和清扫型机器人。根据功能多少，陪护型机器人的价格一般在8000~20000美元之间不等。这个价格远远超过了普通家庭能够接受的范围。而可以作为“自动吸尘器”打扫家庭地面卫生的清扫型机器人，虽然价格要便宜得多，有的甚至不到800美元，但是相对单一的功能则束缚了它们迈向更多家庭的“脚步”。

2015~2020年间内家家都有机器人，这是韩国政府目前公布的一项家用机器人普及计划。为了实现这一目标，韩国信息通信部已经联合了30多家公司，1000多位来自大学和研究所的科学家。据韩国媒体进行的一项调查显示，超过一半的被访韩国人表示对实现这项普及计划有信心。

我国机器人开发处于起步阶段。近些年，我国的机器人研究也取得了一些成绩。国防科学技术大学几年前就研制出了可上下楼梯的双足行走机器人和像蛇一样爬行的机器人。一些科研部门和大专院校也在这一领域有所建树。

2005年1月16日，我国第一台具有自主知识产权的家用服务机器人“自主吸尘机器人”，由浙江大学流体传动及控制国家重点实验室研制成功。这个圆形状的，身高10 m，直径35 m的自主吸尘机器人，为什么会受到科技界和社会如此关注？据参与这项成果技术鉴定的专家说，自主吸尘机器人的研制成功，标志着我国家庭服务机器人研究领域上的一个重大突破。它的现实意义在于，机器人研究不再是高科技研究上的象征性意义，而是更贴近生活，贴近家庭，贴近实用，这种已能产业化机器人将使进入小康社会的国人充分享受现代化的科技服务，提高生活质量。

2005年5月8日，沈阳新松机器人自动化股份公司也研制出了一台名叫亮亮的家庭机器人。它身高0.8 m，体重25 kg，“穿着”银灰色的衣服，靠底部的两个转轮和传感器移动“身体”。它的下身有两个如汽车尾灯的东西，叫声呐探测，可帮助它躲避障碍物而在家中自如行走。它能唱歌、会说相声、能报警、会发短信，还能教孩子英语。

对比国际上智能机器人的技术进展与产业化发展，我国机器人应该说仅仅是在家庭应用上打下了基础，在技术方面与日本等国存在着巨大的差距，有些具体项目还只是停留在电动工具、自动化工具、遥控工具的概念与水平上，在人机对话、人工智能的领域中尚未初窥门径，而在产业化、标准化上更几乎是无从谈起，甚至根本就没有这方面的设想与规划。

面对即将出现的家庭机器人巨大市场，面对已经几番来中国展示其最新成果的日、美企业相关产品的市场化势头，有关专家呼吁，我国研究机器人的大学、研究所应联合起来，共同攻关，尽快提高我国机器人技术水平，并将其产业化、规模化、标准化，为我国抢占家庭机器人市场创造先机。图 8-13 为日本 ASIMO 机器人为人类服务。

图 8-13　ASIMO 机器人为人类服务

8.3　机器人控制技术的发展

8.3.1　机器人技术的发展

随着科技的发展，未来机器人的发展一定会有一个巨大的飞跃。随着研究的深入，不论是仿生运动方面还是人工智能方面，都会发展到一个新的高度。我们的生活一定会因新型的机器人而有所改变。那个时候，科幻电影将不再科幻，很多我们难以想象的场景将会发生，我们世界的法则也许也会发生新的变化，不知道这样的结果是福是祸。

随着新技术不断被提出以及现有技术的高度发展，机器人在运动方面的难题将会得到妥善的解决。那个时候的机器人将能够很好地行走和跳跃，很好地模拟生物的运动，从而解决因机器人运动不便所带来的种种问题。同时经过不懈的探索，人类必将在新材料的领域取得巨大突破，因此，未来的机器人会拥有和人一样的身材及重量，在最大程度上模仿人的外形及运动，这种机器人更加接近电影中的机器人，这个时候的机器人可以说已经发展到一个很成熟的地步，机器人可以在更大的程度上代替人的工作。这时候，人类社会可以很好地从机器人身上得到想要的回报，会缓解很多社会问题。机器人可以走进家庭，走进工厂，走进医院。而由于运动学、仿生学和新材料的发展，人们将研制出更加完美的身体器官替代品。因此未来人类的生命质量将大大提高，现在很多无法解决的医学问题也会得到很好的解决，这对于人类社会来讲无疑是很有意义的一件事。

机器人发展的另一个重要方面——传感器也将得到极大的飞跃式发展。因此未来机器人是可以模仿人类的感觉的。这一点对于医学方面极为重要。首先，通过机器人来模仿人在生病时的感觉变化以及在手术等医疗过程中的感觉变化对于更好地改进医疗手段具有十分重要的意义。同时，在身体器官的替代品中装入合适的传感器可以帮助患者更好地适应与使用，使得残疾人在身体感官上恢复到和正常人差不多的水平，这将会大大方便患者的生活。其次一些手术通过机器人来辅助或替代人的工作，会大大提高手术的准确性和成功率。同时，由于机器人的自身的材料优势，它们可以抵挡严寒酷暑，不用呼吸，不怕辐射，因此在人类的空间探索方面将会给人类带来极大的帮助，尤其是机器人材料将会越来越接近于人类，图 8-14为西安超人高仿真机器人科技有限公司制作的解说员机器人，乍一看，真假难辨。因此，好好利用这些机器人对人类来讲是一笔巨大的财富。

图 8-14　真假解说员机器人

由此可见，机器人的发展趋于更加成熟，同时，人工智能也已经发展到一个新的高度。人类可以很好地模拟自身大脑的特点，将机器人的高运算能力与人的思考决策能力完美地结合到一起，机器人将具有“智慧”。由于计算机业的巨大发展，机器人的智商也许会大大超过人类。当然，人类也可以通过植入辅助芯片等方式对自身大脑进行深入开发，使人类的智力水平始终处于机器人之上。但是这是一个如何把握的问题，如果把握不好，将会给人类带来灭顶之灾。于是，这个时候的社会已经不只有人类一种智慧“生命”。面对这样的一种情况，机器人是否甘愿作为人类的“奴仆”将会成为人类最担心的问题。当然，科学家已经提出了一种规则。但是这种规则在未来能否得到广泛的应用，还有就是这种规则是否适应未来的发展，对于“智慧”机器人是否矛盾等，这一系列的问题将会困扰人类。而这种“智慧”机器人的技术一旦被不怀好意的人所利用，那么对于人类社会将是毁灭性的打击。就如电影中所描绘的，一旦机器人与人类开战，不论谁胜谁败，对于人类生命以及社会发展都是一场浩劫。

8.3.2　机器人控制技术的发展与展望

机器人控制相当于机器人的大脑，是决定机器人功能和性能的主要因素。机器人控制技术的主要任务就是控制机器人在工作空间中的运动位置、姿态和轨迹、操作顺序及动作的时间等。具有编程简单、软件菜单操作、友好的人机交互界面、在线操作提示和使用方便等特点，其关键技术的发展包括以下几个方面：

1）开放性模块化的控制系统体系结构：采用分布式CPU计算机结构，分为机器人控制器（RC）、运动控制器（MC）、光电隔离I/O控制板、传感器处理板和编程示教盒等。机器人控制器（RC）和编程示教盒通过串口/CAN总线进行通信。机器人控制器（RC）的主计算机完成机器人的运动规划、插补和位置伺服以及主控逻辑、数字I/O、传感器处理等功能，而编程示教盒完成信息的显示和按键的输入。

2）模块化层次化的控制器软件系统：软件系统建立在基于开源的实时多任务操作系统Linux上，采用分层和模块化结构设计，以实现软件系统的开放性。整个控制器软件系统分为三个层次：硬件驱动层、核心层和应用层。三个层次分别面对不同的功能需求，对应不同层次的开发，系统中各个层次内部由若干个功能相对对立的模块组成，这些功能模块相互协作共同实现该层次所提供的功能。

3）机器人的故障诊断与安全维护技术：通过各种信息，对机器人故障进行诊断，并进行相应维护，是保证机器人安全性的关键技术。

4）网络化机器人控制器技术：目前机器人的应用工程由单台机器人工作站向机器人生产线发展，机器人控制器的联网技术变得越来越重要。控制器上具有串口、现场总线及以太网的联网功能，可用于机器人控制器之间和机器人控制器同上位机的通信，便于对机器人生产线进行监控、诊断和管理。

8.4 机器人的情感与伦理展望

感情是人类交流不可或缺的部分，所以任何机器人都必须具有能够识别人类感情表现以及正确表达自我感情的能力，这样才能和人类自然地交流。这方面的研究（被称作“情感计算模型”）的先驱之一就是赛尼亚·布瑞兹。这位麻省理工学院的机器人专家创造了一个名为“克米特（Kismet）”、形状类似人头部的感情表达装置。克米特配有可以活动的嘴唇、眼睛和眼睑，并且可以做出一系列的表情。当把它单独放在一边时，它看起来会显得十分忧愁，但是当感应到人类面部的时候，它就会做出笑的样子以引起人们的注意。如果有人推着它走得太快时，它甚至会流露出害怕的表情来提醒人们。和克米特玩耍时，人们都会不自觉地与它这些简单的感情流露产生共鸣。

此外还有一个名叫WE-4R的机器人可以表达感情。这个由日本早稻田大学高西教授和他的同事研究出来的机器人不像克米特那样局限于面部表情和头部运动，它还可以通过晃动躯体、摆动手臂来表达自己的感情。

科学幻想与科学现实之间的距离正在慢慢靠拢。实际上，机器人技术现在的发展速度非常快，以至于有人开始担心当机器人拥有了和人类一样的感情能力后会发生什么样的事情。它们会像卡帕克所预言的那样与人类反目成仇么？在好莱坞大片《我，机器人》（根据阿斯莫夫短篇小说集中同名小说改编）中，一位侦探在调查一起著名科学家被害的谋杀案过程中，怀疑杀人凶手就是机器人，虽然这些机器人在设计时就集成了专门防止它们伤害人类的防失控装置。最后，这位侦探在经过调查后发现了一场人类浩劫正在酝酿之中。

《我，机器人》，图8-15为其电影画面，其背景设定在2035年。为了解人类的机器人技术究竟会进步到何种境地，先看一下电子游戏中的机器人发展。1973年，最先进的游戏就是一个叫《弹力球（Pong）》的游戏——一个白色的圆点（代表网球）在屏幕上弹来弹去。而游戏者可以使用游戏手柄上相应的按钮来上下移动球拍。在今天看来，这个游戏可以说是简单之极。不过在2035年，人们回过头来看看今天的机器人就会有类似的感受。

图8-15 《我，机器人》的电影画面

2007年4月，日本的经济产业省出台《下一代机器人安全问题指导方针（草案）》，以规范机器人的研究和生产。在这份草案中，未来的机器人将受制于大量繁文缛节，这将使机器人“造反”变成不可能的事情。

英国《泰晤士报》得到了这份草案的复制文件。据该报报道，这份文件全文长达60多页，由包括企业界人士、科学家、政府官员以及律师在内的一个专业团队起草完成。

日本颁布的草案借鉴了阿西莫夫机器人三大定律的精神，其对象更为明显地指向了机器人制造者。比如，第一定律规定“机器人不得伤害人类，或袖手旁观坐视人类受到伤害”，草案则指出：“人类所处危险的发生概率以及人类所处危险的级别，应该被详细分成不同等级。”这句话还专门被印刷成红色标题文字。

该草案要求，所有的机器人都要配备这样的设备：当它们要帮助或者保护人类的时候，它们必须提前告知人类它们的行为可能对被帮助人造成的伤害，然后让人类来决定机器人的行为。该草案要求所有的机器人制造商都必须遵守这一规定，机器人的中央数据库中必须载有机器人伤害人类的所有事故记录，以便让机器人避免类似事故重演。

紧跟日本的步伐，2007年韩国产业资源部也表示，争取推出一部《机器人道德法》，作为机器人制造者和使用者以及机器人本身的道德标准和行为准则，并对机器人产业起到指导作用。该法案的内容包括将道德标准装入计算机程序等，以防止人类虐待机器人或者机器人虐待人类。事实上，世界其他国家也在进行有关机器人伦理的讨论。据报道，“欧洲机器人研究网络”2007年4月份在意大利罗马举行会议，商讨制定机器人伦理守则。

美国布兰迪斯大学计算机教授乔登波拉科曾撰文，预测机器人时代的7大伦理道德问题。但专家说，日本机器人法规草案中的条款并没有涉及其中任何一项，草案的性质与其说像是阿西莫夫的三大定律，不如说更像质量检验部门为吸尘器或者洗衣机的生产厂家制定的安全规定，只不过草案面对的是更加复杂的机器。

中国科学院科技伦理专家认为，科技与伦理产生矛盾是必然的，智能机器人的发展表明机器人不仅可以取代许多人的工作，而且可能拥有超过人的某种智能。只有当机器人被赋予人类式的情感，具备了完善的情感内部系统和意志内部逻辑系统时，针对机器人的立法才会产生作用。

习题

1. 简述机器人的发展趋势。
2. 简述机器人的应用展望。
3. 简述机器人技术的发展。
4. 简述机器人控制技术的发展趋势。
5. 机器人的发展对于人类是利大于弊，还是弊大于利，为什么？

参考文献

[1] International Federation of Robotics. History of Industrial Robot. from the First Installation until Today[M]. IFR, 2012.

[2] 陈爱珍．日本工业机器人的发展历史及现状[J]．机械工程师，2008，(07)：8-10.

[3] 顾震宇．全球工业机器人产业现状与趋势[J]．机电一体化，2006，(02)：6-9.

[4] 刘伟，张玉坤．关于机器人若干重要现实问题的思考[J]．学术前沿，2016，(15)：35-43.

[5] 刘广瑞．机器人创新制作[M]．西安：西北工业大学出版社，2007.

[6] 程军．传感器及实用检测技术[M]．西安：西安电子科技大学出版社，2008.

[7] 顾绳谷．电动机及拖动基础[M]．北京：机械工业出版社，2007.

[8] 胡兰子，陈进军．传感器技术在机器人上的应用研究[J]．软件，2012，(7)：164-167.

[9] 王宏，艾海周．移动机器人体系结构与系统设计[J]．机器人，1993，15(1)：49-54.

[10] 章毓晋．图像理解与计算机视觉[J]．北京：清华大学出版社，2000.

[11] 杨栋，张建强，曹鹏，等．家庭服务机器人的标准和开发探讨[J]．电视技术，2014，38(S1)：61-66.

[12] 吴亚鹏．基于双目视觉的运动目标跟踪与三维测量[D]．西安：西北大学，2008.

[13] Kwon T B, Song J B, Kang S C. MCL-based global localization of cleaning robot using fast rotation-invariant corner matching method [C] Control Automation and Systems (ICCAS), Korea, 2010: 1988-1992.

[14] 于清晓，闫维新，付庄，等．基于双目视觉的室内服务机器人航向角补偿方法[J]．山东科技大学学报：自然科学版，2013，32(3)：7-11.

[15] Nefti-Meziani S, Manzoor U, Davis S, et al. 3D perception from binocular vision for a low cost humanoid robot NAO[J]. Robotics and Autonomous Systems, 2015, 68: 129-139.

[16] 田仕奇．基于双目立体视觉移动机器人立体匹配方法的研究[D]．长春：吉林大学，2014.

[17] 蔡自兴．机器人学[M]．北京：清华大学出版社，2000.

[18] 刘宝廷，程树康．步进电动机及驱动控制系统[M]．哈尔滨：哈尔滨工业大学出版社，1997.

[19] 朱效洲，李宇波，卢惠民，等．基于视觉的移动机器人可通行区域识别研究综述[J]．计算机应用研究，2012，29 (6)：2009-2013.

[20] 原魁，路鹏，邹伟．自主移动机器人视觉信息处理技术研究发展现状[J]．高技术通讯，2008，(01)：101-110.

[21] Pan J, Zhang L J, Manocha D. Collision-free and smooth trajectory computation in cluttered environments [J]. The International Journal of Robotics Research, 2012, 31(10): 1155-1175.

[22] Hsiao K, Kaelbling L P, Perez T L. Robust grasping under object pose uncertainty[J]. Autonomous Robots, 2011, 31(2): 253-268.

[23] Stuckler J, Holz D, Behnke S. RoboCup@ Home: Demonstrating everyday manipulation skills in RoboCup@ Home[J]. IEEE Robotics and Automation Magazine, 2012, 19 (2): 34-42.

[24] 徐昱琳，杨永焕，李昕，等．基于双目视觉的服务机器人仿人机械臂控制[J]．上海大学学报：自然科学版，2012，18(5)：506-512.

[25] 李瑞峰，胡雨滨，赵立军，等．基于双目视觉的双臂作业型服务机器人的研制[J]．机械设计与制造，2010，48(4)：161-162.

[26] 韩峥，刘华平，黄文炳，等．基于 Kinect 的机械臂目标抓取[J]．智能系统学报，2013，8(2)：149-155.

[27] Chen W Y, Tung C K, Wang C M, et al. The non-contact human-height measurement scheme[J]. ICM-

LC, 2011, 2: 572 -575.
[28] 陈万米，张冰，朱明，等．智能足球机器人系统[M]．北京：清华大学出版社，2009.
[29] 张毅，罗元，郑太雄，等．移动机器人技术及其应用[M]．北京：电子工业出版社，2007.
[30] Siegwart R, Nourbakhsh I R. 自主移动机器人导论[M]．李人厚译．西安：西安交通大学出版社，2006.
[31] 李炳德，张莉．改进人工势场法在机器人路径规划中的应用[J]．微处理器，2014，(5)：51 -55.
[32] 彭丽．基于遗传算法的移动机器人路径规划[D]．长沙：长沙理工大学，2013.
[33] Goebel R P. ROS By Example: A Pi Robot Production[M]. Lulu. com, 2015.
[34] Martinez A, Learning ROS for Robotics Programming[M]. Birminghan: Packt Publishing Ltd, 2013.
[35] Goebel R P, Rojas J. ROS 入门实例[M]．刘柯汕译．广州：中山大学出版社，2016.
[36] Jason M. O 'Kane. A Gentle Introduction to ROS[M]. Charleston: CreateSpace Independent Publishing Platform, 2013.
[37] 张建伟．开源机器人操作系统：ROS[M]．北京：科学出版社，2012.
[38] Bradski G, Kaehler A. 学习 OpenCV（中文版）[M]．于仕琪译．北京：清华大学出版社，2009.
[39] 陈万米．神奇的机器人[M]．北京：化学工业出版社，2014.
[40] 新华网．机器人“全应用”时代来临[N]．国际先驱导报，2015 -1 -1.
[41] 吴军，徐昕，连传强，等．协作多机器人系统研究进展综述[J]．智能系统学报，2011，(1)：13 -27.